2018 中华服饰文化国际学术研讨会论文集

下

主　编◎马胜杰　副主编◎贾荣林　总顾问◎孙　机

中国纺织出版社有限公司

内 容 提 要

本书为北京服装学院组织的2018中华服饰文化国际学术研讨会论文汇集上下两册中的下册。全书共汇集了国内外33篇研究成果，分别从“民族服饰研究与染织技艺研究”“服饰传承与创新”两方面重点对中华优秀传统服饰文化进行了研究梳理，对于研究中华优秀传统文化传承发展，加强文化遗产传承、保护和利用，广泛开展文化传播活动，大力发展文化产业，不断繁荣文艺创作有较强的指导意义。

本书适合高等院校服装专业师生、服饰文化研究人员及服饰文化爱好者阅读和学习。

图书在版编目（CIP）数据

2018 中华服饰文化国际学术研讨会论文集 . 下 / 马胜杰主编 . -- 北京：中国纺织出版社有限公司，2020.10
ISBN 978-7-5180-7412-9

Ⅰ. ① 2… Ⅱ. ①马… Ⅲ. ①服饰文化 – 中国 – 国际学术会议 – 文集 Ⅳ. ① TS941.742-53

中国版本图书馆 CIP 数据核字（2020）第 079315 号

策划编辑：谢婉津　郭慧娟　　责任编辑：郭慧娟
责任校对：楼旭红　　责任印制：王艳丽

中国纺织出版社有限公司出版发行
地址：北京市朝阳区百子湾东里 A407 号楼　邮政编码：100124
销售电话：010—67004422　传真：010—87155801
http://www.c-textilep.com
中国纺织出版社天猫旗舰店
官方微博 http://weibo.com/2119887771
北京华联印刷有限公司印刷　各地新华书店经销
2020 年 10 月第 1 版第 1 次印刷
开本：889 × 1194　1/16　印张：21.75
字数：402 千字　定价：198.00 元

目录

上篇　民族服饰研究与染织技艺研究

下篇　服饰传承与创新

上篇

民族服饰研究与染织技艺研究

01 民族服饰“写本”与传说、史籍的分述及通诠

邓启耀[1]

摘 要

无文字族群的历史叙事和文化传承，一般通过族群内的口述史、图像史以及相关仪式、民俗等进行表达。在无文字时代和无文字民族中，口耳相传、动作或图像等是信息传播的主要方式，由此而形成我们现在称为神话、传说、古歌、史诗、谣谚以及以象征性物像、图像和仪式等为基本内容的无形文化遗产。本文以民族服饰为例，说明图像和语言文字虽然各有不同的媒介载体和符号系统，甚至可以说在文化史和族群史上可能分属不同的文化系统，但在族群的历史和实际生活中，它们是可以互补、互文、互证的文化符号形式，是文化整体的不同构成部分。从不同族群异曲同工的神话母题，从不同文明各美其美的“以图叙事”传统，我们看到超越于一切种族和文字的人类认知和创造的共性。

关键词 民族服饰、口头传说、文字史籍、跨媒介文本

无文字时代的文化史书写，我们可以通过大石墓、石器、玉雕、陶纹、岩画等考古遗物来“阅读”；无文字民族的文化史书写，我们则能够在民族志调查中大量存在的物象崇拜、神话传说、巫图符箓、仪式、建筑、文身、服饰及日用器物等实物和行为中看到。这类群体性的非文字现象，直到现在，仍然活化在包括宗教艺术、民间艺术、民俗活动以及被视为物质或非物质文化遗产的种种现象中。这些现象，不能单纯从艺术或文学的角度来研究，而是需要尽可能结合人类学、民俗学等学科特点，分析它们生成背后的社会结构、意识形态和文化心理。

中国56个民族，都有自己独特的传统服饰。不少民族居住分散，支系繁多，每个支系甚至每个村寨的服装自成一体，仅一个民族的服装款式就多达上百种，手工精细，面料、形制丰富多彩。民间出人意料的创意，常常让专业艺术家和设计师叹为观止。

[1] 邓启耀，广州美术学院视觉文化研究中心，教授。

但我们所见还仅仅是表象。民族服饰中蕴含的故事，更是玄机无穷。

下面，我们仅以民族服饰为例，观察衣装及其饰物是怎么成为社会规范和意识形态表征的。

一、民族服饰“写本”的文化语境

让我知道服饰不仅仅是一种遮羞御寒的衣物，而是可能被视为一种意识形态表征的，是20世纪60年代。全社会几乎统一了服式服色，一式绿军装和蓝中山装。人聚在一起，阴沉沉一片，被称为“灰蓝蚂蚁”。

已经习惯了无体形服装的我们，乍见身穿鲜丽紧身短衣筒裙的傣族、景颇族、德昂族、阿昌族姑娘（图1~图4），其视觉冲击力不言而喻。她们的衣装款式、质料、纹饰和色彩各有特色，但都很贴身，勾勒出姣好的身材。再看哈尼族僾尼姑娘穿得更露：上穿露腹短衣，下着露腿露股沟的超短裙，头戴五花八门的饰品，羽毛、骨签、鲜花、昆虫，都可成饰（图5），看得我们目瞪口呆。我们曾经自以为是地劝说将要结婚的傣族大姐不要染黑齿，不要文身，不要戴那个高高的黑包头（图6），认为那是旧的习俗。结果发现在人家的文化语境中，我们的那些说辞显得十分滑稽。人家根本不理会这些自己都穿不对衣服的愣头青的“指导”。她们让我们见识了，把自己打扮漂亮是人之常情，漆齿文身戴高包头，是“我们”和“你们”不一样的标志，因为世界并非只有一种颜色。在她们身上，我受到一次山寨版的“前人类学”再教育，知道了衣服有多种穿法，问题有多种看法，以及文化多样性这个人类学常识。

70年代末80年代初，我随老师到云南通海县蒙古族乡和宁蒗彝族自治县摩梭人村寨做田野考察，听他们讲述服饰上的故事，明白了民族服饰不仅是族群认同的标识，也是叙述本民族文化史和民俗传统的图像“写本”。比如摩梭人的服饰，与摩梭人民间流传的天神给万物分配寿岁的神话有关。摩梭人13岁成年礼举行换裙子仪式，即是神话中人类与动物换命的一种民俗化表现（图7）。蒙古族的服饰，也是意味深长。宋末元军南下征战时，游牧民族的长袍换成战袍甲胄；元亡后，落籍云南的蒙古族北归无路，不得不融入当地其他民族中，脱下甲胄换蓑笠，大襟长袍裁为对襟短衣（但偷偷保留了蒙古袍的高领和服色）。他们的“变服”过程，留下了从战士、牧民到渔

图1　傣族
（笔者摄）

图2　景颇族
（笔者摄）

图3　德昂族
（笔者摄）

图4　阿昌族
（笔者摄）

图5　哈尼族僾尼人
（刘建明摄）

图6　笔者当知青时住过的傣族人家
（云南盈江，1969/2001，笔者摄）

图7　摩梭人13岁“穿裙子礼”（云南宁蒗，1993，笔者摄）

图8　蒙古族妇女的高领和服色，隐藏着族群自我意识的密码；小孩帽上，供奉着指引他们的祖先渡过难关的“老仙家”（云南通海县兴蒙乡，1994，笔者摄）

民、农民和工匠几次文化转型的痕迹，既在服色形制中隐藏着族群自我意识的密码，也吸收了彝族、汉族等民族服饰的款式特征（图8）。

随着调查广度和深度的增加，许多碎片化的信息和复杂的族群关系，被漫长的时间和广阔的空间关系穿连起来，形成结构，让人重新发现一些过去没有读懂的信息。受此启发，我之后做田野考察的时候，都注意了解那些化合在民族服饰里的文化密码，并开始了把民族服饰作为一种文化符号进行读解的系列研究。这个时候，看服饰读神话不再只从文本着眼，而是会联系相关族群历史、生态环境、社会组织、信仰、仪式、民俗等方面情况综合考量，注意人类学田野现场的文化语境，这样就会发现就文本谈文本可能忽略的东西。

人类学视域下的视觉文化研究，它的特点就是不单关注物象或图像的各种文本，也要注重它们在田野现场的复杂状态。以往，我们是按照学院式学科分类模式，将它们归入到民间文学艺术的框架之中（这种分类模式一直延续到现在，所以有“文学艺术”形式的内容一般被归属到文艺类，进行美学、文艺理论或所谓文艺“本体”的分析）。我们过去也是按照这个模式去做“采风”，按文学艺术类型去收集素材。在做搜集整理工作的时候，有意无意会按照习惯的思维模式和学科规范，对有机存活于民俗生活中的综合性视觉现象进行切割，将其纳入现代学科分类体系之中，甚至对我们认为不合理的内容进行“整理”或删削（如孔夫子之“雅驯”），挪用或改造为符合现行意识形态及审美标准的“作品”。对于非“文艺”形式的视觉、听觉、行为及社会文化背景，则有所忽略，甚至将包含仪式、信仰的内容斥为“迷信”。十分显然，这种学科分类和工作方式，从学术角度看是极其有问题的。虽然“民间文学”有散文、韵文等体裁形式，“民间艺术”有雕刻、绘画、剪纸、染绣等工艺形式，但它们不仅只是“文艺”。如果我们将其放置在其社会文化语境下，就会发现它们与当地的民俗、信仰、仪式、社会形态和生活方式等，是紧密结合在一起的。作品的创作、材质、展示时空、传播主体和受众等，有约定俗成的规矩。

当今世界，服饰的穿服，已经没有那么多“规矩”了，人们穿衣佩饰，更多的是为了实用、漂亮和人际交往。少数民族的服装，也纷纷换为城里流行的式样。不过，在偏僻的乡村，民族服饰还是主流；在节日祭仪和从生到死的各个生命节点，如出生、成年、结婚、去世的时候，压在箱底的传统服装还是会被翻出来。因为老人说了：“不穿这些服装，祖先不认。”传统之美，还是会超越时间和空间，成为人生和世界永远的纪念。

二、互文性：传说、图语、古籍的分述与通诠

作为无文字族群一种文化符号的服饰，如同“图语”的写本，具有独特的视觉表达功能。这种“图语”，不仅和他们口述的神话、史诗可以互文，甚至与其他族群书写的文字史，也可以在某种程度上进行通诠。

最典型的例子，是苗族服饰与苗族史诗的互文关系，以及与汉文古籍的互涉关系。苗族服饰从头饰、披肩到百褶裙，上面记述了自开天辟地、黄帝蚩尤大战，到苗族千年迁徙的历史。它们在苗族口述叙事中有详细的描述，在汉文古籍中也屡屡被提到。苗族人身上精美的绣片和蜡染图纹，和他们口述的神话古歌和历史叙事，原是互为文本的。虽然那些关于几千年前族群争战、部落迁徙的古史，由于太遥远，在他们的史诗和传说中已经类乎神话；服饰上的书写，也在千年间顺应机枢运作和经纬交织的工艺传习中，几乎浓缩、简化和抽象为纹饰或符号了，但对照苗族口头流传的古歌以及差不多也变成神话的中国古史的文字记述，我发现它们虽非工对，分述视角和立场不同，在大写意的方向上还是可以互证的。

1．万物起源

追溯万物起源，寻祖问宗，是中国几乎所有族群留在神话与宗教行为中的共同主题。无论是文字书写的文化史，还是口述、图像等非文字形式阐释的文化史，关于人从哪里来、万物乃至宇宙来源为何，一直在各族文字文本、口述文本和图像文本中有所表达。

表 1　万物起源主题的互文性

苗族服饰文本	苗族口述文本	汉文古籍和图像文本
骑修狃（似麒麟），周围有凤凰和花鸟环绕。 贵州西江，2006，笔者摄。	苗族《盘王书》说盘王是种种文物器用的制作者："记起盘王先记起，盘王记起造犁耙……"一一列举。（苗族《盘王书》，参见袁珂《古神话选释》第6页，北京：人民文学出版社，1982） 修狃生最早，修狃算最老。（《苗族古歌》"开天辟地"。贵州省民间文学组整理，田兵编选《苗族古歌》第190~192页，贵阳：贵州人民出版社，1997） 开天辟地时，修狃用巨角开通了运金运银的河道，锉断石门，使金银从山中跑出来。（《苗族古歌》"开天辟地"） 枫树生蝴蝶妈妈，蝴蝶妈妈生12个蛋，鹡宇鸟帮她孵化出万物和人类。（苗族神话《十二个蛋》）	首生盘古，垂死化身。气成风云，声为雷霆，左眼为日，右眼为月，四肢五体为四极五岳，血液为江河，筋脉为地理，肌肤为田土，发髭为星辰，皮毛为草木，齿骨为金石，精髓为珠玉，汗流为雨泽，身之诸虫，因风所感，化为黎甿。（《绎史》卷一，引《五运历年记》）
 苗族女子麻布蜡染和靛染百褶裙。 云南嵩明，1996，笔者摄。	记起盘王先记起，盘王记起种苎麻；种得苎麻儿孙绩，儿孙世代绩罗花。记起盘王先记起，盘王记起造高机；造得高机织细布，布面有条杨柳丝……（苗族《盘王书》，参见袁珂《古神话选释》第6页，北京：人民文学出版社，1982） 制造"撑天伞"的姑娘娃爽，摊晒缝制撑天伞用的白布时，被蜜蜂弄了许多斑斑点点的蜡渍。后来，腐烂的梨花树叶将布染黑。娃爽只好把布拿去洗，污渍洗净，现出蓝底白花的布。蜡染术也便由此传了下来。（详见潘充华记录整理的苗族民间故事《蜡染的传说》，中国民间文艺研究会贵州分会、贵州苗族民间文学讲习会编印《民间文学资料》第51集，1982）	织绩木皮，染以草实，好五色衣服，制裁皆有尾形。（晋・干宝《搜神记》卷一四）
 苗族刺绣"百鸟衣"（女装），内穿胸衣上的蜡染交尾龙蛇。 贵州榕江，2006，笔者摄。	远古时洪水暴发，人类被毁灭，只剩下高山上伏羲女娲兄妹二人。（龚汝扬讲述《伏羲和女娲》，见会泽县民族事务委员会等编《云南省民间文学集成：会泽县卷》1990） 蝴蝶妈妈请鹡宇鸟孵化的12个蛋中，有龙有蛇。最后一个蛋是人祖姜央，但鹡宇鸟孵了十几年，饿得受不了，不想孵了。蛇衔火到鸟巢中温暖姜央的蛋，使其出生。所以，在苗族"吃鼓脏"祭祖大典中，迎人祖姜央时，有一段"投火把"的节目，即表现这个故事。在苗	有人曰苗民，有神焉，人首蛇身，长如辕，左右有首，衣紫衣，冠旃冠，名曰延维。人主得而飨食之，伯天下。（《山海经・海内经》）

续表

苗族服饰文本	苗族口述文本	汉文古籍和图像文本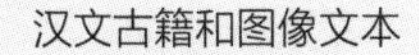
绘有枫树、鸟、龙、蛇、蝴蝶、人鱼、盛装吹笙男女和其他生物的苗族蜡染布。 贵州凯里，2006，笔者摄。	族刺绣图纹中，龙体也多为蛇身。（参见岐从文《揣施洞苗绣的原始思维梦魇》，见中国民族博物馆编《中国苗族服饰研究》第122~123页，北京：民族出版社，2004）	庖牺氏（伏羲）、女娲氏，蛇身人面，牛首虎鼻，此有非人之状。（《列子·黄帝》）  1 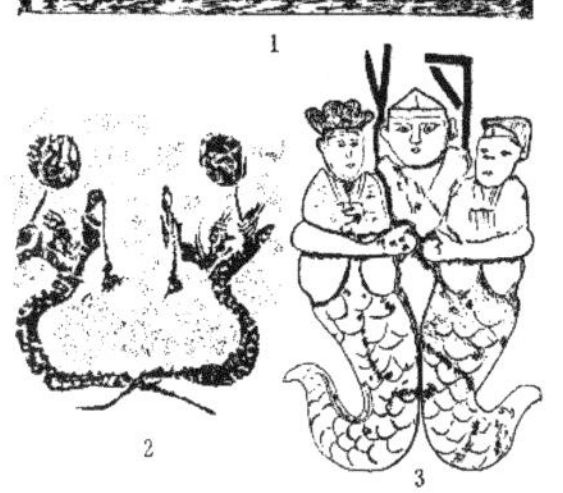 2 3 汉画像石中的伏羲女娲像。（采自陆思贤《神话考古》第282页，北京：文物出版社，1995）
 枫树纹。 贵州凯里，2006，笔者摄。	远古时天地荒凉，只有一棵枫树生在天角角；枫树结出千样百样种，是万物的生命树。枫树种子跑到天上，被雷公藏在柜子里；蜜蜂救了枫树种子，它们回到地上经过很多折腾，成长为新的枫树；长大的枫树被冤枉偷鱼，又被砍倒了；枫树树根变泥鳅，树叶变燕子，树梢变鹡宇鸟，树桩变铜鼓，树疙瘩变猫头鹰，树干树心变妹榜留，也就是蝴蝶妈妈。（贵州省雷山县西江苗寨宋大妈等讲述，2006年7月，笔者采录。公开发表文本见贵州省民间文学组整理，田兵编选《苗族古歌》第190~192页，贵阳：贵州人民出版社，1997）	有木生山上，名曰枫木。枫木，蚩尤所弃其桎梏，是谓枫木。（《山海经·大荒南经》） 黄帝杀蚩尤于黎山之丘，掷械于大荒之中，宋山之上，后化为枫木之林。（《云笈七籤》卷一百《轩辕本纪》）
 蝴蝶的身体，被绣为庙宇的样子，象征蝴蝶妈妈的神圣性。龙和飞鸟，都是苗族古歌中的重要角色。 贵州，2006，笔者摄。	蝴蝶妈妈和水泡“游方”（谈恋爱），生了十二个卵。蝴蝶会生不会抱（孵），鹡宇鸟帮她抱，抱了十二年，孵出姜央、雷公、龙、大象、水牛、老虎、蛇、蛙、蜈蚣，没有孵出的寡（坏）了，变成鬼怪。姜央是人，人就是这么来的。（出处同上）	南海蝴蝶生于海市，其形态变化万端，又名百幻蝶。（《岭南异物志》）

续表

苗族服饰文本	苗族口述文本	汉文古籍和图像文本
 贵州苗族服饰上的蝴蝶纹样。 贵州，2006，邓圆也摄。		
 握龙（龙或为雷神象征，代表洪水）挎葫芦的雷公和挎葫芦的兄妹。 贵州西江，2006，笔者摄。	人类始祖姜央与雷公发生冲突，姜央囚禁了雷公。有兄妹二人救助了雷公，雷公赠送他们葫芦种子，要他们种下。葫芦迅速长大。雷公发洪水淹没大地，兄妹躲进葫芦中得以幸存。大水退后，葫芦搁浅在悬崖上，岩鹰将兄妹背到平地。（黔东南苗族传说）	雷泽中有雷神，龙身人头，鼓其腹则雷。（《山海经·海内东经》）  《山海经·海内东经》中的雷神 （雷神）猪首，手足各两指，执一赤蛇啮之。（《酉阳杂俎·前集》） 山东菏泽一带也有雷神之子乘葫芦顺水回华胥国的传说。
 苗族“百鸟衣”。 贵州榕江，2006，笔者摄。	“鸟是人的魂”。（苗族巫师访谈） 洪水将吞没蚩尤坝时，是神鸟传递信息才使苗民得以逃生，又是神鸟冲进洪水波涛中抢叼粮食和树种，今天才有粮食和山林。（《蚩尤神话》，转引自曾宪阳、曾丽《苗绣》第73页，贵阳：贵州人民出版社，2009）	黄帝杀蚩尤，有白虎误噬一妇人，七日气不绝。黄帝哀之，葬以重棺石椁。有鸟翔冢上，其声自呼为伤魂，则此妇人之灵也。（《拾遗记》卷九，以上两栏引文见杨正文《苗族服饰文化》第180~182页，贵阳：贵州人民出版社，1998）

2．蚩尤族群与黄帝族群

苗族和汉族等相关民族的先祖，在远古时分属九黎三苗和华夏诸族，其首领分别为蚩尤和黄帝。两大族群历史上有过许多文化上的交集互动，最终因战争分道扬镳，一个雄踞中原，一个四处迁徙。

苗族口述史诗和服饰图纹叙述了远古战败后举族流亡的历史，《史记》《太平御览》等古籍也记载了黄帝和蚩尤的那场大战。贵州凯里苗族刺绣绣有一位额头写有“天”字、帽上绣“我服天我服地”、执刀骑神兽、背有翅膀和令旗的人，应该是苗族对自己英雄祖先的描绘。[1]“我服天我服地”，是蚩尤族群的自述；“不用帝命”，是黄帝族群的评论。一个要做众生代表颁发“帝命”，一个服天服地不服帝，不愿归顺，于是便打了起来。蚩尤族群骁勇善战，装备精良（因善冶金，制作强兵硬弩，甲胄如“铜头铁额”，有奇异粮草——可“食沙石子”），服饰奇异（“肋下有羽”——疑为苗族的大披肩“戳苏”），能够“飞空走险”。黄帝族群九战不胜，最后靠巫术和计谋克之。苗族口述文本也谈到，他们最初以人勇弩强获胜，后遇诈不敌。离开家乡时他们很悲伤，只有把故国山河绣在长衫、披肩和围裙上，贴身携带。比如，衣衫上的花纹是故土罗浪周底，围裙上的线条是迁徙经过的江河，蜡染的纹样是新居地的田地和楼房。“格也爷老、格蚩爷老、甘骚卯碧，九种式样挂身呀（把九种事情都记在衣裙上啦）”。[2]苗族服饰上的那些纹饰，涉及的是远古炎黄与蚩尤两大族群的关系问题，它们甚至延伸到历史上民族关系的许多事件。但这样大的问题，可能就隐藏在苗族衣角上一个个常见的纹样之中，需要结合神话和其他文化形态进行综合的考察。

表 2　蚩尤与黄帝主题的互文性

苗族服饰文本	苗族口述文本	汉文古籍和图像文本
他额头写有“天”字，帽上绣“我服天我服地”，执刀骑神兽，背生翅膀，插令旗。这是苗族对自己英雄祖先的描绘。 贵州凯里，2006，笔者摄。	（蚩尤）头戴牛角，身披牛皮战袍，有时飞在空中，与黄帝作战。（见潘定恒等主编《蚩尤的传说》第49页《苗族蚩尤神话》，贵阳：贵州人民出版社，1989） 几千年前，黄河一带是苗族的地盘，我们的祖先格蚩爷老（意为“尊敬的长老蚩尤”）等，在北方建了一座京城，城建得又大又漂亮。（武定县九厂乡椅子店村公所干海子村张文志讲述，流传地：云南省武定县一带，1989年9月，笔者采录。）	西北海外，黑水之北，有人有翼，名曰苗民。颛顼生驩头，驩头生苗民，苗民厘姓，食肉。（《山海经·大荒北经》） 蚩尤铜头啖石，飞空走险。（《山海经·大荒北经》吴任臣注引《广成子传》）

[1] 燕达、高嵩《苗族盛装》第 9 页释为清代苗族起义领袖张秀眉，但从其背生翅膀的情况看，可能描绘的是更早的祖先。贵阳：贵州民族出版社，2004。

[2] 云南省安宁县草铺乡青龙哨办事处水井湾苗村龙树岗先生（时年 46 岁）讲述，1989 年 11 月，笔者采录。

续表

苗族服饰文本	苗族口述文本	汉文古籍和图像文本
 展开如翅的苗族披肩。 云南嵩明，2010，笔者摄。		 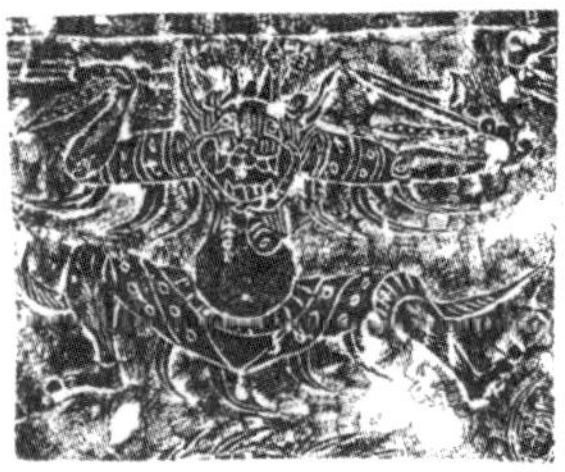 南朝画像砖中的蚩尤像 （渠传福.《山海经》图像亡佚考[N].中国美术报，2018-01-01.）
 戴银冠的绣花半臂宽袖衣。 贵州凯里铜鼓村，2006，邓圆也摄。	贵州雷山西江苗族传说她们戴的银角，是源自古代战争时祖先为抵御外敌而专门设计的头饰。黔西北大花苗用细竹篾片编成一种雉形角冠，直称为“蚩尤冠”，把服饰上的吊须、吊旗等直称为“蚩尤旗”。（李黔滨《苗族头饰概说》，载中国民族博物馆编《中国苗族服饰研究》第24页，北京：民族出版社，2004） 西江苗族老银匠说，苗族银角上打制的装饰纹样中必有龙纹：“这是纪念祖先蚩尤的，必不可少的。”身有龙纹表示自己和祖先血脉相承。（杨昌国《苗族服饰符号与象征》第149页，贵阳：贵州人民出版社，1997）	 汉画像砖蚩尤像 蚩尤氏耳鬓如剑戟，头有角，与轩辕斗，以角抵人，人不能向。（《述异记》卷上）
 清末苗族绣片。 贵州施洞，曾宪阳、曾丽采集。	贵州三穗县寨头村苗族的蚩尤庙里供有一饕餮状的蚩尤像、一只祖鼓、几对水牛角，当地苗族将三者统称为“嘎尤”，意指蚩尤。（杨昌国《苗族服饰符号与象征》第204页，贵阳：贵州人民出版社，1997）	 小臣方卣饕餮纹。商代晚期，上海博物馆展品，笔者摄。

续表

苗族服饰文本	苗族口述文本	汉文古籍和图像文本
 现代苗族绣片。 贵州台江，曾宪阳、曾丽采集。（曾宪阳、曾丽《苗绣》第84页，贵阳：贵州人民出版社，2009）		西方荒中……有人，面目手足皆人形，而胳下有翼，不能飞。为人饕餮，淫逸无理，名曰苗民。（《神异记·西荒经》） 《述异记》认为，饕餮指的是西南的三苗。 传说黄帝战蚩尤，蚩尤被斩，怨气不散，其首落地化为饕餮，为黄帝族畏惧的四凶之一。
 “铜头铁额”。 贵州榕江，2006，笔者摄。	贵州镇宁县苗族老年妇女穿的裙子叫“代好”，意为“迁徙裙”。裙面上以色布做成八十一小横条，分为九组，每组九小条。当地苗族解释说：这是表示古时候的始祖生育有九个儿子，九个儿子每人又生了九个孙子，共八十一人。在迁徙分离时为了不忘是来自同一祖先之脉，就这样记录在裙子上了。（杨正文《苗族服饰文化》第246~247页，贵州：贵州人民出版社，1998） 苗族喜欢打猎，弩射得好。“三福”派人来学射弩，苗人教他们学了九种射法，就是没教擦药。后来打仗时，他们射伤苗人，苗人不会死。（武定县九厂乡椅子店村公所干海子村张文志讲述，流传地：云南省武定县一带，1989年9月，笔者采录）	造冶者蚩尤也。（《尸子》） 葛庐之山，发而出水，金从之，蚩尤受而制之，以为雍狐之戟、芮戈。（《管子·地数篇》） 黄帝摄政前，有蚩尤兄弟八十一人，并兽身人语，铜头铁额，食沙石子，造立兵杖、刀、戟、大弩，威振天下，诛杀无道，不仁不慈。（《太平御览》卷七九，第368页，引《龙鱼河图》）
苗族葫芦笙。 昆明嵩明，2010，笔者摄。  苗族葫芦笙。 贵州雷山，2006，笔者摄。	后来，有三个部落的首领叫“三福”，想占苗族的城，又怕苗族厉害，就想办法来破城。苗族的年三十是冬月三十日，“三福”来攻打时，挑冬月三十日，苗族过节，没有防备。尽管这样，苗兵很勇敢，还是把这一仗打赢了。 打退了敌人，放心过年。大家把酒端出来，喝得醉倒一大片。只有一个人心眼多，他不敢喝醉酒，就砍来沙劳树，套上一种叫“幻香皮”（一种树）的皮扎（树枝），做成葫芦笙，一个人在城墙外的大浪场边吹边跳，很是灵活。城外的敌人本来想趁苗人喝醉酒时再来攻打的，看见他跳得那样灵活有劲，都说：“打不起，打不起，一个人都那么厉害，城里的人肯定更有准备。” 这样来了几次，都回去了，不敢攻打。最后一次，小伙子跳累也睡了，敌人来，没见这小伙子吹跳，往城门口一看，醉倒的一大片都是人，就趁势冲进城去，乱砍乱杀。	黄帝与蚩尤九战九不胜。（《太平御览》卷一五，引《黄帝玄女战法》） 蚩尤作乱，不用帝命。于是黄帝乃征师诸侯，与蚩尤战于涿鹿之野，遂禽杀蚩尤。（《史记·五帝本纪》）  汉画像石中的蚩尤

续表

苗族服饰文本	苗族口述文本	汉文古籍和图像文本
 苗族头饰。 云南武定，1989，笔者摄。	……苗王也逃出来了。为什么逃得脱？原来，王后见到处都是敌人，戴着王冠的苗王跑到哪里，哪里的追兵就越聚越多。王后为了让苗王逃脱，就把苗王的王冠拿来自己戴着，朝另一个方面逃走，吸引了追兵的注意，苗王才脱了身。从那以后，那王冠便可以让妇女戴了，以纪念为保王而献身的王后。据说，现在被称为"高孚"的帽子，就是王冠的样子，也是苗城的标志。在民间，要大女儿婚后生下第一个娃娃，才能回娘家来戴一次"高孚"，然后传给二女，再依样传下去，代代相传。（武定县九厂乡椅子店村公所干海子村张文志讲述，流传地：云南省武定县一带，1989年9月，笔者采录）	蚩尤作兵伐黄帝，黄帝使应龙攻之冀州之野。应龙蓄水。蚩尤请风伯雨师，纵大风雨。黄帝乃下天女日魃，雨止，遂杀蚩尤。（《山海经·大荒北经》）
 19世纪末20世纪初的贵州大花苗背牌。 王永华（苗族）提供。	（"三福"）占据了先人居住的地方。格也爷老、格蚩爷老、甘骚卯碧都很悲伤。他们可惜这块大平原，因为这是个好地方。他们只有把这些景致做成长衫，拿给年轻的妇女穿。衣衫上的花纹就是罗浪周底，围裙上的线条就是奔流的江河。他们把这些披肩拿给年轻的男子穿，围起来给男女老少看。让人们看到那些开垦出来的田地，让人们看到那些修盖起来的楼房，他们把这些当作永远的纪念，说明苗族曾经有过这样的历程。（夏扬整理《苗族古歌》，德宏：德宏民族出版社，1986年）	
 苗族背牌。 云南东北部，1971，笔者绘。	这衣服苗话叫"戳苏"。是我们苗人的京城……（京城失守后）逃出来的人汇拢到一个叫蝴蝶山的地方。后来山上也躲不住了，就商量要走。走的那天，我们的人聚在蝴蝶山山顶上，远远地望着家乡。方方的城墙里有我们的家。舍不得又夺不回的苗城带不走，只有记在心里，绣在身上，全族的人带着它们走：前襟"嘎叨让"，代表城门，护肩是苗寨，后襟上四四方方的图形，就是我们的京城。搭缝在两块披肩后的方块巾叫"劳搓"，上绣方形图案，正规式样为三道，和我们苗族古歌上"格蚩爷老练兵场上花三道"的说法正相符，所以，传说它象征首领的练兵场或令旗。披肩两头的部分叫"搞"，"搞"上的花纹叫"鲁老"，代表过去京城的城市和街道；中间部分那个小方框，叫"苏"，上面的花纹叫"凿苏"，是我们	

续表

苗族服饰文本	苗族口述文本	汉文古籍和图像文本
 象征苗族都城的背牌和铠甲式披肩。 昆明嵩明，2010，笔者摄。	的演兵场。苗话说：“阿苗莱老”，意思是“苗族穿全城”，苗家人把自己的老家全背在身上，记在心头。（云南省安宁市草铺乡青龙哨办事处水井湾苗村龙树岗讲述，1989年11月，笔者采录）	
 云南嵩明县大花苗平时不穿加花披肩，但她们的百褶裙还保留有较多蜡染图案，纹样比较复杂。底纹为由菱形花纹及各种小图案构成的蜡染图案，裙上必绣三道金黄和红色饰条。 昆明嵩明，1997，笔者摄。	苗女的百褶裙，平装白裙叫“点撒”，蓝裙叫“点扎”，盛装有蜡染的裙叫“点老”，折叠扎染不透靛水的叫“点带”。苗族衣服和百褶裙，图案构成多为“X”形，中间用正“T”和倒“T”相隔，表示山川；“T”上空隙处由菱形花纹及各种小图案构成，表示五谷；裙上必有的三道红黄相间、叠压并行的饰条，腰部和裙角这两道横贯始终，叫“上朗”和“下朗”，上代表黄河，下代表长江；中间一道间断的布条叫“布点”，代表灌溉的水渠（一说有一条代表云贵高原）；裙角红黄布条下蜡染的方田形图案，代表城墙。（出处同上）	
 19世纪末20世纪初的贵州大花苗。 王永华（苗族）提供。	女人头发缠成的尖角，不是角，而是一路上过水太多，怕弄霉了苞谷种子，女人就把它们缠在头发上，顶着过河。据老人说，离开京城，苗家游一天一夜水，走一天一夜干地，又游两天两夜水，走两天两夜干地，再游三天三夜水，走三天三夜干地，最后游五天五夜水，走五天五夜干地，才到了这里。一路上过水太多，妇女怕苞谷种泡霉了，就把苞谷种绕在头发上。所以，直到现在，妇女都喜欢梳高发髻，就是从那时兴起的。（武定县九厂乡椅子店村公所干海子村张文志、武定县文化馆朱宪荣讲述，1989年9月，笔者采录）	《淮南子·齐俗训》谓“三苗髽首”，“髽”，即“以枲束发也”，枲即麻。“髽首”即用麻发盘头而为“椎髻”。

3．主流史之外的历史叙事

对于较近的可考历史，苗族服饰采用的则是更具象一些的记录。那些在主流史书里被作为“暴乱者”示众的人，在黔东南苗族的心中，却是起义首领和民族英雄，他们的画传被绣在衣袖上，永志不忘。

表3　其他历史叙事主题的互文性

苗族服饰文本	苗族口述文本	汉文古籍和图像文本
 绣有张秀眉等苗族英雄的绣片在黔东南苗族中十分流行。 上：贵州黔东南苗族侗族自治州台江县，台湾长河艺术文物馆藏品；下：贵州凯里，笔者收藏。   苗族传说中有名叫芜莫席（音）、巫妮的苗族女英雄，她们背着孩子，手持弓箭，口衔利刃，骑在马上。当地苗族都熟知女英雄的传奇故事，“她很猴（厉害）呢！” 贵州，2006，笔者摄及收藏。	官家凭武力，夺我苗家田。 官府向客家，苗家受欺压。 屯里兵几何？苗家汉几多？ 为何受欺负，为何受抢夺。 到了恶岭上，到了高坡上。 田无蓄水空，地无平坦地。 使我苗家汉，饿饭又无钱； 使我苗家女，不得银装穿！ （流传于贵州凯里一带讲述清代张秀眉起义中女将巫妮的苗族民歌。见http://www.baike.com/wiki/潘阿妮。） 苗王“诺的公”武艺很好，曾杀虎救人。明洪武年间，苗人被赶出贵阳，苗王战死。为了纪念苗王，当地苗族每逢跳月，都要仿照苗王服饰，穿上有银饰背牌（苗王印章）的服饰。（丁朝北《黔南苗族服饰试论》，载中国民族博物馆编《中国苗族服饰研究》第96~97页，北京：民族出版社，2004）	土司通事挟其势力，多置爪牙，以朘剥苗民。每年食米取之，烟火钱取之，丧葬嫁娶费取之，男女生辰费取之，世职承袭费取之，夫马供应费取之，汉官过境，藉名辨差，所出者一，所入者百，又取之，然犹谬谓土司通事之正供也。正供无厌，又推而广之，格外苛派，千百其术，稍不如欲，鞭朴立加。苗民无敢抗，抗则阴中以事，身家莫保矣。甚至无事之家，但属小康者，土官奸民相依倚，往往凭空结撰，以非刑搕索之，家倾乃已。土差则百十为群，下乡舆马供应比於上官，连村震动，数月不宁。……苗民无饱食暖衣之日，又时有怨恨报复之心，而欲其不叛也，难矣！(易佩绅《贵东书牍》卷三，第5~7页，“禀请变通旧制各事宜”） 张秀眉等“于诸苗最为黠鸷”“为苗疆祸首”。（据清同治十一年五月十二日湖广总督李瀚章、署理湖南巡抚王文韶奏） 龚继昌攻岩洞，降其酋义忘，使侦秀眉，随所至而攻之，破八砦，秀眉独将数十人匿乌鸦坡，生俘之，斩以徇。苗砦存者十之二。（王闿运《援贵州篇》，见互动百科http://www.baike.com/wiki/苗民）

上表的分述，分两个层面：一是图像文本和语言、文字文本的分述，一是主位视角和客位视角的分述。在最初的起源神话中，两大远古族群口述或被文字记录下来的创世神话，都有某物（树木、动物或神人）"化生"万物的内容。它们说明两大族群在文化或思维方式上，曾有交集或具有某些共同的特征。随着争端的发生，两者的叙事，无论是口述、文字文本还是图像文本，便因立场的不同，而对同一事件和对方，出现不同的描述。

类似的例子不胜枚举，图像与神话或史诗的互文，在许多民族中都有存在。如云南元阳哈尼族传统文化传承人"贝玛"（巫师）的"吴芭"的头饰，是哈尼族古代迁徙史的图像化记录，只在葬礼送魂或重大的民族祭祀活动中，才由"贝玛"佩戴（图9）；生活在滇西的景颇族认为他们来自青藏高原，每年正月十五的"目脑"节，祭司"董萨"必须身穿长袍，头戴饰有孔雀、野雉等百鸟羽毛的羽冠，率领可达千人的队伍，仿照"目脑柱"上绘饰的回纹图案，回旋歌舞，象征性地"返回"祖地（图10）；云南澜沧拉祜族服饰上的纹饰，是对传说中的创世神和文化神的纪念（图11）……这些神话与现实、人间和灵界混杂的民族文化史，都用不同的图纹和颜色标示得清清楚楚。把这些图纹讲完，就是一部部创世神话和迁徙史诗。巫师们头戴这部象形的创世神话史诗，带领族人从远古走到现在。他们没有文字，但这些民族却用丰富的口述叙事（神话传说）和被称为"民间艺术"的图像叙事及象征文本，书写了自己的文化史。

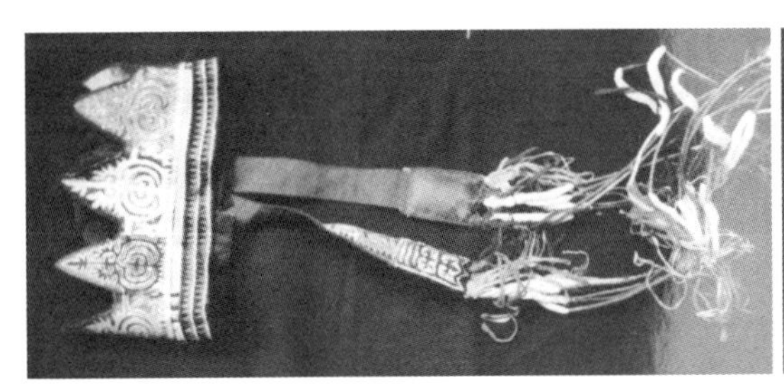

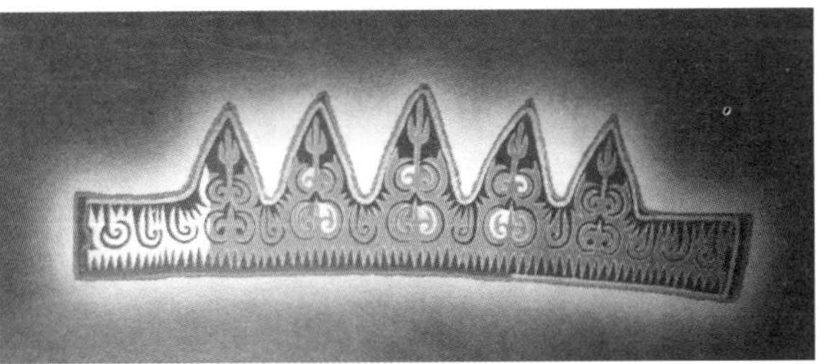

图9 哈尼族巫师的"吴芭"头饰上用不同颜色绣出来的树状图案，记述了哈尼族的起源和历史上的几次重大战争及迁徙事件。他们可以指着头饰上的图纹，叙述哈尼族从哪里来，死后到哪里去，什么时候遇到挫折了，什么时候特别兴盛发达的漫长故事。头饰后部长长的璎珞，则是连接祖灵的媒介（云南元阳，1991，笔者摄）

图10 在"目脑"节上穿长衫戴羽冠，带领族人回旋溯回祖地的景颇族领舞"董萨"（德宏傣族景颇族自治州潞西市，1993，笔者摄）

图11　拉祜族大襟长衫长裤式服装。传说，拉祜族祖先从葫芦中出来时是光着身子的，没什么衣服穿，没有粮食吃。有一天，先祖扎迪和娜迪来到一个美丽的地方，遇到了骑马巡视的厄莎。厄莎见男人和女人都光着身子，饿得瘦骨嶙峋，就下马来，把棉花种和小米种给了他俩。女人种出了棉花，纺出线织成布，想起那个美丽的地方和遇见厄莎的那条岔路，就把衣服裁成长衫，两侧长长地开衩，在分衩的衣襟上缝缀了许多齿牙花纹，代表路边的蕨菜；为了不忘曾住过的山洞，她们还加进了一些石花图案，那是她们在石洞岩壁上常常看到的（云南澜沧拉祜族自治县，2012，李剑锋摄）

从认知人类学角度看，人类一般都拥有视觉化想象。如欲将信息作为群体的长期记忆存储，在没有文字的情况下，以图像来“固化”，是一种普遍采用的方式。它可以将在不同时间状态下流动的事件，凝固和呈现于一个空间（画面）中。民族服饰纹样具有这样的特性。它们是集体记忆的另类书写与固化，与口述叙事形成互文并可通诠。即使是纯粹的口头叙事，在认知、表达和传播的时候，呈现在讲述者和受众心目中的故事，也可能是图像化或视觉化的。比如某些民族的叙事长诗演唱者，据说唱到一定程度，演唱者的眼前就像放电影一样，“看”着唱下去就是了。[1]当然他们也调动了听众的视觉性想象，让人身临其境，感同身受。这种情况，在叙事性表述中，比较常见。它是与逻辑思维完全不同的另外一种思维方式——形象思维。它们之所以能够互文和通诠，与这种认知与思维的共性有关。

三、作为一种“写本”的服饰

2008年，收藏家朋友黄英峰先生和夏威夷大学艺术展览馆馆长Tom Klobe，邀请我参加在美国举办的“中国西南少数民族服饰”展览和研讨会。在设计研讨会主题的时候，我们认为，过去看民族服饰，大多只看到它的表象，看到款式的奇异和制作工艺的精美。但在田野调查中，我们就会发现，民族服饰不仅仅是一种图像的物质载体，它背后隐藏着民族的社会结构和文化体系，仅仅通过工艺来谈论是不够的。特别是我国西南地区一些无文字民族，他们的服饰中隐藏着丰富的文化密码，是集体记忆的视觉表达和族群文化史的另类书写（Deng Qiyao，2009：43–57）。他们为特殊场合制作和穿着的服装和饰品，形成了回顾、展现和宣传人们文化历史变迁的过程和媒介（Angela Sheng，2009：15）。我们商定的主题和展览借用的“针笔线墨”或“绣绘”（岐从文，

[1] 参阅“第七届 IEL 国际史诗学与口头传统讲习班：图像、叙事及演述”（2017.11.18—2017.11.21，北京）上莱昂纳德·查尔斯·米尔纳教授和朝戈金教授的报告。

1998），生动地体现了这个意思。这些象形的“字”，不仅和祖先留下的神话传说有关联，有的甚至和商周时代文物上的某些纹饰十分相似，具有一脉相承的文化特征。因此，民族服饰研究不可避免地会和人类学、民族学、神话学和考古学联系在一起。

我们已经谈过，文字记载下来的历史，只是人类文化史的一部分；用文字书写历史的族群，也只是文化史书写者的一部分。在所谓“史前”（以文字划定的历史）时期，人类以物象、图像、动作和声音“书写”的历史，至今还没有被充分研究；而无文字族群的文化，在官方和精英书写的传世文献中，更存在众多认知空白。所以，包括神话研究在内的民间口传文化的研究，以及包括服饰图像在内的视觉表达研究，就具有了特别的意义。对于神话学研究来说，它的方法论意义在于，通过口述文本和图像文本的互文与互补，我们可以看到文化更丰富、细微和生动的层面。更重要的是，这种意义不仅仅是方法论层面的，同时也是认识论、价值论等层面的，它让文化史不再为帝王史所遮盖、所垄断，而是具有了更多人民性的、复线的和多元的内容。而“非文字书写的文化史”，不仅对神话学研究，对于人类文化史的研究，也是意义重大的。

正像神话研究不仅仅是文学研究一样，服饰研究也不能仅仅是图像研究。最初我也参加过“民间文艺”之类的搜集整理，进入田野，才发现各民族民间现在还在流传、还在使用的神话之类口述作品和服饰、画像、雕刻之类造型艺术，并非我们理解的单纯“文学艺术”作品。特别是与信仰相关联的作品，它们需要在某些重大典礼、某些民俗场合，才能由特定的人（法师、长老或长者），在特定的时间地点，举行特定的仪式，将其示出。服饰也不仅仅是“美”的艺术作品，各民族服式、图纹既有形式构成的艺术特色，更蕴含着丰富的文化内涵。许多服饰，需要在特定的节日、祭祀或人生礼仪中才能穿服，它们的功能，和神话类似。所以，从图像、服饰等角度观察研究创世神话等口述文献甚至文字文献，关注“非文字书写的文化史”，是一条可能的路径。

另外，从这里面，我们也可以看到很多有意思的东西。当我们对神话和图像进行分析的时候，如果从语言学角度切入，就会发现先民的口述和图语与我们现代的、理性的逻辑思维是不一样的。因此，这里面还有很多内容值得我们进一步讨论。我主张在我们做田野调查的时候，要做多方面的关注，不仅是记录下参与观察过程中看到的，还要留意我们所听到的。另外，我们不要以我们所接受的教育训练来理解当地人的思维世界，进而判断哪些是可以理解的，哪些是不能理解的。在我们搜集上来的神话和图像文本中，可能有一些非思维逻辑和视觉规律的表述，也可能内容模糊，指涉不明，这也正反映了他们的思维特征。所以，在我们下去做调查的时候，要把视野打开，一切都有可能成为我们的研究资料。

通过对包括服饰在内的非文字书写的文化史做田野考察及研究，可以发现，文化，不仅仅是文字记录的那些东西；文“字”，也不仅限于我们认识的类型。民族服饰和神话传说、考古文物、历史文献之间，具有极强的互文性。那些以物象、图像（包括服饰）、动作等视觉表达方式与口头叙事，是在无文字时代与无文字族群中延续很久的文化行为。口头叙事传统产生了大量神话、传说、古歌和史诗，视觉表达传统亦在玉佩、陶纹、岩画、服饰上留下了无数象形和象征的

“言说”，正所谓“岁月失语，唯石（陶、衣等）能言”。它们以非文字方式书写的文化史，创制于“有史（文字史）”之前的漫长时间，广布于有文字族群之外的广阔空间。

无文字族群的历史叙事和文化传承，一般通过族群内的口述史、图像史以及相关仪式、民俗等进行表达。在无文字时代和无文字民族中，口耳相传、动作或图像等，是信息传播的主要方式，由此而形成我们现在称为神话、传说、古歌、史诗、谣谚以及以象征性物象、图像和仪式等为基本内容的无形文化遗产。口述史和以图叙事的方式，过去是历史书写和知识传承的一种方式，现在对一些无文字民族来说，依然是历史书写和知识传承的一种方式，具有特定的文化功能。已经有许多不同学科的研究证明，许多族群的古史和他们的口传文化及其象征系统是互文互证并一脉相承的。我们对服饰符号进行叙事或仪式结构、符号类型和象征意义的分析，也旨在说明，许多以“艺术”形式呈现的图像文献，是无文字时代和无文字族群叙述历史、传承文化的一种方式，是以非文字形式书写的文化史和心灵史。

当然，我们也要明白，尽管图像研究很有趣，但这只是文化研究的一个角度，它不应该，也不可能离开口述文化，更不可能忽略文字文明。相对于口头叙事的可变性和流动性而言，图像叙事在不同程度上对事件有所固化。但在传播时，它们又必须处于特定的习俗或仪式语境中，依靠口头叙事或文字叙事的释读。从图像、服饰等角度观察研究创世神话等，离不开文字，更离不开口述的文本。类似服饰这样的图像，虽然很形象、很直观，但作为信息能指符号，它们也有所指不明确、阐释多义性等特点。如果脱离了本文化持有者的解读，脱离了它们特定的文化语境，就很难清晰地传达它们的意义。甚至就算是本文化持有者的解读，由于时代的变异、空间的转换、个人身份的不同，也会出现不同的解读。所以，我们必须对此保持足够的警惕，尽可能避免独断性判读和过度解释。

总而言之，图像和语言文字虽然各有不同的符号系统，甚至可以说在文化史和族群史上可能分属不同的文化系统，但是，我们不能孤立地看待它们。因为在族群的历史和实际生活中，它们是可以互补、互文、互证的文化符号形式，是文化整体的不同构成部分。口述文本和视觉文本，可以“证史”，亦可“证心”。从不同族群异曲同工的神话母题，从不同文明各美其美的“以图叙事”传统，我们看到超越于一切种族和文字的人类认知和创造共性。

02 同源异流——文化交融与毛南族织锦

杨　源[1]

摘　要　毛南锦作为南方农业民族特有的文化艺术，堪称农业文明的表征，承载着毛南族深厚的社会历史文化内涵。毛南族织锦技艺精湛、历史悠久。蜀汉时期，蜀地汉民族织锦技艺及先进的桑蚕养殖技术随“移民实边”举措传播至湘、黔、桂地区，使毛南锦与蜀锦之间有着明显的渊源关系。广西环江的壮族和毛南族同样拥有悠久的织锦历史,在这个相互通婚、相互影响的文化圈中，毛南族织锦和壮族织锦在织造技艺和花纹图案方面风格相近而又各具特色。毛南锦的织造技艺和装饰纹样都说明毛南锦是民族间文化交融的产物，也显示了毛南族对外来文化的兼容吸收与创新能力。

关键词　毛南锦、蜀锦、壮锦、文化交融

毛南族是中国南方的山地农业民族，主要分布在广西壮族自治区西北部河池市的环江、金城江、南丹、宜山、都安等地，其中约55%居住在环江毛南族自治县境内。环江县西部的上南、下南、水源、川山、洛阳、木伦等乡是毛南族的主要聚居区，素有“毛南山乡”之称。毛南族先民属于先秦时期百越族群中西瓯骆越的一支，与唐宋时期的僚人、明清时期的伶人有渊源关系，因其居住地“茅滩”或“冒南”而得名毛南族。毛南族纺织技术历史悠久，蜀汉时期，蜀地汉民族织锦技艺及先进的桑蚕养殖技术随“移民实边”举措传播至湘、黔、桂地区，使毛南锦与蜀锦之间有着明显的渊源关系。毛南锦是一种以斜纹组织为基础的，织造工艺精湛、装饰色彩华贵的民族织物。作为南方农业民族特有的文化艺术，毛南锦堪称农业文明的表征，承载着毛南族深厚的社会历史文化内涵。

[1] 杨源，中国妇女儿童博物馆研究员。

一、毛南锦与古代蜀锦的关系

“锦”作为一种精美的多彩提花织物，多是以加工染制的熟丝织造，是丝织物中最为贵重的一种。《释名：释采帛》：“锦，金也，作之用功重，其价如金，故制字帛与金也。”同时，锦也是古代丝织物最高水平的代表。织锦的起源年代，目前尚无定论，从出土实物来看，在西周已出现织锦，至少有三千多年的历史。《诗经》中有“萋兮斐兮，成是贝锦”的描写。蜀锦是我国的四大名锦之一，以四川成都为中心产地。汉唐是中国蜀锦最为繁荣时期，古代“丝绸之路”出口西方的丝绸产品主要是蜀锦，这一点已由西域考古发掘证明。

蜀锦发源于春秋，兴起于汉代早期。春秋战国时期，以成都为中心的古蜀国曾以“布帛金银”之丰饶而名闻于天下。三国时期，诸葛亮曾以蜀锦作为军政费用的主要来源，称“今民贫国虚，决敌之资，唯仰锦耳。”到了唐代，四川的蚕丝业步入鼎盛时期，此时的蜀锦代表着中国古代丝织技艺的最高水平，并被视为唐锦的代表，名贵的蜀锦“其价如金”。唐代初年，益州（今四川）大行台检校修造窦师纶主管皇室的织造用物，组织并设计了许多锦、绫新样式，因其被封为“陵阳公”，所以他设计的纹样又被称为“陵阳公样”。蜀锦通过丝绸之路远销西方各国及波斯、日本。蜀锦在宋代继续占有重要的历史地位，元代费著《蜀锦谱》记述了宋代设于四川的官办丝织手工业机构，包括规模、产品原料、品种和数量等，并记述了蜀锦的历史、品名、色彩和图案（图1）。明代时全国的丝织重点转向江南，蜀锦的织造衰落，至清乾隆、嘉庆以后，成都的丝织业才又逐渐繁荣起来（图2）。

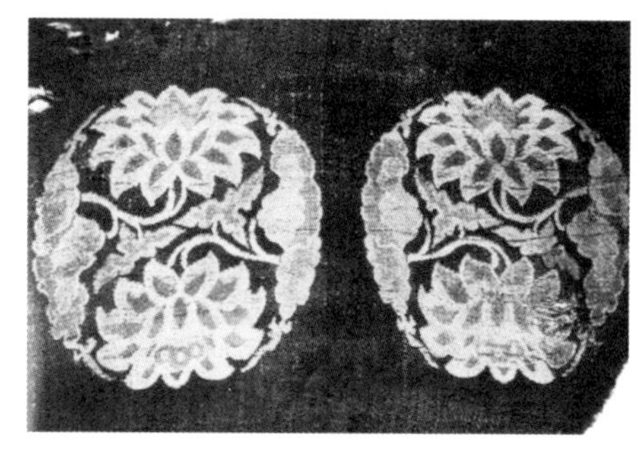

图1　宋代重莲纹蜀锦[1]

图2　清代瑞花纹蜀锦[1]

蜀汉时期，蜀锦的产量很大，诸葛亮设“锦官”管理蜀锦生产，并实行开发南中的政策，认为“思惟北征，宜先入南”。蜀军南征时，为了帮扶桂、黔、滇诸地少数民族提高生活水平，实行“移民实边”政策，将蜀锦技艺传授给当地老百姓，使“无蚕桑，少文学”的西南少数民族逐渐“建城邑，务农桑”。作为岭南的世居民族，毛南族的先民学习掌握了这一先进技艺，毛南族织锦的产生和发展，均显示其与蜀锦在西南民族地区的传播有着密切的关系。在对毛南锦织造工艺和纹饰的田野调查和资料分析中，可以看到现存的毛南族织锦具有蜀锦的工艺特点。毛南锦的织造

[1] 黄能馥. 中国成都蜀锦 [M]. 北京：紫禁城出版社，2006.

工具、织造技艺和织锦纹样均显示出蜀锦与毛南锦的共性，说明毛南锦是文化交融的产物。

（一）同类型的织造工具

蜀汉时期的蜀锦织造已采用先进的提花楼机进行生产，而后盛行于广西环江毛南族地区的竹笼提花织机的织造原理与蜀汉小花楼提花机相同，但更易于操作，便于织造技术在民族民间的推广（图3）。

竹笼提花织机主要织造构件有：

（1）地综杆用于控制线地综，长约65厘米，线地综根数按织物经纱数相应而定。综环高8~10厘米，与机后的分经筒组成平纹交组梭口。分经筒长约65厘米，直径约16厘米，按奇偶纱经数作上下分隔，形成一个自然梭口。

（2）打纬工具有梳状竹筘和刀杼。竹筘由筘框上下固定，可打纬用。刀杼背部装有纬管，既有梭子功能，又可打纬。

（3）织作器包括引纬木梭、竹制张口器以及纹刀、织轴。木梭长30厘米，宽4厘米，高4厘米。竹制张口器长60厘米，筒径约5厘米，头端呈斜坡状。纹刀长60厘米，宽约4厘米，厚约2厘米。H形卷经轴长约75厘米，轴板高约40厘米，是搁放经轴的支点并可微调经线平面高低，并与卷布棍组合为人工的送经和卷布结构。

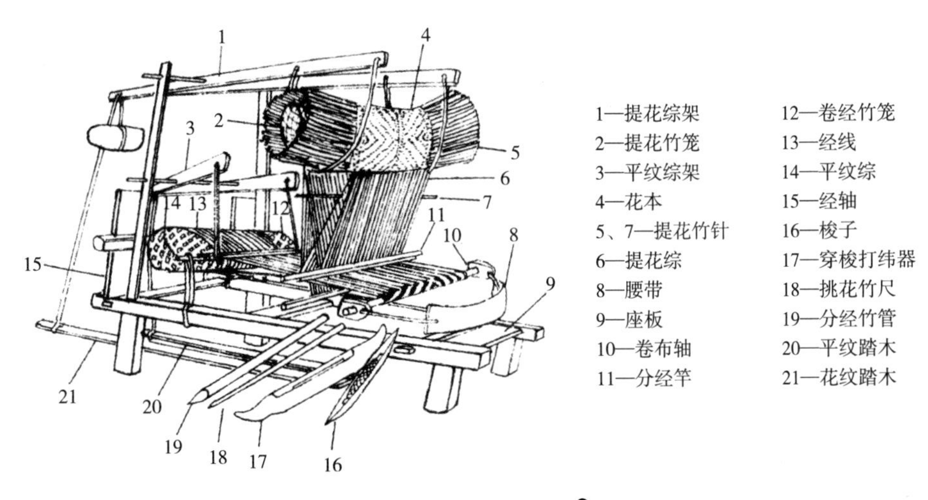

图3 竹笼提花织机[1]

（二）相似的地纹组织

毛南族织锦实物大部分采用了卍字流水纹为地纹的形式，通幅的地纹衬托着各式吉祥的主纹，主题突出，布局饱满。以图4“毛南族金黄卍字地菊纹锦”和图5“毛南族卍字地对凤花树纹锦”为例，可以看出其与古代蜀锦的设计构思颇为相似。

[1] 黄能馥．中国成都蜀锦[M]．北京：紫禁城出版社，2006.

图4　毛南族金黄卍字地菊纹锦

图5　毛南族卍字地对凤花树纹锦

（三）一致的色彩风格和花纹造型

毛南族织锦秉承了古代蜀锦的韵味，用色讲求富丽和谐，以金黄、褐、绛、蓝为主色调，间以少量明快的粉、绿、白等色彩提亮，注重细节表现，在变化中寻求统一，层次分明，庄重而不失华美（图6、图7）。

图6　明代卍字地四合如意团花蜀锦[1]

图7　清代双距地四合蔓草纹蜀锦[1]

现存毛南锦的花纹造型明显具有宋明时期的织物纹饰特征，结合毛南族社会历史综合分析，可以认为，毛南族至少在明代以前已大量接受汉文化，主要体现在服饰和织锦方面。毛南锦的形成与发展得益于蜀锦的影响，提升了技术，丰富了纹饰，令其色彩华贵、纹饰丰美，在民族织锦中绝无仅有。毛南锦的织造技艺和装饰纹样都显示出毛南锦是民族间文化交融的产物，这一点在纹样中尤为突出，各种龙凤狮虎纹、花树纹、团花纹以及毛南族民俗和农事信仰中的诸神纹样一道成就了毛南族的织锦艺术，使毛南锦在中国民族织锦中独领风骚，同时也显示出毛南族对外来文化的兼容、吸收与创造能力。

二、毛南锦与近代壮锦的关系

2000年，在广西环江地区发现了一些传世的、年代约为明清至民国的织锦，其装饰色彩华美，织造工艺精湛，图案内容丰富并保存完好，堪称民族民间织物中的珍品。但是，这些织锦的族属

[1] 黄能馥. 中国成都蜀锦 [M]. 北京：紫禁城出版社，2006.

却无定论，一说是毛南锦，而国内权威的民族图册上则将此锦称为壮锦。令笔者关注的是，毛南族早已接受汉文化，服饰和传统习俗都已处于文化交融状态，如此特色浓郁的织锦真是毛南锦吗？如果是，那么其对于认知毛南族文化是很有价值的。

2000~2001年，笔者数次前往广西及其周边地区，考察了广西宾阳壮锦、广西金秀瑶锦、广西环江壮锦、贵州荔波坤地布依锦等少数民族织锦，最终在广西环江地区的下南、温平、水源等地发现了这种类型的织锦，并以此为中心展开毛南锦的田野调查。广西环江地区有着发达的农业，主要居民是壮族和毛南族，在环江及其周边地区的考察中发现，该地的壮族和毛南族都有悠久的织锦历史，棉纺织技艺亦有较高的水平。环江的壮族和毛南族并早有通婚习俗。毛南族姑娘出嫁时把毛南锦织造技艺带到壮族家中，继而在织造过程中产生了两种文化上的相互影响，使毛南锦和壮锦在织造技艺和花纹图案上都十分相近，较难区分。在这个相互通婚、相互影响的文化圈中，通过实地考察、对比分析，我们发现了毛南族与壮族织锦既有共性又有不同，并最终确认了毛南锦的存在。

由于环江的壮族和毛南族比邻而居，相互通婚，且有部分相近的信仰习俗，织锦技艺和用途又很相似，以至于毛南族织锦在很多时候被误认为是壮族织锦。在此有必要将毛南族织锦及其周边的壮族织锦加以辨析，以二者的异同来理解邻近民族之间的文化交融现象。

（一）壮锦的特色

壮锦的历史悠久，曾与云锦、蜀锦、宋锦齐名，是我国少数民族织锦中的重要代表。明代时壮锦因精工细作、色彩绚丽、结实耐用而驰名，万历年间壮锦作为贡品入贡朝廷并远销中原。乾隆《柳州府志》中记载："壮锦各州县出。壮人爱彩，凡衣裙巾被之属，莫不取五色绒线杂以织，如花鸟状，远观颇工巧炫丽，近视则觉粗粝。壮人贵之。"随着织锦工艺的发展，壮锦质量有了很大的提高，光绪《归顺直隶州志》记载："土锦，以丝杂棉织之，五彩斑斓，葳蕤陆离，真杜诗之海图波涛，天吴紫凤也。"壮锦织品厚重、色彩悦目、图案绚丽，精致美观。

壮锦主要分布在宾阳、忻城、来宾、柳州、靖西、环江等地，风格各有特色，以宾阳壮锦最为著名。壮锦一般以几何纹样居多，常见的有方格纹、菱形纹、水波纹、云纹、回字纹、编织纹、同心圆纹，也有各种花草和动物图纹，如蝶恋花、凤穿牡丹、双龙戏珠、狮子滚球、鲤鱼跳龙门等（图8、图9）。壮锦多用大红、杏黄、翠绿或纯白、纯黑作底色，用对比强烈的色彩作花纹，通过亮底暗花或暗底亮花的相互映衬，更显浓艳粗犷，生意盎然，具有鲜明的地方特色。

图8 壮族对龙瑞兽纹锦（温平式）

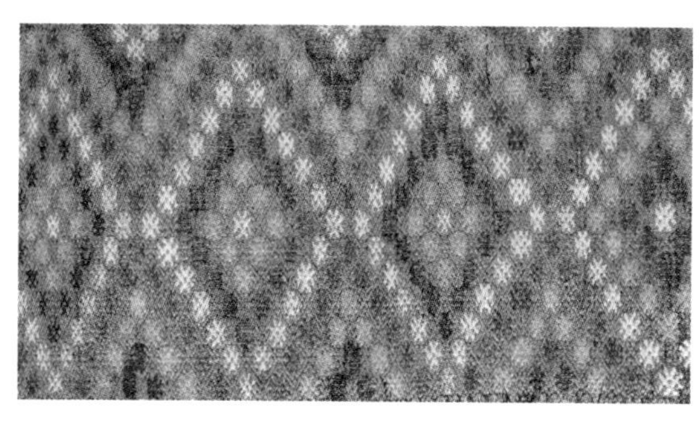
图9 壮族几何八角花纹锦（川山式）

（二）二者的异同

毛南族织锦产地以毛南族聚居的环江下南为中心，在邻近的温平、川山两地的壮族与毛南族通婚聚居区也有发现。环江壮锦分为川山式、水源式、温平式、下洛阳式、广南式五种，其中仅有水源和温平两地的壮锦与毛南锦相似，其他壮锦风格各异。我们在实地调查中，掌握了大量第一手田野资料和实物样本，调查资料显示出毛南族家庭中发现的织锦所具有的共同特征。经过综合的资料分析与实物比较，我们认为可以通过几个方面来辨析毛南族织锦与邻近的壮族织锦两者的不同与相似之处。

1．不同之处

颜色不同：毛南族织锦以金黄色、褐色、绛色、蓝黑色为主调，古朴沉稳而不失华美，其中金黄色和褐色运用最多。而壮锦色彩绚丽，形象特征鲜明突出,讲究重彩，以大红、玫红、橘黄、白色为主调（图10、图11）。

图10 壮族红地对凤花树纹锦

图11 毛南族卍字地对凤花树纹锦

材料不同：毛南锦的地纬、花纬以彩丝为主；壮锦的地纬、花纬可用丝，也可用棉。

尺寸不同：毛南锦大幅，尺寸约为127cm×30cm，三幅连为一张；或者132cm×44cm，两幅连为一件（图12）。壮锦小幅，尺寸约为110cm×34cm，两幅连为一件（图13）。

风格不同：毛南锦织造风格豪放大气，装饰色彩古朴；壮锦织造风格小巧精致，装饰色彩艳丽。

2．相似之处

纹样相似：由于相近的文化和信仰，且在生活中相互通婚，互有影响，因而环江毛南族和壮

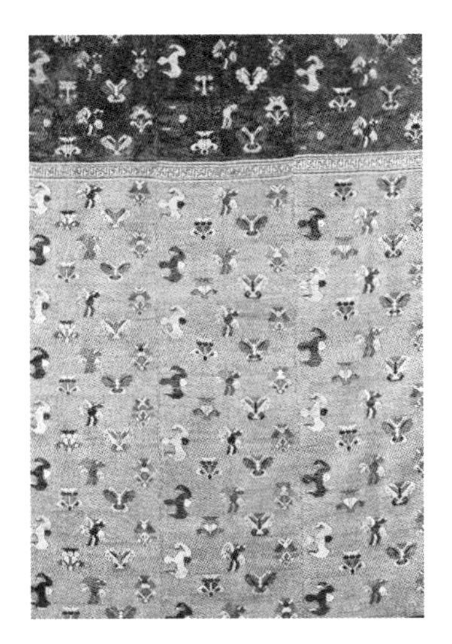

图12 三幅连为一件的毛南族锦被

图13 两幅连为一件的壮族锦被

族织锦中有很多共同的主题纹样，如：游龙、飞凤、花树、舞狮、跃鹿、扑虎等纹饰。

织机相似：毛南族和邻近的壮族使用的织机，属于同一类的竹笼提花织机，其上有一个竹编花笼，壮族织机的花笼较大，毛南族织机的花笼较小（图14、图15）。

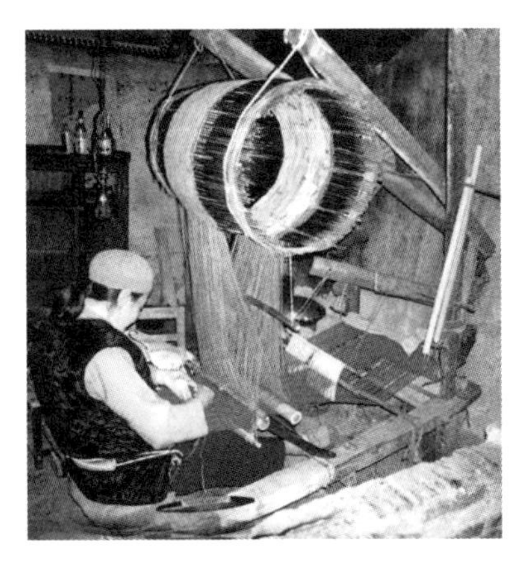

图14 壮族竹笼提花织机

图15 毛南族竹笼提花织机

技艺相似：毛南锦和壮锦的挑花结本均依靠竹笼的纹竿编结环形花本，织女将意匠图铭记心中，花纹织造由地综和纹综分别组成。

在考察中所见传世的毛南锦多数为清代织造，一些为民国时期的作品，或许可以由此推测清代是毛南族织锦织造的一个高峰期，民国时期依然盛行，至20世纪80年代以后就少见织造了，而2000年以后，还能织造毛南锦的妇女仅有几人。在当今毛南锦织造技艺濒临消失的状况下，我们对毛南锦织造技艺的考察研究在一定程度上要借鉴当地壮族妇女仍然保存着的织锦技艺。由于二者的相似性，壮族织锦让我们看到已经渐行渐远的毛南锦的基本织造特色。

三、毛南锦与民俗生活

毛南锦作为南方农业民族特有的手工艺品，出自于民众之手，用之于民众生活，不仅承载着毛南族深厚的文化内涵和悠久的社会历史，也在毛南族的服饰、居住、礼仪、祭祀、婚嫁等诸多民俗活动中发挥着极为重要的作用。在毛南族人生最隆重的两个礼俗——婚礼和诞生礼中，毛南锦作为必要的嫁妆和礼物，承担着重要的角色和传承民族文化的使命，与毛南族的民俗生活密切相关。

（一）毛南锦的主要用途

毛南锦的主要用途是作为被面，在传统婚礼热闹喜庆的繁复仪式中，陪嫁的毛南族织锦被的展示备受瞩目，成为婚礼中最具特色的环节。迎娶之物准备妥当后，迎亲队伍在前一天晚上全部集中到新郎家，挑着彩礼一早出发，到达新娘家后休息吃午饭。正午时刻，新娘家要在院子里举行折被仪式。在庭院里摆好几张竹席，所有的嫁妆都摆在竹席上面。旁边放着一架染上红色的大“棉岗”[1]。在宾客们的围观期盼中，由新娘家两位子女双全的姑嫂伯娘来叠被。每张织锦被里都放上一样象征吉祥的物品，被子叠成四方形，和“棉岗”的内空大小一致。叠好后用一根红线十字交叉捆好。一边叠被一边由女歌师唱“欢折棉”歌，每叠一张唱一首。姑嫂伯娘叠一张被，歌师唱一支歌，一直唱到第九张。到达新郎家后，新娘送的嫁妆，拆下来先摆在中堂的香火堂下面。第二天中午，还要在新郎家举行开被仪式，由新郎家两位子女双全的姑嫂伯娘来开被。每打开一张织锦被，男女歌师都要对唱一首“开被歌”，毛南族称为“欢开棉”，对唱之时，宾客们观赏着精美华丽的织锦新被，一边分享着新人的幸福，一边赞赏着女方的精湛手艺（图16）。

图16　毛南族花树对凤纹锦被

在这一“叠”一“开”的过程中，毛南锦被承载着的喜悦与祝福一次次地展示开来，母亲对女儿的嘱托与惦念织进了“金灿灿的锦花”，经纬的交错中传递着毛南族人对美好生活的期盼。毛南锦被的精美和重要功能通过婚礼歌的形式记录了下来，如此厚重的陪嫁礼物格外令人珍惜，出嫁后的女性在怀孕生子后即将这些珍贵的毛南锦被收藏起来，继而一代代地传承、保存下来。笔者在毛南锦征集的过程中看到，有些锦被已经传了7代以上，依然完好如新。

婴儿降生，是人生的开始，也是一个家庭的大事、喜事，以至于家人充满欢欣，亲朋齐来相贺。毛南族人非常重视第一个孩子的出生，孩子长到五、六月时要办一次较大的喜酒，毛南话叫

[1] 棉岗，毛南语，指堆放嫁妆所用的四方木架。

作“肥固儿”，即去外婆家取背带。这个喜酒的规模仅次于婚酒，主家的亲戚朋友都来送礼祝贺，外婆家的亲戚、房族则要赠送织锦背带、包被等物。手艺好的外婆会早早地准备好背带、包被，把自己对外孙的喜爱与祝福精心地织进彩锦中。为孩子准备的锦被通常仅有普通锦被的一半，只需一幅半织锦拼缝即可，其纹样多用对凤花树纹，保佑孩子吉祥平安地长大（图17）。在传统的生活观念里，这些饱含祈福祝愿的美好用途是毛南族织锦技艺精湛的根源所在。

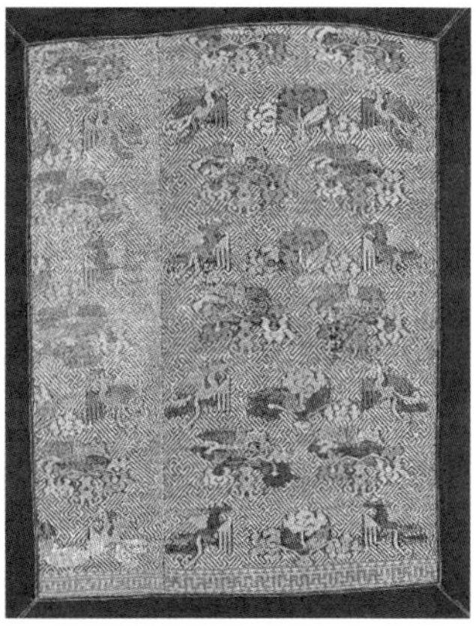

图17　孩子用的毛南锦小包被

（二）毛南锦的纹饰寓意

毛南族织锦具有外在直观的“美的特征”，其织锦的纹样图案不仅是纯粹的艺术装饰，更具有潜在的精神层面的含义，承载着这一民族的文化传统。毛南族织锦作为南方农耕民族特有的艺术作品，其纹饰与色彩一是受汉族文化影响，二是从本民族的民俗信仰和自然环境中得到灵感和启迪，在构建和创造中突出了人与自然和谐相处的心愿，传达出毛南族对于自然环境的珍惜与敬畏。

1．龙、飞龙、雷公

在农业民族的信仰中，龙是兴万物、主丰收的吉祥之神，与龙有关的纹样都有吉祥如意的含义，毛南族亦有崇拜龙的习俗。“分龙节”是毛南族祈神保佑丰收的盛大传统节日，其祭龙亦是祭雷公。雷神在毛南族信仰中是主丰收之神，能呼风唤雨，同时也是驱除邪恶的善神，如违反道德、不敬奉父母、欺压百姓的恶人都必遭雷劈，因此毛南族对雷神十分敬畏。据考证，毛南族织锦中独特的纹样——飞龙纹正是“雷公”的化身（图18、图19）。龙和雷公在毛南人心中都是主风调雨顺的农业丰收之神。毛南族以飞龙的形象来表现雷公，将两者合二为一，其用意是极为明显的。因此说，毛南族织锦是最具有农耕文明特色的民族文化艺术，承载着毛南族重要的传统文化习俗。

图18　毛南族传统织锦中的龙

图19　毛南族传统织锦中的飞龙

2．花树、花、婆王

毛南族先民有关于榕树变人（花变人）的人类起源神话。传说万民之母“婆王”是云岗山中一棵大榕树变化而成的，被尊为毛南族人的祖先神，故此毛南族便有了每年种植社树和保护社树的传统习俗。后来，婆王又演化为掌管人类生育的女神。在毛南族社公戏《还愿》中有“世间万物婆王为母”的唱词。婆王又称“花王圣母”“天尊圣母”，也有说她就是“女娲”或“盘妹”。婆王管理花山，赐花给谁家，谁家就生孩子，一朵花便象征着一个小生命。因此不难理解，花树为何成为毛南锦中反复出现的主题纹样，这是祈盼人类生生不息的美好祝愿（图20、图21）。

图20　毛南族花树对凤纹锦

图21　毛南锦花树纹样

3．凤、菊、瑞鹿

作为生活用品和重要的礼物，毛南锦展现了追求吉祥如意的文化内涵。凤纹是毛南族织锦中大量使用的纹样，在毛南族人心目中具有吉祥、美丽、护佑的寓意。毛南族传说中的社王是保佑毛南族生活安宁的大神，社王因刚出生时就有三撇胡子故而被遗弃在山里，是凤凰伸展翅膀给他垫睡才得以生长。所以，在毛南族很多重要的仪式中都使用到凤凰的形象。毛南族织锦中的凤凰纹样多以对称形式出现，它们或回首相视，或凌空展翅，表现出灵动的姿态，其冠羽彩翼、长尾舒卷更是体现了凤凰的主要特征。简练而传神的凤凰纹饰表达了人们的美好祝愿（图22）。

图22　毛南族传统织锦中的凤凰纹

毛南族织锦中还大量使用卍字流水纹、菊纹以及口衔灵草的瑞鹿纹等寓意长寿与安康的吉祥纹样，与汉民族的民俗信仰如出一辙（图23~图25）。

图23　毛南族传统织锦中的菊花纹1

图24　毛南锦传统织锦中的菊花纹2

此外，织锦作为南方农业民族特有的传统文化，堪称农业文明的表征，这一点在毛南族织锦和纹饰中也极为突出。作为农耕民族，毛南族对土地表现出深挚的热爱，勤勉于“土能生黄金，寸土也要耕”的信念，对每块土地都精耕细作。体现在方形田地纹样被大量运用于毛南锦娃崽背带上，其寓意为“留块良田给子孙”，寄托着毛南族对土地的眷恋，这些方形田地纹样一块块连接起来，便是毛南族人心中的万亩良田。任何民族的织锦都没有像毛南锦这样深切地表达出对土地的热爱。

图25 毛南锦传统织锦中的鹿纹

四、毛南锦的研究保护

作为农业文明的瑰宝，毛南锦彰显的是毛南族杰出的文化艺术，它是乡土和民族的，又是人性和个性的，其手工技艺及内涵都体现出人类对自然和谐及心灵美好的追求，蕴含着毛南族的智慧与创造力，也是其民族精神之所在。因此，保护毛南锦这一珍贵的历史文化遗产和传承毛南锦织造技艺就显得尤为重要。虽然至民国时期，毛南锦的织造风尚仍盛行于环江下南地区，但从现状来看，毛南锦同大多数传统文化一样正逐渐失去它原有的生存环境，面临着濒于消失和亟待保护的境地。对于毛南锦及其织造技艺应该采取怎样的保护措施？笔者提出如下几方面建议。

第一，发挥博物馆的保护作用。文化遗产尤其是非物质文化遗产强调原生地保护的原则，当地博物馆应开展毛南锦的抢救性收藏和保护工作，使毛南锦及其织造技艺能够永久地保存在博物馆。

第二，开展毛南锦的普查工作，摸清其历史沿革和现状，收集实物和相关资料，并编辑出版图书，从织造技艺、纹样形式以及相关习俗等各方面进行深入考察，组织学术交流活动，加强对毛南锦文化和技艺的研究。

第三，注重文化生态环境保护。文化生态环境的消失是导致文化消失的重要原因，毛南族虽然仍沿袭着祖先留传下来的农业生产方式，但现代经济的冲击已使传统手工技艺逐渐消失并远离毛南族人的生活。恢复和保护文化生态环境是毛南锦得以传承的基本条件。

第四，倡导民族文化自觉。充分调动文化主人的文化自豪感，鼓励珍惜本民族的传统文化。逐步恢复毛南锦在本民族生活中的使用，使毛南锦在面对现代工业产品的冲击时，可以依靠其本民族的文化力量得以传承。

第五，传承毛南锦织造技艺。建立传习馆或将毛南锦传统织造技艺引入校园，鼓励本民族的年轻人学习传统织造技艺，接受民族文化熏陶，从根本上提升本民族文化的认同感。

第六，开发毛南锦民族工艺品。民族文化产品的开发和利用应是综合性的，既要有益于地区发展，又要使文化主人得到实惠。文化保护和传承须以提高文化主人的生活水平为前提，争取形成民族文化产业。

第七，把握好传承与开发的关系。传承一定要强调传统，保持原有的技艺、图案、形式和相关习俗，这样才能维护毛南族的文化特色。开发就要有所创新，要在符合现代人时尚生活需要的同时，将民族文化产品引入大众生活。这是民族文化传承和发展的必由之路。

通过对毛南锦赖以生存的文化生态环境的保护以及对其织锦技艺传承与开发的具体措施的探讨，可以帮助我们认知毛南族传统文化与现代化进程的互动关系，从而找到最佳的保护方式，为毛南锦的保护传承寻找一条既有经济价值、又有文化意义的出路，使毛南锦这一具有民族文化特色的、在文化交融中发展起来的珍贵文化遗产焕发出新的生命力。

参考文献

[1]路甬祥．中国传统工艺全集——丝绸织染[M]．郑州：大象出版社，2005.

[2]钟敬文．民俗学概论[M]．上海：上海文艺出版社，1998.

[3]李甜芬．本色毛南[M]．南宁：广西民族出版社，2010.

[4]覃乃昌．广西世居民族[M]．南宁：广西民族出版社，2004.

03 楚雄彝族服饰产业化发展初探

苏　晖[1]

摘　要　彝族服饰千姿百态，内涵丰富，其款式造型、图纹、色彩都体现了历史文化和民族特色，是彝族古老神秘文化的再现。楚雄彝族自治州的彝族分支多，巧手的彝族妇女不仅传承着古老的彝族文化，同时用她们的智慧以民族刺绣手工艺带动产业发展。本文分析了彝族服饰的文化特征与内涵，分析千百年来相生相伴于彝族人民的“指尖上的花朵——彝族刺绣”的历史价值、艺术价值、社会价值；介绍了彝绣产业带头人以及一系列相关民俗活动带动产业发展的事例，指出当前面临的困难，分析问题找到解决方案，期望彝绣被更多人熟知，使其更具生命力，为彝绣产业发展提出合理化建议。

关键词　彝族服饰、文化内涵、刺绣工艺、产业发展

彝族是一个具有悠久历史、古老文化的民族，世世代代居于云贵高原和青藏高原南部边缘的高山河谷间，因地理环境、社会经济、交通条件等种种因素，使其服饰的款式、纹样、图案、色彩更多地保留原始性、古朴性，带有奇异、鲜明的民族特色。究其所包含的文化内容，大都与原始自然崇拜有关，主要表现为巫术崇拜、图腾崇拜、自然崇拜、祖先崇拜等，他们把曾畏惧或崇拜的物象用抽象、简化或写实的手法，将之图案化或符号化，并附之于神话和传说，使其有了崇高和神秘的意味，装饰于身体的各个部位。

一、彝族服饰的文化特征和内涵

彝族创世史诗《梅葛》开篇写道：“远古的时候没有天，我们来造天；远古的时候没有地，我们来造地。”敢于创造天地的彝族先民们把对美好生活的向往、对美好

[1] 苏晖，云南楚雄州博物馆副研究员。

事物的诠释，以及他们的聪明和睿智融入了刺绣，展示于服饰。有那么一句话形容彝家姑娘："一学剪，二学裁，三学绣花缝布鞋。"彝家少女很小的时候就会跟着长辈们学习刺绣技艺，尤其是出嫁时穿的新娘装一般都是一针一线自己亲手缝制。许多彝族地区每年的正月十五还会自发地组织隆重盛大的"彝族赛装节"。特有的传统习俗客观上使彝族刺绣和服饰相生相伴、得以传承，成为彝家人独特的文化符号和记忆。

彝族服饰有数百种不同样式，但有着共同渊源关系，不同聚居地的彝族服饰也表现出一些共同的、鲜明的民族文化特征。彝族服饰集多种装饰工艺于一身，美观大方，纹样丰富多变，色泽沉着和谐，色调简洁明朗。色彩应用上，彝族服饰一般以黑或近黑的青蓝等色为主，衬以红、黄等色。这与彝族长期历史文化所积淀的尚黑、喜红黄的审美意识有直接关系。彝族认为，黑色象征刚强坚韧，红色象征他们崇拜的火，黄色象征善良和友谊。彝族服饰尤为注重红、黄、黑三色的搭配，单纯之中显露出丰富的感觉，其中彝族妇女服装最为考究。

在长期生产生活中，聪明爱美的彝族人为了给自己的服饰增加亮色，把自己喜欢的花草甚至动物图案一针一线缝制到衣服、裤子和围腰、鞋子、帽子等用品上，刺绣这门古老的艺术就世代相传下来，在不断的传承和创新中熠熠生辉，形成了鲜明的地方特色。一是图案丰富。刺绣作为一种标识性装饰纹样艺术，以图案的形式体现在纷繁绚丽的服饰体系中，所选择的图案题材广泛，上至日月星辰、云霞雷火，下至山水花木、飞禽走兽，堪称千姿百态、包罗万象。二是技法多变。由于所处的地理环境不同，刺绣也就随着该地域的服饰质地、款式而呈现出不同的绣法。归纳起来，常见的有平绣、镶绣、堆绣、扣绣、盘花与贴花等。三是风格多样。彝族刺绣除具有自身古老、质朴的艺术特征外，还体现出很大的兼容性，在不断传承发展民族传统风格的同时，也兼收并蓄十字绣的精华，既有民族特征，又有现代气息。在构图上，有对称排列也有参差交错，有重叠构架也有流线贯通；在配色上，灵活多样，以体现富贵喜庆气息的红、白、黑为主色调，表现出人们对美好生活的向往。

千百年来相生相伴于彝族人民的"指尖上的花朵——彝族刺绣"，不仅能反映彝族的地理分布、历史渊源和时代脉搏，而且蕴含着丰富厚重的历史价值、艺术价值和社会价值。优秀的彝族刺绣文化是彝族人民创造的极其丰富和宝贵的文化财富，是彝族精神情感、道德传统、个性特征以及凝聚力与亲和力的载体之一。楚雄彝族自治州的彝族文化资源十分丰富，拥有一批全省、全国和全世界都具有排他性、独占性和垄断性的世界顶级资源。

二、楚雄彝绣产业发展现状

彝族刺绣是浩若烟海的彝族文化宝库中一朵耀眼的奇葩。"十三五"期间，围绕"弘扬民族文化、促进产业发展"的目标，按照全省大力发展"金、木、土、石、布"民族民间工艺产业的整体部署，充分挖掘发挥彝绣文化资源优势，目前楚雄州有彝族刺绣协会（合作社）56个，刺绣企业（经营户）达400余家（户），其中年产值达500万元的有9户，达100万元的有17户、达50万元的有22户，全州彝绣总产值达1亿元以上，绣女3万余人。大姚咪依噜民族服饰公司、彝家公社等9家重点彝绣企业茁壮成长，年销售额超过500万元。

大姚县咪依噜民族服饰制品有限公司经理罗珺设计制作的手工彝绣品，通过了联合国2014年杰出手工艺品徽章认证，这标志着彝绣获得了走向国际市场的“通行证”，同时确立了彝绣这一手工艺品门类在工艺、质量上的国际标准；2015年，大姚纳苏公司执行董事樊志勇设计制作的彝绣品获得“创意云南ADD大赛布艺类金奖”和云南省青年创业省长奖的提名奖，这标志着彝绣手工艺获得云南省政府的认可，并树立榜样在全省弘扬彝绣工匠精神；楚雄彝绣天地公司经理李长征设计制作的彝族服饰多次获得国际国内服饰大赛金奖，这标志着楚雄彝族服饰文化正在吸引着世界艺术家的眼球。2014~2017年连续4年“火把节”期间在楚雄举办了“指尖上的记忆、指尖上的创意、指尖上的花朵、指尖上的和谐”为主题的“楚雄非物质文化遗产——彝族刺绣作品展和动态展”系列活动，吸引了多家媒体宣传报道楚雄彝绣。几年来，企业、绣女代表积极参加“美丽楚雄·深圳行”“美丽楚雄·北京行”“美丽楚雄·上海行”活动和国内国外展会，彝绣成为宣传楚雄的一张名片。2016年，云南省妇联“巾帼脱贫行动”楚雄现场培训（推进）系列活动，在楚雄举行“幸福女人绣·指尖上的记忆”彝族服饰大赛，10名“巾帼建功”标兵脱颖而出，展的是服饰，赛的是彝绣；2017年“火把节”期间云南省文产办、省民宗委、省旅发委、省文化厅在楚雄举办“七彩云南民族赛装文化节”，全省800余套精品民族服装服饰登台展出，把民间自发组织的“赛装节”提升为“民族服饰文化节”。

三、楚雄彝绣产业存在的问题

在取得成效的同时，楚雄彝绣产业的发展还存在不少问题：大部分彝绣企业和彝绣户小、散、弱；骨干企业缺乏，难以规模化、集约化、专业化、品牌化发展，市场竞争能力不强；人才匮乏，缺乏既懂技艺又懂经营管理的复合型人才；部分刺绣技艺濒临消亡，亟待抢救和保护；资金投入不足，投资主体单一，难以形成强劲的发展态势；民族服装服饰产业化发展任重道远。

四、楚雄彝绣产业发展建议

立足云南各民族多姿多彩的服饰资源，面向全国、放眼世界，顺应“创新、时尚”的服饰文化产业发展态势，着力打造10亿元民族服装服饰文化创意产业园区，率先探索民族服装服饰的产业化发展，做大做强民族服装服饰产业，力争成为全省文化产业发展的排头兵和示范区。

按照“扶优、扶强、扶特、扶精、扶创”的原则和彝绣能“就地取材、就地用才、就地生财”的优势，从绣女培训、产品研发、设备购置、宣传推介、市场主体培育、品牌打造等方面“抓两头、促中间”，强化项目支撑、企业支撑、园区支撑、基地支撑、政策支撑，壮大一批带动性大、竞争力强、品牌效应显著的彝绣龙头企业，促进一批中小彝绣企业发展上规模，引导培育一批有基础和发展潜力的彝绣户，形成可复制、可推广的模式，不断健全彝绣产业体系，有效扩大产业规模，促进文化产业的转型升级，提升文化产业增加值占GDP比重和对GDP增长的贡献率，扩大从业人员数量，增加广大农村彝族妇女经济收入。

精心组织彝绣企业参加七彩云南民族赛装文化节、云南文博会、南博会、深圳文博会、旅交会等民族节庆和国内外展会，助推彝绣企业与国内、国际文化交流合作，全力打造楚雄彝绣品牌，让楚雄彝绣真正走出楚雄、走出云南、走向全国、走向世界。

彝绣，作为一种艺术，它承载着彝族文化的沿袭，彰显着彝家人对生活的热爱和对大自然的感悟，是彝族文化丰富性、多样性的表现形式之一，是中华民族民间工艺的重要组成部分。随着时代的发展，彝绣必将被更多人熟知，也将更具生命力，彝绣产业发展也将迎来更好的明天。

04 滇西北彝族火草衣探研

刘晓蓉[1]

摘　要　他留人和白依人是彝族的支系，传说他们是同一个民族，火草是他们制作服装的重要材料，悠久的历史和不同的居住环境，在服饰上产生了异同，也形成了各自的独特风格。

关键词　火草、他留人、白依人、服饰、工艺

在云南西北的丽江、大理地区居住着彝族的支系他留人和白依人，在丽江的部分称为"他留人"，传说他留人迁徙到大理市鹤庆县六合乡后，便称为了"白依人"。他们都织火草布，穿用火草布缝制的衣服。

丽江永胜县六德乡的双河、营盘、玉水三个自然村，是他留人的聚居地。根据他留人祖先的墓志铭记载可知，他留人是明朝洪武年间从湖南调卫到永胜屯田守边的。他留人保持着祖先崇拜的宗教信仰，在丧事时吟唱的《他留大调》，讲述着人生的整个过程和他留人的道德观，并教授生产和生活知识，折射出祖先崇拜的宗教观念。每年农历六月二十四日的火把节，也是他留人的粑粑节，这一天就是他们重大的祭祖活动。在他留人祖先的一万多冢坟墓上，雕刻着精美的火草、麒麟、龙、凤、蝙蝠、仙鹤、狮子、马、松鼠、莲花、太极、如意、灵芝、文房四宝、梳子等图案，记录了这个民族的历史文化（图1）。

图1　他留人坟墓上雕刻的火草和麒麟纹样

火草，是他留人和白依人制作传统服饰最重要的材料之一。明代弘治年间大理白族杨鼐在《南诏通记》中载："有火草布，草叶三四寸，蹋地而生，叶背有棉，取其端而抽成丝，织以为布，宽七寸许，以为可以为燧取火，故曰火草"。明代万历年间担任云南右参的谢肇淛在其著作《滇略》中记载："金齿木

[1] 刘晓蓉，云南民族大学艺术学院，副教授。

邦又有火草布”。天启刘文征撰《滇志》述，武定彝族罗婺人“衣火草布，其草得于山中，缉而织之。”

据田野调查可知，云南至今仍有彝族、傈僳族、壮族和生活在金沙江中游的傣族还在使用“火草”作为纺织材料。

火草喜生长在温暖潮湿的山坡上，丛生于地面，一株常有7、8片叶子，叶片两侧呈波浪形，色泽翠绿而且光滑，叶片背面有白色绒状纤维，质地柔软（图2）。在他留人一首重要的反映生产劳动的调子里唱道：“七月里来七月里，快织麻布搿火草”。每年农历的六、七月，是云南雨水最充沛的时节，此时，火草长势最旺，产量最高，于是，每到此时，采摘火草便成为家家户户最重要的农事之一。将火草采摘回家，用水漂洗干净，撕下白色纤维，边撕边捻成线，晒干后，绕成支，以备农闲时织布缝衣所用（图3）。因火草纤维强度不够，常与麻、棉混合使用。为何要使用火草来织布，生活在六合乡的白依人有这样的传说：白依人在从永胜到六合的迁徙途中，要渡过金沙江，渡江时妖雾四起，人们互相看不见，走散了。他们的老祖吹响芦管，一直吹到口出鲜血，才招拢了儿孙们，老祖死了，滴下的血长成了遍地的火草。白依人把火草视为老祖的血化成的，把它做成衣服穿在身上，表达着对祖先的感激之情。

他留人所居山区盛产火麻，火麻不仅是他留人重要的纺织材料，在他们的传统生活中，其果实也是当地熬制一种特色汤饮的主要配料。火麻也是在每年农历的六、七月开始收割，麻割回家需要浸泡，然后把麻皮扯下，晒干，分成线。妇女们常常利用走路和劳作之余的时间绩麻线，以备纺织和缝制衣服时使用（图4）。他留人丧事时吟唱的《他留大调》，讲述了人生的整个过程和他留人的道德观，并且传授了生产和生活知识。其中一段叙述到：娃娃就要与母体分离，扎脐带的麻线，是从密林中采来。催麻生长的雨水将临，遍山树林发出的新芽嫩，满坡长出的麻苗绿茵茵。算时算月麻已成熟。看公麻腰已黄，看母麻子粒壮，撕麻匹从麻竿撕到麻竿梢。用什么裹娃娃？麻布衣裳是父母给花准备，麻布衣是母亲齐的麻织成，麻布衣是父亲采的火草织成，漂亮的麻布衣饱含父母的深情。

因云南的七、八月多雨，这个季节他留人妇女多在家织布。在单家独户的小院落里，正房对

图2 火草

图3 捻火草线

图4 火草线和麻线

面的一间房屋，就是专门的织布房。劳作之余，妇女们把大量时间花在织布缝衣上，火草布缝制成的衣服柔软、保暖。女孩到了七八岁，母亲就开始教授和纺织相关的技艺了。他留人使用木架站式织机，织机大约两米长，一米八九高，织出的布幅面15~20厘米（图5）。单用火草和麻织出的白布，常用来做青年男女的上衣。而用火草、麻、红黑棉线织出的白底红黑相间的细条纹布，则主要用来缝制长裳和制作挎包（图6）。在男女恋爱时，姑娘送给恋人的第一件定情物就是麻布带，第二件定情物是火草布衣服。结婚后，新娘首先要用火草布为丈夫做孝服，再为公婆做寿衣。

图5 他留人织造火草布

图6 他留女子给心上人送火草布挎包

他留人在不同年龄阶段也呈现出服饰穿着上的差异，女装的变化更为明显。他留女童穿火草布圆领右衽上衣，领口和右衽用黑布绲边，钉黑棉布疙瘩扣；白色棉质喇叭形百褶裙，裙摆边缘装饰刺绣花边或红色细条纹。帽子用黑底绣花布围搭而成。腰间先系红蓝绿各色布拼接成的腰带，并用白底绣花布带装饰于左侧，再系细条纹火草布，露出原先各色的腰带，丰富服装色彩。

女孩成年后，需行成年礼：请来本村有声誉的老年妇女换装，把头发编成两辫，换黑色麻质喇叭形百褶裙，百褶裙一般由四块麻布纵向拼接而成，用当地一种叫黄栗树的果实染成黑色，在煮出的黑水中加黑泥，把裙子放在其中浸泡两小时左右取出，用水漂洗干净，晒干。再用结成饼的羊油在裙子上擦一层，裙子褶皱清晰，挺拔坚硬。头帕换成黑色盖头布，盖头布最上面一层一半由刺绣花边拼成，另一半为黑布，用发辫缠绕在盖头布上，使其固定。盖头布共有36层，源于他留人最早来到永胜的365户祖先和365天。上身通常先穿一件的确良衬裳，然后穿深蓝、绿色棉布或火草布长袖右衽上衣，袖口和襟口处接缝刺绣花布和黑布，穿着时翻折袖口，露出黑布和花边。穿船形绣花鞋，绣花鞋只平绣简单的花卉纹样。

女子结婚时，在右衽短上衣外穿无扣、九分袖、裂口大翻领对襟黑棉布长裳，大翻领长至腰部，衣长及膝，左右两侧从腰间开衩至下摆，领口和袖口用刺绣花边，红、绿、白、黑等色布条拼接而成，穿着时仍翻折袖口，露出花边。最外面穿细条纹火草布长裳，及膝无领，把里件的大翻领翻在火草衣外边，两侧仍开衩到腰部，五分袖。这样，里面两件衣服袖口的花边一层层凸显出来，整个形状由窄到宽，变得十分立体。火草衣后片略窄，里面的黑色为服装增加了层次。新娘的盖头布要放开，花边朝下拖至背部，并往左翻折起，盖头布约两尺七寸长（90厘米）。腰间则随意缠绕白红棉布或火草布腰带一到两条，在左右两侧挂上各色花布条饰带数根，布条长至小腿，布条下方似三角形。这套服装是一个家庭中最昂贵华丽的，以后，便成为已婚妇女在节庆活动中的礼服。在日常生活中为方便劳作，妇女们常穿着棉质右衽短上衣、百褶裙，脚上穿胶鞋或凉鞋。

年长的妇女则多穿黑、深蓝色棉质圆领右衽短上衣，黑色百褶裙，腰间系火草布腰带，腰带较长，两头装饰花边和流苏，在腰的一侧打结后垂下。左右两侧也可再加布条饰带数根，但饰带色彩相对素雅。他留妇女的孝服是把平时穿的火草布长裳翻过来，里朝外穿，盖头布上加盖一块白布，遮住花边。他留妇女没有佩戴首饰的传统。

他留男子在50岁以前一般穿火草布圆领右衽短上衣，领口和右衽处用黑布绲边，右衽处内衬黑布，解开扣子后可把黑布翻到外边作为装饰。用黑布疙瘩纽扣，着深色长裤，胶鞋。包头是一丈两尺长（4米）的黑棉布，两端有刺绣花边，有的还缀彩线流苏，缠包头布时，先包一条毛巾，然后把包头布从左到右逆时针方向缠绕在头上，常在左右两边或斜上方留出花边和流苏，头顶处露出毛巾。50岁以后一般穿红黑相间细条纹的无领右衽长裳，衣长至脚背（图7）。领口和右衽滚黑边，并在右衽处内衬红布，左右开衩到大腿处，黑布疙瘩纽扣，腰间系两头有绣花纹样的黑色腰带，两头拴拢系于腰前。着深色宽腿长裤，黑色包头。男子孝服也是把火草布长裳翻过来穿，无扣无腰带。用火草布做成的孝帽，左右两边高高立起两个尖角，重孝的在腰后加系约五米长的火草布。孝服不能清洗，男式孝服是传代的，父传子，子传孙，只有儿子先于父亲过世，儿子需穿上孝服入棺，孝服才能再制。

他留男女外出时都喜欢挎火草布挎包，挎包呈横的长方形，挎于右肩或背部，挎包带上装饰不同长短的火草布条，布条两端有刺绣纹样或流苏。

生活在大理鹤庆县六合乡的白依人，在男子服装的款式上和他留人相似，女装变化略大（图8）。白依人在不同年龄阶段体现在服饰上的差异不大。白依人妇女服装的样式是根据蜜蜂的形状来的，

图7　他留人老年男装

图8　白依人服饰

这其中有个动人的传说：白依人的莲母老祖领着子孙住在小凉山，莲母老祖九百岁那天，起了天火，树木烧光，野兽烧死，老祖和剩下的十几个儿孙躲在一个山洞里，大火扑向山洞，眼看性命难保，就在这时，从石洞深处飞来一群蜜蜂，它们绕着莲母和儿孙们飞舞，要他们骑在蜂背上，带他们逃离火海。莲母和儿孙们坐在蜂背上，在渡金沙江时失散了，蜜蜂带着其中的两对男女来到鹤庆县，就成为今天白依人的祖先。在当地，有很多传说都与蜜蜂有关，可见白依人与蜜蜂的特殊感情。在白依人妇女的服饰中，头帕的形状最为特别。头帕用两块长方形黑布叠在一起，头帕边缘用白、蓝、绿、黑四色布条拼缝成细条纹花边，头帕搭盖在头上，往后折叠成两块，形状非常像一对翅膀，然后用事先拴在头上的黑线固定捆牢。衣服多用浅蓝、深蓝棉布和白色火草布缝制，无扣。刺绣花边做成两层小立领，领口用银泡装饰，前襟叠合包裹胸部，直襟领在着装后形成交领款式，衣服左前片长至小腿或脚踝，右前片长只至腰间，都由两片约13厘米宽的布拼缝而成，背部用四片布拼缝成整体。整件衣服边缘用白、浅蓝等浅色布做内衬，再把内衬翻折在外，形成一条边。七分袖，袖子在齐胸的位置拼缝约10厘米宽的黑、白、浅蓝等色布，袖口向上翻折，露出内衬。系宽腰带，腰带中间宽约1尺（33厘米），两头渐窄，中间一段为黑色，两边用红黄蓝绿黑白等色布拼缝成细彩条，腰带两端，原来的直条纹样变成折线纹样，腰带背后衬羊毛毡，厚实坚硬。在宽腰带上再系3厘米宽的细长腰带，缠绕在宽腰带的上中下方，并在后腰形成交叉，在背后打结，下垂至膝盖或脚踝。丧事时，妇女穿白衣，换白色头帕，头帕捆扎方式和平时一样，腰带色彩较深。天凉时，妇女们再加披一块羊皮，在羊皮的一边，两端缝上带子，披着时把带子系在胸前或斜挎在右肩上。妇女服饰在年龄上的差异主要体现在头帕和细腰带上，年轻女子头帕的花边有十几条，已婚妇女的减至四五条，到了老年便只是两条黑边了。年轻女子的细腰带颜色鲜艳，并且可以系四五根，婚后只系一根，色彩也相对少些，老年人则多以深色为主。妇女也没有佩戴首饰的传统。

白依人男子穿火草布短衣或右衽长裳。短衣对襟，无领无扣。长裳长至脚背，七分袖，用蓝黑相间的细条纹火草布缝制，刺绣花边制成小立领，领口处装饰银泡。腰间系两头有流苏的蓝色腰带一根，腰带长一丈二尺（4米），尺寸源于一年有十二个月。腰带在腰间缠绕三道，在腰后打结自然垂下。平时用黑布包头，包扎时，布的一端翻出上翘。男子孝服，是在平时穿着的衣服外再披一件有黑色细条纹的火草衣，五分袖小翻领，长至脚背，衣服两侧打四五个宽褶。在背上缝一块黑布，布上用四颗海贝钉成花形，白色包头。孝服是在男子结婚后，由妻子织好火草布，但不做成衣服，直到有长寿的本家老人过世当天，才缝成衣服穿上，意为穿的人也能长寿。

白依人无论男女都有一个麂皮做成的挎包，挎包呈竖的长方形，中间小两头略大，斜挎在右肩上。挎包包身四端缝上细麂皮带做成的流苏，在包带上挂银链，银链越多越好，象征财富。白依人男女都喜欢着深色长裤，穿胶鞋。

在今天，他留人和白依人都面临传统纺织工艺赖以生存的自然环境和文化环境的改变，以及传统审美观和价值观的日渐改变。自然环境的变化使火草的产量减少，火草纤维越来越难提取，耗时长，制作成本高。其中，服装面料上的变化是最为明显的，白依人妇女现在已基本改穿涤纶面料的服装，白色细毛线也代替了火草线和麻线。在六合乡有外地人经营的专门缝制白依人服装的缝纫店，在这里只要花十多块钱，就能买到一件白依人传统式样的女式衣服。由于各方面的原因，白依人现在已基本放弃了这种传统的制衣方式。相对而言，他留人对待自己的传统更执着些，直到现在，他留人依然在延续着他们的传统织造工艺和缝制方法。每年照常采摘火草，照常捻线、织布、缝衣，这对他们民族来说具有文化象征意义和审美价值，他们通过纺织品和服饰把这种意识不断传承，通过这种物化的载体来承载和记录自己的历史，在他们的服饰中表达着对祖先的情感。蕴含着生命历史深刻意义的东西，是民族精神和性格的物化对象，是精神需求和物质需求的融合，他们的服饰就被赋予了这种功能。

参考文献

[1]云南省民族研究所民族艺术研究室编. 云南少数民族织绣纹样[M]. 北京：文物出版社，1987.

[2]王四代. 诗性的智慧——云南民族文学[M]. 昆明：云南教育出版社，2000.

[3]政协鹤庆县委员会，文史资料委员会. 鹤庆文史资料（第一辑）[M]. 1990.

[4]罗钰，钟秋. 云南物质文化——纺织卷[M].昆明：云南教育出版社，2000.

05 内蒙古阿拉善盟额济纳旗出土毛织品的纤维老化分析

王越平[1] 赵 婧[2]

摘 要 文章采用显微镜观察和红外光谱分析方法对内蒙古额济纳旗出土的毛纺织品的老化情况进行分析。显微镜观察结果表明，羊毛鳞片特征明显，但部分羊毛纤维出现劈裂、折断、腐蚀、腐朽等损伤状态，损伤较严重；通过与现代羊毛红外特征吸收谱带对比，结果表明出土样品的酰胺Ⅰ带、酰胺Ⅱ带的特征峰强度明显减弱，尤其出现了一个明显的1015cm^{-1}吸收峰，说明蛋白质中的二硫键发生断裂。依据红外光谱图，初步分析该样品主要受干热老化影响；样品的老化程度比相关文献研究中新疆山普拉墓葬品的老化程度重、与新疆洋海墓葬品老化程度相当。本文希望对出土纺织品的材料老化研究方法进行摸索，同时利用无损检测的显微红外光谱数据对出土样品的年代进行预测。

关键词 出土毛织品、老化程度、形貌分析、红外光谱分析

20世纪我国出土了大量珍贵的纺织品文物。这些出土纺织品多为丝、毛、棉、麻等天然有机纤维，长时间的埋葬环境使其受到各方面的损伤，漫长岁月的老化与分解使出土纺织品大多已成残片，然而这些出土的纺织品携带了大量有价值的历史信息，是中华民族文明历史的见证和重要文物资料，因此对其进行老化分析是很有必要的。位于内蒙古阿拉善盟额济纳旗的黑水城遗址是丝绸之路北线上现存最完整的一座古城遗址，始建于公元9世纪西夏政权时期，已出土西夏至元时期大量文物，极具考古价值。笔者偶然在内蒙古阿拉善盟的额济纳旗黑水城遗址附近得到一块糟朽纺织品，带回对其做成分鉴定与老化分析。前期成分测试结果已确认该出土纺织品为毛织物[3]。本文将采用显微镜观察法和红外光谱分析法对该出土纺织品进行老化

[1] 王越平，北京服装学院，教授。

[2] 赵婧，北京服装学院，硕士研究生。

[3] 赵婧，王越平. 内蒙古出土纺织品的成分测试与分析 [J]. 北京服装学院学报自然科学版，2016，36(1)：31–36.

分析，希望以此为对象，对出土纺织品的材料老化研究方法进行摸索，并对出土纺织品年代进行推测。

材料的老化研究有助于分析出土纺织品老化降解的内部原因和外部因素，对文物的研究、保护和保存都有重大意义。同时老化分析也是出土纺织品断代的依据之一。显微镜可直观地观察纤维的老化形态及老化程度[1]，红外光谱分析法可分析老化纤维的内在结构及化学组成变化，是纺织品老化研究中常用的两种方法[2,3,4]。罗霄[4]通过比较现代、古代丝绸样品红外光谱图中的相对吸收峰强度、特征峰位移及特征峰种类三方面的变化，分析了辽代丝绸样品的老化程度。郭丹华[2]通过纤维形貌观察和红外特征峰的分析比较，研究古代纤维的老化特点。彭婕[5]通过红外光谱、X射线衍射、热重等分析方法，对埋藏地下两千多年纺织品的老化程度进行分析，通过红外光谱分析发现随老化降解的加剧，氨基酸降解增多，氨基酸的成分比例有所变化。曹丽芬[6]、张晓梅[7]等均对蛋白质纤维老化变脆的外部影响因素进行了研究，包括温度、湿度、光照、酸碱性等。

中国古代纺织品多以蚕丝为原料，因此对丝绸的老化研究较为系统，而对羊毛的老化研究显得比较薄弱。李菁[8]、郭丹华等对新疆出土的毛织品进行了材料老化分析。本文将采用电子显微镜和红外光谱仪对内蒙古出土的毛织品的老化情况进行分析。

一、实验

（一）实验材料

本文将对内蒙古出土的毛纺织品进行老化分析，选择现代细羊毛作为参照对象（表1）。为了清楚地观察纤维表面的形貌特征，采用超声波处理样品A。

表1 实验材料

样品代号	年代	特征描述		图片	备注
A	未知	纤维	黄棕色，脆而弱，无柔韧性，一折就断，掉渣现象非常明显		一同出土的样品为古老的手工绞编结构，并经C14鉴定
		织物	二上二下斜纹组织，织物密度26根/cm × 22根/cm		
B	现代	白色洗净细羊毛纤维		—	—

❶ 王永礼，屠恒贤．电子显微镜的发展以及在出土纺织品检测上的应用 [J]. 物理与工程，2005(3)：29-32.
❷ 郭丹华．新疆营盘出土纺织纤维及其老化状况研究 [D]. 杭州：浙江理工大学，2010.
❸ 刘剑．古代纤维和染料的鉴别与分析——以新疆营盘出土的纺织品为例 [D]. 杭州：浙江理工大学，2010.
❹ 罗霄．辽代丝绸及其老化等特征分析 [D]. 苏州：苏州大学，2012.
❺ 彭婕．我国南方地区不同年代出土纺织品对比研究——以荆州楚墓和南昌明墓为例 [D]. 杭州：浙江理工大学，2012.
❻ 曹丽芬．脆弱羊毛织物加固及其性能研究 [D]. 杭州：浙江理工大学，2013.
❼ 张晓梅，原思训．老化丝织品的红外光谱分析研究 [J]. 光谱学与光谱分析，2004，24(12)：1528-1532.
❽ 李菁．新疆小河等墓葬出土毛织品的分析研究 [D]. 杭州：浙江理工大学，2014.

（二）超声波预处理

实验仪器：昆山舒美KQ-200VDE型双频数控超声波清洗器。

实验条件：220V，40kHz，30℃，30min。

（三）电子显微镜测试

实验仪器：日本电子公司生产的JSM-6360LV型扫描电子显微镜（SEM）。

测试条件：放电电压8kV；放大倍数1400～3000倍。

试样处理方法：试样包埋、切片，经表面镀金后，观察纵横向形态特征。

（四）红外光谱测试

实验仪器：美国默飞世尔科技有限公司的Nicolet Nexus 670型FT-IR显微红外光谱仪。

测试条件：分辨率8cm^{-1}，扫描次数64，波数扫描范围4000~400cm^{-1}，衰减全反射测试方法。

二、结果与讨论

（一）电镜观察结果与分析

电镜观察纤维纵横向形态，进行纤维老化程度的直观判断。笔者已在《内蒙古出土纺织品的成分测试与分析》[1]一文中证实此出土纺织品为羊毛制品，因此羊毛鳞片的清晰程度、圆形横截面的完整度都是羊毛老化的证据之一。由于该出土纺织品被埋地下受到沾污，纤维表面覆盖大量颗粒状附着物，完全无法观察其表面特征［图1（1）］，故进行超声波处理。图1（1）、（2）分别为样品A超声波处理前、后的效果，经超声波处理后，样品A表面的颗粒状附着物大大减少。从超声处理后的图1（2）中可以清楚地看到羊毛表面的鳞片，但与图1（3）中现代羊毛的鳞片相比，样品A中完好的羊毛表面鳞片基本完整，但清晰度不如现代羊毛。

由图2电镜观察表明，出土样品A中有大量劈裂、折断、腐蚀、腐朽等损伤状态的羊毛。大量折断纤维表明羊毛弹性大大下降，老化程度较严重；腐朽的纤维说明羊毛已处于降解状态。相关文献[2,3]也表明扫描电镜可观察出土纺织品的老化损伤状态，其中文献[2]表明出土纺织品的纤维断口是由于埋藏损伤老化所致。

---

❶ 赵婧，王越平．内蒙古出土纺织品的成分测试与分析 [J]．北京服装学院学报自然科学版，2016，36(1)：31-36.

❷ Ineke Joosten, Maarten R.van Bommel, Regina Hofmann-de Keijzer, et al. Micro Analysis on Hallstatt Textiles: Colour and Condition[J]. Microchimica Acta,2006,155(1-2):169-174.

❸ Annemarie Kramell, Xiao Li, René Csuk, et al. Dyes of Late Bronze Age Textile Clothes and Accessories from the Yanghai Archaeological Site, Turfan, China: Determination of the Fibers, Color Analysis and Dating[J]. Quaternary International, 2014,348: 214-223.

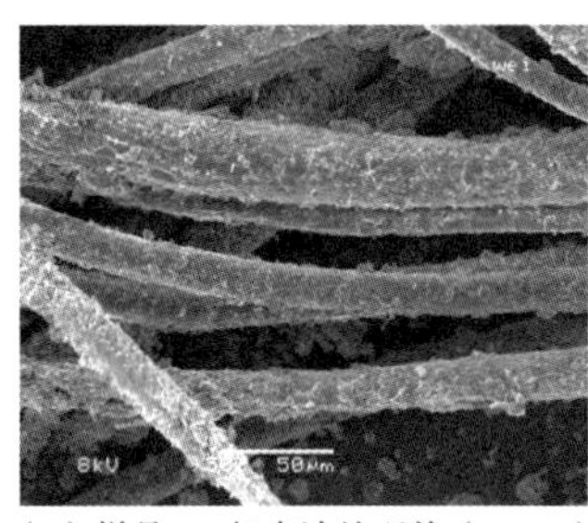

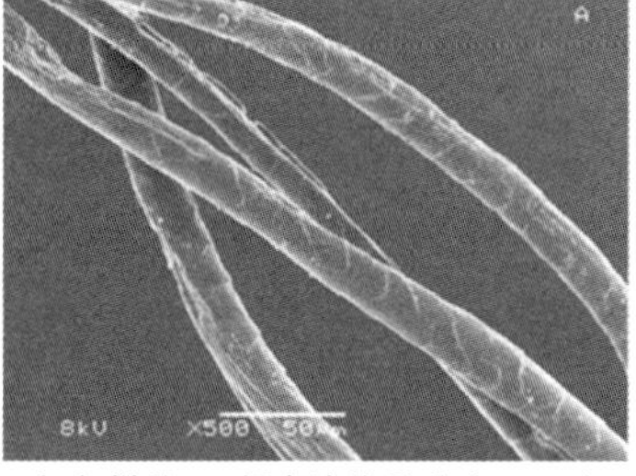

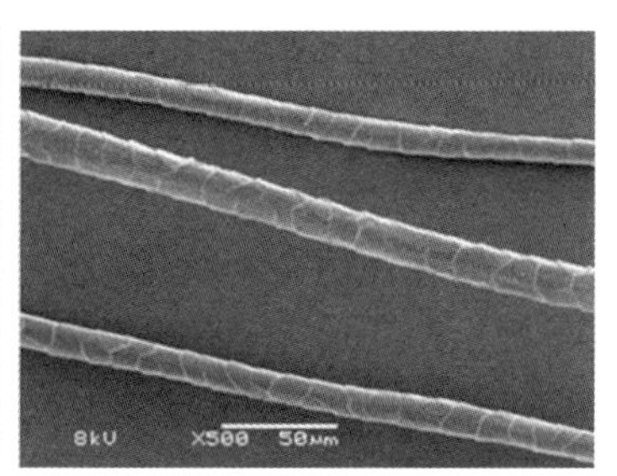

（1）样品A：超声波处理前（×500） （2）样品A：超声波处理后（×500） （3）样品B：现代羊毛（×500）

图1 样品A和样品B的纵表面电镜图

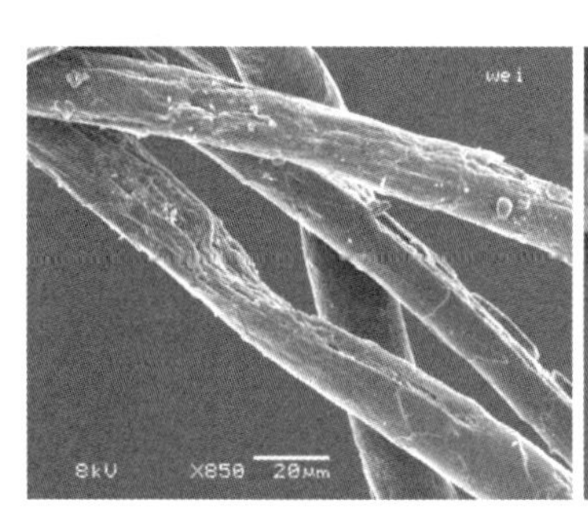

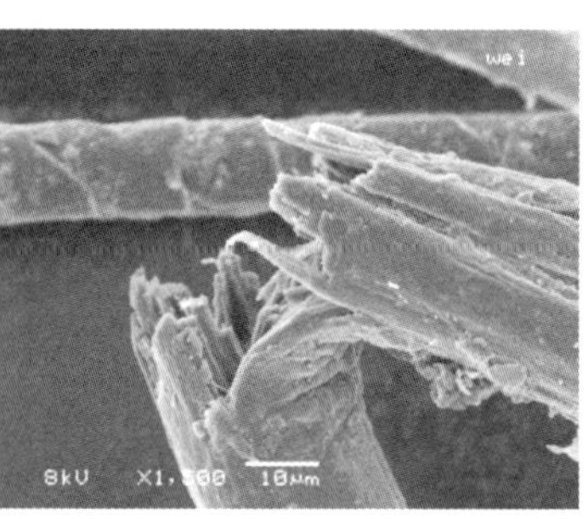

图2 出土样品A的腐蚀、脆断等破损特征

图3（1）、（2）分别为样品A超声波处理前、后的横截面效果。与图3（3）相比，部分羊毛横截面呈较完整的圆形，部分羊毛局部出现残缺，呈非圆形；与图3（3）相比，毛干内部结构稍显疏松。

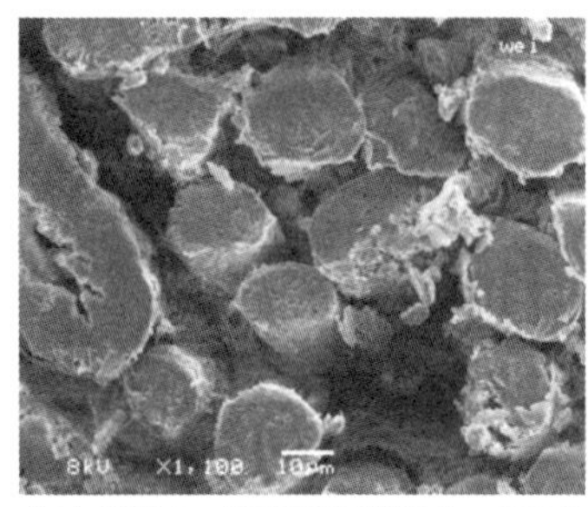

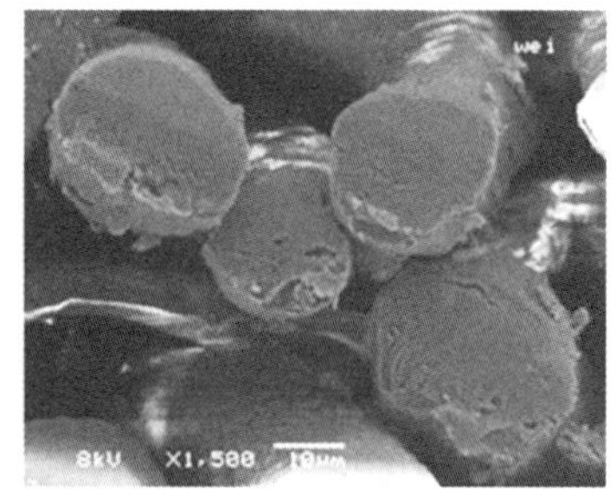

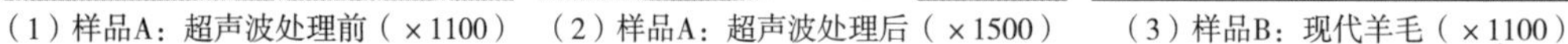

（1）样品A：超声波处理前（×1100） （2）样品A：超声波处理后（×1500） （3）样品B：现代羊毛（×1100）

图3 样品A和样品B的横截面电镜图

（二）红外光谱结果与分析

图4是出土样品A与现代羊毛样品B的红外谱图，现将其特征峰及归属总结于表2中。从图4、表2可以看出现代羊毛样品B具有典型的酰胺Ⅰ、Ⅱ、Ⅲ带特征峰，与蛋白质纤维的特征峰一致[1]。对比样品B的红外谱图，样品A具有明显的3278cm^{-1}–NH伸缩振动、1635cm^{-1}酰胺Ⅰ、1519cm^{-1}酰胺

[1] 胡朝明. 傅立叶变换红外光谱检测过一硫酸处理羊毛表面的研究[J]. 现代纺织技术，2001，9(1)：1–5.

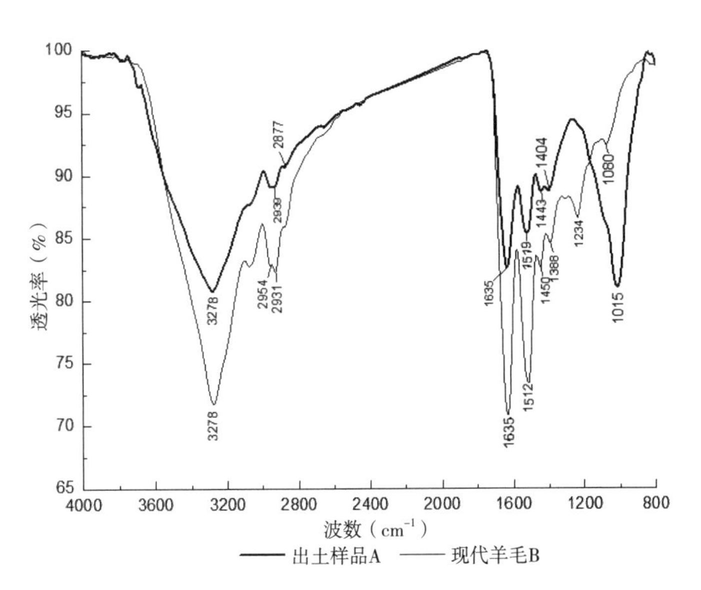

图4 出土样品A与现代羊毛B的红外谱图

Ⅱ的蛋白质特征峰，酰胺Ⅲ带特征峰因1015cm^{-1}处出现的一个强吸收峰而被遮掩。总体来看样品A仍具有蛋白质的特征峰。

1．老化现象

出土羊毛样品A的老化表现在，多次测量结果均表明图4中出土羊毛样品A的红外特征峰吸收强度均低于现代羊毛样品B，特别是酰胺Ⅱ带1519cm^{-1}处的吸收峰强度下降，这是蛋白质纤维老化的特征之一[1]。以红外谱图中3500~4000cm^{-1}区间内的平台区作基线，测量酰胺Ⅱ带1519cm^{-1}处、酰胺Ⅰ带1635cm^{-1}处以及氢键3278cm^{-1}处吸收峰的峰高，计算酰胺Ⅱ带1519cm^{-1}处与酰胺Ⅰ带1635cm^{-1}处吸收峰的峰高比值（记为$I_{1519cm^{-1}/1635cm^{-1}}$），计算氢键3278cm^{-1}处与酰胺Ⅰ带1635cm^{-1}处吸收峰的峰高比值（记为$I_{3278cm^{-1}/1635cm^{-1}}$），列于表3中。从表3的数据看出，与现代羊毛样品B比较，出土样品A的$I_{1519cm^{-1}/1635cm^{-1}}$值减小、而$I_{3278cm^{-1}/1635cm^{-1}}$值却增大，该结果与张晓梅的人工干热老化研究结果一致，即蛋白质老化初期均伴有3300cm^{-1}的增强及1520cm^{-1}的降低,说明出土羊毛样品A呈现出酰胺Ⅱ带的衰减老化和氢键的断裂。由于出土羊毛老化造成的结构变化，导致2932cm^{-1}处的CH_2反对称伸缩振动峰和1388cm^{-1}处的CH_3对称变角振动峰发生蓝移现象。

表2 测试样品的红外特征吸收谱带[2][3]

吸收带名称	波数/cm^{-1}	振动模式说明	波数/cm^{-1}	
			出土样品A	现代样品B
氢键	3450~3200	NH伸缩与酰胺Ⅱ第一倍频共振吸收	3278	3278

[1] 郑海玲，周旸，徐东良，等．新疆吐鲁番阿斯塔纳出土唐代米色绢袜的现状评估 [J]．文物保护与考古科学，2014，26(2)：76–80.

[2] 胡朝明．傅立叶变换红外光谱检测过一硫酸处理羊毛表面的研究 [J]．现代纺织技术，2001，9(1)：1–5.

[3] 张华．有机结构波谱鉴定 [M]．大连：大连理工大学出版社，2009.

续表

吸收带名称	波数/cm^{-1}	振动模式说明	波数/cm^{-1}	
			出土样品A	现代样品B
	3078附近	NH伸缩	3078	3078
	2960附近	CH_3反对称伸缩	—	2954
	2932附近	CH_2反对称伸缩	2939（蓝移）	2931
	2877附近	CH_3对称伸缩	2877	2877
酰胺Ⅰ	1690~1600	C=O伸缩	1635	1636
酰胺Ⅱ	1575~1480	CN伸缩，NH弯曲	1519	1512
	1446附近	CH_2、CH_3不对称变角振动	1443	1450
	1387附近	CH_3对称变角振动	1404（蓝移）	1388
酰胺Ⅲ	1301~1229	CN伸缩，NH弯曲	—	1234
	1300~1000	C=S、O=S	—	1080
	1020附近	S—O	1015	—

图4、表2中样品A出现明显的1015cm^{-1}吸收峰，而现代样品B有1080cm^{-1}处的吸收峰，这也是出土样品A发生老化的有力证据。胡朝明对羊毛表面胱氨酸的各种氧化产物的特征峰进行了系统的研究[1],研究表明羊毛在1200~1000cm^{-1}的指纹区吸收峰很多，各有细微差别，与羊毛表面胱氨酸所含二硫键Cy—S—S—Cy被氧化后氧化产物中的S—O键有密切关系。因氧化程度不同，将出现磺基丙氨酸（1040cm^{-1}）、半胱氨磺酸盐（1023cm^{-1}）、胱氨酸一氧化物（1075cm^{-1}）和胱氨酸二氧化物（1124cm^{-1}）的特征峰。即使羊毛暴露在空气中，氧化后也会出现少量胱氨酸一氧化物、胱氨酸二氧化物、磺基丙氨酸以及极微量的半胱氨磺酸盐。

郭丹华研究了新疆营盘出土的毛纤维红外谱图表明，新疆营盘毛纤维在1076cm^{-1}、1040cm^{-1}、1026cm^{-1}附近均出现明显的吸收峰，分别归属于胱氨酸一氧化物、磺基丙氨酸、半胱氨磺酸盐的特征吸收峰，均归属于S=O伸缩振动谱带，它们的出现表明羊毛经长时间老化降解后，原胱氨酸二硫键已发生断裂，产生磺基丙氨酸、半胱氨磺酸盐。李菁分析的山普拉墓地、洋海墓地、小河墓地中出土的羊毛制品的红外谱图在1026cm^{-1}左右均出现明显的吸收峰，而且毛织品老化越严重，该峰越强。本论文中样品A在1015cm^{-1}处出现强吸收峰，未见1080cm^{-1}、1040cm^{-1}处的吸收峰，说明样品A在老化降解过程中二硫键断裂，产生了新的半胱氨酸，这与羊毛纤维脆化易折断的现象相吻合。表3中样品A在1015cm^{-1}/1635cm^{-1}处的峰高比值很大，说明样品A老化程度很严重。

[1] 胡朝明. 傅立叶变换红外光谱检测过一硫酸处理羊毛表面的研究 [J]. 现代纺织技术，2001，9(1)：1-5.

表 3 测试样品的红外特征峰峰高比值

样品代号	$I_{3278cm^{-1}/1635cm^{-1}}$	$I_{1519cm^{-1}/1635cm^{-1}}$	$I_{1015cm^{-1}/1635cm^{-1}}$
出土样品A	0.9971 ± 0.1046	0.8451 ± 0.0073	0.9649 ± 0.1226
现代样品B	0.9371 ± 0.0334	0.9079 ± 0.0049	—

2．老化原因

织物老化降解，主要由于水解、光、热、化学、微生物以及机械破坏等原因。张晓梅在研究丝织品老化原因中指出蛋白质因水解老化会产生—COOH，红外光谱图中在1700cm^{-1}处产生—COOH峰；光老化不会产生羧基峰；热老化会逐渐产生很弱小的羧基峰。观察样品A的红外光谱图，并未发现1700cm^{-1}处有羧基峰，说明出土样品A未出现严重的水解现象。样品A的红外光谱图中1015cm^{-1}处出现了一个极强的吸收峰，属胱氨酸氧化产物半胱氨磺酸盐的S—O对称伸缩振动吸收峰。推测样品A主要受热老化的影响，这可能是由于出土地区干旱的气候地质条件所致。

3．老化程度

计算样品A在1015cm^{-1}处与酰胺Ⅰ带 1635cm^{-1}处吸收峰的峰高比值，记为$I_{1015cm^{-1}/1635cm^{-1}}$，列于表3中。据文献表明[1]，营盘出土毛纤维与现代羊毛红外谱图上的最大差异在于1040cm^{-1}附近出现了一个明显的吸收峰，属磺基丙氨酸的S—O对称伸缩振动吸收峰；而且随着热老化的加剧，该吸收峰越来越明显。文献表明[2]，磺基丙氨酸进一步氧化将氧化为半胱氨磺酸盐（位于1026cm^{-1}处）。营盘出土毛纤维属于魏晋时期纺织品，本文中出土样品A在1015cm^{-1}出现的吸收峰强度远大于营盘出土的样品，无论从羊毛氧化产物还是吸收峰的峰高比值，均说明样品A的老化程度比营盘出土毛纤维更为严重。李菁测试了新疆山普拉墓葬、洋海墓葬、小河墓葬的毛纺织品，分别距今2100~1600年、3200~2200年、4000~3500年，老化损伤程度依次加剧，其所采集样品的红外谱图中均出现1026cm^{-1}处的强吸收峰；其中纺织品外观保存基本完整的山普拉墓葬样品的$I_{1026cm^{-1}/1645cm^{-1}}$均小于1，而洋海墓葬中测试的5个样品中有4个样品的$I_{1026cm^{-1}/1645cm^{-1}}$大于1，小河墓葬的样品中因所处的层次位置不同，各种情形均有出现，最严重者出现1535cm^{-1}处酰胺Ⅱ带的消失。对比新疆小河等墓葬出土毛织品的老化程度，本文中出土样品A在1535cm^{-1}处的酰胺Ⅱ带并未消失、但$I_{1015cm^{-1}/1635cm^{-1}}$比值接近甚至大于1，因此比山普拉墓葬品的老化程度重、与洋海墓葬品老化程度相当。当然进一步的结论还需要更多的证据证明。

三、结论

（1）电镜观察表明，出土样品A中完好的羊毛鳞片清晰可见，但部分羊毛纤维出现劈裂、折

[1] 郭丹华. 新疆营盘出土纺织纤维及其老化状况研究 [D]. 杭州：浙江理工大学，2010.
[2] 胡朝明. 傅立叶变换红外光谱检测过一硫酸处理羊毛表面的研究 [J]. 现代纺织技术，2001，9(1)：1–5.

断、腐蚀、腐朽等损伤状态；大量折断纤维表明羊毛弹性大大下降，老化程度较严重；腐蚀的纤维说明羊毛已处于降解状态。

（2）出土样品A和现代样品B的红外光谱图相比较，其酰胺Ⅰ带、酰胺Ⅱ带的特征峰强度明显减弱，特别是出现了一个明显的1015cm^{-1}吸收峰，为半胱氨磺酸盐S—O对称伸缩振动吸收峰，说明蛋白质中的二硫键发生断裂，出土纤维老化严重。

（3）出土样品A的红外光谱图中没有产生羧基峰，说明其没有发生水解老化，主要受干热老化影响，这与纤维出土地干燥的气候地质条件有关。

（4）研究表明，出土样品A比新疆山普拉墓葬品的老化程度重、与新疆洋海墓葬品老化程度相当。

06 贵州侗族嫁衣配件研究[1]

张国云[2]

摘　要　本文依据田野考察资料，对贵州侗族现代不同区域的嫁衣配件进行分析研究，探讨其形制与古代侗族、汉族服饰之间的异同，寻找侗族嫁衣形成、发展与演变的规律，以期能够为侗族传统服饰传承与发展提供一点思考。

关键词　侗族嫁衣、形制、配件结构

一、引言

嫁衣是服饰文化中不可或缺的一部分，是最具直观性和民族性的一种物质文化载体之一。现代贵州不同区域侗族婚俗中的“姑舅表婚”形式已经消失，遗存在各地基本上以不同的活动来表现对古代婚俗的继承。嫁衣配件的形制、样式基本上保留着古代侗族嫁衣“包肚”为内衣，披肩、围裙、飘带为配件的穿戴形制。

二、“包肚”与肚兜

肚兜是一种“胸间小衣”，即“近身衣”，也就是贴身穿着的内衣。在人类服饰发展史上，肚兜应该是最早的内衣款式，也是最原初的服装形态。在我国古代文献记载中，肚兜也称“亵衣”“兜肚”“抹腹”“心衣”“小衣”等。如商周时期的《诗经·楚辞·九章·辈回风》中称为“纠思心以为攘兮，编愁苦以为膺”[3]，即“膺心衣”。[4]膺，本义为胸，膺心衣即指贴近心与胸处的内衣，心指的不仅是心脏，同时也包含着一种情感，这可能是关于肚兜原型最早的文献记载了。在《说文解字·衣部》

[1] 基金项目：本文系国家社科基金艺术学一般项目“母性文化视野下西南‘非遗’侗族服饰研究”（16BG124）的阶段性成果。

[2] 张国云（1972— ），女，安徽滁州人，四川美术学院，教授，博士，服装设计专业。

[3] 孔丘．诗经·楚辞·九章·悲回风 [M]．潘尧注，译．西安：三秦出版社，2007．

[4] 许慎．说文解字今释（上册）[M]．汤可敬，撰．长沙：岳麓书社，1997．

中也有关于贴身衣的解说，如“衵”“亵”等字。在《玉篇·衣部》中记载“衵”为近身衣，即贴身衣，这里的贴身衣可能就是肚兜的形态。在东汉时期，刘熙的《逸雅》中记载肚兜有帕腹、抱腹、心衣等。帕腹应为单片覆盖前胸、腹部之处的内衣，即肚兜。而到了唐宋时期，肚兜又称之为“诃子”“抹胸”，其功能为“上可覆乳，下可遮肚”。清代时则正式称之为“肚兜”或“兜肚”。清代徐珂在《清稗类钞·服饰类》中称：“抹胸，胸间小衣也……,俗谓之兜肚，男女皆有之。”[1]抹胸或肚兜虽称呼不同，但形制和功用上是一致的。

如图1是《历代妇女妆饰》中记载的福建福州宋墓出土的一件肚兜，双层，表里均用素绢，内絮少量丝绵，全长55厘米，宽约40厘米，另在上端腰间各缀一带，以备系扎。上可覆乳，下可遮肚。[2]领口的V字形状与现代侗族嫁衣包肚相似。

侗族的肚兜即“包肚”，是侗族女子嫁衣的一个主要部件。从明代开始有了明确的文献记载。“五溪蛮”女子出嫁时“胸前包肚辨尖齐”，即以“包肚”底边的形状来辨别嫁衣与已婚女子服饰。同时，在明代弘治年间的《贵州图经新志·黎平府志》卷七中有关于侗族女子服饰的记载：“刺绣杂文如绶，胸前又加绣布一方。”“绣布一方”即“包肚”。至明嘉靖年间，田汝成在《炎徼纪闻·蛮夷》卷四中也提到“若绶胷（胸）亦如之”，也提到“包肚”，但没有提及是日常服饰还是嫁衣。至清代《百苗图》中侗族未婚女子“行歌坐月”的人物描绘中，其穿戴的“包肚”是作为内衣，且底摆呈尖角，见图2。在《黔南苗蛮图说》“峒人”条目中，包肚则在日常生活中成为外衣穿戴，衣摆呈水平直线形，见图3。

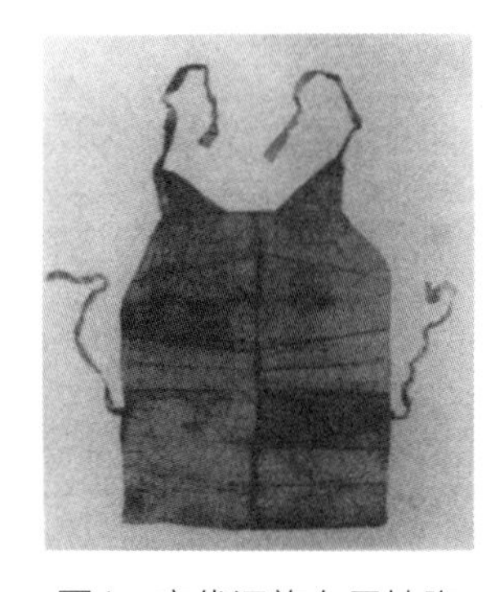

图1 宋代汉族女子抹胸实物

图2 《百苗图》中未婚女子包肚与现代榕江晚寨嫁衣包肚对比

图3 《黔南苗蛮图说》中包肚与报京侗寨嫁衣的包肚对比

现代贵州侗族嫁衣肚兜造型有两种，一种是以V或U型为领口造型特征，整体呈菱形，是嫁衣中最主要的内衣。常常与对襟长衫组合穿着，遮住胸部，类似于现代的文胸功能，用以遮挡和保暖胸部。现在嫁衣中这一类型的肚兜一般穿着在秋衣的外面，遮住胸部、腹部。主要分布在整个南侗地区，即黎平、榕江、从江三个侗族聚居区域，这三个区域的肚兜造型都相差不大，主要区别在领口装饰和尺寸大小上，领口装饰有的是拼接两块对称三角形，有的是在领口处镶嵌一块长

[1] 徐吉军. 中国风俗通史·宋代卷 [M]. 上海：上海文艺出版社，2001.
[2] 周汛，高春明. 中国历代妇女装饰 [M]. 上海：学林出版社，1997：221.

方形绣片；尺寸按照每个个体的需求来量体裁衣，但肚兜基本上是一幅布，因此尺寸上各地区相差不会太大，下表为贵州侗族不同地区肚兜实物、结构装饰及材料对比。

贵州侗族不同地区嫁衣肚兜的实物、结构、装饰及材料对比

类别	地区	实物图	结构图	领口装饰与背饰	材料
第一类：南侗	从江往洞		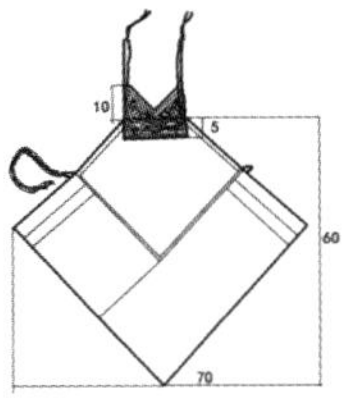	 	黑色侗布、棉布、化纤布
	黎平地扪		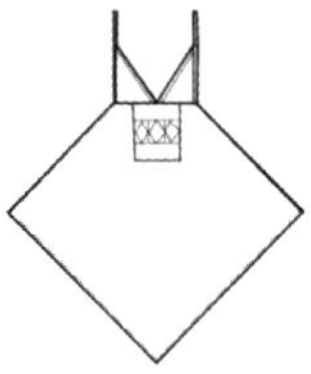	  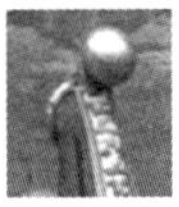	深蓝色侗布
	黎平黄岗	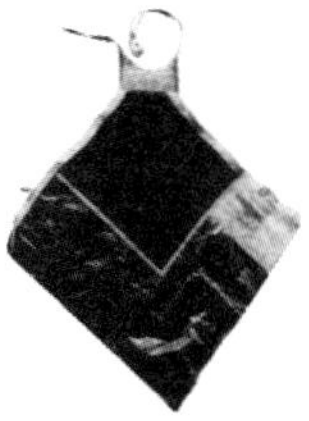	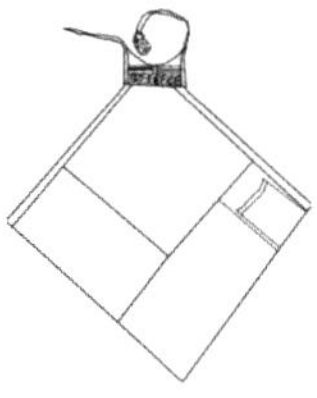	 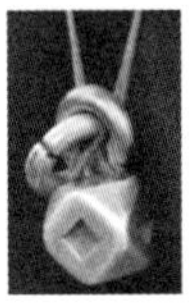	黑色平绒布，蓝色、玫红色棉布，边缘镶嵌侗族亮布
	黎平三龙		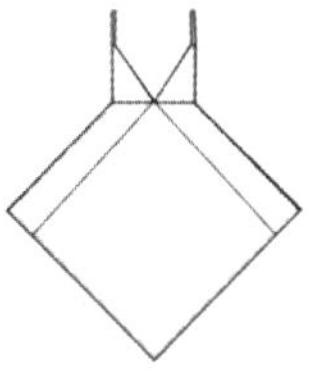		侗布，边缘镶嵌白色棉布，领口处白色绲边
	黎平尚重		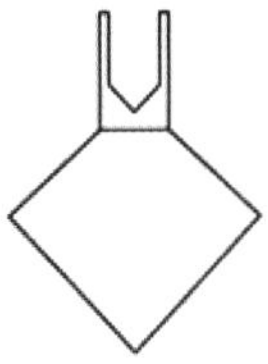	 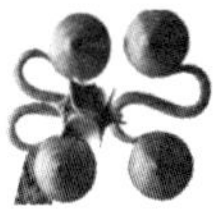	肚兜主体以亮布为主，领口边缘使用挑绣的织带作为装饰，绣片红色丝绸布作底，银质背饰

续表

类别	地区	实物图	结构图	领口装饰与背饰	材料
第二类：北侗	镇远报京				黑色平绒布和深蓝色侗布材质，刺绣纹样在胸部和腰带上

图片来源：笔者实地拍摄。

综上，肚兜和包肚的穿戴方式、样式等都有着相似之处，从历史文献记载来看，汉族的肚兜要早于包肚，二者都是古代女子出嫁的贴身内衣。在现代，肚兜早已被胸衣等内衣所代替，也成为婴儿常用的服饰。而包肚自明代有史记载以来，也成为侗族女子嫁衣的一个主要部件，也是古代侗族女子区分未婚与已婚的一个符号。在现代侗族嫁衣中，包肚依然是其中最为主要的配件之一，不论从其形制上、装饰上还是功能上依然延续着古代包肚的样式与风格。唯一的区别是不论嫁衣中的包肚和还是已婚女性日常服饰中的包肚，在造型上都是以菱形结构为主，没有了尖与齐的区分。因此，可以说，现代侗族嫁衣中的包肚是对我国古代传统服饰的承继。

三、蔽前与围裙

《易纬·乾凿度》中云："古者田、渔而食，因衣其皮；先知蔽前，后知蔽后，后王易之以布帛，而犹存其蔽前者，重古道，不忘本。"可知蔽前与蔽后皆为人类早期的服饰形式。

在服饰发展过程中，蔽膝或蔽前作为服饰的主要部件在历代服饰中传承演变，最早的蔽膝在商周的时候就出现了，殷墟出土的玉人（图4）蔽膝："腹前悬长条形'蔽膝'，下缘及膝部。"[1]在1957年重庆化龙桥出土的陶俑中，腹前也围系"蔽膝"（图5）。

图4　殷商妇好墓出土的玉人腹部前围系蔽膝（图片来源：网络）

图5　重庆化龙桥出土的东汉陶俑腹部前围系蔽膝（图片来源：网络）

东汉时期《白虎通义》关于蔽膝的记载："太古之时，衣皮韦，能覆前而不能覆后。"[2]显然，人类是最早用皮毛等先围之于腹下膝前，"覆前"即是围裙的最初形态，这里主要从遮掩、遮蔽、护体等功能的角度来说明蔽膝存在的实用

[1] 中国社会科学院考古研究所．殷墟妇好墓［M］．北京：文物出版社，1980：151.

[2] 黄强．中国内衣史［M］．北京：中国纺织出版社，2008：8.

意义。蔽膝，在《释名》中记载："鞸，蔽也，所以蔽膝前也，妇人蔽膝亦如之。"说明蔽膝在古代是男女皆可穿戴的一种服饰。在《礼记·玉藻》孔疏中称："他服称鞸，祭服称韨。"这里提到了蔽膝作为不同礼仪服饰其称呼也不同，作为祭服，蔽膝则称之为"韨"。《诗经·小雅·采菽》云："赤芾在股，邪幅在下"。郑玄笺注："芾，大（太）古蔽膝之象。"毛传："诸侯赤芾邪幅。"[1]这里则以"芾"作为蔽膝的称呼，既可蔽前也可遮后，与飘带似乎是一体。在周锡保《中国历代服饰史》中依据郑玄注释，对"芾"的释义认为，其先是蔽前，再蔽后，上衣下裳形制确立之后，人们为了纪念上古时期的样式而在服饰之间留下了蔽膝这一配件。[2]由此，蔽膝由最初的护体功能逐渐走向礼仪服饰的主体，起到装饰、彰显的功能。

蔽膝在现代服饰中称之为"围裙"，但已不再作为服饰的主要配件，唯有少部分地区的服饰中依然保留，如江南地区的渔女服饰、西南少数民族地区的苗族、瑶族、侗族、水族、布依族等均穿戴围裙。在侗族服饰中，围裙不仅是日常服饰中的主要穿戴部件，也是嫁衣中最为注重的配件之一，作为嫁衣中最外层的配件，围裙已经成为集装饰、形式、技艺于一体的符号。如图6中四个不同区域的婚嫁围裙，装饰以满纹、满银为特色，形制则均以方形为特征，长度大都过膝，唯有满银装饰的围裙长度在膝盖以上，强调装饰性与仪式性，与我国汉族传统礼仪服饰中的蔽膝有着相同的功用。

图6 侗族婚嫁围裙穿戴形式

（图片来源：笔者实地拍摄）

[1] 李运益."鞸、韨、韐"是不是蔽膝(围裙)？——对古代名物字考释的探讨[J].西南师范大学学报：人文社科版，1978(1)：98-105+97.

[2] 周锡保.中国古代服饰史[M].北京：中国编译出版社，2011：2-3.

那么现代侗族围裙与我国古代的蔽膝是否有一定的联系？首先，笔者查阅相关资料，关于侗族围裙的记载目前还没有查阅到。明弘治《贵州图经新志》是我国古代典籍中对侗族服饰描述最为详尽的一部典籍，其中对侗族女子的服饰，包括头饰、上衣、下裳、绑腿、鞋饰甚至配饰都记载得非常完整："妇女之衣，长袴短裙，裙作细褶裙，后加布一幅，刺绣杂文如绶，胸前又加绣布一方，用银钱贯次为饰，头髻加木梳于后。好戴金银耳环，多至三五对，以线结于耳根，织花绸如锦，斜缝一尖于上为盖头。"[1]从中可以看出，虽然这是对我国明代侗族女子服饰的记载，但其中所描述的服饰形制、装饰品种类、穿戴形式等与现代的侗族嫁衣基本一致，其中唯独没有关于围裙的文字记载。文中"后加布一幅"，根据田野考察所搜集的资料来看，应该是遮盖在臀部位置的布，在现代侗族服饰中称之为"飘带"。同样，在清代的女子出嫁服饰的文字与图册中，也没有提及围裙。在侗族的古歌、古老款词中也没有围裙的记载，可见在侗族嫁衣中围裙的出现历史并不久远，至于何时出现，笔者也没有查阅到相关资料。

综上，侗族嫁衣围裙与我国传统礼仪服饰中的蔽膝有着异曲同工之妙，虽然没有文献记载二者之间的直接联系，但自宋以来，侗族一直不断吸收着汉族的文化与习俗。正如马林洛夫斯基在《文化论》中提及人类在形成之始，每一个族群有着自身创立文明的能力，也有着吸引另一个族群文化的能力。作为受多个民族文化影响的侗族来说，嫁衣中的围裙有着本民族独特的文化寓意，也有着外来文化的符号特征。

四、蔽后与飘带

蔽后，依据上文中提到的《诗经·小雅·采菽》云："赤芾在股，邪幅在下"等文字，可见蔽后是穿戴在人体腰臀部位的一件服饰，与穿戴在人体前部的蔽膝相对应，是在我国远古时期就已经形成的一种服饰。

在侗族，依据《贵州图经新志》中的"后加布一方"与"赤芾在股"的相同穿戴方式，可知从明代起侗族服饰中就有了明确的"蔽后"这一服饰配件的存在。现代侗族嫁衣中的"蔽后"可称之为"飘带"，其造型与"后加布一方"有一定的区别，形态上是由3~5个条形绣片构成，腰部用腰头连接形成整体，底部装饰丝线做成流苏，每一个条形绣片均自由地覆盖着人体的臀部，并随着人体的运动而飘动，因而得名。飘带中的流苏与条形绣片的自由晃动与围裙的方正形态、厚重的装饰相比要自由活泼、充满生气。

飘带作为嫁衣的配件并不是贵州所有地区的侗族族群都穿戴。据田野实地考察，目前主要在榕江的乐里、晚寨，黎平尚重、洋洞等侗族嫁衣中保留这一古老服装样式。贵州黎平双江的黄岗侗寨女子日常生活服饰中也保留飘带的穿戴，而这里的出嫁服饰中则没有，如图7（1）。在黎平的尚重

[1] 沈庠，修．赵瓒，纂．贵州图经新志·卷七[M]．北京图书馆藏．明弘治刊刻传抄本影印。

等侗寨，出嫁女子以及节日盛装时穿戴飘带，日常服饰中则不穿戴，如图7（6）。同样在从江的龙图、榕江的乐里区域的村落以及晚寨侗寨，飘带也仅仅是在婚嫁和节日时穿戴，如图7（4）、（5）。不过，在越南西北部萨帕（Sapa）的苗瑶地区的女子服饰中也存在这种飘带形式，从其形制与功能上看与黎平黄岗的日常飘带有着相似性，如图7（2）。

（1）黄岗侗族女子日常飘带

（2）越南萨帕苗瑶日常飘带

（3）黎平洪州带状嫁衣飘带

（4）从江龙图嫁衣飘带

（5）榕江瑞里龙凤形嫁衣飘带

（6）黎平尚重蝙蝠形嫁衣飘带

图7　越南萨帕苗瑶飘带与侗族飘带对比

（图片来源：笔者实地拍摄）

从嫁衣飘带的结构来看，主要以单体纹样绣片形态组合而成，有连续宝剑头条状构成的，有扇形的龙凤纹相组合构成的。不论何种构成形式，它验证并继承了古时侗族先民们用树叶、树皮、羽毛和兽皮等来包裹身体以蔽风寒的这一说法。从江高增地区飘带则作为一种实用性功能保留在日常服饰中，代替百褶裙遮盖穿裤装的臀部。榕江与黎平地区的嫁衣飘带则是以装饰臀部、突出臀部为主要目的。与围裙相比较，从设计学角度讲，二者正好体现了对比与统一、节奏与韵律的设计手法；从穿戴方式上，围裙的遮盖与飘带的显露体现了人类装饰上的一个特征，即强调生殖崇拜的穿戴符号。二者的一遮一显，都是对女性生殖功能的崇拜，其寓意相同。由此也可以推测，侗族嫁衣中飘带是我国远古时代服饰中母性崇拜文化的符号遗存。

五、霞帔与披肩

侗族嫁衣披肩最早有文献记载在清代嘉庆年间。在清代《百苗图》六洞夷人条目中对侗族女子嫁衣的绘制中出现了披肩，其造型以圆形为特征。

在《中国历代妇女妆饰》中记载，披肩最早雏形为帔。帔是魏晋时期的一种妇女衣物，帔形状较窄，似围巾，披附在颈肩部，交于领前，边缘自然垂下。在东汉许慎的《说文解字》中："帔，弘农谓裙帔也，从巾，皮声。"这里的帔被称作裙帔。在王念孙的《广雅疏证》中记载："绕衿，帔、裙也。"❶即围绕领部披挂在手臂悬垂而下的带状布条，即披肩的前身。在这一时期，披肩是世俗女性的服装配件。随着佛教的传入，帔逐渐成为佛教人物中不可缺少的服饰配件。至隋唐时期，帔依然承袭前制，也出现了幅布较宽、长度较短，并配有装饰物，形似披风的披巾。帔的穿戴主要是缠绕于双臂，走起路来，酷似两条飘带，这一时期开始，帔也开始成为宫廷女性服饰中的一部分，如《簪花仕女图》《挥扇仕女图》、张萱的《捣练图》等（图8）。又如吴道子《送子天王图》中神女披肩造型雍容华贵，与《文姬归汉图》中的如意头披肩在造型上已经趋于一致，如图9、图10。由此可以看出披肩的形式逐渐由帔向凤冠霞帔形式转变，成为宫廷礼仪服饰中的一种象征性的符号。

图8　唐代《簪花仕女图》中帔
（图片来源：《中国历代妇女妆饰》）

图9　吴道子《送子天王图》中神女披肩
（图片来源：《中国历代妇女妆饰》）

图10 《文姬归汉图》中披肩
（图片来源：《中国历代妇女妆饰》）

所谓霞帔，是指帔上附有彩色刺绣，也是指其颜色如彩霞一般。宋代以后才出现。而无彩色刺绣的叫"直帔"。宋高承《事物纪原》："今代帔有二等：霞帔，非恩赐不得服，为妇人之命服；而直帔通用于民间也。"❷显然，宋代霞帔成为国家礼仪服饰的一部分，是宫廷妇女命服组成部分，随品级高低而不同，平常百姓不能服用，霞帔也成了昭明身份的服饰符号。其样式是由两条长带组成，由前后两部分构成，前身底端缝合固定，挂上帔坠使之悬垂平服；后身两带分开披附在后背，但相互之间牵连、不完全固定，自然悬垂。❸纹样上以皇后绣龙凤纹，命妇绣鸟禽纹为主要特征。

明清时期霞帔依旧是官员与命妇正式场合必须穿着的礼服配件。在《明会典》中对霞帔的规格做了非常细致的记录，在形制、大小、尺寸、纹样中都有详细的要求与规定："霞帔二条，各长

❶ 王念孙. 广雅疏证 [M]. 北京：中华书局，2001：232.
❷ 高承. 事物纪原 · 卷三 [M]. 北京：中华书局，1989：108.
❸ 赵丰. 大衫与霞帔 [J]. 文物，2005(2)：75-85.

五尺二寸，阔三寸二分，绣禽七，随品级用，前四、后三各绣。临末左右取尖长二寸七分。前后分垂，横缀青罗襻子，牵联并之。前垂三尺三寸五分，尖缀坠子以，后垂二尺三寸五分，临末插兜子内藏之。”[1]体现出明代传统礼仪服饰制度的规范性。清代的霞帔比明代有了较大的改变：帔身宽度增大，阔如背心，添加了衣领与边缘的装饰流苏，纹样上则以鸟纹为主。

这个时期披肩的样式也出现了一种新的形式，即披领，主要是帝王将相与八旗命妇等在特定的礼仪场合穿着的服饰配件，也是男女通用的服饰。如图11（1）清代慧娴皇贵妃朝服中的披领，突出其后背与两侧向外伸展的形态，象征其权力与地位。徐珂在《清稗类钞·服饰·披肩》中记载：“披肩为文武大小品官衣大礼服时所用，加於项，覆於肩，形如菱，上绣蟒。八旗命妇亦有之。”

披肩成为宫廷礼仪服饰的同时，也成为明清戏曲中的宫廷人物角色的主要服饰配件，如女旦蟒服等，如图11（2）中为清宫戏剧女靠披肩，其造型与清宫廷中的披领形制上有所不同，以圆形为特点，边缘以如意头作为装饰特点。到民国时期，披肩已经基本从人们的日常服饰中消逝，仅仅作为礼仪服饰成为民间婚嫁服饰配件，我国传统京剧、川剧、昆曲等戏曲服饰也保留了披肩的造型。如图11（3）为民国时期川剧服饰中女子出嫁时所穿着的女儿蟒，其披肩中则出现了流苏与立领的结构，与图11（4）中川剧中女旦所穿着的大氅披肩不同，大氅中的披肩结构上缺少了婚嫁披肩边饰的流苏。与图11（7）~（9）中现代侗族女子嫁衣中的披肩相比较，图11（5）、（6）中清代六洞夷人嫁衣披肩中无流苏。可见，从清代到民国时期婚嫁披肩流苏的出现是其装饰中的一个主要变化。

综上可知，披肩最早为神话传说中的人物所穿戴，直至唐代，依然为舞女和歌妓的服饰。宋代开始分为霞帔和直帔，霞帔成为命妇的身份象征，至明清时期，成为宫廷礼仪服饰的主要配件之一。同时，在戏剧人物礼服和民间的女子婚嫁、祭祀中也有了披肩的穿戴形式。在现代服饰中，披肩也仅仅保留在戏剧戏曲服饰中以及传统的婚嫁礼仪服饰中。

侗族披肩主要作为嫁衣的配件而穿戴，如图11（7）~（9）为贵州现代侗族黎平、榕江两个地区的侗族婚嫁披肩，这两个地区的披肩从结构上有着一定的区别，但形制上均以圆形和边饰流苏为主要特色。从目前的文献资料上可以看出，从百越时期到宋代侗族作为独立族群出现，披肩在各汉族文典中都没有记载。明代，对侗族服饰记载最为详细的弘治年间的《贵州图经新志》，也没有提到侗族女性服饰中有披肩的存在。至清代，在文献中也没有相关记载，唯独在嘉庆年间陈浩绘制的《百苗图》中六洞夷人女子出嫁服饰中明确描绘着披肩的形象。而在光绪年间桂馥绘制的《黔南苗蛮图说》中的六洞夷人中也描绘着侗族出嫁女子服饰中的披肩样式，二者所描绘的披肩穿戴方式与形制都非常接近，如图11（6）。显然，在清代中后期披肩已经成为侗族婚嫁服饰中的主要配件。

[1] 贾玺增．中国服饰艺术史［M］．天津：天津人民美术出版社，2009：145.

（1）清代慧娴皇贵妃朝服帔

（2）清宫戏剧女靠披肩

（3）川剧服饰中女儿蟒中披肩

（4）川剧中女旦的大氅披肩

（5）清《百苗图》（巴黎博物馆藏）（六洞夷人）婚嫁披肩

（6）《黔南苗蛮图说》中六洞夷人嫁衣披肩

（7）现代黎平尚重地区侗族女子嫁衣披肩

（8）现代榕江晚寨女子嫁衣披肩

（9）黎平洛香、水口嫁衣披肩

图11 《百苗图》中嫁衣披肩与现代嫁衣、戏曲服饰、清代宫廷披肩对比

［图片来源：（1）《清宫生活图典》；（2）《清代宫廷戏曲文物》；（3）（4）笔者拍摄于重庆市川剧博物馆；（5）杨庭硕《百苗图抄本汇编》；（6）李德龙《黔南苗蛮图说研究》；（7）（8）（9）笔者实地拍摄］

六、结语

综上，现代侗族嫁衣的形制上对古代侗族、汉族礼仪服饰进行了承继。十字型的结构是对我国古代传统服饰形制的继承，肚兜是古代侗族女子包肚的遗存，围裙是对我国汉族礼仪服饰中蔽膝的借鉴与改编。飘带则是对远古时期蔽后的保留与承继。披肩则是对我国明代时期汉族婚嫁服饰中霞帔的吸收与保存。从中能够找到古代侗族与汉族礼仪服饰的踪迹，由此可以说现代侗族嫁衣是古代侗汉服饰的集合体，是对我国不同历史时期的传统服饰元素的继承。

07 探析地域文化对浙南蓝夹缬的影响

王　羿[1]　周凡凡[2]

摘　要　蓝夹缬是浙南地区的地方性工艺，受到浙南依山靠海自然环境和丰富多彩的民俗文化影响，形成了独特的工艺、材质、纹样，成为浙南人传统婚俗中非常重要的部分，伴随着浙南人世世代代的生活。因此，本文通过田野调查，分析浙南蓝夹缬的部分工艺，从地域文化角度分自然环境和民俗生活两个方面，溯源了浙南蓝夹缬盛行的清代至20世纪80年代的地域文化对其工艺和纹样产生的影响。

关键词　蓝夹缬、地域文化、自然环境、民俗生活

人们在不同的地域上过着各自的生活，一般因地制宜地取材，受到自身所处文化的影响，产生了别有特色的生活内容，从而形成了独具一方的工艺文化。传统的蓝夹缬正是我国浙江省南部地区的一种地方性工艺[3]，它使用着当地的材料，展现着当地的风情，由当地人所制作，为地方人所使用，体现着地域文化对其的影响。地方性工艺产生于某一地区，在人们赖以生存的自然中形成社会文化。工艺又是民俗艺术中的一部分，任何民俗艺术的形成都离不开它所处的地域文化。地域文化的不同，形成了每个地方不同的风俗习惯、生产形式和生活方式，都影响着工艺的形成与发展。正是“一方水土养一方人”，“一方人”又在“一方水土”中形成了一方独特的工艺。

一、浙南蓝夹缬概述

夹缬是一种古老的印染方式。早在唐代时期，夹缬就已经被广泛运用于人们的

---

[1] 王羿，北京服装学院，教授。

[2] 周凡凡，飞鸟和新酒品牌设计师。

[3] 浙南地区指的是我国浙江省南部地区，东临东海，南临福建省，西临江西，北临浙江北部宁波、绍兴、杭州等市，主要包括温州市、台州市、丽水市、衢州市，金华市南部地区。

生活中，可从一些文献记载的数据中体现。如唐末新罗人崔致远在唐任职四年中所记录的唐朝末年事件的《桂苑笔耕集·卷十》中提到“西川罗夹缬二十匹”“真红地绢夹缬八十匹”，[1]且记录历代君臣事迹的《册府元龟·卷二》提到宝历四年十月辛亥的“降诞日”时，进献的“绫绢夹缬杂采等共一万四千三百匹”[2]。

蓝夹缬是清代至20世纪80年代在浙南地区存在且为人广泛使用的印染方式，其印染所成的物品是作为当时浙南地区女子嫁妆的被面。有观点认为浙南蓝夹缬是古代彩色夹缬的遗存，然而，究竟两者是否具有连贯性的传承关系则无法下定论，毕竟两者在形态上已经相差非常大。古代夹缬主要是在丝绸面料上印染，色彩多样，早期作为一种服装面料盛行于社会生活之中，“客女及婢。通服青碧。听同庶人。兼许夹缬。”[3]后来逐渐扩展到屏风、包袱布等，见图1。而从清代开始逐渐在民众生活中流行的蓝夹缬是在棉布上印染的制品，蓝白色彩组合，主要用作被面，相较古代彩色夹缬别有韵致，见图2。

图1　唐代绀地花树双鸟纹夹缬绝（日本正仓院藏）
（图片来源：http://shosoin.kunaicho.go.jp/）

图2　传统浙南蓝夹缬被面
（笔者2015年2月摄于瑞安马屿蓝夹缬博物馆）

古代彩色夹缬的技艺或已失传，传统浙南蓝夹缬也随着现代化进程而逐渐退出人们的生活，技艺正面临着失传的境况。笔者在浙南地区的民间考察，看到浙南蓝夹缬的制作工艺如今还完整地保留在浙南的温州地区，但是因为需求量少，技艺的传承状态令人担忧。浙南蓝夹缬的技艺主要由三个部分组成，分别是制靛工艺、雕版工艺和印染工艺。

（一）制靛工艺

靛，也可叫靛青，蓝靛，是一种青蓝色染料。“凡蓝五种，皆可为淀。”[4]传统的制靛工艺是从各种蓝草中提取出青蓝色染料的过程，其所产生的靛青为植物染料。浙南地区的制靛工艺主要步骤是收割马蓝叶、浸泡马蓝叶、加蛎灰、打靛花、除去靛花、储靛与取靛。

❶ 崔致远. 桂苑笔耕集·卷十 [M]. 北京：中华书局，1985：86.
❷ 王钦若. 册府元龟·卷二 [M]. 北京：中华书局，1960：24.
❸ 王溥. 唐会要·卷三十一 [M]. 北京：中华书局，1955：575.
❹ 宋应星. 天工开物 [M]. 钟广言，注. 广州：广东人民出版社，1976：118.

收割马蓝叶有季节的限制，不同的地方在一年中有不同的收割次数，1~3次不等，从而使打靛的时间也受到限制。将收割后的马蓝叶进行浸泡发酵再捞出，剩余池中的液体即可进行打靛。笔者有幸在一年中最后一次打靛时刻去往温州市乐清地区观看了打靛过程。

打靛，即制靛过程中的打靛花环节，是制靛过程中的重要环节。打靛前需要在液体中加入蛎灰这样的碱性材料使“溶液pH升高，并在碱性条件下迅速氧化而使靛白变为靛青而沉淀下来。”[1]打靛需要在合适的温度和充足的阳光下进行，其过程是由人站在制靛池边缘上，使用一个“靛耙类”工具（图3）来不断搅动制靛池内由蓝草叶子浸泡出的液体，整个打靛的时间长短由打靛师傅根据经验来控制。打靛的目的是通过搅动使制靛池中的液体充分接触空气中的氧进行自然氧化。另外，枝叶在前期发酵的时候会酶化产生一些表面活性剂，从而降低了液体的表面张力，在搅动过程中会产生蓝色泡沫状的物体，即是靛花（图4）。[1]除了在打靛初需要加入蛎灰，在打靛的过程中也要不断加入蛎灰，促进液体迅速自然氧化。

图3 “靛耙类”工具

（笔者2014年11月摄于温州乐清）

图4 打靛花

（笔者2014年11月摄于温州乐清地区）

打靛是个力气活，且需要较长时间，笔者在温州乐清调研中，发现年老的打靛人黄宣法师傅已经不能够一个人长期打靛，需要有旁人的配合。笔者还了解到制靛工艺如今已经极少有人在进行了，黄师傅的儿子也并没有完全从事制靛工艺，只是偶尔帮助父亲。

（二）雕版工艺

雕版工艺的主要步骤为挑选木材、粘贴粉本、雕刻纹样（连同粉本）、拓摹粉本留底、完成全套雕刻。雕刻工艺的粉本可以使用之前储存的样式（图5），也可以重新创作。粉本的设计由专门的雕版师傅完成，需要事先设计，之后粉本的纹样可以进行复制，供长期使用。浙南蓝夹缬的雕版工艺不同于床、家具、装饰品等其他木雕形式，它作为

图5 黄其良师傅为陈松尧染师雕刻完复制的粉本

（笔者2015年2月摄于黄其良师傅家中）

[1] 王业宏，刘剑，姜丽．苍南夹缬遗存印染工艺研究[J]．东华大学学报：社会科学版，2009，9(2)：85–87.

整个浙南蓝夹缬工艺的一部分，不仅需要雕版师傅拥有精湛的雕刻技艺，还需要雕版师傅考虑到后期印染过程中夹板的力度、染液流动“水路”的面积和方向等印染方面的工序，从而进行纹样的设计。另外，在人物眼睛等特殊的染色部位（图6）还需要雕版师傅进行特殊的“水路”处理，即挖通脸部下方的“水路”，使染液能够进入眼睛等特殊部位。

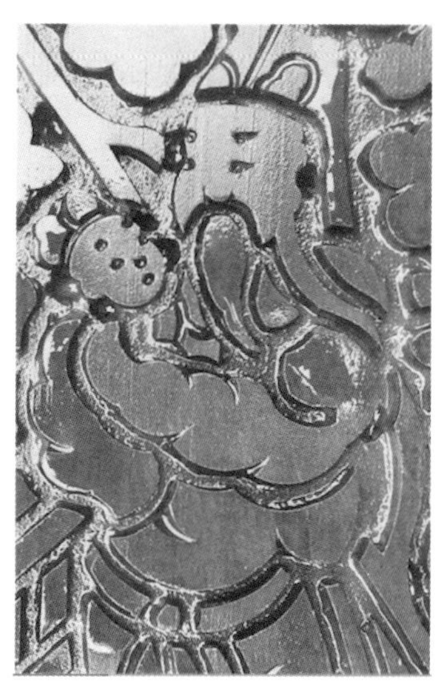

图6　雕版局部（人物脸部）
（笔者2015年2月摄于黄其良师傅家中）

雕版工艺是一个专门的技术，也是蓝夹缬的重要特色，需要学徒经过长时间的训练方可达到成熟，非常考验一个学徒的毅力。如今能够完全掌握浙南蓝夹缬雕版技术的人只有温州高楼地区的黄其良师傅。由于当下蓝夹缬的市场不如过去繁荣，从而使雕版技艺也面临着失传的问题。

（三）印染工艺

印染工艺主要步骤为装布夹版、版群加固、布组处理、吊布浸染、取布晾晒，整个过程凭借印染师傅多年的经验进行控制，图7为陈松尧师傅在进行印染工序。在20世纪，浙南地区是遍地染坊，到处可见蓝夹缬，“其密度高者一村三坊，低者一镇一坊，粗略计算下来，应不下于200家。”[1]然而，笔者在浙南地区的考察，看到浙南地区现今就只剩下3个真正完全从事蓝夹缬印染的场所了，其中两家是印染坊，一家是博物馆兼染坊。两家染坊分别是温州市乐清市的陈松尧染坊和温州市苍南县的薛勋朗染坊，博物馆兼染坊是温州市瑞安市的马屿蓝夹缬博物馆。染坊和博物馆都承接订单，都有完整的印染程序。

图7　陈松尧师傅在进行印染工序
（笔者2014年11月摄于陈松尧染坊）

从蓝夹缬制作的顺序来看，制靛工艺和雕版工艺属于浙南蓝夹缬的前期工艺，印染工艺属于后期工艺。历史上，浙南蓝夹缬的三个工艺掌握于不同的工艺师傅手中，最后的汇聚点是在印染工艺师傅手中。但是，现如今除了雕版工艺，制靛工艺和染色工艺则有可能会由同一个师傅完成，如浙南马屿蓝夹缬博物馆兼染坊的制靛工艺和染色工艺就是由同一个师傅完成。

蓝夹缬是一种地方性工艺。它的形成与发展，它的技艺与纹样，都离不开所处地域对其产生的影响。在蓝夹缬盛行的时代，种植马蓝和制作靛青普遍，染坊数量繁多，雕版师傅技艺精湛。蓝夹缬能够在浙南地区形成与留存，与浙南地区的地域文化具有密切的关系。正如日本民艺学家

[1] 张琴. 中国蓝夹缬[M]. 北京：学苑出版社，2006：97.

柳宗悦在《工艺文化》中所说的那样“天然材料与风土气候促进了特殊的乡土工艺的生长。”[1]

二、自然环境影响蓝夹缬工艺的材料选择

自然环境属于手工艺形成的客观因素，在手工艺取材中起着不可忽视的作用。地方性工艺所使用的材料正是某个地方自然环境作用的结果，具有独特性。浙南地区所独有的自然环境使蓝夹缬工艺在材料的选取上呈现一种地方性特色。

（一）适宜的气候条件和土地资源促进马蓝的生长

民间传统蓝染的蓝色来自靛青，靛青的制作原料为蓝草。我国有很多蓝草的种类，如蓼蓝、马蓝、菘蓝、木蓝，现分布于我国不同的地区。蓼蓝分布于东北、华北，以及陕西、山东、湖北、四川、贵州、广西及广州等省，马蓝分布于浙江、福建、广东、广西、江西、贵州、云南、海南等省，菘蓝分布于河北、北京、黑龙江、河南、江苏、甘肃等省（市），木蓝分布于山东、江苏、福建、台湾、广东、广西、湖北、四川、云南等省。[2]浙南蓝夹缬的蓝色所采用的蓝草原料主要是马蓝的枝叶。马蓝，又称为山蓝、山青，是一种爵床科植物，适合生长于“山坡、路旁、草丛及林边潮湿处。”[3]

浙南地区属于亚热带季风气候，四季分明，阳光充足，光照较多，并且降水频繁，濒临东海，陆地内河流众多，具有丰富的水资源，形成了温暖湿润的环境。除此之外，浙南地区山地众多，土壤丰厚、土质肥沃，非常适合马蓝的种植。当地种植马蓝的区域主要集中于浙南的山区，如光绪《龙泉县志》卷十一《风俗志》中就提及丽水山区“溪岭深邃，棚民聚处，种麻植靛，烧炭采菇，所在多有”[4]，且因为浙南一些地区“山多田少，颇宜麻、靛。”[5]另外，温州乐清城北乡、白石镇的中雁荡山区，永嘉的仁溪、陡门和瑞安等部分山区也有种植。丰富的原料为靛青的制作提供了方便，浙南地区的靛青制作和使用在清代已经非常普遍，见嘉庆《瑞安县志·物产》：“靛青，邑产颇多。”[6]

浙南地区适合种植马蓝，人们利用马蓝制作靛青，因为马蓝的特性使用的是沉淀法制作。除了用于靛青制作,马蓝的根部还是药用材料——板蓝根，也被浙南人们广泛使用。在科技还未达到可以形成化学染料的时代，在化学染料还未进入浙南地区人们的生活前，浙南人不论是被动地接受，抑或是主动地选择，皆因地域自然环境的适合而形成了独特的蓝染方法。

[1] 柳宗悦. 工艺文化 [M]. 徐艺乙，译. 桂林：广西师范大学出版社，2014：58.
[2] 郑巨欣. 浙南夹缬 [M]. 苏州：苏州大学出版社，2009：94–95.
[3] 天宇. 青草药速认图集 [M]. 福州：福建科学技术出版社，2011：20.
[4] 叶建华. 浙江通史·第八卷·清代卷 [M]. 杭州：浙江人民出版社，2005：90. 引自光绪《龙泉县志》。
[5] 郑昌淦. 明清农村商品经济 [M]. 北京：中国人民大学出版社，1989：333. 引自《处州府志·风俗志》。
[6] 郑昌淦. 明清农村商品经济 [M]. 北京：中国人民大学出版社，1989：333. 引自《瑞安县志·物产》。

（二）丰富的海洋资源形成了蛎灰制靛的工艺

制作靛青的过程中一般采用的碱性材料是石灰。但是，浙南地区的传统做法是在打靛的过程中加入蛎灰。蛎灰又名蜃灰[1]，是利用牡蛎壳作为原材料煅烧而成（图8），再磨成粉备用，它在制靛过程中与石灰发挥同样作用。蛎灰在宋代就作为建筑的固定材料，见徐谊的文章《重修沙塘陡门记》："后十年（淳熙十二年），木腐土溃……自斗两吻及左右臂闸之上下，柜之表里，牙错鳞比，以蜃灰锢之，又作亭覆焉。"[2]

图8　蛎灰
（笔者2014年11月摄于温州乐清地区）

影响浙南地区使用蛎灰有两个方面的地域原因。一方面，原料的丰富促进了蛎灰业的发展。浙南地区濒临东海，海域上有许多大小不等的小岛，属于沿海区域，其海岸线位于浙江省2200公里海岸线的南端，在较为笔直的海岸线上形成了乐清湾和温州湾等港湾，浙江南部的台州和温州地区濒临东海的海岸线。其中，乐清湾属于"半封闭型的港湾"，且"水质肥沃"，[3]非常利于水产养殖，与东部海域的小岛群共同形成了浙南地区丰富的海洋生物资源，历来是盛产海洋产品的地方。蛎灰所使用的原材料——牡蛎壳是一种在近海浮泥层中生长的珊瑚礁上的贝类，在乐清及其周边的沿海地带都容易获得，随之形成捕捞牡蛎壳和制作蛎灰的产业，清代《道光乐清县志》"货物类"中就有"蛎灰"生产的记载。[4]在浙南地区，瑞安北麓、苍南镇霞光等是生产牡蛎壳的地方，柳市镇的麻园、七里港镇的下浦岱、虹桥镇的港沿等地有蛎灰生产的历史。浙南地区主要的制靛工艺就位于盛产牡蛎壳和蛎灰业发达的乐清地区，如城北的黄檀硐村和白石镇赤水垟村。

另一方面，地域条件的限制。浙南地区历史上缺乏石灰石矿，不容易制造石灰，[5]没有形成煅烧石灰的技术和设备。与当下社会状况不同，蓝夹缬盛行的时代，交通不便，信息不畅。于是，在石灰石缺乏和技术不成熟的过去，先民们就利用当地的优势，利用牡蛎煅烧成蛎灰，广泛运用于生活中，《弘治温州府志》就提及："凡筑室为瓦、为墙、为池、为沟，靡不用焉。其为舡则捣以桐油，如胶漆泯其罅，入水不漏，功用甚博。较之他州石灰之用，尤为坚缜。"[6]另外，晚清瑞安人洪炳文《瑞安乡土史谭》也提及："蛎灰壅田，邑农人浓用以壅田，得益颇多，田中昆虫皆毙，是介类之能益植物者。"[7]

由此可见，浙南蓝夹缬所处的是一个盛产牡蛎壳的地域，且使用蛎灰历史久远，生活中使用

[1] 鲍作雨．道光乐清县志·下 [M]．北京：线装书局，2009：1026.
[2] 吴明哲．温州历代碑刻二集·下 [M]．上海：上海社会科学院出版社，2006：897-898.
[3] 浙江省经济研究中心．浙江省情概要 [M]．杭州：浙江人民出版社，1986：16.
[4] 鲍作雨．道光乐清县志·下 [M]．北京：线装书局，2009：1026.
[5] "凡温、台、闽、广海滨、石不堪灰者，则天生蛎虫豪以代之。"——宋应星．天工开物 [M]．钟广言，注．广州：广东人民出版社，1976：285.
[6] 王瓒，蔡芳．弘治温州府志 [M]．上海：上海社会科学院出版社，2006：116.
[7] 俞光．温州古代经济史料汇编 [M]．上海：上海社会科学院出版社，2005：155.

广泛，由此形成了浙南制靛工艺中使用蛎灰的习惯。

（三）多样的林业资源造就了雕版印染的工艺

蓝染图案的形成，在不同地区有不同的制作方法，如少数民族的蜡染、扎染、江苏地区的蓝印花布，而浙南地区的蓝夹缬所采用的方法是木板夹染，其中，木板的制作原料即是当地的各种木材。

浙南地区的地貌类型以山地、丘陵、平原和海域为主。除了沿海地段的平原外，浙南大部分地区是山林，如图9为浙南温州地区的群山。在《清史稿》中记载的位于浙南地区的台州府、温州府和处州府下设的每一座县城中都有数量不等的山地，清时还有记录乐清“西北自括苍山而来，奔腾起伏数百里，历永嘉楠溪入乐邑瑞应乡。”[1]《道光乐清县志》中提及的具体山名就达100多种。[2]浙南的温州市永嘉县总面积2698平方千米，山地面积为2308.5平方千米，有“八山一水一分田”之称；[3]温州市瑞安市西部为中、低山丘陵，属于南雁荡山与洞宫山的余脉，是天然的林业基地；[4]丽水市青田县也多为山区，全县总面积2493平方千米，丘陵低山有2228平方千米，占89.4%，有“九山半水半分田”之称。[5]山地林木繁多，盛产各种杉、松等不同种类的木材，使木材在浙南人的生活中占有重要部分，从建筑到床、纺车等生活用品中均盛行使用木材。图10为浙南地区木结构房屋。

图9　浙南温州地区的群山
（笔者2012年4月摄于温州南雁荡山区）

图10　浙南地区木结构房屋
（笔者2014年8月摄于温州碗窑村）

浙南蓝夹缬的纹样产生离不开雕版工艺，需要在印染前将纹样雕刻在规定尺寸的木板上，雕版工艺中所使用的原材料是棠梨木、杨梅树、枫树、红柴等各类木材。传统的浙南蓝夹缬印染工艺一次所需要的木材是以17块为一组的纹样木板群，通常一块的长度为43厘米，宽度为17.5厘米，厚度为2.5厘米，使用过程中存在磨损状况，见图11。一方面，在浙南蓝夹缬盛行的时期，几乎村村有染坊，家家需要蓝夹缬被面，对纹样木板的需求量是巨大的。另一方面，浙南蓝夹缬的雕刻

[1] 鲍作雨．道光乐清县志・上 [M]．北京：线装书局，2009：115.
[2] 鲍作雨．道光乐清县志・下 [M]．北京：线装书局，2009.
[3] http://www.yj.gov.cn/html/gb/yj/zjyj/yjgl/zrdl.html（中国永嘉公务网站）
[4] http://www.ruian.gov.cn/zjra/dljt/73296.shtml（中国瑞安政府门户网站）
[5] http://www.qingtian.gov.cn/zjqt/（中国青田政府门户网站）

图11　一块蓝夹缬雕版
（笔者2015年11月摄于温州乐清地区）

对木材有硬度的要求，需要能够承受各类工具的刻划，并且随着环境变化，对木材的硬度要求也越来越高。丰富的木材资源使雕版师傅能够就地取材，从中不断寻找到更加适合雕刻的木材，也使完整的一幅17块木板成为可能。

三、地方民俗造就蓝夹缬纹样中的人文情怀

地方民俗是地域文化中另一个重要的部分，风土人情对手工艺及其制品的影响也是十分显著的，正如丹纳在《艺术哲学》中所言："作品的产生取决于时代精神和周围的风俗"。[1]浙南蓝夹缬的形成不仅体现了浙南人的婚俗习惯，还反映了浙南地区对戏曲文化的热爱。

婚俗中一项必不可少的物品便是嫁妆。嫁妆是女子出嫁时由父母及其亲人为其准备，让女子从娘家带入夫家的随嫁物品。在浙南地区的嫁妆习俗中，被褥一直都是重要组成物品，有的地区将被褥和席、箱组成"三扛红"，有的地区是将被褥、枕头、毯等捆成"袱衾"，有的地区在嫁妆之外还存在着"谢媒被"[2]，旧时台州地区"满堂红"嫁妆中就有被褥20条，如今浙南地区的女子出嫁还会有被褥等陪嫁物品。蓝夹缬工艺印染的被面曾经在相当长的一段时间内是浙南地区女子的嫁妆，并且十分被人们重视。旧时，在浙南一些地区的习俗中，不论嫁妆中被褥的数量有多少，其中必须要有一条是龙凤蓝夹缬被子，因为"造屋上栋桁时，主人家接彩礼、'接好运'要用这种被子；老年人去世了，盖在棺盖上，抱回来'抖财气'也必须用这号被子。"[3]同时，女子出嫁当天，蓝夹缬被面还要摆在显目的位置，作为一种礼数告知所有人。甚至有的地区的风俗还认为"新婚夫妇如不盖蓝夹缬，小家庭必将不和睦，或一方短寿夭折，或不生儿子。而女方的娘家将不断被人埋怨。"[4]因此，在蓝夹缬的纹样中常常使用百子图、"喜"字和鸳鸯等寓意夫妻恩爱和多子多孙的纹样，用来表达对新婚夫妻的祝福，见图12~图14。另外，由于浙南民间还存在着夫妻两人分头睡觉的习惯，使蓝夹缬被面上纹样的朝向也分为两个方向，一半朝上，一半朝下，见图15。

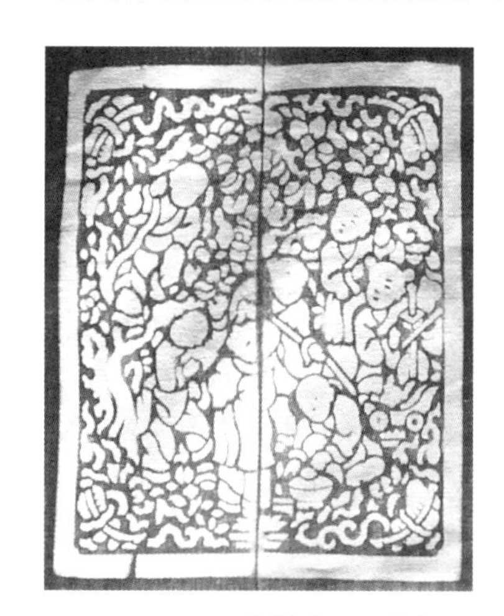

图12　百子纹样（张琴藏）
（笔者2015年3月摄于中日夹缬联合展）

[1] 丹纳．艺术哲学［M］．傅雷，译．合肥：安徽文艺出版社，1991：70.

[2] "在温州洞头岛的渔村里，男女青年在成亲时，必须做一条被子，表示答谢媒人，叫'谢媒被'。但这条被子又不是送给媒人的，而是新婚夫妻自己盖。此被的样子是，花纹是方格的像海龟裂开了的背壳；被子的四角缝上红布条，像海龟的四只足。夫妻俩盖上这被子，一头睡一个，像是龟头和龟尾。"——叶大兵．温州民俗大观［M］．北京：文化艺术出版社，2008：144.

[3] 叶泽诚．台州民俗大观［M］．宁波：宁波出版社，1998：86.

[4] 张琴．婚俗中的蓝花被［J］．民间文化论坛，2010(4)：95-100.

图13　双“喜”字纹样（张琴藏）
（笔者2015年3月摄于中日夹缬联合展）

图14　鸳鸯纹样[1]（蓝夹缬图案集）

图15　纹样朝向相反的蓝夹缬被面
（笔者2015年2月摄于温州瑞安马屿蓝夹缬博物馆）

浙南地区的人们对戏曲更有着浓厚的兴趣，在节日庆典、祭祀拜神、生病驱疫、婚丧嫁娶等场合都会进行戏曲表演助兴，是温州乃至浙南地区人们生活中的重要娱乐方式，在当地人的生活中具有重要的位置。如在端午节的时候就会进行木偶戏表演，“唱龙船，负在肩……前半边，木头傀儡一线牵，衣冠罗列模型全，演一出戏几文钱”[2]；在信仰神灵方面，又会出现“演神戏，演神戏，不在街头叩神寺。一年三十有六旬，每日登台劳鼓吹”，并且十分受人欢迎，“卜昼卜夜满城同”“人山人海途为塞”。[3]正所谓“中国一部戏曲史，一半在浙江；浙江一部戏曲史，一半在温州”[4]，温州地区的戏曲历来丰富多彩，《义侠记》《白兔记》《蜃中楼》等都是温州地方戏的剧目种类，且经常上演。在蓝夹缬的制作过程中，纹样产生的直接因素就是雕版师傅所掌握的雕版工艺的作用，丰富的戏曲表演影响着雕版师傅的生活，正如艺术来源于生活，雕版师傅对纹样的创造受到了地域文化生活的影响。早期的雕版师傅或在生活中看过戏曲，或学习过戏曲，或接触过与戏曲相关的工作，如具有雕刻技艺的施家子孙施式程“仅识字，还懂戏文”，“曾经帮人带过戏班”，[5]苏家的雕刻师傅苏尚贴就给“高楼的几个木偶班雕刻木偶头”、客串过琴师、“兼吹唢呐”，

[1] 张琴．蓝夹缬图案集 [M]．北京：学苑出版社，2010：289.
[2] 石方洛著《唱龙船》——赵杏根．历代风俗诗选 [M]．长沙：岳麓书社，1990：412.
[3] 叶大兵．温州民俗 [M]．北京：海洋出版社，1992：155.
[4] 金丹霞，陈志毅．“把中国戏曲故里”作为温州地标打造 [N]．温州日报，2013-10-28．提到我国著名戏曲理论家李希凡所言。
[5] 张琴．中国蓝夹缬 [M]．北京：学苑出版社，2006：77.

还去过乱弹班和京班，跟随戏班做过戏。[1]生活所触必定形成生活所感，雕版师傅受到当时的戏曲地域文化的影响，使其在创作浙南蓝夹缬纹样时选取了很多的戏曲题材。另外，喜爱戏曲的民俗生活也让浙南民众乐于接受经过雕版师傅设计的戏曲纹样。在蓝夹缬纹样种类中，戏曲纹样是运用最为广泛的，甚至一幅完整的蓝夹缬整幅16块都为戏曲纹样，见图16。除此，戏曲纹样的主题多是关于《白兔记》《西厢记》《蜃中楼》《杀狗记》等不同戏曲内容和场景的反映。如此，共同受到浙南戏曲文化影响的雕版师傅和民众共同促进了浙南蓝夹缬中的戏曲纹样的形成。

图16　民国戏曲人物纹夹缬被面及戏曲纹样（张琴藏）
（笔者2015年3月摄于中日夹缬联合展）

综上所述，浙南人在长期生活中形成了独特的地方婚俗和丰富的戏曲文化，而这些地方民俗又不断影响着浙南人，使浙南人在蓝夹缬纹样的表现上展现着地方文化的人文精神。

四、结论

地方性工艺离不开地域文化对其的影响，蓝夹缬作为一种地方性工艺，地域文化对其工艺产生的影响使最终的工艺制品呈现出独特的风貌。浙南地区独特的山水地理、温暖湿润气候和浓厚的地方民俗影响了蓝夹缬的工艺取材和纹样创作。独特的地域文化孕育了独特的工艺和纹样，蓝夹缬正是一方地域文化作用的产物。

[1] 张琴. 中国蓝夹缬 [M]. 北京：学苑出版社，2006：79.

08 贵州西江苗族刺绣文化变迁田野调查报告[1]

周 莹[2]

摘 要 贵州黔东南西江苗族传统服饰以重绣闻名于世。随着时代的变迁发展，西江苗族刺绣工艺也随之发生了文化变迁。本文借用人类学文化变迁理论，基于对西江苗族服饰刺绣工艺跨度十余年的五次田野考察工作，对当代西江苗族刺绣技艺文化变迁的因由加以探究。

关键词 西江苗族、刺绣、文化变迁、服饰

贵州黔东南雷山西江苗族服饰[3]堪称苗族服饰的“代表”，其服饰上精美的重工刺绣令世人赞叹不已。刺绣艺术作为其传统服饰的特色装饰技艺，是与民族文化有关联的生活项目，从中可以窥探其与文化的关系。在漫长的历史发展进程中，西江苗族刺绣这一文化实体也几经变异，于变化之中不断发展，无论是刺绣用料、色彩、图案等绣品表面，还是刺绣背后所隐含的文化，都随着时代的发展而有所改观。

一、“目不给赏”的西江苗族传统服饰刺绣

苗绣历史悠久，苗族先民“三苗”人曾“织绩木皮，染以草实，好五色衣服”[4]。贵州黔东南苗绣风格和技法堪称一绝，其中尤以西江和施洞两地最为精美。西江苗族刺绣针法丰富多样，令人眼花缭乱，常用的主要有平绣、数纱绣、皱绣、锁绣、辫绣、锡绣、缠绣、贴花绣、掇花绣等。尽管在笔者调查的十余年间并未看到用于制作服饰的针法数量上的增减，但刺绣的流程会有所不同。过去多先以剪纸为底再施以刺绣，如今西江苗族妇女们多图方便，直接在布面印好底稿后施绣。

❶ 基金项目：国家社科基金后期资助项目（编号：16FYS016）阶段性研究成果，中央民族大学自主科研项目优秀青年人才专项（编号：2017YQ15）阶段性研究成果。本文图片为作者拍自贵州省黔东南雷山县西江千户苗寨。

❷ 周莹，中央民族大学，教授。

❸ 属贵州中部方言区的西江苗族，其传统盛装服饰为裙长至脚踝的长裙式样，因此又被称为“长裙苗”。

❹ 范晔．后汉书·卷八十六·南蛮西南夷列传第七十六［M］．明末清初刻本。

根据刺绣所用图稿的不同，可将当下西江苗族传统服饰刺绣针法分为三类。一类是以剪纸为图稿底样，用绣线将剪纸包缠或覆盖，如平绣、贴花绣、掇花绣（图1），这类刺绣成品多因内含剪纸而更富有凹凸感。以剪纸为底样的平绣成品表面有弧度，呈微微的浮雕状。平绣中还有一种绣品表面更为光洁匀称的破线绣，是将普通绣线均分成8~16股后再施平绣，成品更加平顺有光泽，但也加倍费工费时，现在已鲜有人做。贴花绣，是将一定面积的真丝材料剪成图案附着在衣物上。为使贴花绣表面更富立体感，妇女们会在面料和纸板之间填充棉花。掇花绣使用较大的注射针头作为绣针，剪纸附在背面，成品于正面形成高约3毫米的线圈凸起，颇富立体感。

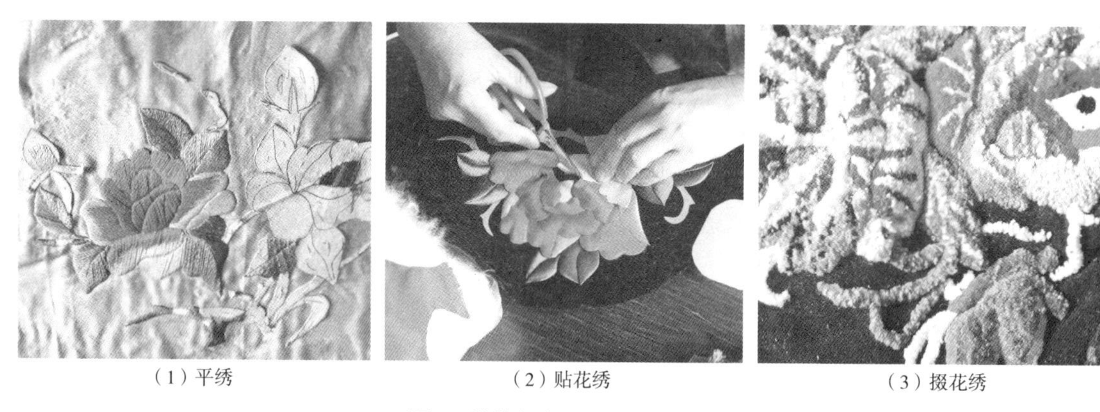

（1）平绣　（2）贴花绣　（3）掇花绣

图1　以剪纸为图稿底样的针法

另一类针法是在布面上直接施绣，无须图稿，如数纱绣、锡绣、绞绣、堆绣、织绣（图2），这类针法因其工艺特点而无须图稿或剪纸，但需要刺绣者在头脑中拟好后直接刺绣。数纱绣通过计算经纬线运针，有规则地十字挑针或平挑出几何形纹样，主要作为领口边缘的装饰。锡绣技艺是以锡箔剪成窄条，将其绣缀于服饰上，形成黑地银花的强烈质感对比。绞绣，又称缠绣，是以一根线为芯，用绣线绕于表面再钉到布面的针法。堆绣是将上过浆的丝绸裁成长条，折叠成等腰三角形，缝于底布之上，形成鲜明的肌理效果。织绣，是以绣线为纱线进行交叉编织的绣法，先从后向前绕，在上端折叠部位与相邻线斜向交叉编织出图案，一般用于盛装绣片的包边。

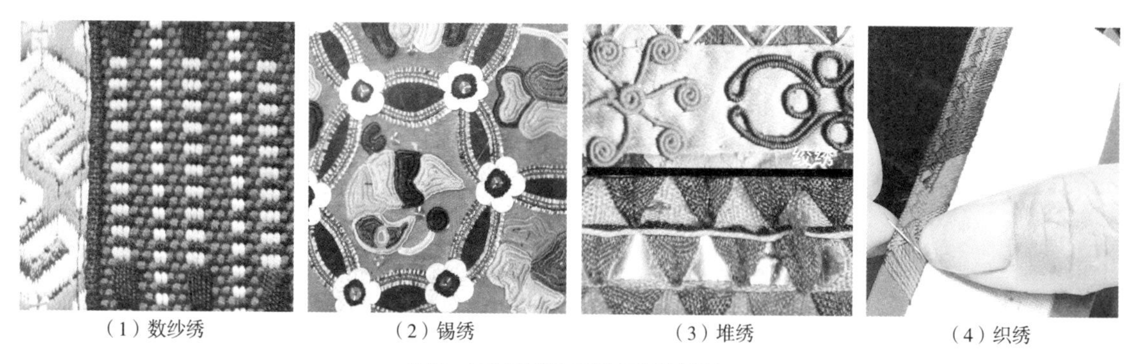

（1）数纱绣　（2）锡绣　（3）堆绣　（4）织绣

图2　直接施绣无须图稿的针法

还有一类针法既可以剪纸为底，亦可直接在布面或薄纸上印出底稿后再绣，如锁绣、辫绣、皱绣（图3）。西江锁绣分为双针锁[1]和单针锁，双针锁绣由两根针和一粗一细两股线绣制而成，粗线盘圈，细线固定。辫绣是先手工编制3毫米左右的辫带，再按照图形需要将辫带盘绣于底布上，形成较粗的线条。皱绣制作的前期编带工序与辫绣相同，之后将手工辫带由外向内地折成小褶皱堆钉在纹样上，直至将纹样铺满。选择怎样的制作流程跟制作者的习惯有关，即便市面上有出售现成底稿的刺绣底布，也有妇女喜欢自己画稿剪下来缝在底布后再绣。

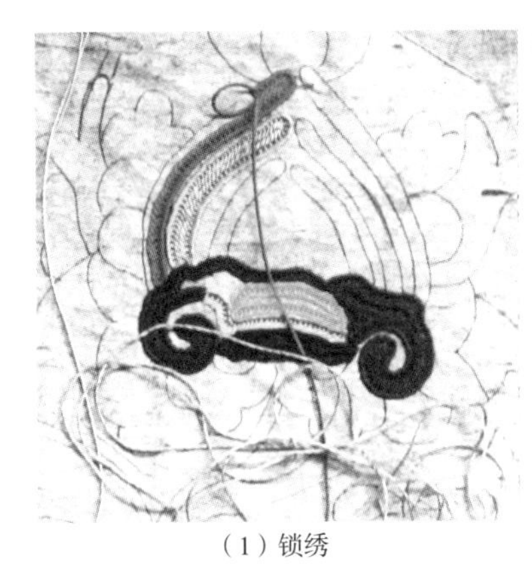

（1）锁绣

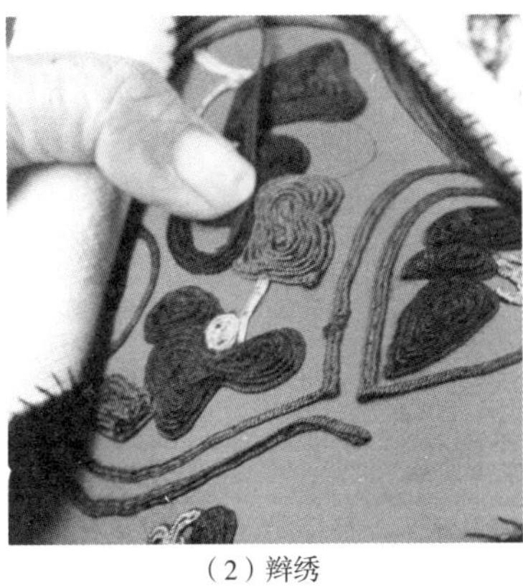

（2）辫绣

（3）皱绣

图3　既可以剪纸为底亦可直接施绣无须图稿的针法

西江苗族刺绣主要用于盛装和便装装饰，盛装刺绣应用技法更为多样，除贴花绣和掇花绣较少使用外，其他针法都有所应用。便装中以平绣、贴花绣、绞绣、掇花绣应用较多，也有在胸兜处运用辫绣、皱绣的。盛装重饰，刺绣分量也更重，全身布满刺绣，只能看到一小部分服装底布（图4）。便装则主要在上衣围领圈、袖口处等局部施绣，所占比重不大但仍醒目别致（图5）。

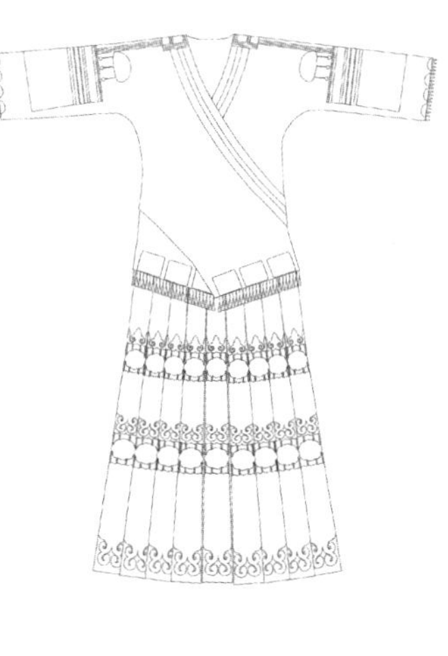

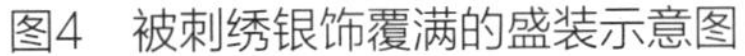

图4　被刺绣银饰覆满的盛装示意图

图5　便装刺绣分布线描图

[1] 据当地刺绣名匠宋美芬说，双针锁绣这一绣法已几近失传。在笔者近期考察中看到，包括双针锁绣、皱绣等在内的针法常被作为民族技艺的代表而展示给外来的游客。笔者曾于2012年、2018年对宋美芬进行过访谈。

西江苗族刺绣工艺技法绚丽多姿，让人目不暇接，且观赏价值与实用价值并重。观赏性自不用说，是出于妇女们装扮自身，展现创作者审美价值和审美心理的需要。实用性一方面体现在刺绣加固了衣缘、袖口等部位，增强了服饰的耐用性；另一方面则体现在图案具有深厚意蕴，那些民间神话传说中的蝴蝶、龙、水牛、鸟等作为具有象征意义的符号，以刺绣图案的方式记录在服饰上，引起当地人精神上的快感与愉悦，是民间信仰共同“遗产”的体现，也彰显出人与自然、文化的和谐关系。

西江苗族刺绣图案的美感不仅体现在美的形式，更表现在其深富意义的内容。与针法一样，具有多种象征性的刺绣图案，亦会伴随着社会历史的发展而发生变化。例如，对鱼的崇拜起初是满足渔猎生活的生存需要，随着时代的发展，这种生存之需转换为更深层的情感寄托，从生殖崇拜演变为吉祥祈福之意。而随着象征意义的演变、发展及时代与外部环境的变迁，刺绣图案的文化内涵意义已经在许多当地人眼中转化为装饰美，图案的装饰造型也在发生变化。以盛装当中袖片上的刺绣龙纹为例，清代龙纹在造型上更为清秀，线条相对较细从而使得整体形态看上去比较流畅，龙的形态也各异，有飞龙、蚕龙、花叶龙、共头双身龙等，而今日在西江苗族盛装中看到的龙纹，在外观上看起来要更加丰满华丽，但造型却相对比较为单一。

二、“受化混然”的多民族刺绣技艺交融

科技进步对艺术创作的影响是不言而喻的，西江苗族刺绣技艺也因受到来自外部环境的技术发展而发生变化。从文化变迁的角度分析，“发现和发明是一切文化变迁的根本源泉，它们可以在一个社会的内部产生也可以在外部生长。”[1]技术在某种程度上确有推动民族文化变迁的积极意义。西江苗族刺绣工艺文化变迁在技术层面上所呈现出的多民族交融是其最直观的显现。因技术革新，一部分原本为手工操作的材料被机器制造所代替。例如，过去西江苗族妇女以手工自纺、自织、自染的棉布为刺绣底布，现在这些工艺则是作为民族传统文化的一部分展示给外来的游客（图6），

图6　作为文化展示的传统纺纱、织布技艺

[1] 恩伯. 文化的变异——现代文化人类学通论 [M]. 杜彬彬，译. 沈阳：辽宁人民出版社，1988：532.

而她们自己做衣服刺绣时则用市场上买的现成梭织布料。放弃厚重闷热、色彩单一、制作耗时耗力的土布而选择服用性更佳、可选性更多的梭织布料，部分地解放了刺绣制造者的双手，但并不是说要在机器面前将传统刺绣文化技艺统统删除重新书写。因此，我们不能贸然断定机器替代手工是对传统技艺的破坏，重手工制作的"传统"与当代生产机器化的"现代"技术体系之间并非是完全割裂的，它们之间还存在着文化上的关联，苗族妇女们造物设计的经验是连续性的。

此外，还有一些刺绣用料也发生了变化，如传统缠绣针法由梭织的粗线所替代（图7），辫绣、皱绣的手工辫带也被机器辫带所代替。在调查中笔者访谈了一位周姓老婆婆，她告诉笔者手工辫带太慢，两三天才能打一条，而机器辫带四元就可买一根，用着很方便。但过去传统手工辫带时线的颜色可以由制作者自己选择，如可两色各四根混搭，也可两色七根和一根搭配，选择自由度比较大，编出辫带的效果也不同。而市面上卖的机器辫带皆为单色，绣制不出手工混搭辫带层次丰富的色彩效果来，绣品表面比较平（图8）。变化比较大的还有锡绣，早在五六十年前西江苗族的锡绣已不再用锡条制作，而是用金纸或银纸剪成2～3毫米宽的金线、银线来仿制"锡"（图9）。一方面是锡料不好找，另一方面金线、银线更富有光泽，当地人觉得亮亮的很好看。

图7　传统缠绣（上）与以机织粗线代替的缠绣（下）

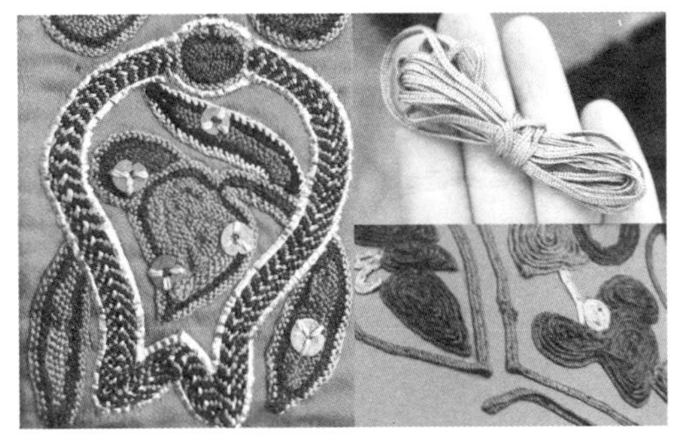

图8　手工辫带辫绣（左）与机织辫带（右上）、辫绣（右下）

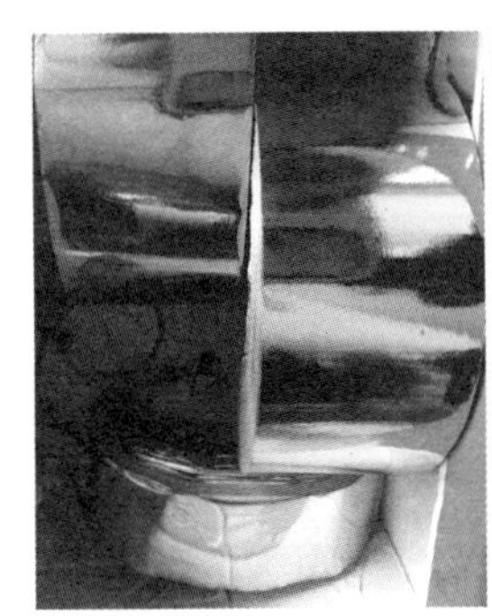
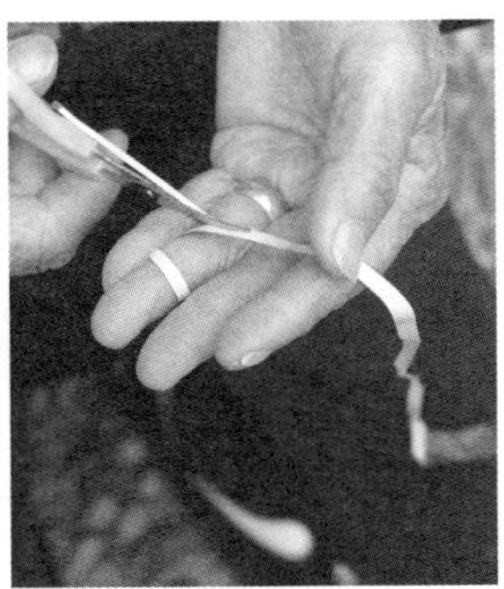
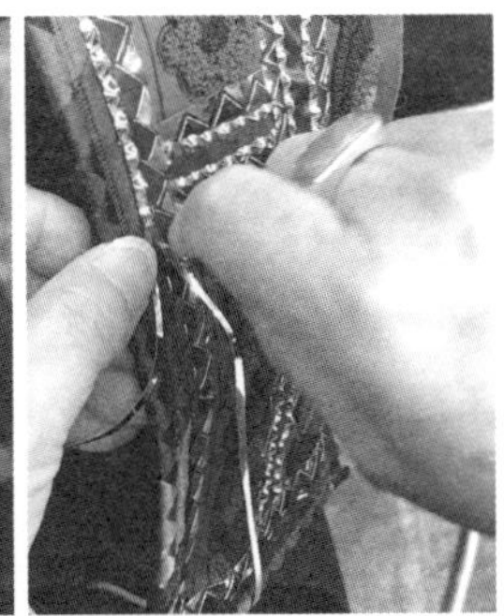

图9　替代锡条的金、银纸

除上述来自族群外部的技术供给外，内部的文化触碰及与其他民族的接触亦导致了西江苗族刺绣技艺的变化。在刺绣的画稿方面，过去都是妇女们相互切磋，画得好的稿子会被拿去拓描。现在不仅集市上有现成的复印画稿卖，还出现了专职画师。人们可以买画好的整套刺绣画稿，也可以按照自己的需要和想法，请画师帮忙画出来。值得一提的是，与传统刺绣女红没有男人参与有所不同，西江这位苗族专职画师是男性。雷山中学的小姑娘告诉笔者："妈妈绣的花样都从聋哑人（侯姓男子）那买，他是这里画得最好的。"这种男性参与刺绣技艺传承发展活动的现象，打破了西江苗族传统社会性别分工，不仅使得刺绣画稿的风格更加多元，而且也体现出苗族文化中男性中心在现代化进程中的变化，呈现出对社会性别角色和行为预期的包容性。

当然在针法方面，西江苗族刺绣工艺也不是故步自封，而是在与其他民族服饰文化的碰撞中，相互采借、适应与交融。例如，缀花绣便是西江苗族与汉族交往中采借的一种刺绣技艺，应用于便装胸兜、腰带等装饰。随着旅游开发[1]带来的对外交流的增多，西江人从外来游客那里逐渐意识到刺绣技艺作为非物质文化遗产所具有的价值，自发组织成立了刺绣工作坊，笔者看到了当地苗族妇女们不仅制作展示自己民族的刺绣技艺，也向游客展示和教授其他民族的刺绣技法，如侗族的缠绣、其他苗族支系的打籽绣等。

"文化的一切方面，其物质的、社会的和意识形态的方面，可以经由社会机制，从一个人到另一个人，从一个世代到另一个世代，一个民族到另一个民族，以及从一个地区到另一个地区进行传播，文化可以说是社会遗传的一种方式。"[2]西江苗族刺绣工艺上的变化，反映或顺应着时代的文化变迁，是民族间文化双向影响的结果。受到相邻近或杂居的其他民族文化涵化的影响，西江苗族传统刺绣接受并吸收了其他民族的文化要素，促进了自身刺绣技艺的丰富和发展，推动了刺绣工艺文化变迁的进程。

三、"变动不居"的文化断层与文化再生

如同其他地区的传统技艺一样，西江苗族刺绣工艺也面临着不同程度的传承危机和文化断层。苗寨的精神领袖鼓藏头唐守成告诉笔者："政府提倡的家庭博物馆模式，虽然对提高文物的保护起到了作用，但没有带来经济效益。"东引村刺绣工作坊的刺绣展示者说："刺绣不赚钱，她们年轻人去上班一个月两三千，我们在这里绣这个嘛一个月才一点点，算起来一天才二十多块，一个月才五百块，很少。"盘发店的老板娘杨女士也说："现在的小孩爱玩手机，所以不做绣花，以前没事做，大家坐在一起绣花，以后就失传了。"在苗绣传承人杨阿妮[3]发起成立的雷山县榜金布绣姑专业合作社，50人组成的刺绣团队里，都是30岁以上的绣娘，没有年轻人。越来越多的年轻人既不会绣，也不穿民族便装，盛装也只是重大节日时才拿出来穿。刺绣技艺虽然仍在当地的中小学、妇女们组织的刺绣坊等进行着传承，但是其中一些耗时耗力的手工织布、辫带、纺纱、染色等传统工艺已经仅作为民族文化的符号停留在文化展演的层面，稍年轻一些的绣娘都已经不会制作。

[1] 西江自 20 世纪 90 年代初期开始开发旅游资源，历经 20 多年的发展，已成为蜚声国内外的苗族村寨。

[2] L.A. 怀特．文化的科学——人类与文明研究．沈原，译．济南：山东人民出版社，1988：350–351.

[3] 杨阿妮，苗绣省级传承人。2008 年 7 月，创办阿妮绣业有限公司。为更好地带领广大贫困妇女脱贫致富，2013 年联合 10 人刺绣能手发起成立了雷山县榜金布绣姑专业合作社，实施"公司＋合作社＋绣娘（刺绣加工户）"的生产联营模式。

不仅如此，笔者在西江调查时也发现，许多正在绣制盛装的当地苗族妇女也不清楚为什么要绣这些图纹，只说是老人传下来的，自己照着样子做，"地方性知识"的深层精神文化内涵传承产生了危机。

人们总是在摒弃一些文化的同时，又吸收着新的文化。西江苗族刺绣技艺虽历经岁月的冲刷而发生变化，这些变化是其在当代社会结构中的某种创造性文化转换。在继承中会丢失部分文化特质，但在文化再生中又存在着某种程度的继承。伴随着旅游开发的进一步深入，西江苗族民众寻找并发现了一种丰富的宝贵资源和致富之路，那就是以刺绣为代表的可以作为旅游资源的本地民族传统文化。一些刺绣布片被重新设计或制作来满足游客以及文化传承的需要。一些过去经营老绣片的商铺，如今也将新绣片及刺绣旅游纪念品调整为主打商品。

虽然许多年轻人不会传统刺绣，但当她们结婚或是节日需要用到刺绣服饰时，她们会请人帮忙来做。一些年轻人会在生育后萌发学习刺绣为女儿做衣服的念头。刺绣作为传统习俗的文化载体，仍旧强有力地发挥着维系族群认同的功能，一方面因当地人信古守常的观念而得以承传，另一方面，在旅游开发所带来的民族文化商品化背景下，西江苗族传统刺绣技艺及其服饰作为"异文化"的象征符号，被渴求、被凸显，[1]成为被观赏的对象而呈现复兴的趋势。如图10为公众假期西江景区为迎接游客而开展的传统服饰工艺现场展示活动。尽管作为民族文化展演的刺绣是被动的行为，但却也是符合在断裂、再生中促进文化发展的自然规律的。

西江苗族刺绣在由传统文化仪式向带有商业色彩的商演活动的场景转换中，刺绣技艺发生了改变，这种改变是传统融入现代的改变，而且是地方社会动态的社会变迁的表征之一。在杨阿妮的合作社里，她向笔者展示了融合多民族刺绣技法绣成汉字"寿"字的绣品（图11），她说这样绣成汉字元素的绣品比较好卖。在苗族传统社会里，对妇女们刺绣实践的族群内部评价标准为"绣得好"，而在面对苗绣商品生产活动中，如何能"卖得好"则是妇女们在建立不可替代的主体性的

图10　公众假期迎游客的传统服饰工艺现场展示

图11　融合多民族刺绣技艺的"寿"字绣片

[1] Diekmann, A, M. K. Smith. Ethnic and Minority Cultures as Tourist Attractions[M]. Bristol: Channel View Publications, 2015：24–26.

体现，这当然不是对传统的否定和取代，而是体现了西江苗族对他族先进文化和本民族文化的双重认同，也是苗族在复兴民族传统文化上所做出的努力。

刺绣技艺作为体现苗族女性聪慧勤劳的象征，通过图案、色彩、针法亦可彰显出制作者的个人创造力。在笔者田野调查中发现，西江苗族刺绣有着自己的流行变化和审美趣味，苗族女性在刺绣商品生产活动中宣告着自身的主体性和对苗绣的话语权。例如，在便装上衣的刺绣针法方面，由平绣流行至更富立体感和光泽感的贴花绣，再到最近又流行回平绣针法。当地人认为，相比破线绣和插针等针法变化的平绣，贴花绣耐磨且制作起来更省时。审美的变化带动了技法的流行，体现着价值观念的变化，也从另一角度体现出西江苗族人对日渐濒危的传统刺绣所表现出的文化自觉。

四、结语

西江苗族传统刺绣工艺及其文化是处于动态的、不断发展变化中的再生产过程。在旅游开发背景下，西江苗族刺绣工艺文化变迁体现出苗族人因时而动、自觉充实本民族文化，寻求符合当下时代发展的多民族文化共融的积极进取心态。西江苗族自身作为刺绣文化的主体，是文化生产和再生产活动中的生产者，借助商品化来保护和颂扬着民族文化。

09 贵州苗族侗族女性服饰田野调查方法研究[1]

周 梦[2]

摘 要

田野调查是贵州苗族侗族女性服饰研究的一种重要手段，本文从民族学与服饰学的角度入手，对贵州苗族侗族女性服饰田野调查的三个方面进行梳理：首先，提出田野调查内容涉及的“物”与“非物”两个侧面；其次，是对田野调查的三个阶段进行划分；最后，提出田野调查成果的学术研究应侧重三个重点——即忠实记录、系统整理与文化研究。

关键词 田野调查、苗族侗族女性服饰、贵州、文化研究

一、贵州苗族侗族女性服饰田野调查的内容

“田野调查”又被称为“实地调查”“田野作业”等，是指研究者根据社会发展或自身研究的需要，对某一特定区域以及某些特定人群进行的实地的调查活动。田野调查涉及的范畴相当广泛，涵盖了民族学、社会学、人类学、民俗学、宗教学、民间文学、语言学、考古学等各类社会科学领域。“田野”在这里包含的是实地的、现场的意思。田野调查是以观察者主观立场上的所见所闻为视角展开的，这种研究方法注重对直观资料的获得，通过对直观获取资料的分析、整理与深化，可以通过一系列去粗取精、去伪存真、由表及里、由此及彼的过程，来实现对观察对象从感性认识向理性认知的重要转化。佩尔图认为田野工作是“包括将调查的基本要素联合起来形成一个有效解决问题的程序。”[3]

对贵州苗族侗族女性传统服饰的研究要从“物”与“非物”两个层面入手。“物”的层面是实体的服饰，包括具体的服装部件和具体的饰品（图1)。“非物”的

❶ 基金项目：本文系国家社科基金后期资助项目《贵州苗族侗族女性传统服饰传承研究》(15FMZ001)阶段性研究成果。

❷ 周梦，中央民族大学，教授，博士生导师。本文图片均为作者实地田野调研时拍摄。

❸ P. J. Pelto. Anthropological Research: The Structure of Inquiry[M]. New York: Harper & Row, 1970: 331.

图1　西江苗族盛装衣背8种银片样式线描图

层面也包括三个层面，首先是制作这些服饰的手工技艺；其次是对衣服和饰品上纹样、花纹与造型的考察（图2），“余关于苗人之意匠花纹……今总而扩之，彼等之意匠及花纹，与其祖先施予其所制造使用之铜鼓上之花纹，为统一系统者，故可谓祖先血液与精神之遗传，保存其生命，今且传及其子孙”❶；最后是服饰的动态穿着文化，是从穿着与佩戴步骤、穿着习俗与特点等方面进行考量。“传承是非物质文化最基本的规律。文化是由物质的和非物质的两部分构成的”❷，对“物”与“非物”两方面入手是贵州苗族侗族女性服饰田野调查的基本内容。

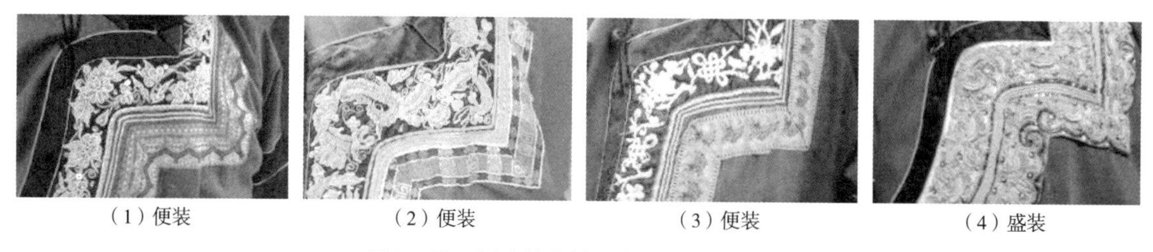

（1）便装　（2）便装　（3）便装　（4）盛装

图2　同一村寨的女性服装上的绣花图案

二、贵州苗族侗族女性服饰田野调查的三个阶段

对贵州苗族侗族女性服饰的田野调查是一个复杂的调研与研究过程，可以划分为三个阶段，一是田野调查的“先期准备”阶段，这个阶段包括对调查地点和调查对象的资料收集梳理、调查

❶ 鸟居龙藏. 苗族调查报告 [M]. 国立编译馆，译. 贵阳：贵州大学出版社，2009.

❷ 北京市文化局社文处，北京群众艺术馆，北京市西城区文化馆. 非物质文化遗产纵横谈——北京市非物质文化遗产保护工作高级研讨班论文集 [C]. 北京：民族出版社，2007.

方案的设计、对调查地点与当地风俗人情的了解、路线与联系人等情况的确定、物资的准备等；二是田野调查的“进行”阶段，即现场调研阶段；三是田野调查的“后期完善”阶段，包括撰写调查报告阶段、补充调查阶段（针对一次调查没能完全调查清楚的情况）以及后期的追踪调查阶段等内容。

（一）田野调查的“先期准备”阶段——文献资料梳理、调查方案设计和对调研的准备

在对贵州苗族侗族女性服饰进行实地的田野调查之前，有两个“先期”的工作需要做好，一是对文献资料的梳理，二是对调查方案的设计。准备工作一般是从查阅大量相关资料开始，这既包括相关的古文献资料也包括现代的资料，既包括相关的专著也包括相关的论文等。在查阅大量的相关资料后就可以开始进行一系列的选择，即对调查方案进行设计，这其中主要包括四方面内容：一是调查主题的确定（包括调查主体的选择，调查地点的选择、民族的选择、服装支系与服饰类型的选择等方面内容），二是调查对象的选择（包括手工艺人、当地专家、普通居民、地方政府相关工作人员等不同调查对象），三是调查提纲的拟定（根据所要研究的内容和所要获得的资料而拟定具体的调查提纲），四是对具体实施方案的确定（包括设计行程、路线，联系当地的相关人员、联系驻地等工作）。

将“先期”工作完成后，接下来就是实地的田野调查阶段。

（二）田野调查的“进行”阶段——实地调研与资料收集阶段

对贵州苗族侗族女性服饰田野调查的实地调研与资料收集阶段，所要收集的资料包括文字资料的采集、图片资料的采集和影像资料的采集三个层面。

首先是文字资料的采集，主要包括三个方面，一是被调查地，二是被调查人，三是被调查物。

1. 被调查地

这是田野调查的背景，调查的要点如下：村落的名称、具体地址、具体位置、人口、民族构成、生态环境、历史沿革、乡规民约、公共设施（道路、祠庙、墓地、井泉、鼓楼）、村落气候与气温、植被、物产与特产、主要的产生方式、人均年收入等。

2. 被调查人

需要对被采访人进行分类，以此来区分采访的方向与重点：如传统服饰的传承人与技艺精湛者（主要从技艺和传承的角度进行考察）、当地的专家学者（主要从传承与文化的角度进行考察）、普通的老百姓（主要从传统服饰在其日常生活中所扮演的角色进行考察）、当地政府的工作人员（主要从当地政府对传统服饰的政策和引导的角度进行考察）等。需要注意的是对被采访人的相关背景资料进行详细记录，应包括如下内容：姓名、性别、出生年月、民族、具体的居住地、文化水平、工作情况、采访时间、采访地点、采访人、被采访人、详细的问答记录等。

3．被调查物

关于服饰田野调查要以具体的样本为例进行记录、分析和研究，可以选取某一位女性的一件盛装或一件便装为样本，所选取的样本必须具有一定的代表性，或是别具特色（如最古老、最繁复、最精致）。要考察的对象包括以下部分：①基本信息，包括样本的采集地——县、乡、镇、村、组？采集时间——某年某月某日某时？所有者——姓名、性别、年龄、民族？制作者——姓名、性别、年龄、民族、文化程度？制作时间——某年某月？制作时长——几天、几个月、几年？②样本的款式描述，包括是一部式还是二部式？如是一部式是无领型贯首服，还是翻领型贯首服，抑或是特殊领型贯首服？如果是二部式，其领口及前门襟是哪种形式？二部式的下衣是裙子还是裤子？裙子和裤子的具体款式是什么？③样本的服装组成，包括上衣、下衣和头部、足部、肩部、胸部、腰腹部、背部、小臂部、腿部，绑缚型各部分的辅助服装各是什么？④样本的饰品组成，包括头饰、胸饰、背饰、腰饰、手饰各是什么？衣服上的佩饰有什么？⑤样本中服装和饰品的各部分尺寸，以上衣为例，颈围、胸围、腰围、肩宽、肩斜度、前中长、后中长、袖长、袖口宽的尺寸各是什么？上衣各部分刺绣的尺寸？⑥样本的穿着的方法、步骤和习惯，这一点非常重要，也是很容易被大家所忽略的方面。⑦样本所用何种工艺，包括底布的制作方式、图案与装饰的制作方式与手段（图3、图4）？⑧比照样本的记录，即对可与此样本作为对照组样本情况的记录。

图3　贴布绣服饰工艺

图4　锡绣服饰工艺

其次是关于民族服饰田野调查的图片资料的收集。图片资料是记录民族服饰最为直观的一种方式，但对所记录和研究的服饰并不是仅仅拍下其照片这样简单，还需要根据所拍摄的照片即时做相关的记录。图片资料主要分为两种情况，一是以人为载体，即穿着民族服饰的人；二是只拍摄服饰本身。根据这两种不同的拍摄对象，需要注意的问题也不相同。

拍摄人穿着服饰的图片，需要注意的问题主要有两个：

1．关于服饰拍摄背景

在拍摄人穿着服饰的图片时，可以选择在村寨的空场上或穿着者在自家的房子前，以自然风光为背景，但要注意背景不要太碎以影响拍摄主体（图5）。

图5 榕江七十二寨侗族女盛装穿着图

图6 对同一村寨穿着不同款式服饰的女性的图片记录

2. 关于服饰的穿着者

服饰的穿着者要以服饰的所有人为第一选择对象（图6）。如果服饰的所有者因种种原因无法穿着，则选择同一村寨中与其年龄体型相近的人来穿着。在进行严肃而严谨的学术调查时，一般不建议调查者向当地群众借其传统服饰自己穿着拍照作为图片资料记录的方式——当地的民族服饰是当地居民生活中穿着的服饰，是他们生活中的一部分，作为一个“他者”无论是以何种研究角度，穿上别人的衣服，都不符合我们对其“原生态”的考察原则。在观察此类图片时，笔者发现外来者无论是外貌与气质都与当地居民有很大差距，甚至有手戴时尚饰品、脚踏高跟皮鞋的例子，使得整个图片不伦不类。这其中还要考虑因尺寸不合适而造成的穿着差异的问题，如贵州苗族侗族女性一般都比较娇小苗条，其传统服饰都是根据个人的身体尺寸“量身定做”的，是符合穿着者身高和体型的。因此，以调查者来穿戴民族传统服饰不是一个最佳的方案。

拍摄服饰穿着效果类别的图片，要将服饰穿着的正面、背面、侧面三个角度进行记录，有利于对服饰的全面了解与研究（图7）。

图7 施洞女盛装头饰穿戴图（正面、侧面、背面）

拍摄服饰实物本身类别的图片，需要注意三方面问题。①关于服装平展度。服装的平展度是研究者在进行田野调查时一个不容忽视的问题。服装是否平展直接影响到观者对其服装结构与各部分比例的直观感受。②关于实物的拍摄背景。在拍摄实物时，背景一定要简单，以单色为佳，这样才能将服饰的细节，如刺绣、衣缘的绲边凸显出来。③关于辅助工具。在拍摄实物时需要的辅助工具有衬布、杆状支撑物以及熨斗、针线等。服饰实物以放在衬布上拍摄为佳，建议准备深浅两色衬布，浅色衣服用深色衬布、深色衣服用浅色衬布。熨斗主要是为了熨烫衬布，使其没有褶裥以免影响拍摄效果。杆状支撑物是为了将上衣以通臂长的方式展示出来。针线主要用来进行一些微细的修补。

最后需要注意的是，关于民族传统服饰田野调查的影像资料收集一般需要进行团队式的合作，如有人采访、有人整理和展示衣物，还有人将这些采访与展示服饰的过程拍摄出来。影像资料的内容包括三个部分，一是服饰资料，如对当地人穿着步骤的记录；二是采访资料，是对采访当地人的记录；三是背景资料，如对所采访村寨自然风光、建筑、人文的影像记录。

（三）田野调查的“后期完善”阶段——撰写调查报告、补充调查、后期追踪调查

在完成前期的两个阶段后，就是最后的完善阶段了。在这个阶段要利用前期实地收集的资料撰写正式的调查报告，在这个过程中，可能会发现一些不足、不清晰或有疑问的地方，这就需要进行补充调查了。如果是对某个考察地点民族服饰的变迁研究，则还要涉及后期的追踪调查。

日本服饰文化学者鸟丸贞惠（Sadae Torimaru）博士和鸟丸知子（Tomoko Torimaru）博士是研究贵州苗族刺绣与织绣工艺的母女学者，补充调查与后期追踪是其重要的调查阶段，其调查流程如下：经过前期的资料收集工作后，先划定决定探访的村寨。到这个村寨后，了解此村寨纺织或刺绣工艺最佳的高手，找到这位高手后对其进行采访，如果她正在做此种服饰则马上进行记录，如果此时不是她做这种工艺的时间则询问她具体的制作时间，并约定明年在此时段前来探访。第二年在约定的时间进行第二次的访问，将其制作的每一个步骤通过图片、视频和文字的形式进行记载。受某些工期长的技艺的限制，有时连续两年的探访，也不能看到整个的工艺流程，例如因为时间配合的问题，这次的探访只看到了工艺的第二、三个步骤，那么为了看之前错过的第一个步骤和之后将要进行的第四个步骤，就得相约第三年再来访问。

三、贵州苗族侗族女性服饰田野调查成果的学术研究

对贵州苗族侗族女性传统服饰田野调查成果的学术研究应该以实地的田野调查为基点，在此基础之上进行后续的工作。与其他的研究对象不同，传统服饰有着它的存在环境，服饰首先是具有物质性的实体，但它又是鲜活的，它不是脱离环境而单独存在的。我们在博物馆看到一件苗族

（侗族）女性盛装，看到的是它的款式、造型、颜色、组成部件、所属地区以及制作年代，只是它最终成型样子。同时，还有好多是我们看不到的：它的材质是如何得来的（是自纺、自织、自染的面料还是市售的面料）？它的制作者是谁（年龄、居住地址、所掌握的技艺）？它的所属地是一个怎样的地方（具体的哪个村寨、自然环境如何）？它的穿着场合是什么？它用到的手工工艺是什么？它的色彩为什么要这么搭配？它的图案背后有什么文化寓意？它的穿着步骤是什么（图8）？等等。这些都不是仅仅通过观察展柜中的这件衣服就可以得到的，而这所有的看似琐碎而杂乱的问题共同构成了这件衣服背后的服饰文化。所以说田野调查是研究贵州苗族侗族女性传统服饰的起点，在这之上进行忠实记录、系统整理以及最后的服饰及文化研究是这个课题的学术研究所应该遵循的步骤。

图8　贵州榕江归宏村侗族女盛装穿衣步骤图示

（一）忠实记录

在对贵州苗族侗族女性服饰的研究中，如果没有对其的忠实记录（文字、图片、影像等），那么对其的研究只能是“无本之木”“无源之水”的“空中楼阁”。

忠实记录是指在田野调查中对贵州苗族侗族女性服饰的忠于原貌的记录。当然，这个“忠实”是相对而言的，因为当我们作为外来者去进行考察时势必以一种“他者”（The Other）的角度来观察调查的对象，这其中就包含了不同文化状态下对当地服饰及其文化理解的偏差。同时，这也是一体的两面：作为“他者”的我们可能也具有了一种更为非主观的角度。总之，在这一步骤中，我们尽可能地保证用客观而理性的视角去观察与记录。

我们可以通过两个例子来分析忠实记录的重要性。首先是张柏如先生和他的调查。笔者在进行这一课题的资料收集过程中得知，张柏如和他的著作《侗族服饰艺术探秘》。此书以图片和文字相结合的方式，记录了作者在20世纪80~90年代走访湘桂黔三省了解侗族服饰的情况，其中包括了芦笙衣图录、现代侗族服装款式、侗女头帕、侗族银饰、现代侗族服饰图录、侗布的染洗、织绣艺术的品种、烟色菱纹罗与侗锦、侗族刺绣针法、织绣艺术品种图录、侗族背儿带、侗族的芦笙衣、侗锦纹饰等内容。笔者进行田野调查的时间和张柏如先生相差一二十年，而“仅仅”是这一二十年，书中所展现的许多张梅如先生在贵州实地拍摄的侗族女性传统服饰在笔者去调查时已经看不到了。

再来看中国台湾研究者江碧贞、方绍能和他们的调查：他们在20世纪90年代曾多次到贵州考察苗族传统服饰，并合作编写了《苗族服饰图志——黔东南》一书。此书以图片和文字相结合的方式，对黔东南若干区县的三十九种苗族服饰进行了梳理。在对这本著作的研究中有几个问题值得我们注意：①笔者的田野调查时间与江碧贞、方绍能相差16年（以双方第一次田野调查的时间为基点），但两位研究者所见到的“当时”服饰和笔者所见到的“当时”服饰差别已非常明显，这其中包含相同的村寨，很多具有“古意”的传统服饰已渐渐淡出人们的生活。②在他们考察时还可以看到一些农户保存的家传服饰，有些是民国时期的，还有一些是清代的。在笔者考察时，清代的服饰已不可见，民国服饰也很少见。③他们在20世纪90年代调查时发现苗族侗族女性服饰之间有相互影响的现象，以苗族女性向侗族女性模仿居多，符合服饰学中经济发展较弱的一方向经济发展较强的一方进行模仿的理论。④江碧贞和方绍能第一次调查的时间是1991年，第二次调查的时间是1997年，尽管仅相隔六年，不同民族之间的相互影响与相互融合现象却越来越严重。

通过以上两个例子，我们不难看出针对一个“活”（不断发展变化）的观察对象，忠实地记录它“此时”的留存状态是非常重要的。研究者田野调查的“此时”（最近的时间节点）就是后来者眼中的“历史”，不同的研究者“此时”的“节点”就组成了研究贵州苗族侗族女性传统服饰的时间脉络，也是我们可以依据和遵循的坚实基础。

需要指出的是在民族学研究中常常用到的对某一特定社区的多次重复探访在对民族服饰的考察中同样适用。对传统服饰的变迁研究需要对某个特定观察点（如某个村寨）进行多次重复的探访，可以在每年特定时间进行重复探访，也可以按照设定的间隔时间点来进行，以得到传统服饰变迁的轨迹路线。

（二）系统整理

通过实地的田野调查得到一手的资料后，接下来要做对田野调查资料的系统整理工作。这个过程是在大量的田野调查资料中遵循研究者的研究主线、按照一定的选取标准“去粗取精”以对资料进行全面而系统地梳理。

系统的整理工作包括对文字资料的系统整理、对视觉（图片与影像）资料的系统整理以及在此基础之上的归纳与总结。

对文字资料的系统整理主要包括以下几个部分。①针对描述性的文字资料的整理，是指对某件服饰（或某种服饰技艺）的描述性文字。因为时间等限定因素，对考察对象在现场的描述性记录可能在文字上比较松散和口语化，需要进行后期的规范，然后去掉内容中重复或无意义的部分。②针对访谈记录的整理。在田野调查中的访谈记录可以用纸笔记录的方式，可以用录音的方式，也可以是二者的结合。针对这部分的文字资料整理需要在后期将遗漏的内容补齐，然后对这些资料进行整理。需要注意的是访谈记录中对被采访人的话语需要尽可能地忠实记录，如将被采访者的口语化语言改为书面语则会失去其语言的鲜活性及部分真实性。

对影像资料的系统整理以图片资料的整理为例，主要包括以下几个部分。①删除无效图片。无效图片指的是模糊不清或为了保险起见针对某一主题同一角度重复拍摄中图片质量较差的部分。②对筛选后的图片资料进行分类。分类的依据可以按照研究的主线或是研究者的习惯，如可以按照背景资料图片（村寨景观、建筑景观）、服饰穿着效果图片、服饰穿着步骤图片、服饰技艺制作步骤图片、服饰局部图片等进行分类。

最后是在前期文字和图片的梳理工作基础上对所研究内容的主要特征、特性等进行总结与深化，为之后的文化研究步骤做进一步的准备。

（三）文化研究

在前期田野调查忠实记录的基础上，经过对收集的一手资料的系统整理，我们就可以进行下一个步骤：文化研究。这里“文化研究”中的“文化”是服饰文化，所取的是“文化”广义的概念，包括的范围很广：既包括对服饰的物质性的探究，也包括对服饰的精神性的研究，还包括了对服饰技艺的考察。

10 黄梅挑花针法研究

叶洪光[1] 李 坤[2]

摘 要 以黄梅挑花针法为研究对象，笔者采用田野调查、文献查阅、实物考证、采样绘图等研究方法，通过文字描述和图片展示的方式，系统地概括黄梅挑花针法的种类、特点及规律。文章认为：为了图案的均衡和统一，黄梅挑花一般从图案中心沿着纬线起针，图案组成针数多为单数；黄梅挑花针法分为“十字针”和“牵针”两大类。“十字针”用于挑制图案的整体框架，“十字针”的“×”形线迹又称“十字单元”，“十字”有三种典型的组合方式，分别是直线组合、直角折行组合和非直角折行组合；“牵针”用于点缀细节，“1字单元”有两种典型的组合方式，分别是直线组合和虚线组合。“十字针”和“牵针”相辅相成、相互促进，使得黄梅挑花针法表现力丰富，文章旨在通过分析黄梅挑花针法的技艺来弥补黄梅挑花针法研究领域的空白，为中国传统非物质文化遗产黄梅挑花技艺的保护与发展提供理论支撑。

关键词 黄梅挑花、十字针、非遗传承

黄梅挑花是一种民间刺绣工艺，于2006年6月入选全国第一批非物质文化遗产保护名录。传统黄梅挑花图案写意传神，针法表现力强，主要分为“十字针”和“牵针”两大类，挑制的图案独具一格，充分体现了黄梅地区的民俗文化，曾经在黄梅人民生活中应用广泛。现其部分针法技艺失传，原因一方面为：由于历史原因，黄梅挑花针法缺乏文献记载；另一方面为：传承人意识薄弱，不懂得理论归纳和保护。目前针法的理论归纳匮乏，导致部分学者在模棱两可的情况下进行错误总结[3]，使后期研究困难，因此大多数学者对黄梅挑花的研究只停留在历史文化、纹样、色彩等

❶ 叶洪光，武汉纺织大学服装学院，教授。
❷ 李坤，武汉纺织大学服装学院，硕士研究生。
❸ 王心悦，罗琳，吴咪咪．黄梅挑花传承与发展的战略分析 [J]．天津纺织科技，2015(3)：40–42.

方面[1][2][3][4]，不利于黄梅挑花针法技艺的保护与传承[5][6]。所以笔者对黄梅挑花针法技艺进行实地调研，通过与传承人学习交流，对针法种类、特点及规律进行归纳总结，旨在弥补黄梅挑花针法研究领域的空白，为非物质文化遗产黄梅挑花技艺的发展提供理论支撑。

一、黄梅挑花针法概述

黄梅挑花属挑、补、绣这一民间手工艺的范畴，而刺绣重刺，挑花重挑。黄梅挑花图案为了整体画面的均衡和统一，一般从图案中心沿纬线起针，图案组成针数多为单数，图案正面线迹呈“×”形，背面线迹呈“1”形，形成正反差异，但两面都非常整齐，很难找出线头。技艺纯熟的艺人可以用一根线完成整幅图案，起针的地方和图案完成后收针的地方为同一位置，挑花中间如果需要接线则需要把线加捻进入，形成一根完整的线，不能将线头露在布面上，这一点在传统黄梅挑花针法里是严格讲究的[7]。黄梅挑花针法分为“十字针”和“牵针”两大类，两种针法相辅相成，“十字针”用于挑制图案的整体框架，“十字针”单元有三种典型的组合方式，分别是直线组合、直角折行组合和非直角折行组合；“牵针”用于点缀细节，“牵针”单元有两种典型的组合方式，分别是直线组合和虚线组合。

如图1为传统黄梅挑花图案中的“迎亲图”，正面线迹呈“×”形，背面线迹呈“1”形，两面都很整齐，各自成画。整幅图大量运用了“十字针”和“牵针”，如人体、马的身体、花轿的整体等灵活运用了“十字针”，局部运用了“牵针”中的虚针，如人的五官、人头顶上的“野鸡毛”、马尾巴、马耳朵、花轿门帘等。“十字针”和“牵针”合理搭配应用，使得作品生动形象、栩栩如生。

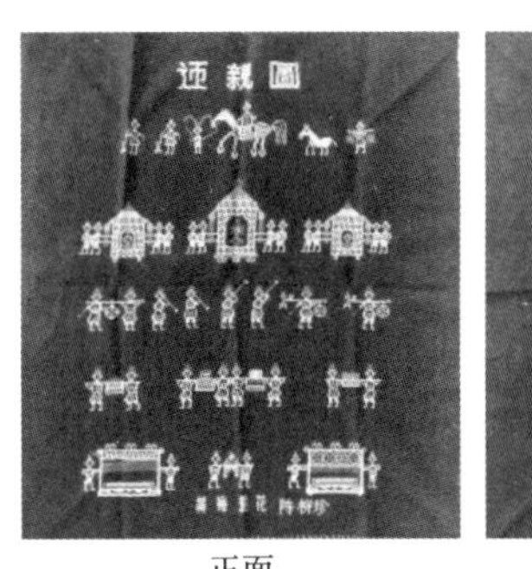
正面

背面

图1 黄梅挑花图案中的“迎亲图”

二、“十字针”针法特点及规律

（一）“十字针”针法特点

黄梅挑花中“十字针”又称为挑针，是黄梅挑花技艺中的主要针法，其手法自由、表现力强，

❶ 方园. 论湖北黄梅挑花艺术 [J]. 中南民族大学学报：人文社会科学版，2010，30(6):162–165.
❷ 王柯，叶洪光，刘欢. 黄梅挑花八瓣莲纹解析 [J]. 装饰，2017(12):126–127.
❸ 李鑫扬，王艳. 黄梅挑花植物纹图案研究 [J]. 装饰，2016(4):118–120.
❹ 冯泽民，叶洪光，郑高杰. 荆楚民间挑补绣艺术探究 [J]. 丝绸，2011，48(10)：51–54.
❺ 吴咪咪，叶洪光. 黄梅挑花发展困境及对策研究 [J]. 服饰导刊，2016，5(4)：47–52.
❻ 李斌，李强. 染织类非物质文化遗产保护方式、机制和模式的研究 [J]. 服饰导刊，2017，6(1)：30–36.
❼ 赵静. 黄梅挑花艺术特色解析 [J]. 丝绸，2014，51(1)：70–74.

适用于大块面、体感强和不规则图案的表现。黄梅挑花从织物背面、图案中心用“十字针”针法起针，先挑出图案的骨架，再用彩色绣线挑出具体图案，形成近看呈马赛克，远观具有色彩空混视觉效果的图案。黄梅挑花的“十字针”是按土布经纬线组成的纱眼挑成十字针，一般按照经三纬三的纱线间距来挑制，也可以根据图案的具体要求改变经向和纬向间隔的纱数，本文“十字针”以经三纬三为例进行研究。如表1所示，“十字针”正面由“×”组合，背面由“1”组合，“十字针”的“×”形线迹又称“十字单元”，“十字单元”有三种典型的组合方式：直线组合、直角折行组合、非直角折行组合❶。

表 1 “十字单元”组合方式示意图

	直线组合		直角折行组合	非直角折行组合
正面线迹				
背面线迹			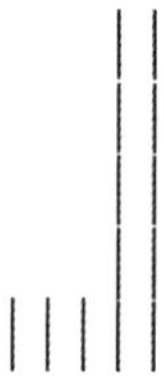	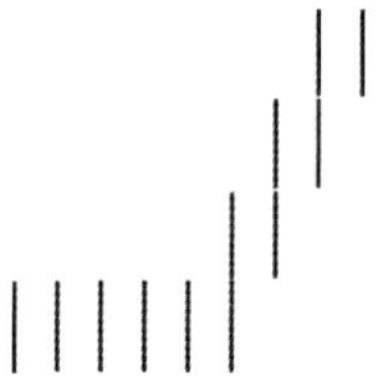

（二）“十字针”针法规律

1.“十字单元”直线组合针法规律

“十字单元”直线组合针法分为“横行十字针”和“竖行十字针”，一般将沿着纬线起针的称为“横行十字针”，沿着经线起针的称为“竖行十字针”，这两种针法规律一样，只是挑针方向不同。因此本文以“横行十字针”为例研究“十字单元”直线组合针法规律。如图2所示，从织物反面起针，行针分为往返两个阶段：第一阶段从①处反面起针，针线穿到织物正面，后沿右上方约45° 方向行针，在②处落针穿到织物背面，同时针尖向上挑起三根纱从③处穿到织物正面，之后两针都以此类推，三针结束后正面“×”形线迹均完成一条斜向对角线，斜线方向一致；第二阶段以完全一样的行针方式和针距往回挑，回到①处收针，结束后正面“×”形线迹均完成，背面“1”形线迹也完成。行针路径为：①→②→③→④→⑤→⑥→⑦→④→⑤→②→③→⑧→①。

❶ 袁惠芬，方妍，王旭，刘新华．望江挑花针法形成规律研究 [J]．武汉纺织大学学报，2016，29(2)：29–32.

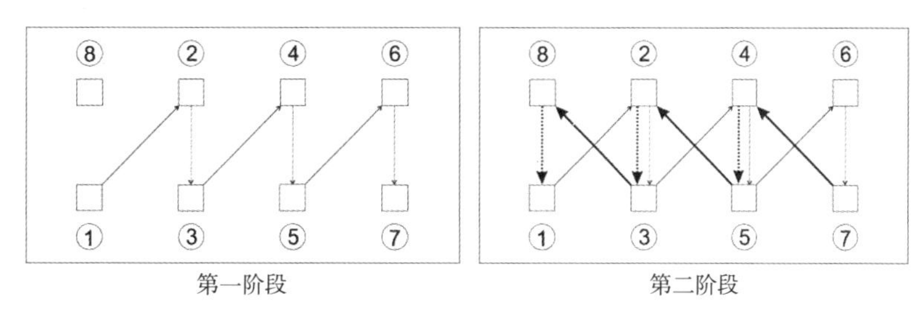

第一阶段　　第二阶段

图2　直线组合“横行十字针”针法规律

2.“十字单元”直角折行组合针法规律

直角折行可沿着纬纱起针也可沿着经纱起针，两种针法规律一样只是挑针方向不同，因此本文以沿着纬纱起针的“直角折行十字针”为例研究“十字单元”直角折行组合针法规律。如图3所示，从织物反面起针，行针分为往返两个阶段：第一阶段从①处反面起针，针线穿到织物正面，后沿右上方约45°方向行针，在②处落针穿到织物背面，同时针尖向上挑起三根纱从③处出来，后面两针以此类推，第四针从⑦处起针，然后沿右上方约45°方向行针，在⑧处落针穿到织物背面，同时针尖向上挑起三根纱从⑨处穿到织物正面，第五针沿左下方约45°方向行针，在⑥处落针穿到织物背面，针尖向上挑起三根纱从⑩处穿到织物正面，第六针沿右上方约45°方向行针，在⑪处落针穿到织物背面，针尖向上挑起三根纱从⑫处出来，第七针沿着左下方约45°方向行针，在⑬处落针穿到织物背面，针尖向上挑起三根纱从⑭处出来，第七针结束后正面“×”形线迹均完成一条斜向对角线，斜线方向一致；第二阶段以完全一样的行针方式和针距往回挑，回到①处收针，结束后正面“×”形线迹均完成，背面“1”形线迹也完成。行针路径为：①→②→③→④→⑤→⑥→⑦→⑧→⑨→⑥→⑩→⑪→⑫→⑬→⑭→⑪→⑨→⑬→⑩→⑧→⑮→⑥→⑦→④→⑤→②→③→⑯→①。

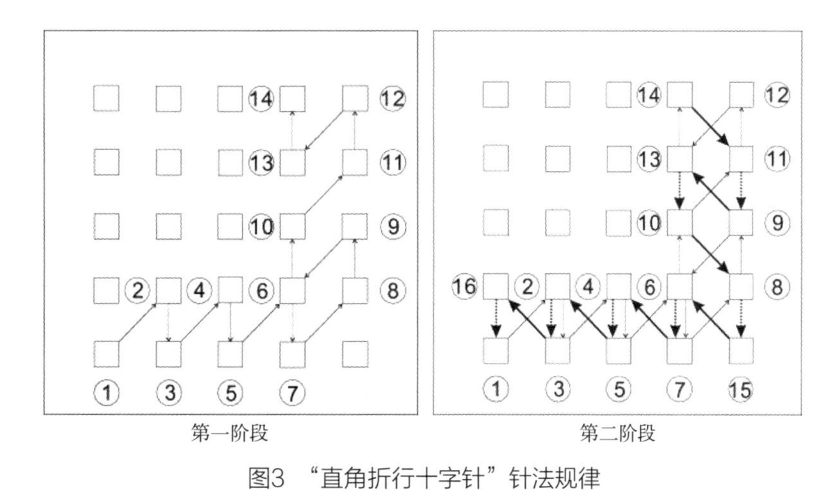

第一阶段　　第二阶段

图3　“直角折行十字针”针法规律

3.“十字单元”非直角折行组合针法规律

非直角折行可沿着纬纱起针也可沿着经纱起针，两种针法规律一样，只是挑针方向不同，因此本文以沿着纬纱起针的“非直角折行十字针”为例研究“十字单元”非直角折行组合针法规律。如图4所示，从织物反面起针，行针分为往返两个阶段：第一阶段从①处反面起针，沿右上方约45° 方向行针，在②处落针穿到织物背面，针尖向上挑起三根纱从③处穿到织物正面，后面两针以此类推，第四针从⑦处起针，沿右上方约45° 方向行针，在⑧处落针穿到织物背面，针尖向上挑起三根纱从⑨处穿到织物正面，第五针沿右下方约45° 方向行针，在⑩处落针穿到织物背面，针尖向上挑起三根纱从⑪处穿到织物正面，第六针沿右上方约45° 方向行针，在⑫处落针穿到织物背面，针尖向上挑起三根纱从⑬处穿到织物正面，第七针沿右下方约45° 方向行针，在⑭处落针穿到织物背面，针尖向上挑起三根纱从⑮处穿到织物正面，第一阶段结束后正面“×”形线迹均完成一条斜向对角线，纬线方向上斜线方向一致，但经线方向上斜线方向相反；第二阶段以完全一样的行针方式和针距往回挑，回到①处收针，结束后正面“×”形线迹均完成，背面“1”形线迹也完成。行针路径为：①→②→③→④→⑤→⑥→⑦→⑧→⑨→⑩→⑪→⑫→⑬→⑭→⑮→⑫→⑯→⑰→⑪→⑧→⑱→⑥→⑦→④→⑤→②→③→⑲→①。

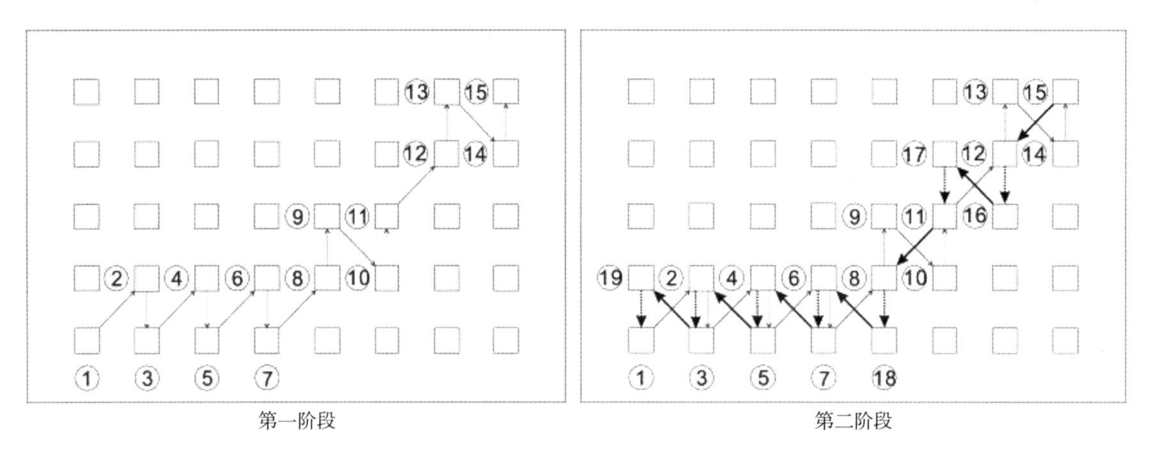

图4 “非直角折行十字针”针法规律

三、“牵针”针法特点及规律

（一）“牵针”针法特点

黄梅挑花中“牵针”表现力丰富，多用于点缀图案细节，形成正反两面一样的双面针效果，在方向和纱数上不受限制并且没有固定线迹，根据图案变化而自由延伸，可以在土布上按纬线、经线、斜线、曲线等任意方向跨越任意经纱、纬纱行针，形成各种连绵不断的自由曲线，本文“牵针”以经六纬三为例进行研究。如表2所示，“牵针”正面都由“1”形线迹连线组合，背面也由“1”形线迹连线组合，且“1字单元”有两种典型的组合方式：直线组合和虚线组合。直线组合称为直针，多用于挑制狗牙齿、瓜子米、铲头尖、茉莉花边等锁边纹；虚线组合称为虚针，多用于挑制图案细节，如蝴蝶须、凤爪、马尾巴、人的五官等部位。

表 2 “1 字单元”组合方式示意图

	直针	虚针
正面线迹		
背面线迹		

（二）“牵针”针法规律

1. 直线组合（直针）针法规律

直针多用于挑制锁边纹，虽然最后呈现的效果不同，但针法规律相同。因此本文以锁边纹中狗牙齿纹为例探讨直针的针法规律。如图5所示，从织物正面起针，行针分为往返两个阶段：第一阶段从①处正面起针，针线穿到织物背面，针线在背面沿左上方约60°方向行针，从织物边缘a点绕到织物正面，在与①呈轴对称的②处落针，针尖向上挑起六根纱从③处出来回到织物正面，然后向上回针，在②处落针穿到织物背面，之后三针都以此类推，第四针结束后针线从⑧处穿到织物背面；第二阶段针线在⑧处背面沿右上方约60°方向行针，从织物边缘d点绕到织物正面，在⑥处落针穿到织物背面，之后两针都以此类推，第八针在②处背面从边缘a点绕到织物正面，在①处落针穿到织物背面，针尖向上挑六根纱从⑩处穿到织物正面，然后向上回针，在①处收针，这样就形成了正反一样的狗牙齿纹，纱线间隔可以根据狗牙齿纹的大小来调整。行针路径为：①→a→②→③→②→b→④→⑤→④→c→⑥→⑦→⑥→d→⑧→⑨→⑧→d→⑥→c→④→b→②→a→①→⑩→①。

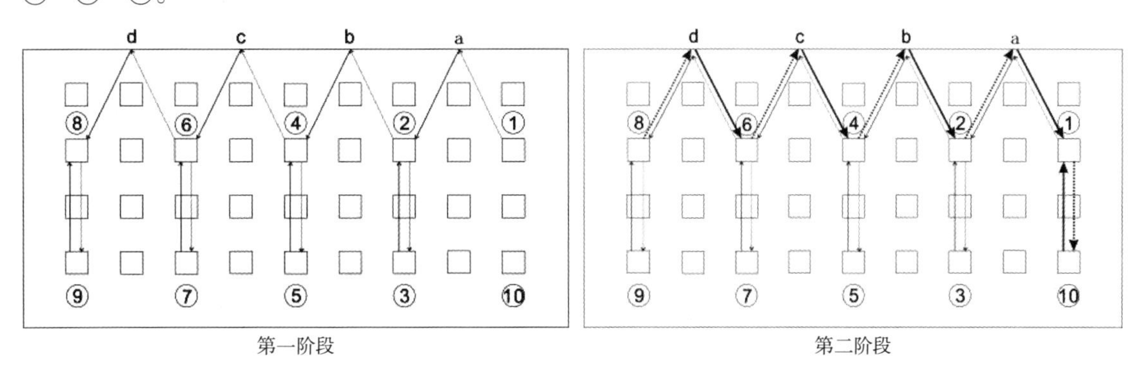

图5 直针针法规律

2. 虚线组合（虚针）针法规律

虚针多用于表现图案细节，行针自由，虽然不同方向的走针最后呈现的效果不同，但针法形成规律相同。因此本文以蝴蝶须为例探讨虚针的形成规律。如图6所示，从织物背面起针，行针分为往返两个阶段：第一阶段从①处背面起针穿到织物正面，在②处落针穿到织物背面，再向上挑三根纱从③处穿到织物正面，之后三针以此类推，第四针在⑦处从织物正面向左上方约45°方向行针，在⑧处落针穿到织物背面，后向正左方挑三根纱从⑨处穿到织物正面，在⑩处落针穿到织物背面，继续向右下方约45°方向行针，从⑪处穿到织物正面，第一阶段结束后，正反两面都形成虚线；第二阶段以完全一样的行针方式和针距往回挑，回到①处收针，结束后正反两面形成线迹完全相同的自由曲线。行针路径为：①→②→③→④→⑤→⑥→⑦→⑧→⑨→⑩→⑪→⑩→⑨→⑧→⑦→⑥→⑤→④→③→②→①。

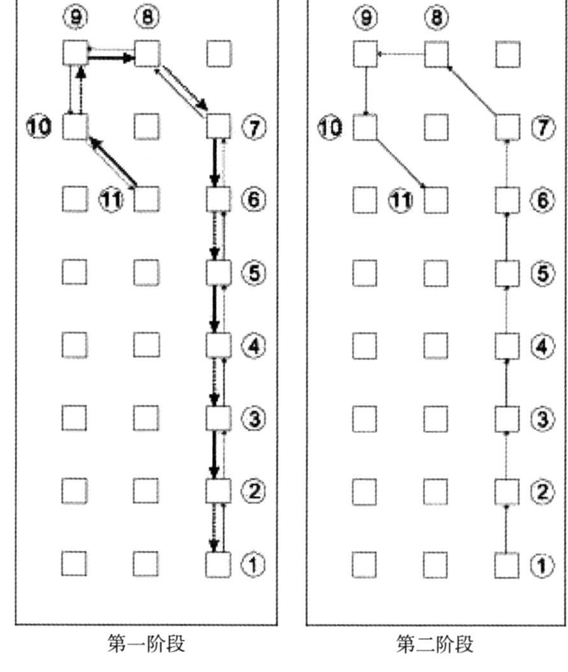

图6　虚针针法规律

四、结语

通过对黄梅挑花针法技艺的分析研究，得出结论如下：

（1）为了图案的均衡和统一，黄梅挑花一般从图案中心沿着纬线起针，图案组成针数多为单数，图案正面呈现“×”形线迹，背面呈现“1”形线迹。

（2）黄梅挑花针法包括“十字针”和“牵针”，“十字针”用于挑制图案的整体框架，也适用于大块面、体感强和不规则图案的表现，“十字针”单元有三种典型的组合方式，分别是直线组合、直角折行组合、非直角折行组合；“牵针”用于点缀图案细节，“1字单元”有两种典型的组合方式，分别是直线组合和虚线组合，直线组合称为直针，多用于挑制狗牙齿、瓜子米、铲头尖、茉莉花边等锁边纹，虚线组合称为虚针，多用于挑制图案细节，如蝴蝶须、凤爪、马尾巴、人的五官等部位。“十字针”和“牵针”两种针法相辅相成、相互促进，使黄梅挑花技法表现力丰富，图案绚丽多彩。

（3）文章通过对黄梅挑花针法技艺进行分析研究，对其针法种类、特点及规律进行归纳总结，旨在普及黄梅挑花针法的应用，弥补黄梅挑花针法研究领域的空白，为中国传统非物质文化遗产黄梅挑花技艺的保护与发展提供理论支撑。

11 社会性别视角下的小黄侗族服饰文化

夏梦颖[1]

摘　要　在中国大部分农业社会中，纺织作为劳动的性别分工，是女性的日常工作。经过纺织加工后形成的丰富多彩的民族服饰也被视为女性创造的文化。侗族拥有悠久的纺织历史，直到现在，在许多侗族聚居区，大部分女性仍然穿着或保存着本民族的传统服饰，而男性则很少穿着传统服饰，基本穿着汉族服装。笔者根据田野考察，对贵州省黔东南苗族侗族自治州从江县高增乡小黄村侗族服饰进行了深入调查。通过分析，本文认为小黄侗族服饰是男女两性身份的标识，它象征着个体扮演的不同角色、承担的不同责任和义务，也包括社会对男女两性的行为要求、评价标准等多方面内容。最后，文章讨论了小黄服饰传承现状，认为如何塑造小黄侗族女性在现代社会新的认同标准是值得深思的问题。

关键词　社会性别、侗族、小黄村、服饰文化

社会性别是女性主义运动中的核心概念，指基于生理性别差异，在社会文化建构下形成的性别差异和特征。随着女性主义运动的高涨，社会性别、妇女研究受到世界各国的持续关注，我国少数民族女性发展也受到了普遍的重视，与之相关的研究不断涌现。然而，从社会性别视角对我国少数民族主体进行的研究，仍主要集中在政治、经济、婚姻家庭等传统领域，对物质文化的关照较少。关于侗族的社会性别研究仅有寥寥数篇，主要落脚于村落民俗、婚姻习俗等方面，鲜有学者将其与服饰文化联系起来。在中国大部分农业社会中，纺织作为劳动的性别分工，是女性的日常工作。经过纺织加工后形成的丰富多彩的民族服饰也被视为女性创造的文化。侗族拥有悠久的纺织历史，其精美的纺织品，如侗衣[2]、侗布[3]及侗锦[4]等，在汉文典

---

[1] 夏梦颖(1988—)，女，侗族，四川大学历史文化学院馆员，中央民族大学民族学博士。研究方向为南方少数民族社区与文化。

[2] 范晔.《后汉书 · 南蛮传》:“南蛮”“好五色衣服”。南蛮是中国南方民族的泛称。

[3] 李延寿.《北史 · 僚传》:“僚人能为细布，色致鲜净。”僚人是包括侗族先民在内的壮侗语系民族。

[4] 李宗昉.《黔记》:“黎平侗锦，精甲他郡。”

籍中多有记载。直到现在，在许多侗族聚居区，大部分女性仍然穿着或保存着本民族传统服饰。服饰是群体身份的标识，它象征着个体扮演的不同角色、承担的不同责任，包括社会对男女两性的行为要求、评价标准等方面内容。本文尝试以田野个案为例，从社会性别视角切入，结合侗族服饰文化，去看男女社会角色以及侗族社会秩序的建构。

一、小黄侗族服饰概述

本文所调查的田野点是贵州省黔东南苗族侗族自治州从江县高增乡小黄村。该村位于都柳江北岸、高增乡北部，坐落于青山环抱的平坝子中，是一个传统的侗族村寨。小黄村每家每户都有织布机、染缸、缝纫机等织布、制衣工具，中老年妇女依然进行着传统服饰的制作。从服饰的整体划分来看，小黄侗族传统服饰有性别之分，即男装与女装；有季节之分，即夏装、春秋装和冬装；以及年龄之分，即童装、青年装和老年装。童装与青年装相似，只是尺寸上有所区别；老年装则较为朴素，装饰较少。同时，小黄女子传统服饰有盛装与常装之分，但形制上差别不大，只是盛装的服饰组件更多，且佩戴大量银饰，显得更加华丽。服饰不仅仅是为了满足人们保暖、遮羞、装饰的需要，从社会性别的角度来看，服饰的区分也参与个人身份的建构，帮助维护社会秩序。

小黄女子传统服饰与大部分南方少数民族女子服饰类似，属于上衣下裳的二部式服装形制。其秋冬上衣属于交领大襟型，形制特点是圆领、大襟、中长袖。上衣面料有两种，一种是自织自染的传统侗族亮布，材质较硬，散发着青紫色的光泽；另一种是市场售卖的成品丝绒面料，手感厚实、材质较软、多为黑色。由于侗族亮布的原材料为素织白布，面料较薄，故大部分用于制作春秋装，冬季使用时主要用于制作在里层添加棉絮的纯色上衣。冬季大部分侗族女子穿着的都是丝绒面料制作的传统上衣。其领部有0.3厘米的紫红色绲边，衣襟以右衽系结，边缘处有2~3道贴边装饰，主要有三种形式：2厘米的紫红色贴边、1厘米的彩色花边和1厘米的银泡装饰条。衣长约70厘米，能盖住臀部，两侧收腰，符合女性曲线，在衣摆处有8厘米的起翘量和12厘米的开衩，显得更加灵动活泼。黑色衣摆（第一层）处添加两层布面，一层为紫红色（第二层），一层为蓝色绲边装饰的亮布（第三层），每一层长出上一层0.5~0.8厘米，形成层叠穿衣的效果。上衣袖长及肘，袖口处有4~5层的贴边装饰，最外层是白色，里层由各式各样的成品彩色花边和银泡装饰条组成。在此上衣内常穿着另一种交领上衣，多为侗布制成，袖口拼贴蓝色布条，无过多装饰。下裙为百褶裙，多由亮布制成，但因制作时间较长，穿着舒适度不高，一般年轻女子很少穿着。上衣外一般还穿着由亮布制作的围腰，腰头是宽6厘米的一段蓝色面料，一般扎在腰际线以上，不仅凸显了女性腰部的位置，起到拉长身形的作用，还增加了颜色的多样性和秩序感。除了上衣、围腰和百褶裙外，还有头巾、绑腿、套裤等服饰组件。女性冬季上衣都为深色系（黑色、深蓝色），其最亮丽的装饰当属袖口贴边与衣襟边缘贴边。这两处贴边不仅起到装饰作用，还是区分女性年龄的标识。一般童装及青年女装使用紫红色、绿色等鲜艳的颜色且多装饰银泡条，中老年女子使用蓝色、紫色等淡雅的颜色。夏季上衣则使用颜色区分，50岁以上的妇女多穿黑色上衣，50岁以下的女性则穿白色。下表根据年龄及穿着习惯，将小黄侗族女子冬季常装分为以下三种类型。

小黄侗族女子冬季常装

编号	类型	穿着人群	服饰搭配	装饰特点
1	简化型（图1、图2）	儿童、青年女子	内衣（市售）+大襟上衣+围腰/腰带+裤子（市售）	上衣为丝绒面料，多装饰银泡和彩色花边；发型随意
2	普通型（图3）	中年女子	内衣（市售）+肚兜+交领上衣（也可单穿）+大襟上衣+围腰+裤子（市售）+银质耳环	上衣为丝绒面料，装饰彩色花边；发型为传统盘发，用彩色塑料发梳固定/用购买的棉质彩色头巾包裹头部
3	传统型（图4）	老年女子	头巾（市售）+内衣（市售）+肚兜+交领上衣+大襟上衣+围腰+百褶裙+裤子（市售）+套裤和绑腿+银质耳环	上衣为侗族亮布或丝绒面料，装饰暗色花边；发型为传统盘发，用彩色塑料发梳固定/用购买的棉质彩色头巾包裹头部

图1　简化型
（大襟上衣+围腰）

图2　简化型
（大襟上衣+腰带）

图3　普通型

图4　传统型

由于冬季气温较低，多在0~10℃，小黄女子会在传统服饰里穿上市场上购买的更加保暖御寒的衣物。上文提到的交领上衣（图5）在冬季穿在里层，在春秋季节也可以单穿。夏季则穿着肚兜和对襟上衣即可（图6）。小黄侗族男子服饰样式较为简单，主要由包头、立领对襟上衣和长裤组成，冬季面料为侗族亮布或市场上购买的仿造亮布的面料（图7左一），夏季为素织白布或购买的成品白布（图7右一）。男女发型、服装、配饰差异较大，可以通过外在“物”的特征来表现性别差异。

图5　交领上衣

图6　夏季老年女装

图7　男子服饰

图8　小黄侗族女子着冬季盛装在鼓楼

小黄侗族女子最具特色的服饰是盛装服饰，多在婚丧嫁娶、传统节日时穿着。每年的腊月二十五、二十六日是小黄村新人集体婚礼的举办日，当天新娘多穿着普通型常装，同时装扮上传统头饰。正月初四、初五小黄村会举行三个寨子之间的鼓楼对歌活动，全村男女老少都穿着盛装参与其中。届时，小黄侗族女子会穿戴上全套的传统服饰，华丽异常（图8~图10）。

图9　小黄侗族女子冬季盛装正面

图10　小黄侗族女子冬季盛装背面

二、小黄侗族服饰与社会角色

1. 社会角色与行为规范

在一个有序的社会中，每个人都被赋予了相应的社会角色，有其相对固定的位置。这些位置和身份自然有其相应的行为准则和角色期待。如果违背了社会角色的基准，就会破坏整个社会的运行秩序，不被这个社会接纳。两性社会行为上的性别差异，源自社会角色的不同，而社会角色的不同则来源于劳动分工。在很多社会里，劳动分工都是以性别作为基础的，很多文化也有“男主外、女主内”的风俗。男性更多地外出工作，女性更多地在家活动，这种分工造成了社会成员对性别角色的不同要求和期望。“社会角色分工的起因部分来自身体的区别，主要包括女人的生育和哺乳的需要、身高和体力大小的区别等，但是更多的决定于社会习俗对性别角色的规定。[1]”“男耕女织”“男主外，女主内”的社会分工是传统农业文化中对性别分工的一种概括。男性是“公”“外”领域的核心人物，他们的社会角色随着社会的发展进步而不断变化。而女性则被局限于“私”“内”的家庭生活领域，她们从古至今的主要职责都是以纺织、洗衣、做饭、带小孩为核心的家务劳动。

在小黄村，平时的家庭生活中做饭的都是妇女，而在宴请宾客时却都是男人下厨，这体现出与“男和女”相对应的“外和内”的社会体系，从空间上划分了社会性别。对于侗族女性而言，在宴请宾客这种“对外”的场合中，她们是不适宜出现的，以前甚至只能在厨房就餐，现在可以和男性一起在客厅就餐，但也大多是妇女和小孩单独一桌。由于社会角色的不同，小黄村中老年妇女仍然是传统服饰的主要穿戴者，她们扮演着本民族文化传承的角色；而男人则更多地扮演着对外交流的角色，所以服饰改变得较快且具有相对较少的少数民族特色。可以说，侗族女子穿着的传统服饰是其社会所期待的女子形象的符号：她们就应该是固守传统的，是一成不变的。服饰作为了一种“穿在身上的行为规范”，对女性在扮演自己角色时起到督促和鞭策的作用。头上的假发和身上穿戴的众多银饰使得女性必须是昂首挺胸的，走路时缓缓而行，落座时端庄大方。这些配饰在装饰她们的同时，也起着限制她们行动的作用。从色彩上来看，服饰色彩上的变化也是侗族女装在年龄、角色上加以区分的重要标志。正如前文所述，小孩或者青年女子的衣襟、袖口贴边上多有银泡装饰，且花边较为艳丽；中年女子只使用花边装饰，颜色多较为淡雅；老年女子的贴边则为蓝色、紫色等暗色。形成这些装饰差异的原因在于，每个年龄段的女性扮演的社会角色不同。年轻女性未婚，需要吸引异性的关注，所以可以打扮得光鲜亮丽；中年女性已成为妻子、儿媳妇和母亲，不再需要亮丽的服饰装扮；老年妇女更应该符合其长辈的身份，做低调的打扮，正如她们所说：“老了还打扮得那么花做什么”。小黄村侗族女子服饰在款式和色彩上的特征是对其自身作为小孩、姑娘、妻子、母亲、婆婆等角色形象的强化，同时，也让周围的人对其起到督促作用。

2. 特殊职责与应尽义务

侗族传统社会的恋爱方式是行歌坐月，指青年男女在夜晚聚集在寨子中间的“月堂”里对歌、聊天，增进了解、谈情说爱。“月堂”本是寨子中的一间公房，一般是不经过装饰的一幢低矮的吊脚楼，其间放着一排排长板凳。白天，女孩们到这里纺纱、做针线活；晚上则变成青年男女们聚集在一起谈情说爱的“月堂”。若是遇到心上人，女孩一般会将自己制作的鞋垫或腰带当作定情信物送给男方。作为一种细致的劳动，纺织、刺绣是由于社会性别的差异而成为一种特殊的“职责”分配给女性的。在侗族传统社会里，女性从小就会受到这种性别差异带来的“职责”熏陶，认为

[1] 朱迪斯·巴特勒. 身体之重——论“性别”的话语界限 [M]. 李均鹏，译. 上海：上海三联出版社，2011：2.

这就是她们所必须履行的义务，而男性为了体现他们英武、勇猛的性别特征，则由一些粗重的体力活来加以强调。所以女孩子从小就要学习纺织、刺绣等针线活，其手艺的高低是品评侗族少女心灵手巧的关键，同时也决定其婚后在婆家地位的高低。“心灵手巧”作为女性的一种特质和他人的评价标准，主要与纺织、刺绣、缝纫等妇功[1]相联系，不仅是衡量侗族女子能力水平、贤惠与否的一个标准，还参与建构社会文化运行机制，女性以此成就美德和道德秩序之基石[2]。

现在虽然不再行歌坐月，也很少赠送手工制作的定情信物，但嫁妆里需要的传统手工艺品也不少。在婚前，一手好的纺织刺绣、制作侗布和传统服饰的手艺，是姑娘智慧、勤劳的象征。姑娘们竞相学习这门工艺，练成一双巧手，希望得到社会的认可，同时也充满了对婚姻的期待和憧憬。结婚时，男方主要提供食品，聘礼多为肉、酒、饮料等吃的东西。而女方则主要提供用的东西，包括传统亮布、被子、衣服、毛线拖鞋和肚兜刺绣等。其中，女方送给男方的肚兜刺绣需要几十对（图11），在婚后的一周内男方会陆续将这些刺绣送给己方的亲戚。这使得男方的所有亲戚都对女方的刺绣技艺有了大致的了解，也是女方向人们展示自己勤劳成果的窗口。同样，婚后的女性也要从事纺织、刺绣、侗布制作等手工艺，但这个时候她们增添了几种角色身份，那就是儿媳妇、妻子以及母亲。因此她们在这个阶段从事的工艺制作都是为这些角色和其应承担的职责而服务的。例如，为丈夫制作侗衣，方便其在传统节日时穿着；为家里的老人制作毛线拖鞋，作为关心老人的一种方式；为孩子制作各个季节、各个年龄段的帽子和侗衣，祈求孩子平安健康地成长等。这些由于性别差异而赋予女性的“职责”，在侗族社会成为一种习俗被传承，也就在无形中促使了纺织、刺绣、染布、侗布制作、服饰制作等工艺的延续和发展。

图11　肚兜刺绣

三、服饰文化变迁与社会角色重塑

随着社会经济的发展、生活方式的变革，一方面，轻工业产品的进入使得侗族社会在“穿”的方面能在市场上得到满足，其家庭纺织的需求在减少。服饰和被盖不再完全依靠妇女们纯手工制作，集市上有大量的成品服装和家纺用品可供选择。另一方面，青年女子不再愿意学习传统的纺织技艺。她们受到了更好的教育，想要过更好的生活，所以90%选择了外出打工，于是家里的农活全压在了家里中老年人的身上，纺织的空间也在萎缩。小黄村只有一所小学，在1988年后，

[1] “女有四行，一曰妇德，二曰妇言，三曰妇容，四曰妇功。专心纺绩，不好戏笑，絜齐酒食，以奉宾客，是谓妇功。”出自东汉班昭所著《女诫》。班昭是我国历史上第一个女历史学家，《女诫》是她为教导班家女性做人道理所著的私书，后作为女四书之一，成为历代中国女性立身处世的行为准则。

[2] 白馥兰．技术与性别：晚期帝制中国的权力经纬 [M]．江湄，邓京力，译．江苏人民出版社，2006：37.

所有适龄儿童都被要求进入学校学习（以前重男轻女，只有男孩子读书），之后这些孩子都得离开家乡前往从江、黎平等县城读初中、高中。由于在外学习，回家的时间有限，所以无论男女，他们穿着传统服饰的机会和时间大大减少了，女孩子也没有了学习纺织刺绣技艺的时间。毕业后，大部分年轻人外出打工，留在家里的女孩也不再愿意重拾这门手艺。“男耕女织”的性别分工不再适应时代的发展，男女都进入了劳动力市场，有了新的角色定位。所以，虽然现在小黄侗寨家家户户都有织布机、缝纫机，但从事纺织制衣劳动的都是中老年妇女。集体婚礼中使用的传统纺织品也都是女孩的妈妈、姑姑、姨妈等女方的亲人制作，大部分年轻女孩都不会亲自制作嫁妆。

如前文所述，小黄村女子的常装根据个人的穿着习惯，大致分为三个类型。老年妇女仍穿着传统的民族服饰，头巾、百褶裙、绑腿是不可缺少的服饰配件。中年妇女不再打绑腿，也很少穿百褶裙，年轻女子更是将围腰简化为腰带，还有一些女孩子就算回家了也很少穿着传统服饰。这些差异都表明，传统服饰的穿着正在通过代际递减，男女两性的差异也在外显形态上弱化。值得欣慰的是，小黄村演唱侗族大歌的习俗保存得较好，人人爱唱歌、会唱歌，人们进入鼓楼对歌时，都会穿戴上全套盛装。这为服饰文化的传承提供了一个很好的平台，只要对歌的习俗存在，传统服饰仍然有穿着的场合。但是，性别分工的变迁已给小黄侗族的纺织服饰文化、女性的生活带来了巨大的影响，它已经逐渐打破了传统侗族社会“男主外、女主内”的格局。曾经将是否会做各种针线活，尤其是纺织、刺绣技艺的高低，作为侗族女性重要的社会价值评判标准。女子不会做本民族服饰被视为无能的表现，技艺的高低更是关乎社会的肯定和尊重。如今，当传统服饰逐渐从日常生活中退出，女性的纺织刺绣等手工艺逐渐无人传承，传统手工艺的好坏不再是评价女性价值的尺度时，如何塑造小黄侗族女性在现代社会新的认同标准，如何帮助她们在新的劳动分工中得到发展仍是值得深思的问题。

参考文献

[1]Daniel Miller. Stuff[M]. Cambridge: Polity Press, 2010.

[2]Ellen Lewin. Feminist Anthropology——A Reader[M]. Massachusetts: Blackwell Publishing Ltd, 2006.

[3]西蒙娜·德·波伏娃. 第二性[M]. 郑克鲁，译. 上海：译文出版社，2011.

[4]贵州省从江县志编纂委员会. 从江县志：1991~2008[M]. 北京：方志出版社，2010.

[5]黄应贵. 物与物质文化[M]. 台北：台湾研究院民族学研究所，2004.

[6]黄晓. 布依族纺织文化与性别视角[M]. 北京：光明日报出版社，2011.

[7]王彦. 侗族织绣[M]. 昆明：云南大学出版社，2006.

[8]王政，杜芳琴. 社会性别研究选译[M]. 北京：生活·读书·新知三联书店，1998.

[9]杨筑慧. 中国侗族[M]. 银川：宁夏人民出版社，2011.

[10]杨筑慧. 侗族风俗志[M]. 北京：中央民族大学出版社，2006.

[11]蒋星梅. 侗族村落民俗与妇女社会性别建构[J]. 贵州民族学院学报：哲学社会科学版，2010(4)：45-48.

[12]李建萍. 贵州省从江县小黄侗寨的织染工艺与民俗[J]. 古今农业，2007(1)：108-116.

[13]李云霞. 哈尼族稻作文化中的社会性别角色[J]. 中央民族大学学报，2003(6)：62-66.

12 壮族服饰衽式与壮汉文化交流实证

樊苗苗[1] 刘瑞璞[2]

摘 要 古壮衣“错臂左衽”，然而通过对博物馆、私人收藏家、民族民间制作者的壮族服饰藏品调查整理，发现壮族服饰衽式主要是明清后的右衽斜线大襟和厂式大襟两种类型。经过结构分析，壮族服饰的大襟与里襟直接存在着“吻合”与“独立”的关系。在对其历史发展与社会背景研究中发现，壮族服饰衽式变化与壮汉文化的交流有着密切的关系。多样性的壮族服饰衽式深刻体现了中华民族服饰结构“多元一体”的文化特质。

关键词 壮族服饰、衽式、文化交流、多元一体

《战国策·赵二》“披发文身，错臂左衽，瓯越之民也。”[3]“瓯越之民”即指的是“西瓯”和“骆越”的部族，壮族正是从“西瓯”“骆越”发展而来的。[4]可见古文献记载，壮族先民的服饰“左衽”为标志特征。然而，通过对当下博物馆、私人收藏家、民间制作者的壮族服饰品调查整理，发现现存的壮族传统服饰标本基本呈现明清以后的右衽和对襟两种形制。并且，右衽形制比例远远大于对襟形制。对壮族服饰“右衽”的研究成为壮族服饰文化研究中的重要内容。“衽”即衣襟，“大襟”又是它的主要表现形式。壮族服饰衽式中的“大襟”又表现出丰富性，且记录着壮汉交流的文脉。

一、壮衣衽式形制的两种特征

壮族服饰标本中的“衽式”从外观呈像上，具有多样丰富的特点。尤其体现在领襟部位，多以繁缛的刺绣和规则的织锦装饰，使得领襟处成为服饰的亮点。然，

[1] 樊苗苗，北京服装学院，博士研究生，广西民族博物馆副研究馆员。
[2] 刘瑞璞，北京服装学院，教授。
[3] 高诱，注．姚宏，续注．战国策注·三十三卷·卷十九：赵二[M]．士礼居丛书景宋本。
[4] 张一民，何英德．西瓯骆越与壮族的关系[J]．广西师范大学学报：哲学社会科学版，1987(2)：75-79.

抛弃复杂的装饰，单从服装结构的角度分析，根据结构线的弯直和曲折程度，壮族服饰“衽式”可以归纳为斜线大襟和厂式大襟两种类型。

（一）斜线大襟样本分析

斜线大襟表现为大襟边缘从领口至腋下的结构线为“直线段”。由于领口至腋下相对于水平而言具有一定的落差，因此这条“直线段”的结构线呈现为“斜线”特征。通过对各地壮族服饰标本的梳理，在进行同类归纳后，把不同形状的斜线大襟进行提取比较分析，目前发现有五种不同的类型（表1）。

表 1　壮衣斜线大襟的五种类型

名称	实物图	外观图	结构图	大襟图
马关 壮族 女衣 014188		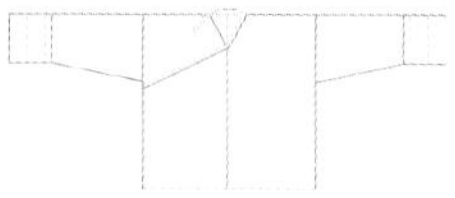	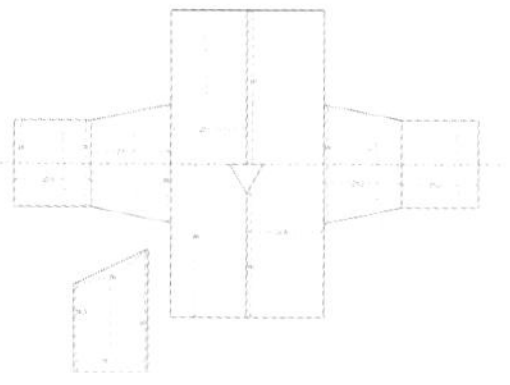	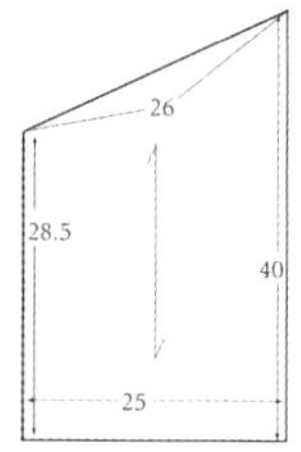
广南 壮族 女衣 010981		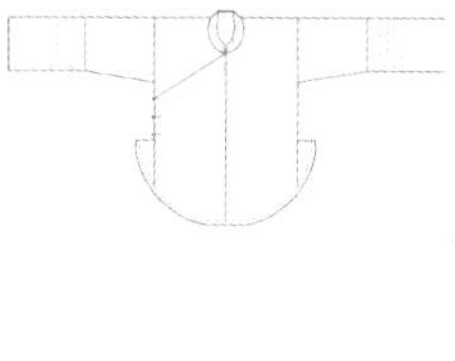	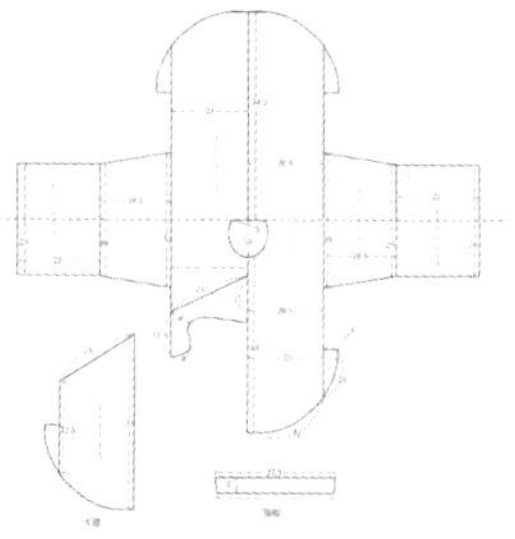	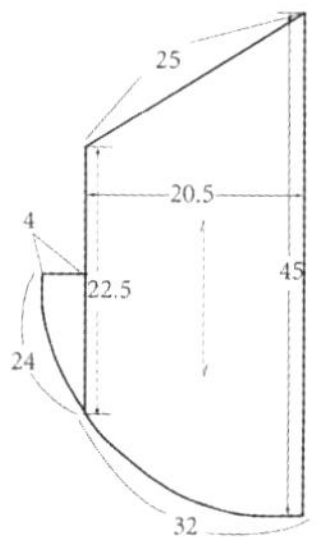
西林 壮族 女衣 016671		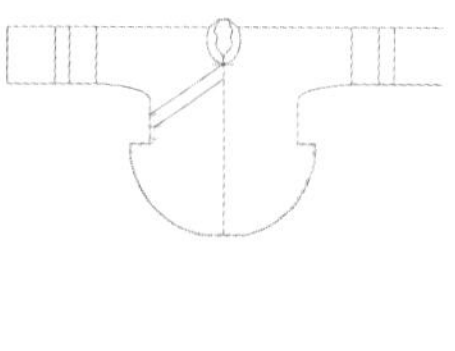	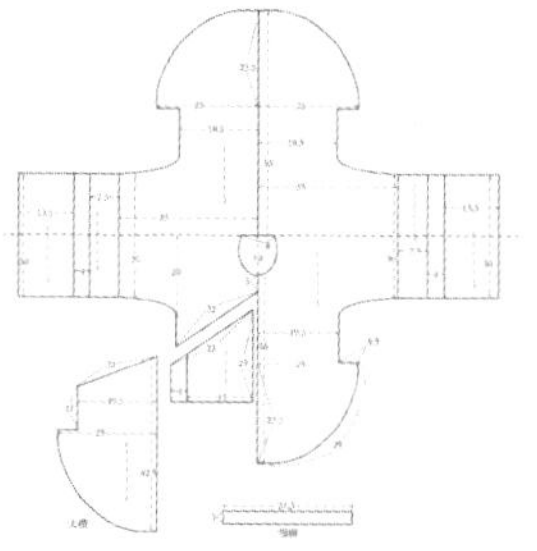	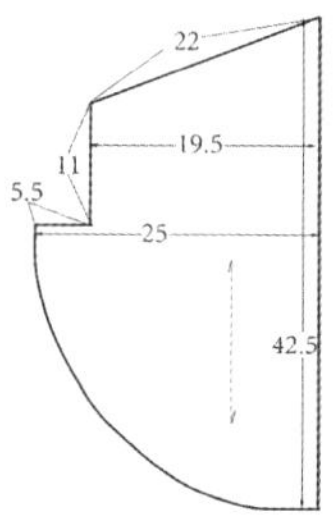
隆林 壮族 女衣 018650		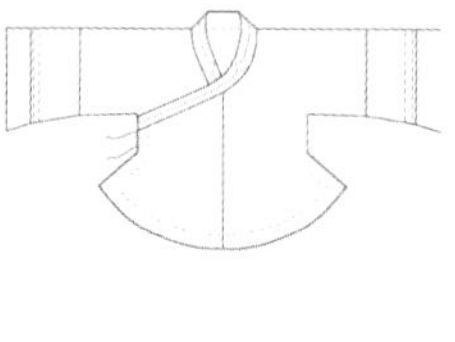	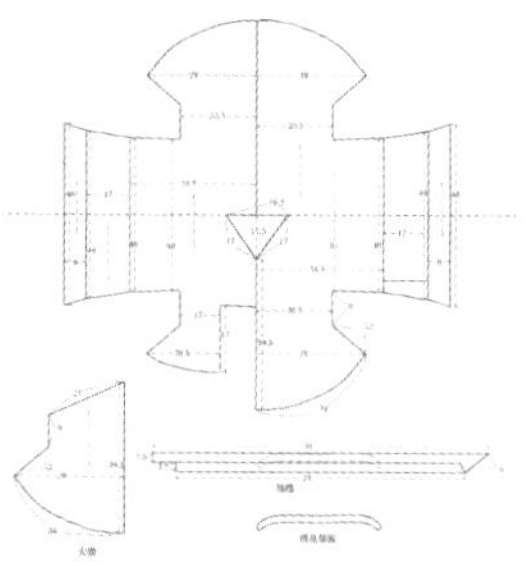	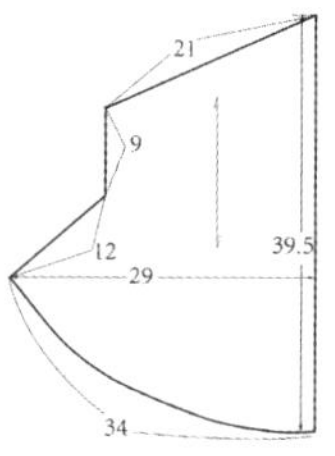

续表

名称	实物图	外观图	结构图	大襟图
大新壮族女衣012893				

注：标本源自广西民族博物馆馆藏。

1．马关壮族女衣

马关壮族女衣从外观图上看是右衽直袖形制，领口呈三角状，衣身为两开身形制。通过对结构信息分析，制作此件壮族女衣的布幅为25厘米，大襟斜线长26厘米。大襟上下左右都是直线段，其中左右的28.5厘米和40厘米是布边，由此得知马关壮族女衣的大襟是源自一个布幅的斜裁，简单的工艺和对布料的完整使用反映出马关壮族女衣的古朴特征。

2．广南壮族女衣

广南壮族女衣从外观图上看属于立领右衽直袖形制，衣身为两开身。从结构图信息分析，幅宽为21厘米左右，大襟斜线长25厘米。与马关壮族女衣大襟四周都是直线段不同，广南壮族女衣下摆呈弧线状，两侧有摆脚插片贴缝呈起翘状。因此，其大襟左侧也贴缝有摆脚插片，与衣身合并形成圆弧状。通过与马关壮族女衣大襟结构的对比，发现其在裁剪难度上有所增加。

3．西林壮族女衣

西林壮族女衣从外观图上看，属于立领右衽直袖形制，衣身为两开身。其大襟的造型与广南壮族女衣非常类同，都是领襟斜线、侧摆起翘、下摆圆弧的形状。然而通过对其结构数据信息的分析，发现二者之间有着不同，西林壮族女衣的肩点不再是布幅的布边位置，布边转移到手臂位置，这是由于幅宽变长而引起的结构变化。通过测量计算，衣身面料幅宽为35厘米左右，比广南壮族女衣21厘米的幅宽多了14厘米左右。由于布幅宽度的增加，侧摆起翘的布料与衣身布料连裁，这与广南壮族女衣独立的侧摆结构又不同。故而，和广南壮族女衣的大襟结构比较，由于布幅宽度的不一，产生了“同形异构”的效果，这样的服装结构信息正是壮族服饰的大襟结构在发展变化中的关键。

4．隆林壮族女衣

此款隆林壮族女衣主要分布在隆林县的沙梨乡等地，从外观图上看，属于交领右衽直袖形制，衣身同样为两开身，衣身侧摆起翘。大襟斜线长21厘米，与西林壮族女衣的22厘米相近。其大襟结构与西林壮族女衣也有很大的类同，大襟侧摆起翘部分与衣身布料是一体的。不同在于起翘量的程度，西林壮族女衣侧摆起翘量在90° 左右，呈直角的效果，从而使得女衣下摆整体呈半圆状；

而隆林壮族女衣侧摆起翘量在45° 左右，是西林壮族女衣起翘量的一半，使得女衣下摆整体效果呈扇形状。

5．大新壮族女衣

大新壮族女衣从外观图上看，属于圆领右衽直袖形制，衣身为两开身。大襟结构相对于隆林壮族女衣的廓型而言，向衣身收敛，从右侧到下摆的弧线已经逐渐圆滑，不再出现明显的角度。不变的是，下摆的弧线使得女衣两侧依然有起翘的走势存在。其大襟与衣身右片原为一体，从圆领口处破缝裁剪开来，因此大新壮族女衣无论是平面展开图还是人体穿着上身的时候，都能看到挖大襟时留下的痕迹，破缝结构线明显地表露于右领口的位置。

（二）厂式大襟样本分析

壮族服饰“衽式”的另外一种形制是厂式大襟，是因大襟边缘的外观效果呈现出类似汉字的“厂”而称之，其结构是从领口开始延伸至肩胛骨处，呈直线或者凸弧线状态，于此处缝有布扣用于固定，在此处出现转折，往腋下走凹弧线，构成了“厂”字的形态。

厂式大襟衣主要盛行于清代，是清代汉族传统古典服饰的主要类型。在清乾隆时候傅恒编撰的《皇清职贡图》里发现已经着厂式大襟衣的贵县俍妇[1]。经过博物馆藏品整理和田野调查，发现厂式大襟的壮族服饰分布广泛，有贵州的兴义、云南的广南、广西的隆林、那坡、靖西、德保、大新、龙州、武鸣、马山、东兰、南丹、天峨、凌云、乐业等地，几乎囊括了壮族分布的大部分地区。可见厂式大襟在壮族服饰衽式中的重要地位，发掘其本体文化信息和背后的文化内涵，是对了解壮族服饰与壮族文化发展的重要补充。通过对壮族服饰标本的梳理，从大襟结构的裁剪方式上，归纳出厂式大襟衣的两种不同类型（表2）。

表 2　壮衣厂式大襟的两种类型

名称	实物图	外观图	结构图	大襟图
天峨壮族服饰009411		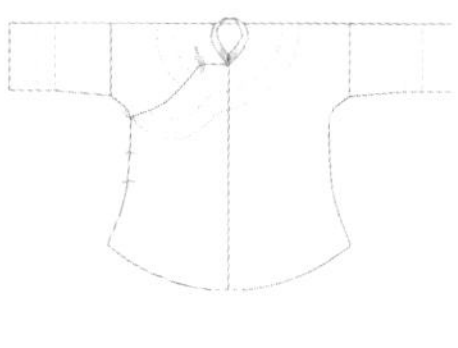	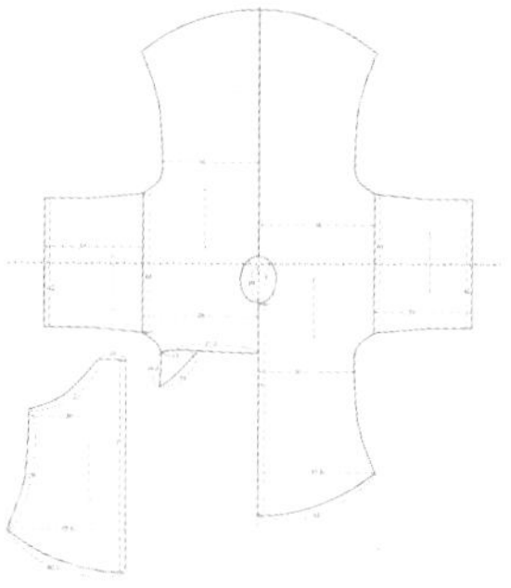	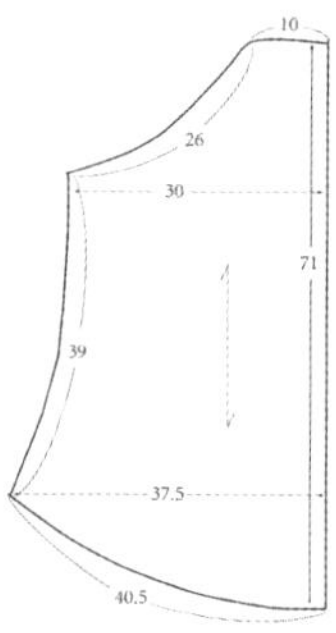

[1] 傅恒，等．皇清职贡图 [M]．沈阳：辽沈书社出版，1991：419.

续表

名称	实物图	外观图	结构图	大襟图
隆林革步壮族女衣（黄祖辉制作）				

注：标本源自广西民族博物馆馆藏和黄祖辉作品。

1．天峨壮族女衣

天峨壮族女衣从外观图上看，属于立领右衽直袖形制，衣身为两开身。经过测量得知，衣身幅宽为38厘米左右，衣袖宽度为33厘米左右，进而推测衣身和衣袖不是同一匹布幅下的裁剪。衣身下摆呈弧状，侧摆略微起翘，起翘的角度相对于斜线大襟衣形制的侧摆已经变小许多，基本上在15° 左右。从结构图上的信息推算，大襟与衣身是同属于一匹布的裁剪，却不是连裁，而是独立分开的。大襟长71厘米，最宽处37.5厘米，是目前天峨壮族服饰中形制较大的一款，这种风格多流行于清末民初，可见壮族服饰在制作过程中也受到当时流行文化的影响。

2．隆林革步壮族女衣

此款隆林壮族女衣主要分布在隆林县的革步乡、金钟山乡等地，从外观图上看是立领右衽直袖形制，衣身为两开身。领襟及袖口处都有装饰，装饰的主体颜色也是黑色。面料为隆林壮族传统的“花肖布”，“花肖布”特指隆林地区壮族用石头滚过的发金属亮光的黑色小菱形纹手工土布，花肖布在隆林壮族中属于较为珍贵的面料，因此在使用上格外的珍惜。根据测量信息和对隆林壮族服饰“非遗”传承人黄祖辉的访谈获知，衣身为两个布幅，衣袖左右为一个布幅，大多时候是在一匹布上裁剪出一套衣裳。衣身左侧的里襟直线角度特征明显，大襟与衣身左片经过测量与推算，属于衣身里襟与大襟连裁形式。

二、壮衣大襟与里襟的结构关系

“衽”泛指上衣的前幅，说明大襟在服装上的主要功能之一就是遮盖住里襟的结构，大襟和里襟的关系就像是牙齿的上下颚一般，产生了不可分割的关系。在壮族女衣中，大襟与里襟的关系在服装结构上主要有两种形式，表现为：“吻合”关系和“独立”关系。

（一）“吻合”关系

所谓“吻合”关系，主要是指通过结构图复原和排料图的实验，推测算出大襟与里襟在服装制作过程中，是一块布幅内的连裁方式。“吻合”关系的标本在斜线大襟衣和厂式大襟衣中都有所发现，可见是壮族服饰制作过程中一种常见的模式。“吻合”关系在壮族女衣中也有两种表现形式，一种是直接从领口破缝，另外一种是留出一定的裆门量。两种不同的形式，反映出壮族服饰发展的轨迹，同时也体现着当下的壮族服饰结构中保存了壮族服饰各个发展时期的痕迹。

1．领口破缝的“挖大襟”

领口破缝主要在大新壮族女衣和那坡壮族女衣的标本中有所发现。其裁剪方式是从圆领口处破缝进行裁剪（图1），由于直接从领口上“挖大襟”，故而在穿着时不可避免地表露出破缝的痕迹，这样形制的壮族女衣可能是服饰发展过程中的一次不成熟的表现，因此保存下来的壮族地域较少，留下的标本藏品也不是很多。但是，领口破缝挖大襟的裁剪方式，很好地诠释了壮族女衣大襟结构与衣身的“吻合”关系。

图1 大新壮族女衣012893排料图

2．加长裆门量

如果说领口破缝挖大襟的裁剪方式是壮族女衣发展过程中的不成熟表现，那么加长裆门量的方式即是成熟的表现。所谓“加长裆门量”是把从领口破缝的方式往下移动10~20厘米的长度再裁剪，“破缝线”往下移动，留出一定的量在穿着时被大襟所覆盖，避免了外露状况的发生，使得服饰整体表现美观大方。这样形制的裁剪方式在壮族女衣的标本中不断被发现，不仅包括了广西的隆林、靖西、那坡、龙州等地，还包括了云南的文山、广南（图2）等地，可见其分布的广泛性和成熟性。在田野调查时发现，加长裆门量的裁剪方式在当下壮族制衣过程中仍然非常流行，并且有着一句裁衣用料的术语。隆林壮族服饰技艺传承人黄祖辉说到用料时：“男衣用量四把，女衣用量四把二”。隆林壮族男衣是传统的对襟形制，女子是右衽大襟形制，由于大襟与衣身左片存在“吻合”关系，因此在排料图上（图3）很容易看出“二”的量就是加长的裆门量。而这加长的裆门量，也就成了隆林壮族女衣的里襟。从服装结构的角度分析，在传统裁缝制作服饰的术语中隐含着壮族女衣大襟与里襟的结构关系。

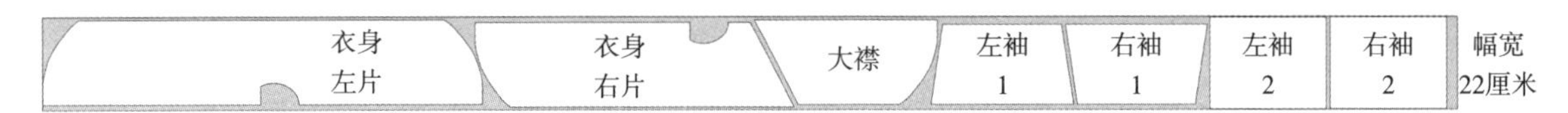

图2 广南壮族女衣010981排料图

图3 隆林革步壮族女衣（黄祖辉制作）排料图

（二）“独立”关系

“独立”关系，是相对于“吻合”关系而言的，是指大襟和衣身之间不存在连裁现象，而是相对“独立”的裁剪方式。通过排料图实验比较研究，壮族服饰的大襟面料虽然和衣身面料可能来自一匹布料，但是由于不是连裁关系，其裁剪的角度相对灵活，而不像“吻合”关系的大襟结构，被衣身的左衣片所束缚。“独立”关系的大襟结构与大襟的形制之间并不存在必然的关系，在实物标本中，无论是斜线大襟（图4）还是厂式大襟（图5），都发现有“独立”关系的大襟结构。这种“独立”关系相对于“吻合”关系而言方便易学，并且更多地使用了废旧面料作为里襟的其他部分，因此在当下的壮族服饰标本中，更多地呈现出“独立”关系的服装。

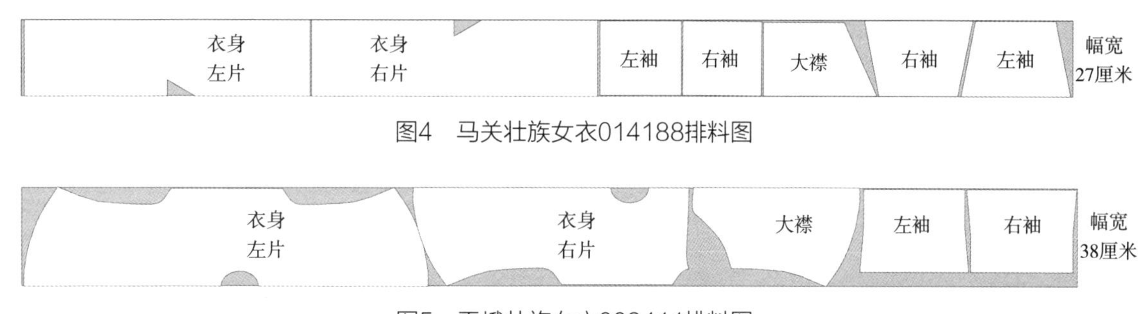

图4 马关壮族女衣014188排料图

图5 天峨壮族女衣009411排料图

三、汉族服饰衽式大襟的两种形制

在民族社会发展的历史长河中，壮族与汉族之间的往来活动不断，汉族服饰文化在壮汉文化的交流过程中不断影响着壮族服饰的发展。

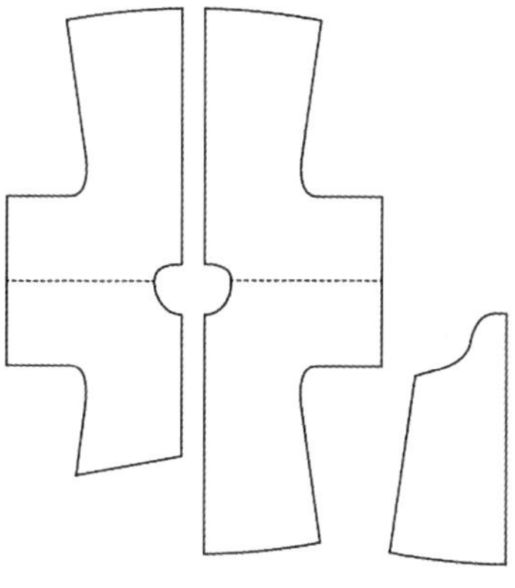

（一）古典型

通过实物标本研究发现，汉族服饰古典型（图6）衣身是由两个布幅组成，其里襟和衣身右片是连在一起裁剪的。大襟与衣身之间分开裁剪，于是在缝合过程中出现了“中缝结构”，这样的形制是清末民初汉族民间妇女的典型常服。无论是丝缎或

图6 汉族服饰古典型[1]

❶ 根据刘瑞璞、陈静洁《中华民族服饰结构图考（汉族编）》第169页数据绘图。

棉、麻的大褂，在服装形制上都展示出相似的服装结构，体现着服饰制作过程中服装结构的统一性、稳定性和典型性。也正由于服装结构的相对稳定性，证实了古典型是清代汉族服饰的主要形制之一。

（二）改良型

在稳定的社会背景下，服饰结构所呈现的也是一种稳定的传承。在时代更迭的社会，服装结构也随之表现出变化与创新。清末民初，传统社会受到西方文化的大力冲击，在西方文化的影响下，社会对服饰的审美观念有了较大变化，注重人体的展示，服装上注意收身的裁剪，“这种收身的流行又是被西风东渐潮流所绑架的结果”[1]。由于开始注重收身后的人体展示效果，使用的面料开始变少，在一个布幅里面可以完成衣身的裁剪（图7），在“敬物尚俭”[2]的思想下，出现了“挖大襟”的结构处理，呈现出“无中缝挖大襟”结构表达。这种服装结构和形制的变化，再次反映服饰变化中“布幅决定结构”[3]的制作理念。

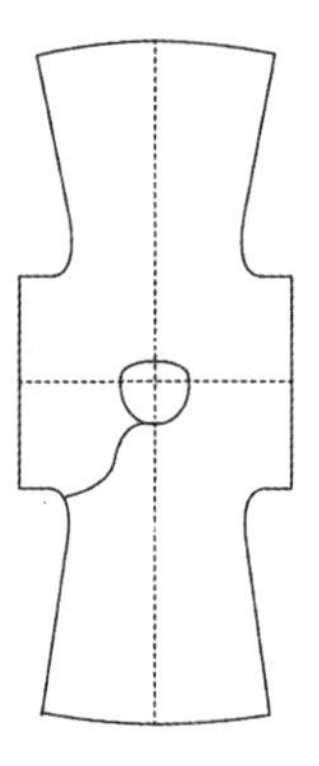
图7　改良型[4]

四、壮汉“衽式”的不同与交流

（一）“挖大襟有中缝”的壮族特色形制

壮族服饰领口破缝的“挖大襟”形制主要体现在大新壮族和那坡壮族服饰的标本上。在壮族服饰发展过程中，清末民国时候的汉文化影响是最强烈的。譬如民国二十五年（1936年）十二月颁布的《广西改良风俗规则》是比照汉俗制定的，其中第六章《服装》规定：“男子留发不得过颈，女子留发过颈者，须结束，不得披散，并不得奇装异服。违者，处一元以上十五元以下罚金。”[5]这种由官方政府明文规定各民族群众服饰的要求在历史上并不多见，官方的色彩即体现了作为主流文化的汉族文化的深入影响。在汉族服饰文化的影响下，壮族服饰也出现了“挖大襟”结构。然而由于少数民族相对简单的纺织工艺，幅宽维持在40厘米左右。由于布幅宽度不足，无法在一个布幅中完成一件衣身的裁剪，而是需要两个布幅的拼合，使得壮族在模仿汉族的“挖大襟”过程中出现了“中缝结构”。最初的“挖大襟”从领口开始，只在大新和那坡两地的标本中发现，说明这并不是一个成熟的模仿。“加长裆门量”的形制在壮族服饰标本中多处被发现，在当下的壮族传统服饰制作技艺中还在采用，说明其发展开始进入成熟期并且已经本土化。因此，与汉

❶ 刘瑞璞，陈静洁．中华民族服饰结构图考（汉族编）[M]．北京：中国纺织出版社，2013：255.
❷ 刘瑞璞，何鑫．中华民族服饰结构图考（少数民族编）[M]．北京：中国纺织出版社，2013：51–71.
❸ 刘瑞璞，陈洁静．中华民族服饰结构图考（汉族编）[M]．北京：中国纺织出版社，2013：4.
❹ 根据刘瑞璞、陈静洁《中华民族服饰结构图考（汉族编）》第240–241页数据绘图。
❺ 广西壮族自治区编辑组．广西壮族社会历史调查（第四册）[M]．南宁：广西民族出版社，1987：86.

族“有中缝不挖襟，挖大襟无中缝”的特征相比较，“挖大襟有中缝”的结构成为壮族服饰的特色形制。

（二）变化时间与社会背景

清末民初，这是一个特殊的时间节点。壮族服饰在此时发生了重要的变化，进而生成当下壮族服饰衽式的形制现状。

1. 龙州壮族女衣中的“吻合”与“独立”关系

通过田野调查，在龙州金龙镇板池村采集的壮族女衣中寻找到壮族服饰大襟与里襟“吻合”“独立”关系发展的先后顺序，为大襟的变化找到确切的时间点。“吻合”关系是太祖母辈留下的衣裳，“独立”关系是祖母辈留下的衣裳，二者发生改变的时间正是清末民初[1]。服装结构上模仿汉族服饰的制作方法在偏僻的壮族村寨中发现，说明壮汉文化交流的愈发深入。

2. 土司制度与改土归流

一个地方社会文化的变迁对当地服饰的变化有着深刻的影响，历史上，每个朝代的更迭都是一次服饰变化的重要时期，改制易服成为时代发展的必然规律。虽然，在少数民族地区，时代更迭、社会变迁的影响没有汉族地区那么广泛和深入，但是在少数民族的服饰上依然可以看到社会发展留下的痕迹。

明代，壮族地区主要实行“土司制度”，明代服饰是以交襟形制为主，至今在广西西林、隆林和云南文山的壮族女衣中还保留了交襟形制。交襟形制与斜线大襟存在着密切的关系，交襟形制的壮族女衣从服装结构上都是属于斜线大襟的范畴，壮族服饰不同式样的斜线大襟标本反映出明代土司制度对边疆地区民族文化的影响。由此推测，壮族服饰斜线大襟的生成比厂式大襟要早。当下壮族服饰中保存了斜线大襟形制的女衣基本上都是来自地理环境更为偏僻的山寨，比如隆林、西林、广南等地，那里也往往是土司制度最后坚守之地。“对于土司地区，民国初年广西省政府再次推行改土归流，至20世纪30年代初裁撤了广西壮族的最后一个土司。20世纪40年代云南省广南府土司被革以后，壮族地区的土司制度终于画上了句号。”[2]“改土归流”政策的推行实际上是伴随着汉地先进文化进入传统壮族地区，这个时间节点是清末民初。也正是在这个变革的时代，壮族服饰大襟结构发生了“吻合”与“独立”关系的变化，可见“改土归流”政策的影响深远，使得壮族服饰结构也发生了变化。随着“改土归流”政策的推行完成，民国广西政府才能在壮族地区推行《广西改良风俗规则》，促使壮族服饰发生重大变化，形成当下壮族服饰的整体格局。

---

❶ 根据2017年9月对广西龙州县金龙镇板池村李素英的传世样本调查材料整理。

❷《壮族简史》编写组. 壮族简史 [M]. 北京：民族出版社，2008：88.

五、结语："多元一体"的中华民族服饰结构系统

壮族服饰属于中华民族服饰结构中的"整一性、十字型、平面结构"[1]，壮族服饰衽式也体现着中华民族服饰结构的丰富性。当下不同地区的壮族服饰保存了不同时代的壮汉文化交流的痕迹。壮族服饰衽式形制的多样性是壮族服饰从原生形制到壮汉文化交流形制的结果，这个发展过程中汉文化的影响极其深入。壮族服饰在交流、融合汉族服饰的过程中，又自我创新、生成独具民族特色的壮族服饰结构体系。壮族服饰衽式正是通过实物标本的形式深刻地体现着中华民族服饰结构"多元一体"的文化特质。

参考文献

[1]方铁. 论羁縻治策向土官土司制度的演变[J]. 中国边疆史地研究，2011,21(2)：68-80+149.

[2]钟诚. 广西壮族地区的改土归流初探[J]. 中央民族学院学报，1979(3)：39-46.

[3]陈丽琴. 壮族服饰文化研究[M]. 北京：民族出版社，2009.

[4]张声震. 壮族通史（中）[M]. 北京：民族出版社，1997.

[5]梁汉昌. 壮族传统服饰文化特质及保护传承[J]. 歌海，2012(6)：77-84+88.

[6]李富强，白耀天. 壮族社会生活史（下卷）[M]. 南宁：广西人民出版社，2013.

[1] 刘瑞璞，邵新艳，马玲，李洪蕊. 古典华服结构研究：清末民初典型袍服结构考据[M]. 北京：光明日报出版社，2009：107.

13 文化人类学视野中的朝鲜族传统服饰文化

郑喜淑[1]

摘　要　本文主要从文化人类学视角分析朝鲜族服饰的历史渊源，阐述朝鲜族社会政治制度对服饰的影响，解释朝鲜族四大人生礼仪与服饰的关系、朝鲜族传统服饰的形态与着装方法、朝鲜族传统服饰面料与制作工艺、朝鲜族服饰的审美艺术及当今朝鲜族服饰传承现状。

关键词　朝鲜族、传统服饰、历史渊源、审美艺术

在文化人类学视角中，服饰属特定文化空间，是一种活态文化，是一个民族在长期的历史发展过程中与其生活的自然环境、社会环境相适应的结果，是一个民族文化的重要特征和载体。朝鲜族的传统服饰就是典型的案例。中国的朝鲜族是从朝鲜半岛迁移过来的移民及其后代构成的民族群体，是中国少数民族成员之一。

中国的朝鲜族移民史按其移民动机和性质，可划分为四个阶段：一是17世纪的早期移民，主要是被后金及清王朝军队征来的战争移民；二是19世纪后半叶的移民，这个时期的移民是属于寻找升级的灾民，所以可归类为自由移民；三是20世纪初的移民，主流是反对日本侵略的流亡移民；四是1920~1945年的移民，主要是被日本军国主义殖民政策驱赶的移民。这四个阶段跨境来的移民逐渐分布在我国的鸭绿江、图们江以北、松花江、牡丹江、绥芬河、嫩江、乌苏里江以东、西辽河等流域，形成我国东北一带聚居地。朝鲜族迁入后把东北荒山草野[2]用汗水开垦成良田。从时间上说，朝鲜族进入中国境内的已有170多年。在此期间朝鲜族用顽强的毅力和无穷的智慧克服了无霜期短、气候寒冷等种种困难，开垦了野草丛生的荒原，用血汗开发了2000万亩的水田。而且在中国共产党的领导下，为抗日战争和解放战争的胜利立下了汗马功劳。毛泽东主席曾经说：“中华人民共和国灿烂的五星红旗上，染有朝

---

[1] 郑喜淑，中央民族大学民族博物馆，副研究馆员。

[2] 太平天国运动后，清政府频繁在东北征调人员，致使东北地区人口减少，边防空虚，为了巩固边防，增加财务来源，清政府逐渐放宽了对边防的管理，默许朝鲜垦民越江垦地和居住。

鲜革命烈士的献血。[1]”朝鲜族就这样谱写了一篇既与朝鲜半岛有历史渊源又有自己特色的朝鲜族文化。

本文主要从文化人类学视角分析朝鲜族服饰的历史渊源，阐述朝鲜族社会政治制度对服饰的影响，解释朝鲜族四大人生礼仪与服饰的关系、朝鲜族传统服饰的形态与着装方法、朝鲜族传统服饰面料与制作工艺、朝鲜族服饰的审美艺术及当今朝鲜族服饰传承现状。

一、朝鲜族传统服饰的历史渊源

在文化人类学视角中，服饰属特定文化空间，是一种活态文化，是一个民族在长期的历史发展过程中与其生活的自然环境、社会环境相适应的结果，是一个民族文化的重要特征和载体。谈起朝鲜族服装应从朝鲜半岛的服装入手。朝鲜族的传统服饰简洁、大方、纯净、整齐，受到中国古代唐朝服饰文化影响较大。与中国古代唐朝相同时期的朝鲜半岛正处于百济、新罗、高句丽三国鼎立的末期。在当时，朝鲜半岛的传统服饰已经形成上下分制，男子上穿短衣，下穿肥大的裤子，而女子上穿短至臀部的上衣，下穿长裙。随后，朝鲜半岛的传统服饰又受到蒙古服饰的影响，女子上衣缩至腰线，而长裙也从胯部上提至腰线。朝鲜半岛传统服饰是15世纪的时候逐渐有了自己较为稳定的服饰形态。

1．从集安高句丽墓室壁画中发现的传统服饰形制

《狩猎图》[2]中打猎的人戴着插有羽毛的折风鸟羽冠，可以看出是身份显赫的人。上衣为长度及臂的襦，大襟斜领、左衽、窄袖，领口、袖口和下摆有黄颜色的边缘装饰（图1）。

图1 集安高句丽《狩猎图》和安岳3号墓室壁画

公元4世纪（357年）建造的安岳3号壁画[2]墓坐落在黄海南道安岳郡五局里，内部气势宏伟，彩绘着反映当年高句丽人居住、游戏、战争等内容，形象活泼生动，显示出纯熟的绘画技巧。墓主推断是位贵妇，穿着及膝的赤色上衣，筒袖，袖口部分装饰有绿色缘边。墓室东壁上绘的女人

[1] 毛泽东．毛泽东选集 [M]．哈尔滨：东北书店，1948：423.
[2] 在集安高句丽遗址收藏。

形象都穿着左衽的襦，袖子部分收缩紧小，领口和袖口处有花饰边缘。

从以上高句丽墓室壁画中所看到的襦属于北方游牧民族的胡服系列。高句丽墓室壁画中大多数人穿的襦一般是长度及臀的大襟斜领，腰上系着没有飘带的带子，领子、衣襟和袖口等处都有边缘装饰。

2．韩国忠南扶余《百济金铜大香炉》中发现的着装

《百济金铜大香炉》[1]（图2）是公元520~534年间制作的，是圣王（523—554）从熊津迁都到泗批（现公州）时举行重大仪式时用的，在韩国忠南扶余陵山里房基遗址中挖掘出来。香炉上奏乐的五个人和骑马人的着装可作为了解百济服饰的重要资料。《百济金铜大香炉中》骑马人的服饰，其袖子是从腋下到袖口逐渐变宽的宽袖，具有衫的特点。这一时期左衽、右衽、对襟直领和曲领等多种形式的袍共同存在。百济时期的袍和襦、衫都是单色，起到装饰作用的襈也用了单色布。

图2 《百济金铜大香炉》

《周书・列传・高句丽传》和《隋书・列传・高句丽传》及《旧唐书・东夷列传》中这样写道："男子穿筒状衫和宽幅的袴，女子穿了裳和襦。贵人穿宽袖的衫，宽的袴，女子穿的襦和裳是用襈做了装饰。只有帝王才能穿有五种颜色的上衣和下衣，衫是筒状袖，袴也是宽袴。由此可见百济和高句丽男子的上衣是衫，女子的上衣是襦。

3．新罗时期发现的唐李贤墓[2]壁画中的服饰

章怀太子李贤墓羡道入口的东西两侧壁画上部分新罗使节的人物服装不同于周边国家的服装。头上戴着鸟羽冠，穿着接近白色的素色襦、右衽交领、大袖，领子和下摆处有红色的线，襦的前片比后片略长，是曲线形褶边（图3）。

图3 唐李贤墓壁画

《隋书》和《北史》中记录的新罗服饰与高句丽、百济的服饰大致相同。新罗男子的服饰主要由襦和裤子组成，为了身份、仪式和礼仪或是为了防寒的目的，男女老少皆穿袍。《三国志・魏志・东夷传・扶余传》中也记录着"新罗服饰与高句丽相似，只是领子变为曲领"。《新唐书・新罗传》有"妇长襦"的记录，可以看出新罗的女子穿着长襦。虽然看不出正确的襦的形态，但从臀部有一道横线来推测应该是长度及臀的襦。男子的襦长度及臀，左衽，腰看起来很细，应该是在腰部系着腰带。庆州黄南洞出土的陶俑中也有男子的服饰结构，这也证明新罗时期服饰与高句丽的很相似。统一新罗时期新罗引进了新的服

[1] 在韩国扶余陵山里房基遗址中发现。
[2] 1972年中国陕西省乾县挖掘的墓。章怀太子是高宗和武则天的第二儿子，706年高宗的陵中陪葬。

饰，也就是男子穿的圆领襕衫，它是一种无袖头的长衫，上为圆领或交领，下摆一横襕，最大的变化是圆领，与三国时期的交领不同。这一时期的短衣是襦，新罗时期叫作尉解。这一时期的襦只有女子才穿，而且襦越来越短，在襦的外边穿着裙子，裙式一般修长。因此很像现在传统的朝鲜族服饰。

4．高丽时期佛画服饰精湛的美

高丽时期的陶瓷工艺尤为突出，它继承了新罗制陶工艺，并吸收了宋朝的技术，形成了高丽特有的制陶工艺，特别是佛教经典通过写经和佛画传播。高丽时期服饰文化可以参考《高丽史》《高丽图经》等文献。通过高丽佛画水月观音、居昌屯马里墓室壁画、高丽末佛腹藏遗物、首尔方背洞出土的木偶、河演夫人像和观经变相图等有关高丽服饰的遗物，能了解到高丽时期的服饰文化。

图4　高丽《水月观音图》

在日本大德寺随品《水月观音图》[1]（图4）中可以了解到高丽时期贵妇穿着深黄色的短襦，长度及臀，通过侧身可以看出有衽，但是图中很难看出有没有系带，也不好判断是左衽还是右衽。居昌屯马里墓室壁画中庶民女子的服饰也是襦，因磨损比较严重很难看出它的年代和形态，只能看出是右衽、宽袖。从中可以看到传统形态还是继承了下来。

5．朝鲜王朝时期服饰文化

朝鲜王朝时期服饰特征是在保留固有的朝鲜服饰形态的基础上借鉴明代的官服制，构成了二重服饰结构。因此，上流社会的服饰反复论议，而一般人的服饰还是固守襦袴制。

朝鲜时期把抑佛崇儒政策视为国策，于是儒教自然而然地成了朝鲜王朝的统治理念。鉴于儒教思想的普及，朱子家礼备受瞩目，开始大量建立寺庙，于是儒教思想日益深入百姓生活。朝鲜王朝将儒教思想所提倡的“礼”，推崇为统治理念，于是无论是家庭还是社会，冠昏丧祭都以“礼”的方式进行，服饰文化也体现和极力维护着“礼”的理念，并且将这种理念深入到服饰的艺术表现中，并在随后的五百年时间里进行了不断的融汇和变迁。

在《朝鲜王朝——韩国服饰图录》和朝鲜出版的《李朝图录》中将朝鲜时代服饰分类如下：

朝鲜时代男装分为王服（冕服、绛纱袍、衮龙袍）、王世子服、百官服（礼服、便服、武服）、士人/儒生服（深衣、鹤氅衣、襕衫、篤衫）、僧服、丧服、庶民服。男装配饰分为冠帽（冕旒冠、远游冠、翼善冠、通天冠、梁冠、幞头、纱帽、程字冠、其他冠类、笠类）、補、胸背、带、靴/鞋。

[1] 日本大德寺收藏。

朝鲜时代女装分为宫中女服（圆衫、翟衣、唐衣、阔衣）、一般女服（庶民女服、巫女服/妓女服）、女童服。女装配饰分为簇头里/花冠、暖帽、簪、叠纸、胸饰。

二、朝鲜族社会政治制度对服饰的影响

朝鲜族传统服饰基本沿用朝鲜李朝时期的庶民服饰（图5）[1]。这与当时朝鲜族所处的移民历史和移民居住区地理环境、当时的政治、经济环境是分不开的。

图5 朝鲜李朝时期庶民服装

移民时期朝鲜族女子典型服装是上衣下裳，上衣极短，称为“则高利”（朝鲜语저고리），下裙叫“契马”（朝鲜语치마），穿胶鞋（고무코신）。男子服装是上衣也叫“则高利”，下面裤子（바지）、坎肩（조끼）。农夫干农活时绑裤腿、戴方笠、穿草鞋（짚신）。

20世纪初，因受战争、自然灾害等多重因素影响，人民生活十分艰苦。所以早期的朝鲜族服饰大多是以素色土布、麻布等原始的材料为面料，色彩为无彩色系，如黑色、白色，其中，多以白色为主（图6）[2]。因此“白衣”成为朝鲜族的象征，朝鲜族也因此被称为“白衣民族”。白色之所以成为朝鲜族服饰中的主色调，主要原因在于白色能够表现出心灵的纯洁，同时能够传达出朝鲜族的精神气质。并且，从服装材料的角度来看，它也能够体现出朝鲜族崇尚自然、酷爱自然颜色的民族特性。朝鲜族人民长期以来，大多从事农业生产，以农业劳动为主，擅于在寒冷的北方种植水稻、棉花，因而服饰原料大多为棉麻纺织品，偶尔也有羊毛、毛毡等畜牧产品（图7）。寒冷的气候下，火炕是朝鲜族不可或缺的“爱”，为了便于在火炕上盘腿而坐，朝鲜族男子裤腿肥大的“灯笼裤”应运而生，并深受朝鲜族人民喜爱。

[1] 金英淑，孙敬子. 朝鲜王朝——韩国服饰图录(上卷)[M]. 首尔：艺耕产业社，1984：135，143.
金英淑，孙敬子. 朝鲜王朝——韩国服饰图录(下卷)[M]. 首尔：艺耕产业社，1984：123，125.
[2] 李光平提供。

图6　20世纪30年代朝鲜族服饰

图7　20世纪（1947年）朝鲜族参军服饰

在20世纪后期战争结束后，人民生活渐渐富裕起来，染色等民间技术也在朝鲜族聚居地普遍流行起来，朝鲜族人民也不再白衣素裹。从图8~图11中看[1]，20世纪50年代到80年代朝鲜族服饰虽然以白色为主色调，但其祖先们早已根据东方的阴阳五行说，以青色、紫色、黄色、白色、黑色为主形成了顺其自然的色彩概念，表现了独有的对比色的协调与搭配。到了20世纪80年代以后，朝鲜族的生活、生产方式也开始改变。过去务农的农民开始经商，走向韩国、日本、美国以及国

图8　20世纪50年代朝鲜族服饰

图9　20世纪60年代朝鲜族服饰

图10　20世纪70年代朝鲜族服饰

图11　20世纪80年代初朝鲜族服饰

❶ 全竹松提供。

内沿海城市和大城市去打工挣钱。日子越来越好了以后，他们对传统民族服装的要求也越来越高。从面料而言，最受欢迎的是真丝、麻织物。由于丝麻织物天然的精致和纤细，以此制成的服饰质感上柔和而又朴素大方、富贵艳丽（图12、图13）[1]。

图12　20世纪80年代朝鲜族服饰

图13　20世纪90年代朝鲜族服饰

朝鲜族的服饰进入21世纪后发生了翻天覆地的变化。尤其是中韩建交后朝鲜族的服装不仅保持了原来的形制，面料、配饰、设计、着装等也在不断改革和发展。

三、朝鲜族人生礼仪与服饰

朝鲜族因受儒家文化影响，中国的“舆服制度”在朝鲜半岛也得到了很好的发展。从天子皇族、文武百官到庶人百姓，各有严格的服制，从服色、服式一直到花纹图案，都有相应规定，不得逾越。祭服常服冕衣平装，各有其制；冠开之礼、长幼之服，各依其时。朝鲜民族服饰主要类型也紧紧围绕人生四大礼仪——周岁礼、结婚礼、花甲礼、丧礼（图14~图17）[2]。其他伦理纲常规范的服饰制度也体现了朝鲜族社会严格的等级制度和以礼为核心的规范化、象征化的服饰文化。

图14　周岁礼服饰

图15　结婚礼服饰

[1] 李光平提供。
[2] 李光平提供。

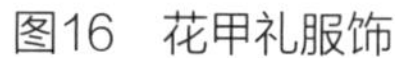

图16　花甲礼服饰

图17　丧礼服饰

朝鲜族四大人生礼仪均表现在传统服饰上，分别是周岁礼、结婚礼、花甲礼、丧礼。周岁礼在出生一周岁时举行，服饰以鲜艳的彩色搭配以表喜庆。同时把信仰、祈福等吉祥寓意用图案、刺绣等工艺表现出来，装饰到人生礼的盛装服饰中，体现民族情感。周岁礼服饰中独具特色的七彩袖是用各种不同颜色条纹装饰的袖子，有健康的韵意。结婚礼服饰最为华丽，也是最能表现朝鲜族习俗礼节的经典民族盛装。新娘服饰以红为主调，配绿色，颜色异常鲜艳。新娘用白色绸缎布披在双手之上遮住脸，上面绣有凤凰等精美图案。头顶方圆型头饰，戴发簪垂丝带。脸颊上画上两个红润的胭脂，体现浓郁的民族风情。而新郎装为古代官服，是服制规定男子结婚与做官同喜而形成的传统婚礼服饰。花甲礼服饰是老人六十岁寿宴，老人上座，摆丰盛的宴席，子女行大礼以表敬意。老人均着鲜明颜色的服装盛装出席，显示富裕及子孙满堂。丧礼服饰为白色，一般用麻料制成，朝鲜族要穿着较长时间的丧服以致孝道，也是形成白衣民族的现实原因之一。

四、朝鲜族传统服饰面料与制作工艺

早在公元前3000年的新石器时代，就出现了骨针、纺车、麻丝类织物以及由兽骨制成的耳坠、手镯等装饰品。由此不难推测，当时的人们不仅开始以手工缝制的简单衣物来遮羞御寒，还通过身着服饰物来美化自己。从韩国大田出土的青铜器纹样和高句丽古墓壁画中出现的风俗人物画上，也可以进一步得到佐证。当时无论男女在服装样式的结构上，主要以适合游牧民族生活劳作的窄袖束腰的上衣、上肥下窄的灯笼裤、头戴帽、系腰带、在襦和袍的领襟与袖口上环绕彩色线条这样简洁而适于骑马游牧的北方系服装作为其着装样式。朝鲜族服装历经统一新罗、高丽、朝鲜王朝，最终定型并流传下来，其基本形制是上衣下裳、上衣下裤和上下通裁。基本组成部分有襦、袴、裳、袍以及与之相配套的冠帽、带、鞋袜。这是典型北方胡服系统的服饰。在其服饰结构上呈现一种可称之为“二重结构”的形态（图18）。

朝鲜族的传统服饰在其裁剪方式上，总是比实际体型略微宽绰些，无论是裤子的腰围，还是裙子的腰围，都留出了足够的长度，不受体型和年龄的限制，大多数人都可以穿戴，加之裙子的

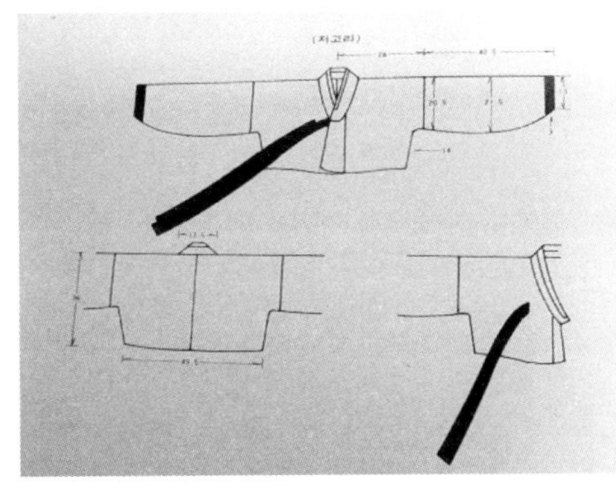
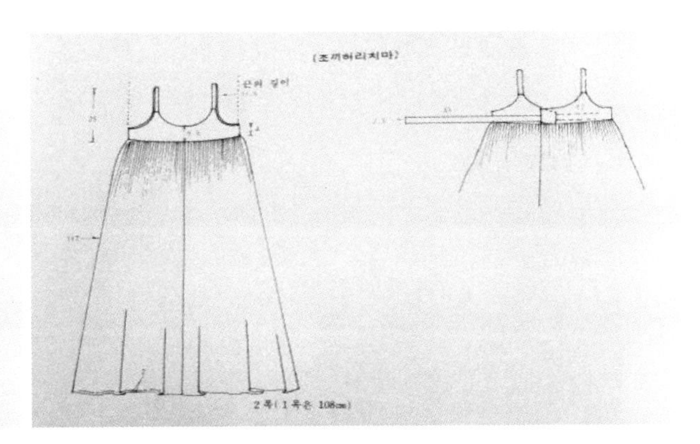

图18　朝鲜族服装设计

平面特性，也不受穿戴者的体型限制，这与量身定做的西装是有着显著区别的，朝鲜传统服饰则多了一份包容的共性。衣服的里外、款式，也充分考虑到了这些因素，从而确保了一份悠然自得和舒适感，使得各种体型的人都可以穿戴自如。服饰的开衩处理，也是考虑到了活动性和舒适度。由此可见，朝鲜族传统服饰，尽量避免了对人体的束缚，也最大限度地减少了腰部、脚部、胳膊、脖颈等弯曲部分与衣服之间的摩擦，是一种以人为本的设计结构。

在其着装方式上，可看出朝鲜族传统服饰蕴含着“包”的文化理念。包(裹)是决定朝鲜族文化特殊性和同一性的重要因素。在朝鲜族的衣、食、住习惯中，随处可见这种文化理念。“包”文化在服饰上的体现，典型的就是朝鲜族的长裙。裙子在身上缠绕时体现出的隐约美，恰是朝鲜族的独特美，也是一种精神境界在服饰上的体现，体现了朝鲜族包容和融合的价值观。

五、朝鲜族服饰的审美艺术

朝鲜族服饰是一种与朝鲜族的文化意识形态、自然气候、风俗习惯、宗教信仰最贴切的固有的民俗服饰（Ethnic Dress），是在特定的地理空间里从古到今世世代代流传下来的朝鲜族的民族服饰。它是朝鲜族文化的表征，同时也是维持并扩大朝鲜族及其文化整体性的一种重要形式。

1．款式结构

从款式和构成上的特征来说，朝鲜族传统服饰是运用具有平面感的面料直线裁剪缝制成的平面服装，然后，为了适合人的形体，采用了上衣的衣襟和领条以及裤子的斜幅等十分有趣味性的制作方式，这些制作方式可以说是保持朝鲜族自然条件和民族审美观念的传统方式。同样，朝鲜族传统服饰利用平面构成制作方式，只有穿着之后才能体现出其立体感，展现出亲和优雅的美感。

朝鲜族传统服饰的款式特征，就是不强调腰部曲线，上衣创造了民族造型艺术的精髓，即线条的美，而裙子主要通过细褶来体现皱褶之美，裤子表现出了宽松而舒适的款式美，而宽绰随意的裙角,则体现了朝鲜族仁厚、温顺的品性。朝鲜族传统服饰是朝鲜族在特定的生活环境下形成的造型艺术的产物，通过其款式展现了线条美，表达了精神性的、观念性的内容美。

2．色彩搭配

朝鲜族服饰虽然以白色为主色调，但祖先们早已根据“阴阳五行说”，以青色、紫色、黄色、白色、黑色为主形成了顺其自然的色彩概念，表现出了独有的色彩搭配，反映了民族的情感，这也是朝鲜族服饰所独有的特色。绿衣红裳、黄衣红裳以及七彩虹缎，便是朝鲜族服饰色彩协调与搭配的极佳典范。这种传统的色彩搭配，如果用于西服上会显得土气和不自然，但是朝鲜族服饰的色彩搭配，由于遵循了阴阳五行思想原理，这种配色就会恰到好处。总之，传统朝鲜族服饰反映出的这种固有的色彩协调与搭配现象，根据其搭配方式的不同可分为：融合了自然现象的对比色搭配、微妙细腻的相近色搭配、有所节制的无彩色搭配等。这种色彩搭配不仅让人看着舒服、自然，还蕴含了朝鲜族的历史和灵魂。

3．纹样装饰

朝鲜族素来都是追求自然的东西，崇尚自然之美，而且喜欢可直接佩戴在身上或服装上的饰品。在服装上，可以用纹样和色彩来演绎美感，但是人们对美的本能追求是源源不断的，于是将饰品佩戴在服饰上以增添美感。饰品的造型是体现时代和民族审美取向最直接的方式，而纹样作为最纯粹的方式，可以展现自然乡土气息和时代风格。从这一点来说，纹样是不容忽视的重要因素之一。朝鲜族的传统纹样，通常以左右对称为主，兼备了形态和功能，这种对称理念，不仅体现在工艺品上，也体现在纹样的装饰方面，逐步渗透并产生了变化和融汇。为了避免这种对称结构过于单调，根据对象、用途、技法，可将单一的纹样按照多种手法进行加工，以便带来全新的感觉。虽然这种传统纹样主题有限，但是为了烘托出自然之美而避免了人工的线条和刻意的装饰。崇尚自然主义，追求简单的造型美，又避开了刻意的矫揉造作，致使这些来自素材本身的纹样，包含了淳朴的气息，是最纯粹的几何学，尊崇了宇宙的原理。这些纹样所蕴含的象征意义就是朝鲜族的意识形态。有时候这些纹样用于服饰时，也会添加金箔或刺绣进行点缀。纹样所被赋予的理想和象征含义，在传统服饰中则被诠释为人的主观意识形态和智慧，代表着其身份，同时也被赋予了视觉上的快感和美好的祈愿。

六、朝鲜族服饰传承与创新现状

1．传承朝鲜族服饰

朝鲜族传统服饰是人类创造的珍贵的文化遗产，是一个民族文化的象征。朝鲜族传统服饰造型独特,充分展现出东方宽衣、含蓄、内敛、大方、万物与我为一的服饰文化特色，是朝鲜族人民思想意识和精神风貌的体现。

朝鲜族传统服饰十分讲究曲线美和色彩搭配，而且种类繁多，有袄、裤、裙、坎肩、礼服、长袍等几十种，所用的布料有棉料、缎布、麻纱料、真丝、网布等数十种。朝鲜族传统服饰采用平面裁剪法，从设计到成衣的几十道工序都是由手工制作完成。由于每一道工序要求非常严格，制作中误差不得超过2厘米，因此，真正的传统加工技艺仍由师傅言传身教，还需凭悟性和长期实践经验掌握。

延吉市星月民族服装厂是国家级非物质文化遗产保护单位，该厂厂长崔月玉于2008年被确定为吉林省级非物质文化遗产项目朝鲜族服饰制作技艺代表性传承人。她从20世纪70年代末开始在祖母和母亲的细心指导下，全面掌握了朝鲜族传统服饰的制作技艺。1991年，她投资开办延吉市星月民族服装厂，为国内各专业艺术团体和全国各地的朝鲜族消费者提供了大量演出服装和生活服装。同年，“月玉”牌朝鲜族传统服装获得“中国驰名商标”认证。2008年，延边歌舞团演员们穿着延吉市星月民族服装厂制作的演出服参加了北京奥运会开幕式演出，2010年也参加了上海世博会专场演出。崔月玉曾多次在服装设计大赛中获得服装设计奖，并且积极参与各种形式的公益事业，为弘扬民族精神、传承民族文化做出了应有的贡献。

二十多年来，崔月玉为了保护和传承朝鲜族传统服饰的制作技艺，已收授16名民间艺人，重点培养设计、裁剪、缝制人才，并在厂内专设非物质文化遗产展览室和非物质文化遗产传习所，为生产工人传授朝鲜族服装制作技艺取得了良好的效果。

2. 创新朝鲜族服饰

朝鲜族服饰的突破性创新是改良服饰。根据现代的服装设计理念，将朝鲜族服饰元素符号化，间接地运用于现代服饰中，将传统服饰的廓型完全打破，造型更加简易，便于活动，款式结构更接近现代的日常便服。如今，在朝鲜族聚居区常见的改良服装一般为套装和生活装两种：套装有两件套或三件套，三件套是在两件套的基础上加上一件外穿背心；生活装并无固定款式，可以是服饰单品。改良服一般在衣领处保持传统服饰的交领形式，采用朝鲜族喜用的颜色搭配或用天然面料染色体现民族特色。这样的改良服装方便日常穿着，满足了现代人在服装上寻求差异化的心理需求。延吉市政府不管汉族干部还是少数民族干部要求每一位干部必备朝鲜族传统服装，在大型活动或节庆时候穿上。不仅如此，一些规模较大的企业，特别是服务行业，选择了民族韵味浓厚的改良服装作为工作服。此外，也有一些学校或企事业单位选择改良服装作为统一的制服。如今，朝鲜族地区有不少民族服饰定制店，规模较大的商家已经可以进行企业化经营，拥有自己的工厂，进行自主设计和生产。改良服装是发展空间较大的领域，是民族服饰有待开发的一个方向，人们看好它的市场潜力，投入精力、聘请人才，尝试开辟改良服装的新市场。

七、结语

朝鲜族传统服饰的发展有着一定的历史渊源。中国朝鲜族在初期，多居于偏僻的山村，因此服饰的原料主要以自种自织的麻布和土布为主。到了20世纪初，随着经济的发展和近代文化的输入，机织布和丝绢、绸缎等面料开始传入，朝鲜族服饰的颜色也随之变得多样化了。尤其是中国改革开放以来，与朝鲜和韩国的经济、文化交流不断加强，更加促进了朝鲜族服饰的发展，对增强其民族认同感、提升自信心、促进边疆各民族和谐发展等多方面具有重要意义。丰富多彩的朝鲜族服饰不仅给人们带来美的享受，更充实了中国服饰艺术的宝库。

参考文献

[1]黄有福. 朝鲜族[M]. 沈阳：辽宁民族出版社，2014.

[2]包铭新，李甍，孙晨阳. 中国北方古代少数民族服饰研究1：匈奴、鲜卑卷[M]. 上海：东华大学出版社，2013.

[3]张碧波，董国尧. 中国古代北方民族文化史·专题文化卷[M]. 哈尔滨：黑龙江人民出版社，1995.

[4]郑春颖. 高句丽遗存所见服饰研究[D]. 长春：吉林大学，2011.

14 一件女袍的前世与今生
——以额济纳土尔扈特部妇女袍为例

通格勒格[1]

摘　要　土尔扈特部是卫拉特蒙古族的一个分支，原游牧于新疆塔城地区，后又西迁至今俄罗斯境内的伏尔加河流域。土尔扈特部在伏尔加河流域生活了140多年，到18世纪60年代，由于俄罗斯帝国对伏尔加河流域的扩张，以及俄土战争造成土尔扈特大批人员伤亡，故而他们开启了一场浩浩荡荡、举世瞩目的东归旅程，并被当时的清朝政府安置在新疆。额济纳土尔扈特是土尔扈特部的组成部分。

本文以内蒙古博物院所藏额济纳土尔扈特部妇女袍为例，重点对袍服的结构特征进行分析，并对不同地区土尔扈特部妇女袍服的结构特征进行梳理和比较，对其所受文化进行解读，力图理清额济纳土尔扈特部妇女袍服形成的来龙去脉。

关键词　额济纳土尔扈特部妇女袍、前世、今生、演变

内蒙古博物院藏有一件额济纳土尔扈特部妇女袍（图1），立领、马蹄袖，领口下为小对襟，右拐直角，在右裉系扣。断腰结构，腰部抽褶，饰彩绣装饰，宽下摆。缀9个金色一字型装饰性纽襻及9枚银扣，即胸前6枚团寿纹银扣，腰间2枚、腋下1枚素面银扣。以暗团龙纹红缎为面，以藏蓝布为里，间絮薄棉。其属于土尔扈特部已婚妇女服饰。

图1　额济纳土尔扈特部妇女袍
（内蒙古博物院藏）

土尔扈特部是清代厄鲁特蒙古四部之一，王罕所率克列特部后裔，原游牧于塔尔巴哈台附近。17世纪30年代，其部首领和鄂尔勒克因与准噶尔部首领巴图尔浑台吉不合，遂率所部及部分杜尔伯特部、和硕特部牧民西

[1] 通格勒格，内蒙古博物院，副研究馆员。

迁至伏尔加河下游。由于长期受到沙皇俄国的压迫，于乾隆三十六年（1771年），土尔扈特部首领渥巴锡（阿玉奇汗之曾孙）率领部众发动武装起义，并冲破沙俄重重截击，历经千辛万苦，胜利返回雅尔地区。乾隆帝发布谕旨将土尔扈特部安插于新疆。阿拉善土尔扈特是土尔扈特部的组成部分。1698年，阿玉奇汗派生活在伏尔加河流域土尔扈特汗国阿玉奇汗兄长纳扎尔玛穆特之子，土尔扈特部始祖翁罕的第13代孙——阿拉布珠尔率属部500人，以熬茶礼佛之名，从伏尔加河流域启程，前往西藏参拜。翌年，阿拉布珠尔派人进京谒见康熙皇帝。康熙四十三年（1704年），封其为固山贝子，赐牧党色尔腾。至此，额济纳河流域的额济纳土尔扈特部形成。

额济纳土尔扈特部妇女袍明显区别于内蒙古其他部落服饰，其最大的特点就是襟与腰间的装饰部分。从领口向下的对襟一直延长至剑突上部，然后右拐直角，在右衤良系扣，共缀9枚扣子。腰部为断腰式，由上、中、下三部分装饰组成，且每部分在蒙古语中都有固定的名字及含义：上部的装饰蒙语称“吉日古拉嘎”，“吉日古嘎”为蒙语数字六，“吉日古拉嘎”为复数，意为由多个六边体组合而成；中间的装饰蒙语称“察丽玛”，意为彩色的绳；下边的立褶称“桑格尔查克”，因而也称该部妇女袍为桑格尔查克德勒（褶子袍）。

额济纳土尔扈特部妇女袍的这种款式究竟形成于何时？又经历了怎样的历史变迁？ 依据相关文献记载，从服饰形制特征着手，结合土尔扈特部落的特殊发展历史及蒙古族服饰发展历史进行分析研究，便可将其来龙去脉理清。探讨额济纳土尔扈特部妇女袍演变的历史，对促进土尔扈特部落历史文化、服饰文化的进一步深入研究有着深远的历史意义及重要的现实意义。

一、额济纳土尔扈特妇女袍的前世

土尔扈特妇女袍常与陶尔其克帽搭配穿着。陶尔其克帽由六条三角形黑缎缝制，库锦镶边，帽前用珊瑚珠绣火焰形“寿”字吉祥图案,形似古代战盔。相传土尔扈特部服饰是古代蒙古族军戎服饰的遗存。下面我们就从额济纳土尔扈特部妇女袍的结构来进行分析。

（一）箭襟

土尔扈特妇女袍的前襟有别于其他部落妇女袍的右衽大襟。在蒙古汗国时期，蒙古族先民还保留着古老的左衽交领长袍。到元代这种古老的款式逐渐消失。元代一直推行“右尊左卑”的等级观念，致使右衽交领服装成为达官显贵们身份、地位的象征。蒙古族将这种交领形制袍服的前襟称为苏门恩格尔（即“箭襟”）。蒙古族先民认为袍服的领口、袖口及帽子等地方是最容易受到外界侵扰和伤害的重要部位，一些“不好”的东西会从这些部位“钻”进来侵害人的身体，所以必须在这些“入口处”加上特殊意义的图案或装饰，以起到“护身符”式的保护作用。在蒙古国将巴雅特、杜尔伯特、扎哈钦、乌梁海、土尔扈特等部妇女袍由对襟和琵琶襟组成的前襟称为“道古拉哲巴襟”（图2）。“道古拉”襟为短襟，指腰间部分的琵琶襟，“哲巴”就是箭镞的意思，意为短式的箭襟。据说在战乱年代，巴雅特、杜尔伯特等卫拉特诸部的妇女将孩子置于袍服襟内侧，以防孩子被箭射中，从而将这种袍服的衣襟称为挡箭的襟，即箭襟。由此可见，它是古代蒙古族袍服交领式箭襟的变体。箭镞是古代冷兵器时代极具杀伤性的武器。袍服衣襟以箭镞为名，反映出箭镞在当时社会的重要性及袍服与箭镞密切的关系。所以说土尔扈特妇女袍服源于古代戎马服是有一定根据的。此外，关于此襟的形成还有一种说法，即便于妇女哺乳和预防妇女在哺乳时袒露胸部而形成。古代频繁的战争和不断迁徙的游牧生活，使得妇女袍服前襟的形制发生了改变。

图2　蒙古国巴雅特部妇女袍
（A· 巴桑夫，B· 巴图孟和《蒙古国卫拉特文化》，2010年，第73页）

1761年，大学士傅恒等编辑的《皇清职贡图》中有清代俄国境内土尔扈特蒙古族台吉、台吉妇、宰桑、宰桑妇及平民妇女服饰的手绘图和文字描述（图3）。

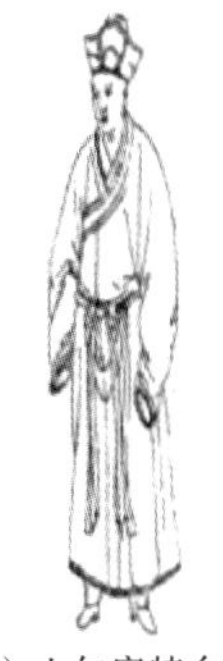
（a）土尔扈特台吉

（b）土尔扈特台吉妇

（c）土尔扈特宰桑

（d）土尔扈特宰桑妇

（e）土尔扈特平民妇女

图3　18世纪土尔扈特台吉、台吉妇、宰桑、宰桑妇、平民妇女长袍
（傅恒《皇清职贡图》，辽沈书社，1991年，第1058页）

从以上图片可见18世纪土尔扈特台吉、台吉妇、宰桑、宰桑妇均着交领右衽、袖子宽而长的大袍，袍长及脚背。男袍束腰带，女袍不束腰带。民间妇女亦着交领右衽长袍，袖子宽而长，不束腰带。该时期土尔扈特蒙古族贵族妇女和平民妇人的袍服形制，有可能是后世蒙古族妇女袍服不束腰带的雏形。

德国医生、旅行家彼得·西蒙·帕拉斯于1768~1774年受俄国女皇叶卡捷琳娜委托，赴俄国的亚洲地区考察调研之后所著，1776年由德国约翰·格奥尔格·弗莱舍出版社出版的《内陆亚洲厄鲁特历史资料》（原名《蒙古历史资料汇编》）中，收集大量的第一手资料，对当时留居在伏尔加河流域的土尔扈特蒙古部落的历史、法律、社会制度、风俗习惯等做了详细的叙述，为我们了解18世纪土尔扈特蒙古人的生活情况提供了详实的资料。帕拉斯到伏尔加河卡尔梅克汗国之时，渥巴西还未东归，所以在这本文献资料里记录的就是东归之前土尔扈特蒙古族社会生活的真实写照。关于土尔扈特妇女袍服，这本著作中有如下的记载：“女性服装中长裤跟男用的一样，又宽又大，衬衣与男用的有所不同，即颈部不敞开，用纽扣扣紧，上衣比男用的长些，衣料细巧些，做得漂亮得体，衣袖尤为精巧。衣领也不像男人的上衣一样一直开到胸前，而是在脖颈处就扣紧了。衣服的胸襟也不是上下重叠的，而是用纽扣扣起来，但右边自肚脐处有一附衬，一直垂到下身……”❶。这是目前最早关于土尔扈特妇女袍短式箭襟的记录，其形制与后期的不同，前襟从领口开始的对襟，到肚脐处稍拐，垂直到下摆。

另外，1884~1886年，俄国著名语言学家、民族学家帕维尔伊·格纳季耶维奇·日捷茨基受阿斯特拉罕省总督尼古拉·奥西波维奇奥西波之托来到卡尔梅克蒙古汗国进行了田野调查之后所著《阿斯特拉罕省卡尔梅克人生活概况》中记载：“特日勒克——长外衣：缝制非常密实，立领，领宽1.5~2俄寸（6.66~8.88厘米），至袖口逐渐变窄，因此肩部打褶。右前襟垂直，腰处稍有凸出，左前襟在腰部也有弯曲。从领子到腰部为止还有衣袖上都镶有彩色细绳和金银绦带作装饰。左前襟缝有6个又大又华丽的扣子，富人则会使用银制、镀金、宝石或彩色玻璃制成的扣子。不过这些扣子只起装饰作用，服饰内侧有其他衣扣，袖口处上侧凸出马蹄袖，挡住手指。衣服腰带处左右两侧缝有环扣，用来系绸巾，有时为了不妨碍做事，会把长发系到上面（图4）。”❷由此可见，未能东归留居于俄罗斯境内的土尔扈特蒙古族妇女袍服，在19世纪80年代仍然保留着其原有衣襟的形制，出现小立领和马蹄袖。

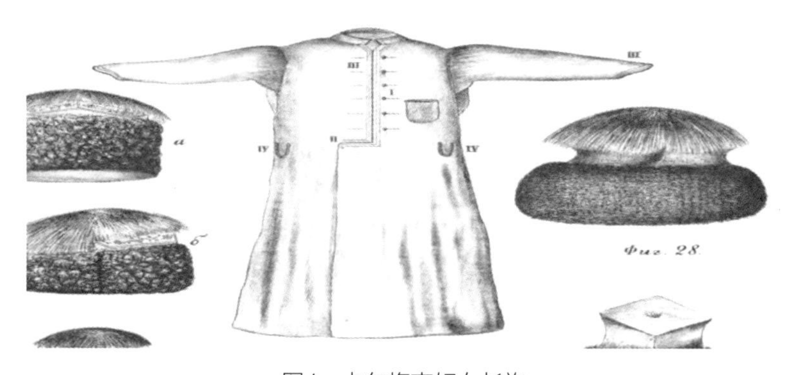

图4　卡尔梅克妇女长袍

（帕维尔·伊格纳季耶维奇·日捷茨基《阿斯特拉罕省卡尔梅克人生活概况》）

综上所述，18世纪60年代，在土尔扈特部妇女的服饰中既有交领右衽袍服，亦有短式箭襟袍服。该时期袍服的短式箭襟是清代中后期额济纳土尔扈特部、蒙古国卫拉特诸部、新疆土尔扈特部妇女袍服短式箭襟的雏形。

（二）断腰结构

额济纳土尔扈特部妇女袍的断腰结构源于古代蒙古族的断腰袍。蒙古族袍服经历了漫长的发展过程，从其结构看，蒙古族袍服主要分为断腰袍和直身袍两大类。断腰袍是指在腰节处有横向

❶ P. S. 帕拉斯. 内陆亚洲厄鲁特历史资料 [M]. 邵建东，文迎胜，译. 昆明：云南人民出版社，2001：106–111.

❷ 帕维尔·伊格纳季耶维奇·日捷茨基. 阿斯特拉罕省卡尔梅克人生活概况 [M]. 莫斯科，1893：8–14.

分割线而形成断腰结构的袍服。其中，最典型的是在腰间采用辫线工艺的辫线袍（袄），以及只有断腰分割线而无辫线的腰线袍。而直身袍则是通身上下为一整体，由面料幅宽所限，直身袍前后身中间有纵向拼接线。

早期，额尔古纳河流域的许多部落、部族群体在服饰形式上非常相似，除直身袍外，辫线袍（图5）也是其主要袍服。当蒙古族先民从额尔古纳河流域走向一望无际的大草原时，便于在草原上疾驰骏马的直身袍得到了更大的发展空间，辫线袍的发展却远落后于直身袍，甚至有衰落的迹象。辫线功能的渐趋减退，省略辫线的新款式腰线袍出现。即便如此，断腰袍在蒙古族女性的衣着中并没有完全消失。蒙古汗国后期直到元代，断腰袍除在民间穿着外，在宫廷仍然继续使用，成为代表蒙古族服饰文化的标志性服饰。元朝沿袭固有的舆服制。《元史·舆服制》云："元初立国，庶事草创，冠服车舆，并从旧俗。"元朝皇帝的服装，与其他朝代相比，形式比较简单，只有冕服和质孙服。

图5 元代纳石失辫线袍（内蒙古博物院藏）

质孙服是伴随元朝宫廷质孙宴而产生的。关于质孙服最早的记载是太宗窝阔台继承汗位时"全体穿上一色衣服"。[1]穿质孙服参加的宫廷宴会，被称为"质孙宴"或"诈马宴"，每日换一次衣服，所以皇帝、贵族、大臣等的质孙服都有很多套。按照参加质孙宴人的地位的不同，元代的质孙服可分为两类：一类是帝王、大臣、贵族等上层社会的人士所穿的没有"细褶"的腰线袍和直身袍；另一类则是质孙宴上服务于这些上层人物的乐工卫士等人所穿的辫线袍。元代有法律规定，民间不允许制作质孙服，官府制作的质孙服不得买卖，不得流入民间。在民间，直身袍成为蒙古族人穿着的主要袍服，征战沙场的蒙古族将士也以直身袍为主要的衣着，断腰袍的使用占少数。

蒙古族在退居漠北草原后，虽然在多数蒙古族部落中难觅断腰袍踪迹，但仍有些部落把断腰袍作为主要衣着，喀尔喀部即是其中之一。钱良择的《出塞纪略》中记述的他在清朝康熙戊辰年（1688年）六月于噶尔噶（即喀尔喀）境所见蒙古族人的袍服即为断腰袍。"有至营中为市者，其人獭皮帽革带，衣下截折叠如朝衣之制，前为方领，长尺余，广二寸许，亦以獭皮为之，横亘胸前，其右随衽折而下缘至带旁，其富者，则以锦缘其里，项挂数珠，见之始觉身在绝域矣。""途遇噶尔噶南迁者，多不可数，马少而驼多，挽驼者皆妇人，其衣饰，自顶至踵，都与男子无别"。[2]可见，这一时期喀尔喀男女服的款式基本相同，均为断腰袍服。此后，由于喀尔喀部与蒙古族其他各部的交往增多，其男性着装有了根本性的改变，放弃了传统的断腰袍，直身袍成为主

[1] 拉施特. 史集：第二卷 [M]. 余大钧，周建奇，译. 北京：商务印书馆，1985.
[2] 内蒙古地方志编纂委员会. 内蒙古史志资料选编（第三辑）[M]. 呼和浩特：内蒙古地方志编纂委员会总编辑室，1985：201.

要的服饰，而女性袍服则保留了蒙古族传统服饰的特点。正因如此，断腰袍也得以传承和延续。近现代，喀尔喀、布里亚特、巴尔虎，土尔扈特、巴雅特、杜尔伯特、扎哈钦、乌梁海等卫拉特部女性袍服的主要形式就是断腰、下摆抽褶的款式，这些无疑都是当年断腰袍的遗制。

（三）箭袖

额济纳土尔扈特妇女袍的窄袖口饰有马蹄袖。马蹄袖为袖口，因形状酷似马蹄，俗称马蹄袖，又名箭袖。平时穿着时将袖头挽起，作战或围猎时放下，起到保护手部、防止受伤的作用，在冬季还可以御寒。箭袖在元代的服饰中几乎看不见，但在明前期修建的蒙古族藏传佛教寺庙美岱昭寺大雄宝殿壁画（图6）中，我们可以清楚地看到壁画中的人物着箭袖长袍，箭袖自袖口向上挽起。这是目前关于箭袖的最早记载。

据上所述，结合日捷茨基《阿斯特拉罕省卡尔梅克人生活概况》中关于卡尔梅克妇女特日勒克（长袍）的图片及描述来看，这一时期土尔扈特妇女袍服宽而长的袖口饰有下垂式的箭袖端，覆于手背之上。蒙古国卫拉部的扎哈钦、乌梁海、巴雅特、杜尔伯特、土尔扈特部妇女袍服的箭袖亦为此形制。由此可以推论，额济纳土尔扈特妇女袍服的箭袖在东归前也应是这种形制。

上述袍服宽而长的袖子是元代贵族妇女大袖袍的遗制。元代蒙古族贵族妇女袍式宽大，袖身肥大，但袖口收窄（图7）。

图6 美岱召大雄宝殿壁画（1606年所建）❶

图7 团窠立鸟织金锦大袖袍

此袍为元代女性的礼服，右衽交领，大宽袖，最宽处约有43厘米，袖带弧形，在袖口处收紧，仅12厘米。衣身织物为织金绢。在领、袖和下摆处分别使用团窠立鸟织金锦进行装饰。由此可见，清代俄罗斯境内卡尔梅克和蒙古国境内卫拉特诸部妇女袍服是在沿用元代贵族妇女袍大袖的基础上袖口装饰马蹄袖端而成的。而土尔扈特部东归到额济纳以后，其妇女袍服的袖演变成为窄袖，马蹄袖端亦成为具有满族风格的半圆形或方形马蹄袖。

从以上的分析来看，箭袖形成于明朝万历年间，最初是窄袖（源于质孙服的形制）挽起式的小箭袖形制，后来演变成为宽而长的下垂式马蹄袖端。并且未东归的俄罗斯境内的卡尔梅克蒙古

❶ 赵丰，金琳. 黄金 · 丝绸 · 青花瓷——马可 · 波罗时代的时尚艺术 [M]. 香港：艺纱堂，2005：58.

族及蒙古国境内的卫拉特诸部妇女袍沿用了此形制的箭袖。东归到新疆地区的土尔扈特部妇女袍服受汉族及哈萨克族服饰文化的影响演变成为平袖口。东归到额济纳的土尔扈特部妇女服饰受满族服饰的影响，其箭袖演变成为半圆形或方形的马蹄袖。

（四）立领

额济纳土尔扈特妇女袍服的领为小立领。蒙古族古代服饰的领为交领。据现有的元代墓葬壁画、出土文物及历史资料，帝后及达官贵族穿交领长袍，而侍从及仆人穿圆领长袍。

立领最早出现于明朝中期。到了明朝后期已经在中原、江南等地广泛流行。满族入关后，在"男从女不从"的服饰规定下，汉族妇女得以沿袭使用明立领的"汉装"。清朝中期，明立领进一步演化，并融入了诸多满族服饰要素，如绲边、大宽边、厂字襟等，流行更加广泛。

根据日捷茨基专著《阿斯特拉罕省卡尔梅克人生活概况》中描绘的卡尔梅克妇女特日勒克（长袍）形制来看，19世纪80年代，俄罗斯境内卡尔梅克妇女袍服受明立领的影响，演变成为小立领。蒙古国境内卫拉特诸部妇女袍皆为小立领。可见额济纳土尔扈特妇女袍服的小立领形成于清代中期。

蒙古国卫拉特部的杜尔伯特、扎哈钦、巴雅特、乌梁海、土尔扈特部妇女袍服除了小立领，在肩部饰有抽褶的白绸披领，边缘镶饰彩色齿纹，既美观又可护肩御寒。这种披领源于元代质孙服的"贾哈"。元代"贾哈"是肩部装饰的统称，一般指"云肩"。云肩，最早或源于佛教发源地，印度佛像中存在这一服装形制。伴随着佛教的东传，云肩首先在北方民族中流行。自隋朝之后，逐渐在中原流行，但此时只有汉族女子穿着，及至元代男女皆穿着云肩。

东归到新疆巴州及塔城地区的土尔扈特和和硕特妇女袍服亦沿用了此形制，白色披领演变成为白色翻领（图8）。而东归到额济纳的土尔扈特部妇女却遗弃了白绸披领，只留下了小立领。

图8　新疆巴州地区妇女长袍
（内蒙古大学蒙古学院塔亚教授提供）

（五）装饰性纽襻

额济纳土尔扈特部妇女袍的前襟缀有9道装饰性纽襻和9枚银扣。纽襻由古代中国人发明。江西德安的南宋周氏墓出土的袍服上就有一字纽襻。一字纽襻是最简单的盘扣。纽襻式系扣是元代辫线袍最多见的系结方式。可见元朝的辫线袍亦吸收了一些汉族服饰文化的因素。古代蒙古族袍服由交领演变为短式箭襟，沿袭了汉族服饰文化一字纽襻，既可以连接衣襟，还可以起到装饰效果。

二、额济纳土尔扈特部妇女袍的今生

额济纳土尔扈特部妇女袍的今生，时间节点应该从1698年阿玉奇汗派阿拉布珠尔率属部500人，以熬茶礼佛之名，从伏尔加河流域启程，前往西藏参拜说起。

服饰文化与政治有着密不可分的联系。清代，满族统治者除继承前朝的许多冠服制度外，还将自身的传统服饰大量引入新确立的官服制度中。一方面，为了加强对蒙古族封建势力的控制，实行盟、旗制，将蒙古族“分割”为大大小小的行政机构，进行“分而治之”的管理。这种管理体制促进了蒙古族部落服饰风格的形成。另一方面，满族统治者在蒙古族地区建立了较完整的封建等级制度，依据对清朝的“忠诚”程度对原有的封建主进行封官加爵，严格遵照清朝服饰制度，穿戴定制与官职相匹配的官服。

归附清朝后，额济纳土尔扈特部蒙古族受到满族服饰的影响多体现在男性服饰方面，其中官员和有名望的贵族所受到的影响较大，而平民百姓只是在大体款式和风格上有一定影响。

土尔扈特部东归到额济纳以后，受当地政治、经济、文化、自然环境、气候等诸因素的影响，其官吏改穿清朝官服。贝勒诺颜戴顶戴花翎，穿蟒袍，外套马褂和坎肩。“富豪们的太太小姐在过年和婚宴上穿红、蓝、绿色的土尔扈特部礼服，外套策德格坎肩，夏天戴平绒帽或瓜皮帽，冬天戴甘定帽”。[1]额济纳土尔扈特贵族妇女和平民妇女的袍服在保留传统形制的基础上，在领、袖部分发生变化，即传统的披肩领不见了，只剩下了小立领。长而宽的袖子变为窄袖，袖口的马蹄袖端亦演变成为当时流行的、扇形的、可以挽起和放下的马蹄袖。

综合上述，额济纳土尔扈特部妇女服饰在沿袭蒙古族古代服饰箭襟、断腰等军戎服饰的基础上，受到当地的自然、人文环境，生产生活方式，及其他民族服饰文化的影响，演变成为当今独具特色的额济纳土尔扈特部妇女袍服。

[1] 阿拉腾敖道．额济纳土尔扈特风俗志[M]．金胜道，译．呼和浩特：内蒙古教育出版社，2010：37.

15 新疆蒙古族两孔综版及四孔综版织造比对研究[1]

葛梦嘉[2]　蒋玉秋[3]

摘　要　针对当代蒙古族服饰研究“饰”重于“技”以及史学研究注重文献研究而较缺乏实证考据的研究现状，本文采取文献与实物研究相结合且更侧重实物研究的二重考证方法，对新疆土尔扈特及和硕特部蒙古族女性袍服上装饰的综版织带技术进行考证。综版织造又称卡片织造，在织造的过程中四孔综版旋转90°、二孔综版旋转180°即织出图案。通过对新疆博尔塔拉蒙古自治州、巴音郭楞蒙古自治州这两个地区的相关乡镇进行实地考察，获得关于综版织造的第一手文图资料，由此来分析两孔综版与四孔综版的织造差异性，得出当四孔综版旋转180°进行打纬织造时，其原理相当于使用二孔综版织造。

关键词　二孔综版、四孔综版、蒙古袍、新疆蒙古族、土尔扈特、和硕特

综版织造又称卡片织造，在织造的过程中，卡片相当于织机中的综版，起到牵引经线的作用[4]。新疆土尔扈特及和硕特部蒙古族，至今仍使用两孔及四孔综版来织造织带，并将织带装饰于蒙古族女性传统袍服上。新疆蒙古族的综版织造技术使用范围涉及巴音郭楞蒙古自治州下辖内的和静县、和硕县、博湖县，博尔塔拉蒙古自治州下辖内的精河县等地区。当今学界对于服装上装饰纹样的研究重于服装上装饰技术的研究，以至许多重要的传统编织技术研究暂时处于缺乏实证的匮乏状态。仅有的几篇相关论文都是基于日本学者鸟丸知子对于西藏、贵州等地综版织造的研究[5][6]。

两孔综版及四孔综版织造技术作为最原始的织造方式之一，在中国纺织技术史

❶ 基金项目：2019年国家社会科学基金西部项目（19XKG007）；清华大学艺术与科学研究中心柒牌非物质文化遗产研究与保护基金项目（201602）；2020年新疆维吾尔自治区高校科研计划项目（2020SY003）。

❷ 葛梦嘉（1993— ），女，新疆大学讲师，博士研究生。主要研究方向为新疆少数民族服饰及传统编织技艺。

❸ 蒋玉秋，北京服装学院副教授。

❹ 葛梦嘉，蒋玉秋．新疆蒙古族卡片编织技艺探析 [J]．丝绸，2018，55(1)：28–34.

❺ 鸟丸知子．我去西藏寻找古老的织机 [J]．文物天地，2003(10)：48–51.

❻ 周启澄，赵丰，包铭新．中国纺织通史 [M]．东华大学出版社，2018.

上有着重要的意义，通过综版不同的穿线方式以及转动方向即可织出图案及文字。两孔综版需旋转180° 即完成织造，四孔综版旋转90° 即完成织造。就综版织带而言，织带的图案、规格与其使用方式有着密切的关联，通过分析新疆蒙古族综版织物的应用与装饰情况，从而进一步考证综版织物的特征及织造原理，对进一步追溯综版织造在中国古代纺织技术史中所占位置，起着重要的引导性作用。

一、综版织带的风格特征

1．综版织带的应用

新疆土尔扈特及和硕特部蒙古族将综版织带仅装饰于女性传统袍服上，蒙语将此款形制的袍服称为“太日里克”，据目前考察现状来看，蒙古族掌握袍服制作的传承人，基本都掌握综版织造技术。

蒙古族各部服饰穿着皆不同，通过不同的服饰形制即可辨别其所属。从照片（图1，源于《蒙古的人和神》）及传世实物中可以看到，传统的“太日里克”袍服为平袖、直角对襟右衽、立领，腰部横宽的装饰即为综版织带。袍服的内在结构上遵守中国传统服装十字型平面裁剪，衣长至脚背。

图1　土尔扈特部女性传统服饰

图2　锦缎面狐皮里蒙古族女袍

据田野考察所知，新疆目前已知传世时间最久的两件土尔扈特及和硕特部袍服，均藏于和静县东归博物馆。通过对袍服的观察和测量，可看到并得出织带在袍服中的具体装饰位置及织带的使用规格与装饰方式。

据和静县东归博物馆馆长口述，此件锦缎面狐皮里蒙古族女袍是1980年向民间征集文物时由和静县人民捐赠（图2），年代约为民国时期。袍服的里料由337支双色狐狸耳朵毛拼合而成，袍服的衣襟处装饰两条综版织带，用线与袍料相缝合，蒙语将这种织带称为“宰克”。两条织带的宽度约为4.8厘米，总长约为3米。

此件龙纹妆花绸“太日里克”袍服年代为民国时期（图3），和静县政府向民间征集文物时，由和静县人民捐赠。袍服采用妆花绸面料，有9条盘龙织成装饰，其中前身2条侧龙，左右两肩各1条侧龙，后身正中1条正龙、2条侧龙，衣襟内侧左右各1条侧龙。两条综版织带同样装饰在衣襟处及腰封上方。两条织带宽约为3厘米，总长度约为3米，织带用线与袍料相缝合。

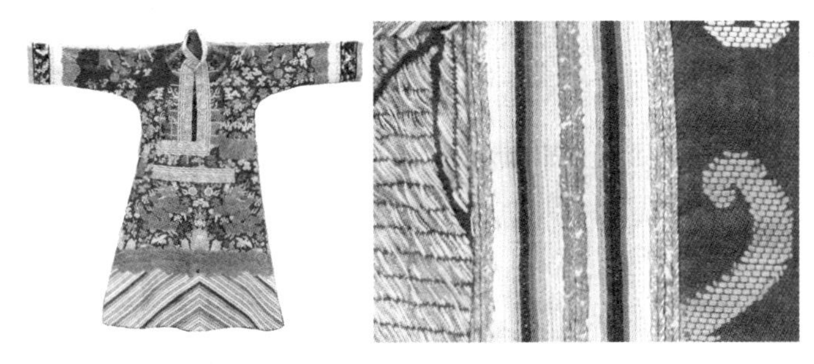

图3　龙纹妆花绸蒙古族女袍

和静县东归博物馆馆藏的两件蒙古族“太日里克”袍服的形制、结构、具体的尺寸及综版织带的装饰部位都几近相同。通过对目前已知新疆地区传世时间最长的两件“太日里克”女性袍服的测量及分析，可发现因新疆土尔扈特及和硕特部袍服的形制及综版织带形制完全相同，从而决定了综版织带技术在此地区的传承性。

2．综版织带的材质

从新疆和静县东归博物馆馆藏的两件国家一级文物“太日里克”袍服上（图2、图3）可见织带的材质由真丝细线织造而成。新疆自古以来就是中国桑蚕的主要产区之一，据乾隆年间的《新疆回部志》记载：“桑树回疆最多，先叶而后椹，有黑白红紫数色……每熟时回人不谷食，以为常餐。”新疆的蚕桑业多集中于新疆的南部和田等地，据和硕县蒙古族老人口述，他们的祖先曾经住在巴音布鲁克草原，袍服上综版织造的“赛木日根”真丝线需下山前往焉耆购买。焉耆即今新疆巴音郭楞蒙古自治州下辖的焉耆回族自治县，地处巴音布鲁克草原与和硕红山盆地附近，如今从和硕县前往焉吉回族自治县只需15分钟车程。

相关文献如《北史·西域传·焉耆国》记载：“养蚕不以为丝，唯充棉纩”。《魏书·西域传·龟兹国》记载：“物产与焉耆同”。唐代杜佑在《通典》中记载：“车师（今吐鲁番）和焉耆的居民从事蚕桑”。新疆养蚕缫丝的总体情况是在后魏时期（公元386~557年）高昌（今吐鲁番地区）、于田（今和田）、焉耆（今焉耆回族自治县）、龟兹（今库车地区）、疏勒（今喀什地区疏勒县）五处已有蚕丝业或丝织生产。民国（公元1912年）以后，库车、温宿、沙雅、轮台、焉耆、吐鲁番、鄯善以及哈密等地也竟蚕桑，整个南疆蚕桑利源大开。据《新疆图志》记载，新疆蚕桑业养殖“始于东汉”，发展于魏晋南北朝，“从高昌（今吐鲁番）到于阗，从伊吾（今哈密）到焉耆”的广大区域内都遍布蚕桑。

由此可证焉耆地区自古就养蚕缫丝，所见传世“太日里克”袍服上真丝织造的“赛木日根”织带也就不足为奇。

3．综版织带的色彩

无论是博物馆馆藏的蒙古族女性“太日里克”袍服，还是现在蒙古族民间可见的袍服，装饰编织带的色彩都是7~10种配色，织带的色彩明度较高，并以“五色”的配色为原则。在蒙古族哲学思想上，成吉思汗首先提出了“五色”和“麻哈布德（四种）”等概念[1]。成吉思汗向子孙讲述统一中国的大业时，提到要统一“五色四邻”的思想[2]。在《白史》结尾部分，也即跋文里又如是讲：“长生天的气力里，大福荫的庇护里，成吉思汗的恩泽里，五色四藩大国，即东方之白色莎郎合思、速而不思，南方黄色撒儿塔兀勒、兀儿土惕，西方红色汉儿与南家子，北方黑色吐蕃与唐兀惕……[3]”“五色”即红色的汉族、蓝色的蒙古族、白色的朝鲜族、黄色的西域各族及黑色的吐蕃族[4]。蒙古族信仰藏传佛教，“五色”在藏传佛教教义中有多彩的涵义，这与道教道生一、一生二、二生三、三生万物的宇宙观有异曲同工之妙，即象征宇宙万物[5]。因此有时不限定五种颜色，也不强调统一如邦典，确切地表达时往往与宗教的教义有关[6]。对信仰藏传佛教的蒙古族和藏族人民来说，由于普遍受教育程度不高，并不是所有人都能读懂经文，所以在他们看来，寺庙中的五色经幡随风飘动就代表诵经，并借此祈求神灵庇佑（图4）。

在藏传佛教中“五色”为红、黄、白、绿（代黑）、蓝，这“五色”在宗教教义中本是各有所指，随着时间的推移，蒙古族装饰图案中藏传佛教的纹样及色彩本意或许已经逐渐淡化，但这“五色”却已被蒙古族人民重新赋予新的内涵。蓝色代指蓝天、绿色代指草原、白色代指羊群、黄色代指土地、红色代指火焰，这种单纯的形式美已融入了蒙古族人民的审美意识之中（图5）。

图4　博湖县藏传佛教寺庙内的五色经幡

图5　不同时期“太日里克”袍服上的织带

二、两孔综版织造流程

1. 材料与工具的准备

据新疆博湖县蒙古和硕特部传承人口述，传统的综版是用双层羊皮做成，因单层羊皮较薄，在织造过程中不能达到所需的厚度，所以使用双层羊皮，此外也会选择用薄木板做成综版。随着

[1] 蔡·呢玛. 论元代蒙古族宇宙观 [J]. 昭乌达蒙族师专学报：汉文哲学社会科学版，1993(Z1)：19-26+100.
[2] 宰桑·布和. 大黄册 [M]. 呼和浩特：内蒙古人民出版社，1983.
[3] 乌云毕力格，孔令伟. 论“五色四藩”的来源及其内涵 [J]. 民族研究，2016(2)：85-97+125-126.
[4] 宰桑·布和. 大黄册 [M]. 呼和浩特：内蒙古人民出版社，1983.
[5] 胡化凯，吉晓华. 道教宇宙演化观与大爆炸宇宙论之比较 [J]. 广西民族大学学报：自然科学版，2008，14(2)：11-16+36.
[6] 嘉益·切排. 藏传佛教各教派称谓考 [J]. 内蒙古社会科学：汉文版，2003(S1)：62-64.

新疆蒙古族生活环境的改变，人们从草原搬到县城居住，传统制作综版的原材料早已无处可寻，故选用硬卡纸或是银行卡、扑克牌作为替代。当综版具有一定的硬度时，才能在织造过程中顺利地前后翻转，以使经纱形成梭口。两孔的综版通常制作成长方形，在综版的左右两侧各打两个小孔，并将综版的四角修剪出弧度，以防在织造的过程中划伤手。

传统的综版织造用线为真丝材质，现在的蒙古族老人多选用棉线或是化纤材质的线，单根线较细，所以用4~5根纱线并作一股来织造。在考察过程中未见使用羊毛等动物纤维来作为综版织带的原材料，究其原因是因为综版织造在织造过程中需前后旋转一定角度，如选用动物纤维在织造过程中会因摩擦造成起毛，以致难以转动综版。织带配色丰富，一般会以藏传佛教的“五色”为原则，并以此延伸出过渡色彩。

2．经线的穿线方式

受装饰需求及综版织造技术的限制，新疆蒙古族的综版织带宽度为3~4厘米，大约使用15张综版可以织出如此的宽度。综版织带仅织成彩虹条带状，传承人在经线穿综时不需绘制意匠图。一根经线从一张卡片的两个小孔中穿过，穿线完成的经线呈U形（图6）。

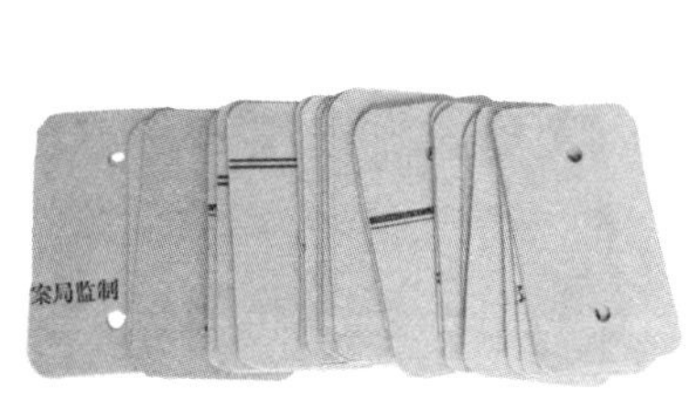

（1）综版

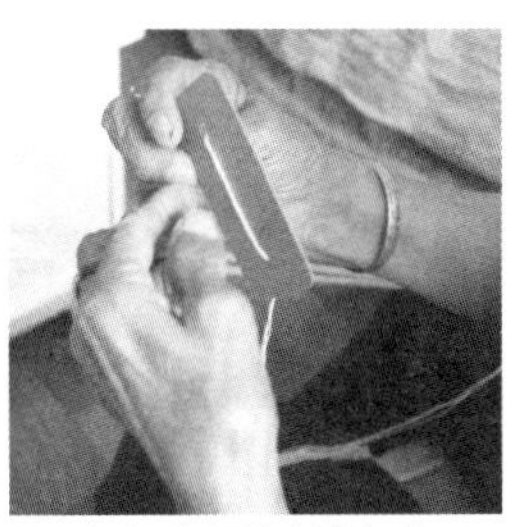

（2）综版的穿线方式

图6　二孔综版与穿线方法

3．综版上机示意

所有综版穿经完成之后，将经线的一端固定在一个物体上，另一端系在腰上，使经线保持张力，并整理卡片，使所有的综版穿线方向一致（图7）。从目前考察状况来看，新疆蒙古族综版织机织造前的综版排列方向均一致，即所有的综版排列方向均为正面或反面穿线排列，此时织造出的织带经线穿线方向均一致，织带呈绞扭状（图8）。

图7　整理综版

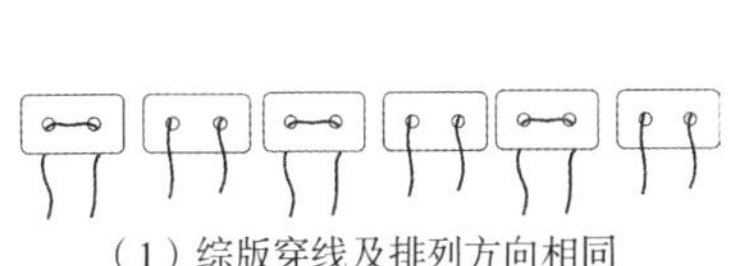

（1）综版穿线及排列方向相同

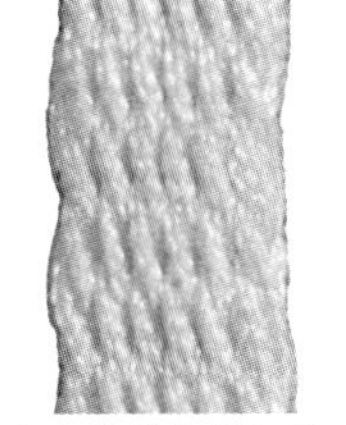

（2）织带组织细节

图8　综版穿线方式及织物图1

目前考察未见综版排列方式为正面穿线、反面穿线、正面穿线、反面穿线……这种排列方式，此种综版排列方式织造完成后，织物的组织结构为辫状，织带不会产生绞扭（图9）。

4．综版的转版方向

综版每完成一次织造需旋转180°，之后放入纬线，完成打纬等织造流程。在编织中只需重复旋转综版、打纬等工序即可完成织造，但当综版连续向同一个方向旋转，经线会产生捻回，之后再连续向相反方向旋转综版180°，完成打纬，再重复上述步骤，完成织造（图10）。

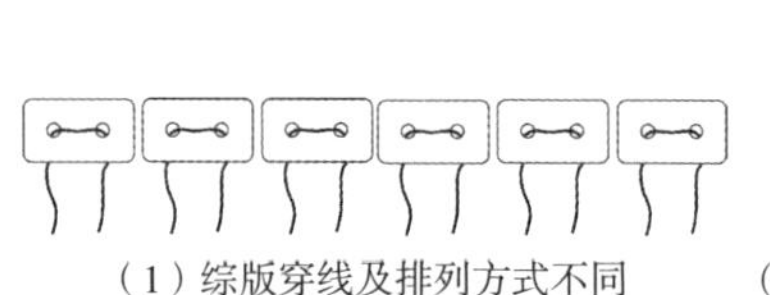

（1）综版穿线及排列方式不同

（2）织带组织细节

图9　综版穿线方式及织物图2

图10　综版织造细节

三、四孔综版织造流程

1．材料与工具的准备

据和静县土尔扈特部传承人口述，他们青年时期居住在巴音布鲁克草原，使用木质综版以及真丝线进行织造，居至和静县之后，由于生活环境的改变，很难找到传统的材料与工具，遂使用孙女的识字卡片作为综版的替代物。织带的用线购买于县城的商店，选用普通细棉线，4根纱线并作1根经线使用，用以增加经线的粗度。

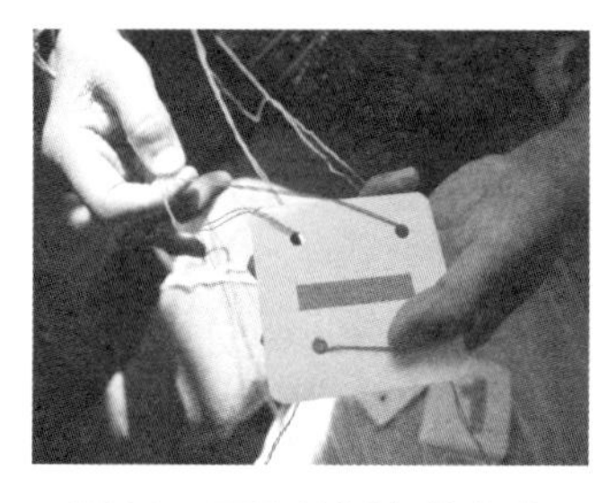

图11　四孔综版穿线方式

2．经线的穿线方式

经线的穿线方式与上述博湖县穿线方式相同，即一根经线从一张综版的4个小孔中穿过，穿线完成的经线呈U形（图11）。赛乃儿使用了14张综版，穿经时只需注意织带的颜色排列，将冷色与暖色分别排列。

3．综版上机示意

所有综版穿经完成之后，将经线两端系在固定的物体上，使经线保持张力，并整理卡片，使所有的综版穿线方向一致（图12）。所有的综版排列方向均为正面或反面穿线排列，此时织造出的织带经线穿线方向均一致，织带呈绞扭状。

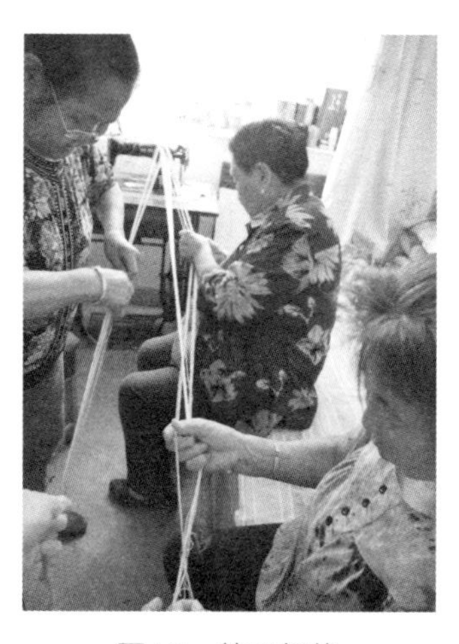

图12　整理经线

4．综版的转版方向

传承人织造时每完成一次织造便将综版转版180°，之后放入纬线完成打纬，再向相反方向旋转180°，放入纬线完成打纬。即综版的操作方式为向前转180°，完成打纬，再向后旋转180°，完成打纬，不断重复上述步骤完成织造（图13）。

图13 织造过程

四、两孔综版与四孔综版织带的差异

新疆蒙古族同时使用两孔综版及四孔综版来织造织带，如果同一张综版上穿线颜色相同，仅从织带的外观组织结构上，无法准确分辨出两者的差异。同时，使用四孔综版织造时，综版旋转90°即产生梭口，可完成一次打纬。当综版再旋转90°形成另一个梭口，进行第二次打纬。两孔综版在织造过程中需要转版180°才能完成打纬，并完成一次完整的织造流程。通常使用四孔综版转版90° 即可完成一次织造，但是在考察中发现，部分新疆蒙古族使用四孔综版时旋转180°。

为了更准确区分两孔综版与四孔综版织带的区别，可使用相同的经线进行织造，来对比织带的差异。当每张综版上的穿线颜色完全相同时，四孔综版转版90°与转版180°织带的外观差异在于转版90°织造时织带密度更为紧密。使用相同数量的两孔综版转版180°织造时，织带比四孔综版织出的织带要略窄，并且织带更薄，组织结构比四孔综版旋转90°还要紧密（图14）。

当四孔综版每个孔的穿线颜色完全不同时，综版转版90°与180°时，织带的外观差异很明显（图15），以下做具体分析。

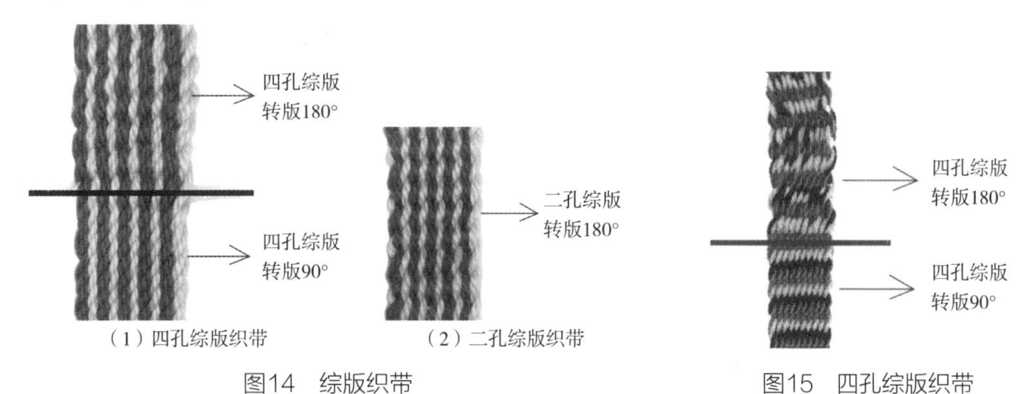

图14 综版织带　　图15 四孔综版织带

1. 两孔综版织带

使用两孔的综版进行织造时，经线通过上下经线位置互换并相绞来完成织造。红色经线在上层，黑色经线在下层时，放入纬线后旋转综版90°，此时综版没有产生梭口，但经线仍分为上下两层。再旋转综版90°时，上下经线互换位置并相绞，即黑色经线在上，红色经线在下，此时完成一次织造流程（图16）。

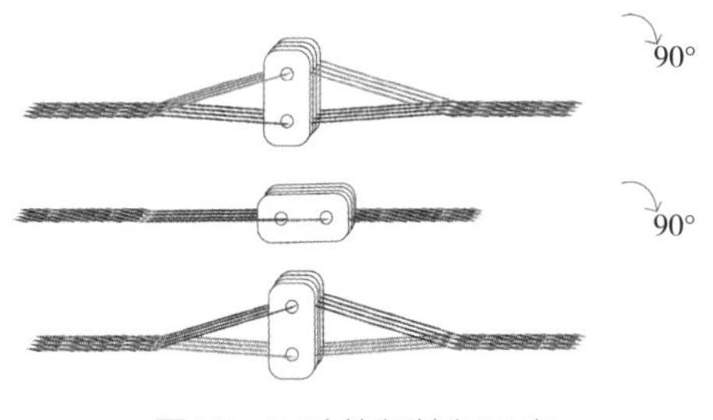

图16 两孔综版转版示意

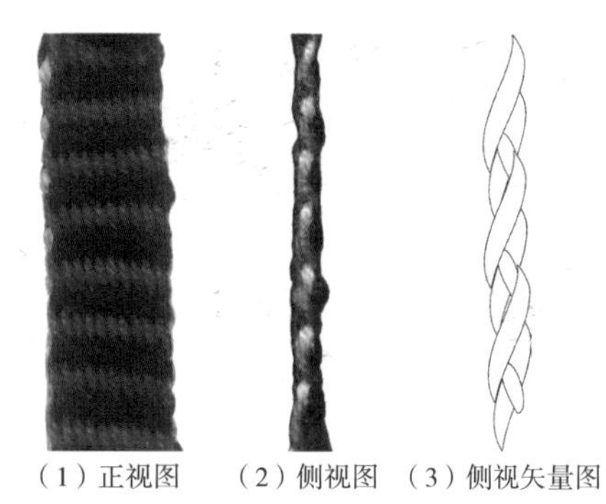

（1）正视图　（2）侧视图　（3）侧视矢量图

图17　两孔综版织带

在织造过程中，两孔综版因只有两根经线上下互换位置相绞，因此两孔织带的织物组织相对于四孔织带较薄（图17）。

2．四孔综版织带

四孔综版织造时，在技术上只需将综版旋转90°即可完成织造，但考察发现，新疆土尔扈特及和硕特部蒙古族传承人在使用四孔综版时均旋转180°，据笔者猜测或许是最初新疆蒙古族掌握的是两孔综版织造，不知何时传入了四孔综版的织造方法，但仅仅是使用了四孔的综版，技术上并未发生任何改变。

当使用四孔综版进行织造时，当综版旋转90°时，B、D经线相绞；当综版再次旋转90°时，A、C经线相绞。综版转动90°即可形成梭口，并且梭口上下的经线又可分为表经与里经两层。梭口上层经线为C、D，下层经线为B、A，C组经线又位于D组经线上方，即C为表经D为里经。此时织带的色彩为红、黑、黄、绿四色循环（图18、图19）。

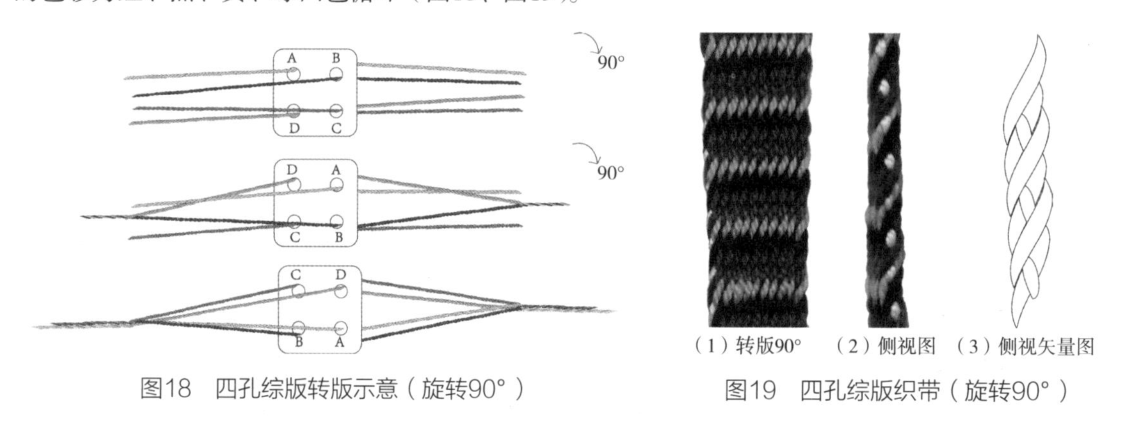

（1）转版90°　（2）侧视图　（3）侧视矢量图

图18　四孔综版转版示意（旋转90°）

图19　四孔综版织带（旋转90°）

当四孔综版连续转版180°时，4根经线同时相绞，在织造时AB、CD经组互为梭口的上下层，所以织造完成的织带AB经线、CD经线相绞在一起，织带的色彩为黑黄、红绿，并以此为循环。当四孔综版转版180°时，可将A孔与B孔视作同一个孔、C孔与D孔视作同一个孔，即在织造时AB两根经线实为一根经线，CD两根经线实为一根经线。在转版180°的过程中AB相绞为一根经线，CD相绞为一根经线，完成转版时是AB与CD相绞，这就是四孔综版180°转版后黄色经线与黑色经线同时显花做表经，红色与黑色经线同时显花为里经，织带颜色显得很错杂的原因（图20、图21）。

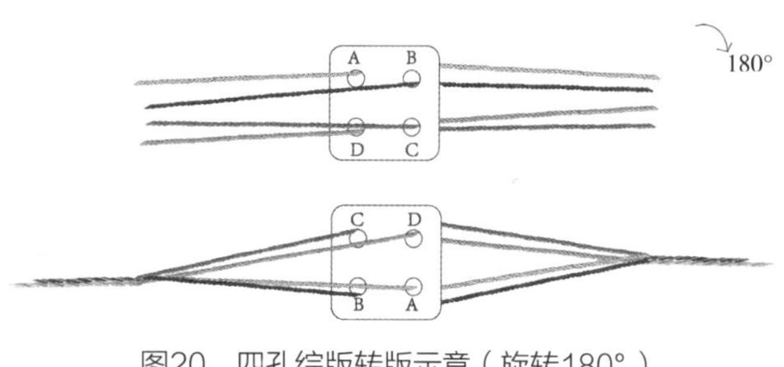

图20　四孔综版转版示意（旋转180°）

当四孔综版转版180°打纬织造时，原理相当于两孔综版转版180°，即综版A、B经线，C、D经线分别相绞之后AB、CD再相绞。

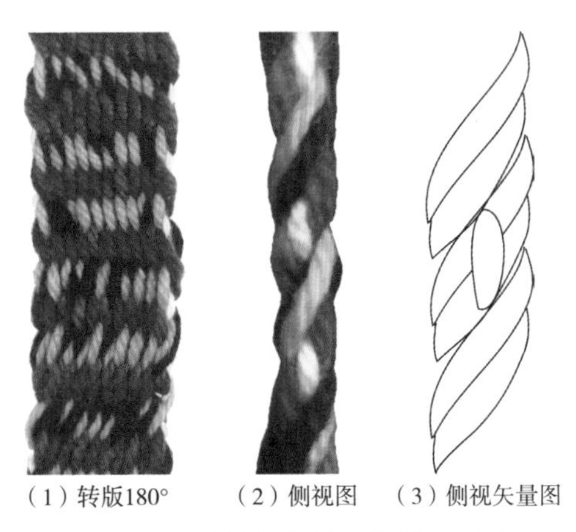

（1）转版180°　　（2）侧视图　　（3）侧视矢量图

图21　四孔综版织带（旋转180°）

五、结论

综版织造技艺作为最原始的织造方式之一，在中国纺织技术史上有着重要的意义。在织造过程中，综版相当于织机中的综片，通过综版不同的穿线方式以及转动方向就可以织出图案及文字。增加综版的数量即可增加织带宽度，因是手工织造，综版的使用数量受到限制，从而限制了织带的宽度。从目前的考察现状来看，新疆土尔扈特及和硕特部的蒙古族人民至今使用两孔综版与四孔综版进行织造，约使用15张综版，织成的织带约为2厘米宽。织带装饰于蒙古族传统女性“太日里克”袍服的开襟处，一件袍服需要约3米长的织带。通过实践编织分析，当四孔综版转版180°进行打纬织造时，其原理相当于使用两孔综版织造。土尔扈特及和硕特部蒙古族的袍服形制明显区别于其他蒙古族各部，受装饰需求的影响，使得这种独特的织造技术在这两个蒙古部族中存留至今。

16 藏西阿里披单饰域形式解读

常　乐[1]

摘　要　　披单是阿里地区女子服装的重要配饰，藏语称“改巴”（སྐེད་རེ་）。通常冬季所穿披单内里用羊羔皮制作，用手工织成的牛毛绒布做面，有的也用水獭皮镶边，形状呈长方形，嵌有各种宝石，天冷时披在身上可以抵御风寒，也可铺地而坐。从披单符号分布可把披单分成两个区域，饱含浓厚的宗教色彩。披单饰域形态与西藏中心地区邦典形态不谋而合，并且经对文献的检索，披单亦被称为背部的邦典，由此可见披单与邦典的互置关系，其互置过程与象征语义是文章主要论证部分。

关键字　披单、饰域、邦典、宗教

一、阿里披单的区域划分和宗教内涵

通过对阿里地区标志性披单形式类型化的数据测量和数据采集，发现了阿里披单具有的固定格式。虽然披单颜色不同，但其形式特征相似。披单上图符布置和框架构造使得披单分为两个区域，首先是披单本身的原域[2]部分，其次是不同颜色的矩形框框选出的饰域[3]部分。根据藏传佛教壁画和唐卡所绘，在藏传佛教寺庙的壁画中观察到以五色划分的边缘，墙面顶端和底部都绘有彩条纹，这样的五彩表现和在唐卡中的表现相同，在唐卡的四周装饰彩条丝绸，中心是唐卡表现的主体内容。彩条以边界的表现形式出现在不同的艺术中，突显中心内容的重要性。因此，基于藏族地区众多五色元素分布位置，得出披单中原域与饰域的分布形式（图1）。

原域和饰域既是独立的两个区域部分，两区域的内在联系又很紧密。在阿里披单中，以1:1的方形为外框，装饰有三角形、圆形、四边形等图形，其以第一阶中心为圆心画出横轴和纵轴，就可以平均纵横以八等份分割形成曼荼罗平衡的“界图”

[1] 常乐，北京服装学院，博士研究生。

[2] 原域，即披单中相对装饰中心而言的外部区域。

[3] 饰域，即披单中心的纹章布置区域，其边界为五色矩形框。

（界画相同手法）。披单通过似曼荼罗的固定格式，传达藏密语言。披单是修持的方法，穿戴者穿戴并修持，最终披单会散发能量解救众生❶。披单原域和饰域中的倒三角重新组合的构架在不断强调母性基因。其中所有的图形严格分布在规格中，核心纹章居重，非核心纹章居轻。这样的仪规思想运用在披单当中，表达出对藏传佛教密宗的崇拜❷。以藏传佛教图符语言来解读披单图形的象征含义具有十分重要的价值（图2）。

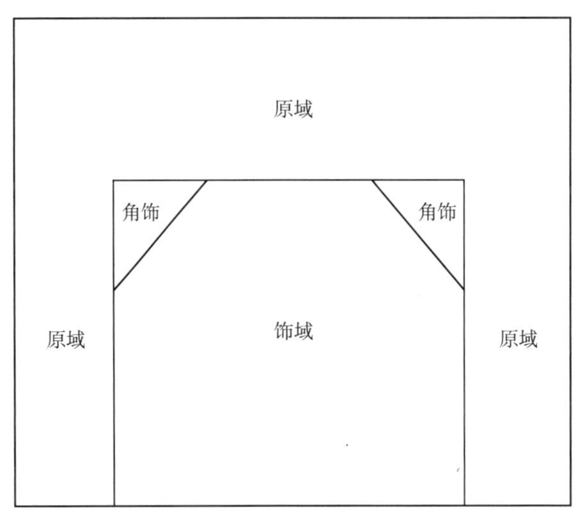

图1 披单区域分布图

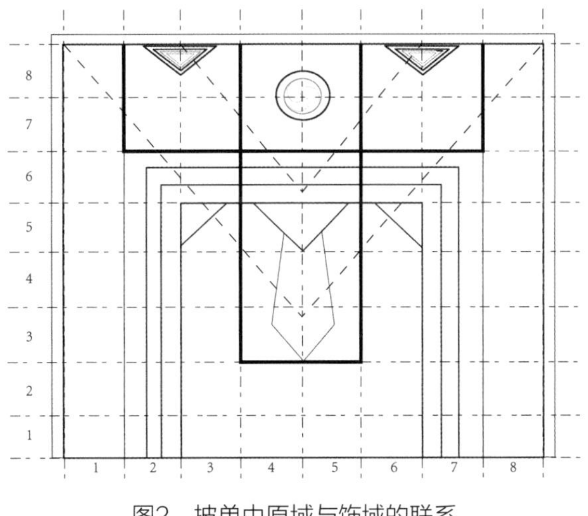

图2 披单中原域与饰域的联系

曼荼罗❸最基本是圆形的区域，而在《物相论》中把由64格、81格及或多或少的小格子组成的方形神殿和寺院建筑称为曼荼罗，即方形曼荼罗，这种方形曼荼罗被认为是某位主神及其眷属和寺院保护神居住的宇宙空间的象征，印度教中的曼荼罗大多是从方格曼荼罗基础上演变而来的。这种概念通过佛教传到西藏，方形曼荼罗在西藏也出现。密教认为，方形是随世俗而确立的各个方位，各神灵与方位相对应，便于表达密教义理思想。而其中部是曼荼罗中心处，这样整个系统由重重子系统围绕一个中心组成。越靠近中心，其性质就越接近中心之本质属性。所以，披单的中心饰域突出其披单的主要内涵，是披单的本质属性。披单的方形外形正是“大悲胎藏生大曼荼罗”为确立方位方便运用的方形。

从披单的曼荼罗构架思考，披单同时是以方为主的曼荼罗形式。孔雀服外形为正方形，内含有矩形，披单外形与内矩形构成方形曼荼罗形态，即密法中胎藏界曼荼罗的形象，胎藏界曼荼罗代表“理”，有内涵和智慧的意思。胎藏梵文“garbha”意为“胎藏—库藏”，如胎儿在母体内受

❶ 图齐．西藏宗教之旅[M]．耿昇，译．北京：中国藏学出版社，2012：68–70.

❷ 李冀诚，顾绶康．西藏佛教密宗艺术[M]．北京：外文出版社，1999：55.

❸ 曼荼罗为梵文 Mandala 的音译，由词根 Manda 与词尾 La 组成。Manda 的本义是谷物、大米等物蒸煮时出现之浮渣；亦指木髓；也指牛奶、奶酪之精纯部分。La 是所有、成就之意。Mandala 本义为圆的、圆形的、环状的等意思。曼荼罗一语，并非单用于密教，在称为印度最古文学之《黎具吠陀》中，即尝用于区分之意。区分梨俱之赞歌为十，一一以曼荼罗呼之。在《大史诗》等中，亦尝用于军队之意，畿内、中间等之意。在密宗中有“四曼为相”，即有四种曼荼罗为其形态，其中大曼荼罗用来代表“地、水、火、风、空”的青、黄、白、赤、黑五种颜色，并分区域绘画神佛的形象，表示他们前来聚集。

到保护、养育，比喻众生本来具备的菩提心之“理”，胎藏界也是佛母的居处，以大日如来大悲万行功德而得常养，[1]女性佩戴的披单代表妇女女性养人，胎藏的母性属性，披单即成为阿里地区婚后女子必备服饰，代表女子养的权力。

从披单中方圆的曼荼罗构架看，其观念与汉地天圆地方的观念保持一致，在《淮南子》中有：“地形之所载，六合之间，四极之内。照之以日月，经之以星辰，纪之以四时，要之以太岁，天地之间九州八极。[2]”将此赋予宗教意义。

从披单的原域和饰域两部分来看，比起原域，饰域部分的装饰更加完整，在披单中，饰域作为视觉中心，完整地表达其内部元素，从中可以了解到藏族地区常用元素包括饰域中的角饰和中心填充图符。根据披单的区域分布，披单分为两种，一种是披单上有“原域”和“饰域”两部分，另一种是仅有原域。

二、邦典及邦典元素的象征内涵

邦典[3]产生的年代较久远，在西藏山南桑耶寺明朝壁画中反映出当时妇女所佩戴的围裙都是由华丽的绸缎所制（图3）。绸缎在旧时的西藏非常稀有。自唐代7世纪左右汉藏联姻后，中原丝绸被大量带入西藏，这时丝绸仅流行在贵族阶层，到明朝时期，丝绸是大宗的输入物品，丝绸大部分都用作了佛教用料。在《至尊宗喀巴大师传》中即记载那时“用绸缎捣泥塑塑造能怖金刚十七卡高身像……奉安在寝室内的胜乐绸泥塑像约一肘高”[4]，明代时期丝绸用来捣制佛像，体现当时丝绸在佛教方面的投入，用作实用服饰以及其他装饰的丝绸还没有见到实物[5]。由此推断，桑耶寺壁画上着邦典舞蹈的人物很可能是贵族的形象，并且丝绸用于舞蹈祝贺所穿着的服饰中。在桑耶寺中的另一组壁画显示了贵族节日中舞蹈的场景，女子佩戴珍珠帽子和邦典，邦典形式如牧区女子所佩戴的邦典，邦典分为三块，中间大约是宽度为30厘米的绸缎，两边有其他颜色的绸缎镶边，邦典下部有彩色丝绦。据考证此壁画在500多

图3　山南桑耶寺壁画中着丝绸邦典的女子载歌载舞

[1] 一行. 大日经疏・卷一五，大正藏第三九卷。
[2] 刘安，撰. 高诱，注. 淮南子・淮南红烈解・卷四。
[3] 邦典，意为藏族妇女的毛织围裙，流行于西藏地区，通常是已婚妇女系戴。藏族人认为妇女不围邦典，会对她的丈夫不吉利。邦典多为羊毛织成，色彩鲜艳。多用羊毛纺线、染色、制成条纹状，再缝合成长方形，加里子，上端两侧加带而成。
[4] 法王周加巷. 至尊宗喀巴大师传 [M]. 郭和卿，译. 西宁：青海人民出版社，1994：321.
[5] 吴明娣. 汉藏工艺美术交流史 [M]. 北京：中国藏学出版社，2007：94.

年之前所绘[1]，其邦典的形式和阿里披单形式如此相似，那么证实在500多年之前山南地区贵族女子所穿的邦典形式和现今牧区女子邦典相似。山南地区属于雅鲁藏布江的源头，四季分明，青稞遍野。可以推断在当时此类邦典普遍流行于西藏，历史久远，并且是贵族等级人群节日中穿戴的服饰。

古格红殿壁画中描绘的夜宴场景，其中女子多穿披单，并未见邦典的痕迹，阿里地区披单是贵族女子节日的主要服饰之一，阿里地区的披单与西藏其他地区的邦典以同样的形式存在已达数百年，说明这样的互置传统是几百年前就形成的，并且心照不宣。西藏历来以“毡裘”[2]为主要的服用材料，彩条纹的邦典出现在氆氇之后。在丝绸传入之后，平民仍然穿着毡裘类服装。书中记载吐蕃攻陷瓜州后“民庶黔首普遍均能穿着唐人上好绢帛”反映出吐蕃人服用丝绸的情况，然而事实吐蕃服用材质情况多在中原文献中表现，如《新唐书・吐蕃传》记载：“吐蕃居寒露之野，物产寡薄，无害之阴，盛夏积雪，暑褐冬裘。随水草以牧，寒则城处，施庐帐。[3]”从文献记载中可以窥见当时藏民穿着服饰的材质仍为暑褐冬裘，所以对丝绸这类宝物平民基本无福消受，条纹氆氇邦典的由来或许缘此，贵族女子可用丝绸作为节日穿戴的邦典，平民女子节日时可以穿戴丝绸装饰（即卓典）的邦典。

黎吉生通过11世纪艾旺寺中的画中供养人舞形象分析“这些画中的人物形象显然穿的都是有宽衣领的长袍，其服饰似乎……这种服饰是用羊毛织成的围裙，围裙上镶有一道道横条纹……”[4]由此看来在11世纪似乎就有了横条的邦典，载歌载舞的女子佩戴的邦典上或许会有卓典的痕迹。条纹邦典的卓典材质基本都是金丝缎，加饰金丝缎的邦典金光闪闪。加金丝缎是自元朝时期开始出现的，在《元史》中记载：赐币帛万匹[5]，加金丝缎大多被制作成僧服、唐卡[6]等佛教用品。现在，在藏传佛教中，高僧在重大场合、节庆日中装饰在服装上。金丝缎的运用具有很深刻的含义，金丝缎制作的角饰不仅装饰在邦典上，也装饰在节庆袍服上，突出了宗教与日常生活的密切联系。不论披单或是邦典均用丝绸装饰体现出角饰共通的重要性和象征性。

三、披单饰域与邦典内在的联系

阿里披单饰域中的结构基本相似，即角饰之间装饰其他图符，由于阿里各地披单艺术表现形式有差别，角饰和中心图符的表现形式也各异，具体见下表。

[1] 索朗措姆. 山南邦典民俗文化研究 [D]. 拉萨：西藏大学，2010：45.
[2] 欧阳修，宋祁. 新唐书・吐蕃传・卷一九六上 [M]. 北京：中华书局，1975：60–74.
[3] 欧阳修，宋祁. 新唐书・吐蕃传・卷一九六上 [M]. 北京：中华书局，1975：6076.
[4] 西瑟尔・卡尔梅. 七世纪到十一世纪西藏服装 [C]. 胡文和，译 .// 西藏自治区社会科学院. 西藏研究，1985：88.
[5] 宋濂，等. 元史・卷二十一・成宗四 [M]. 北京：中华书局，1976：42.
[6] G. 杜齐. 西藏考古 [M]. 拉萨：西藏人民出版社，1987.

阿里各地披单饰域形式

披单外形	中心饰域	地区	来源
		普兰科迦	普兰县仓觉卓玛家 私人博物馆珍藏
		普兰嘉兴	普兰嘉兴村 扎西家传世服装
		噶尔加木	噶尔县加木村 村支书白玉家珍藏
		日土加加	日土县加加村 管委会保管
		日土加加	日土县加加村 卓玛私服

阿里地区披单饰域中的角饰[1]分为两类，一类在饰域矩形框中顶边两侧加角饰，两角饰之间加饰图符，如普兰披单、噶尔披单（图4）；另一类在饰域中装饰双角饰，从形式上看是两对对角之间添加的纹样，根据对当地披单的观察，双对角式披单与对角式披单有着异曲同工之妙。双对角式之间加饰中心图符，这样的形式与对角式披单的延续图符相同（图5）。

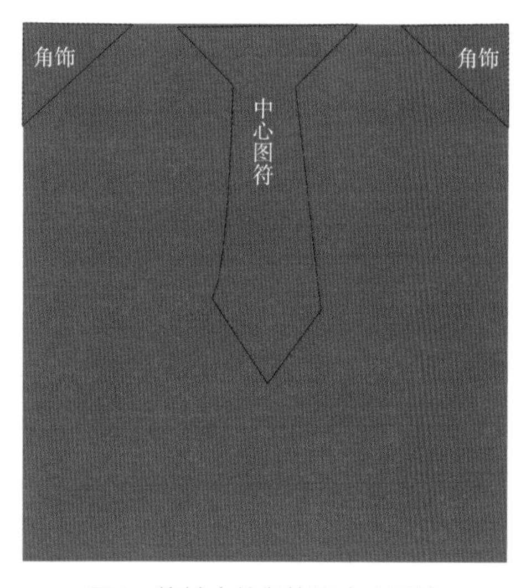

图4 饰域中的角饰和中心图符

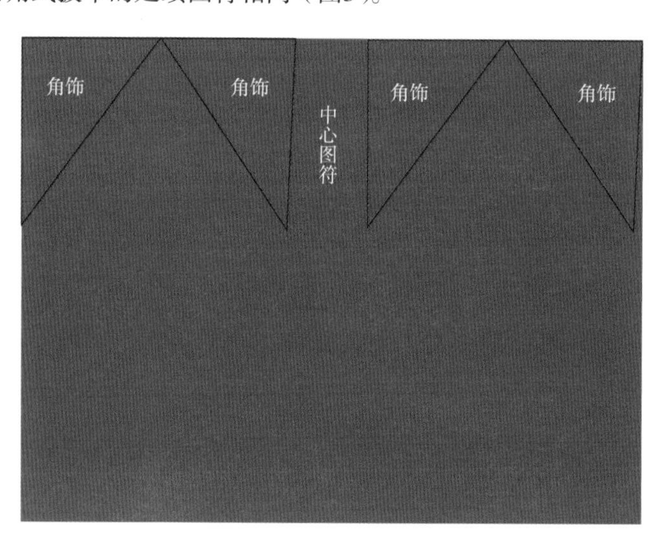

图5 饰域中的双角饰

[1] 角饰又称角隅纹样，是一种装饰在服装或物品边缘转角部位的纹样，大多与边缘转角的形体相吻合，因此又称为角花。

角饰是藏族工艺装饰中最突出的图案，不同物品有不同表达，在服饰中尤为特殊。藏地的角饰具有固定的图符元素，通常以线形纹样表现，如缠枝卷曲纹、吉祥结等，这与其角饰的形式匹配。服装中的角饰非常特殊，角饰布置分为对角饰和单角饰。单角饰通常装置在袍服的边角处，对角饰通常装饰在女子的邦典之上，然而，在阿里披单中也以对角饰形式表现。

阿里披单饰域中的对角饰与藏地女子邦典上的角饰相同。披单饰域的构图与邦典形式也很相似，并且在阿里穿着披单时不佩戴邦典。在藏族地区书籍中披单被称为背部的邦典。从这点来看，披单与邦典之间有着紧密的联系，可以称为互置性。披单饰域的形式代替了西藏妇女邦典的功能，其象征寓意与邦典相同。

邦典是西藏妇女必备的服饰，不论是卫藏、后藏，不论农区、牧区，只是邦典的形式不同。“邦”在藏语里是“怀里”的意思，“典”在藏语中是“垫子”的意思，邦典合起来是保护怀里的垫子，从邦典的藏语语境中得出这腰部围着的围裙并不只具有围裙的功能。西藏妇女通用的邦典大多是用三条长短相等的彩条氆氇拼接而成，拼接时三条氆氇的条纹错开拼接，据说三条氆氇有内在的含义：“中间一条代表家庭主人即丈夫，右边代表自己，左边代表子孙后代，”[1]女子腰前的一条邦典代表着一个家庭，邦典佩戴在女子身上，女子来守护着这个家，这样的寓意符合邦典的藏语语意，通常妇女只能在婚后才能佩戴邦典，这样佩戴着邦典的妇女可以保护整个家族。邦典具有保护的含义，如今邦典作为装饰品，小孩子也可佩戴。节日的时候，邦典的形式会有差异，邦典上会装饰一对角饰，并且在角饰之间装饰条状的面料，有时候这条面料与角饰面料相同，有时候不同，基本以丝绸角饰为主，这样的装饰在藏语中称为“卓典”[2]，从表面上看其起到装饰邦典的作用，实际上，如饰域中的形式一样，卓典在邦典中有着深层次的含义（图6）。

图6　西藏通用邦典中装饰卓典

❶ 拉萨城历史文物参考资料收集委员会．拉萨城的历史文化(第六册),内部出版。
❷ 索朗措姆．山南邦典民俗文化研究 [D]．拉萨：西藏大学，2010.

阿里地区披单大多在节日时候由已婚女子佩戴，只有札达地区未婚女子也可以佩戴披单，但是披单的形式不同，未婚女子所佩戴的披单饰域部分和已婚女子有着明显的装饰差异，或者说未婚女子佩戴的披单上并没有饰域部分，由此可见饰域是已婚女子的象征。饰域的完整形式如节庆时佩戴的邦典形式一般，装饰形式雷同，同时在寓意上不谋而合。

与披单饰域形式相同的邦典在牧区中仍在流传。在拉萨当雄地区，女子节庆中佩戴的邦典有别于农区女子邦典，邦典分为三部分，中间是长方形，两侧加饰梯形面料，邦典整体呈梯形。邦典中间长方形部分以条状分区装饰，每条上的图案以二方连续形式构成。邦典顶端横条部分的装饰形式与披单饰域的装饰形式相同，邦典中的角饰和中心图案的装饰形式和普兰科迦披单饰域部分如出一辙，披单和邦典最下端都加穗。区间内的图符与饰域中心图符相同，当雄邦典上端的角饰区间按照与披单相反方向装饰，并在此以下部分进行条状图案的分布装饰。可以理解为牧区邦典和阿里披单有着共通的母题，邦典与披单同时具有庇佑功能。披单中的饰域是披单的中心部分，也是穿着者最终内心的诉求，把披单中心部分的功能传达给邦典，也具有实际的环境意义。西藏农区，气候并不十分寒冷，四季分明，农务繁忙，妇女在西藏的生活负担非常重，操持一家的衣食住行，披单对于她们的行动并不十分方便，佩戴邦典既可以保护衣裙的整洁，[1]又可以护佑家族。披单与邦典可在形式上进行互置，只是披单的能量更巨大，因为它的空间更加神秘，形式更加简洁。以几何的框架形式传达诉求，如贡布里希所言：几何图案的采用表达了执行者要扩大自己能力的愿望，而不表达制作者的最初灵感[2]（图7）。

图7　牧区女子节日邦典顶端的角饰结构

旧社会时，邦典也是“噶厦政府中四品以上的俗官节日期间的重要衣饰，用来当袈裟”。这种装饰叫“加鲁且”，也叫古装。从这里可以看出，邦典也曾披挂于背部，用于僧侣高贵的袈裟。邦典与披单之间的关系从宗教中得以演化。

四、结论

披单饰域的形式独特且具有单独空间形式，和藏密曼荼罗的构图存在很大关系。从披单的纵横图中八等分比例结构得出披单曼荼罗的形式，披单具有藏密属性。同时从披单的饰域中获取了

❶ 萨孔旺堆．藏族民俗百解（藏文）[M]．北京：民族出版社，2003：144.

❷ E.H. 贡布里希．秩序感——装饰艺术的心理学研究 [M]．杨思梁，徐一维，范景中，译．南宁：广西美术出版社，2015：103.

与西藏其他物品共同的装饰特征，即角饰，角饰的装饰构成的单独空间同样适用于邦典。女子披单的形式强烈地表达了女性特征，如智慧、保护、生殖等功能，在邦典中此类女性特征同样富有，从而明确披单和邦典的互置性，并传达出邦典与披单的共同宗教象征性，邦典来源于披单，也是披单的继承与发展。

参考文献

[1]伍金加参. 浅谈西藏古老而神秘的服饰——普兰妇女传统服饰的穿戴习俗及价值[J]. 西藏艺术研究，2010(4)：40-44.

[2]Gega Lama. The Principles of Tibetan Art[M]. Tibetan Institute Kunchab Publications, 2015.

[3]M. I. Finley. The Ancient Greeks[M]. London: Penguin Books: 1977: 6.

[4]威廉斯. 梵英词典[M]. 上海：中西书局，2013：775.

[5]梅尾祥云. 曼荼罗之研究[C]. //吴力民. 威音文库：译文（二）. 上海：上海古籍出版社，2005：154.

17 贵州苗族服饰传统刺绣图案中的口述故事与文化符号

王紫玥[1]

摘　要　苗族是中华民族中较为古老的一脉，作为无文字族群，古歌与服饰中的传统刺绣图案是苗族人将历史重要信息以图像形式留存的一种记录方式。贵州地区的苗族人将族群内部有关价值、道德、信念、习俗的文化模式以可视的图像形式绣绘成传统服饰图案，里面包含着大量的神话故事与历史传说，是反映苗族看待自己历史与周围世界的心灵式样。

关键词　苗族服饰、传统图案、古歌

一、前言

苗族存在时间长，人口数量大，分布范围广，而民族自身鲜有文字资料留存，却依靠两类最古老的记录方式——图案和古歌谣传唱，来记载他们的族群记忆与灿烂文化。在没有成熟文字的苗族社会中，图案与口述故事（如苗族古歌）充当记载、传承和教育的功能。二者即是这个民族独有的“共同语言”。在苗族族群共同的文化生活中，苗族人有一套自己的行为模式——口传手授。

“少数民族民间艺术有一个很突出的特点，即世代口传手授。口传即是口述，手授，也囊括女工中的刺绣。”[2]苗族世代传唱的古歌即是一种独特的口述史，常常在苗族服饰上的刺绣图案中有所展现，这种口述与图案结合的特点是以非文字形式书写的族群共同分享的文化史和心灵史。将这种“共同语言”以“艺术”形式呈现，隐喻于“叙述话语”（古歌）和“形象话语”（图案）之后，世代传承。

苗族服饰上的传统图案，即苗族在长期生产和生活中创造并流传的具有本民族

---

[1] 王紫玥，北京服装学院，硕士研究生。

[2] 余未人. 中国民间美术遗产普查集成・贵州卷 [M]. 北京：华夏出版社，2007：17.

特色的图案，其呈现技法丰富多样，刺绣是其中最常见的。本文对苗族传统图案的定义，其内涵是传统的，但表现方式上在不同时代又有出入，包括同时代的妇女，在刺绣过程中也加入了自己的理解。故本文所指的传统图案不单单是流传久远的有具体固定形态的纹样，也有针对流传的口述故事的内涵进行个人再创造的纹样，因为绣娘有着自己生活的情境，会在刺绣中注入自身的情感和记忆。本文将针对这些图案，走访和搜集它们所要具体表达的历史文化、民间传说以及风俗人情，结合苗族古歌与民间传说中的口述故事，让图案与口述故事相互呼应与互证。在与苗族历史文化相关的语境中，记录这些图案背后的文化与精神内涵，才能更好地接近和理解苗族文化与社会的庞大景观。

二、刺绣图案与口述故事中的神话与历史

列维斯特劳斯认为，神话是一种集体无意识的文化，是人类生存过程中对于时间、生死、自然相生相克现象进行的一系列感性阐释。和其他的古老民族一样，苗族也有一套相关的神话故事，在他们的口述文化中，古歌、风俗歌、民间口述故事互为关联和补充，将万物起源的世界观、苗族自身由来的神话与历史、族内约定俗成的仪式行为变得有理可循。口述故事中的相关情境通过刺绣变成可视的图像艺术化地留存在服饰上，形成了更为直观的带有独特集体意识的符号载体。

1．围绕鹡宇鸟、蝴蝶、枫树的创生神话

蝴蝶是苗族服饰刺绣图案上最为常见的一个图案，其造型在不同支系以及不同的刺绣方式上呈现的形象千变万化。黔东南是蝴蝶纹样集中使用最频繁的一片区域，例如黄平地区妇女走客时穿的围裙上，就以数纱绣展现几何组合的蝴蝶纹样。雷山地区的苗族背儿带上，蝴蝶造型肥硕丰满，是对孩子的祈愿祝福。台江县的打籽绣、破线绣所绣出的蝴蝶形象变化丰富，榕江地区百鸟衣上的蝴蝶图案，同一个主题上就有不同的蝴蝶造型。这些蝴蝶图案的出现，其原型关乎苗族古歌中最为重要的一个神话主题——生命的起源（图1）。

在苗语中，蝴蝶称为“妹榜留”或“格榜留”（音译，不同地区发音有差异），苗族古歌里称为“妹榜妹留”，意译为蝴蝶妈妈。古歌唱到“榜留和水泡，游方十二天，成双十二夜，怀十二个蛋，生十二个宝。”[1]这十二个蛋孵化出了雷、龙、虎、象等动物，以及人类始祖姜央。在榕江地区鼓藏节上，大祭司会在诱导鼓藏牛的祭辞中唱道：“因不知道祭祖，不祭蝴蝶妈妈，谷粒才长不饱米，禾穗也长不登尖。”“寻得这头旋美牛王，今天用你去祭祖，敬祭蝴蝶老妈妈”[2]可见蝴蝶妈妈在苗族文化里，是以祖神形象出现的。

台江地区的一件清代苗族盛装服饰的衣袖上（图1，贵州省文化馆馆藏），以类似壁画的构图形式展现了《苗族古歌》中枫木歌中蝶母生蛋创造自然生灵的主要内容。在该片刺绣衣袖上，分

❶ 燕宝．苗族古歌［M］．贵阳：贵州民族出版社，1993：197.
❷ 江开银，口述．杨元龙，杨昌梅，译著．苗族古歌古辞古故事［M］．贵阳：贵州大学出版社，2015：69.

局部 第二段

局部 第三段

图1 清代苗族盛装服饰的衣袖纹样
（摘自《贵州省文化馆藏品集萃·刺绣》）

成四大段式独立的图案单元，第二段中间为一人脸与一只蝴蝶构成一个圆形（卵形）整体，旁边对称两只鸟纹。古歌中描述蝴蝶妈妈在孕育期间："鹡宇与妹榜，鹡宇和妹留，好比两条河……为了哪样事，鹡宇替她孵？鹡宇帮她抱？"[1]古歌讲述了一个重要联结，即鹡宇鸟是帮蝴蝶妈妈抱蛋的一个关键形象，后一段古歌解释道，因为鹡宇鸟与蝴蝶同是一棵枫树上化生出来的："树心生榜留，树梢变鹡宇，亲从这里起。"作者在施秉询问当地妇女关于该衣袖上鸟纹形象时，尽管汉译的"鹡宇"与苗语的"鹡宇"发音不大同，但问到是否是给蝴蝶抱蛋的那种鸟，对方点头回答"很像"。这种不确定性虽然不能直接判定该鸟纹的身份，但是在几次前往贵州苗族地区时发现，刺绣图案之于苗族绣娘本身是一个带有个体创造性和集体复刻性的过程，集体复刻性在于它的精神内涵是族群集体意识的一部分，是自身文化体系中的一个传统形象；个体创造性在于绣娘自身对于一个传统图案及其内涵的理解是有个体解读的，这种个体解读体现在她所刺绣的图案上，就有一些形象的出入，也不自觉形成细微的个人风格。在《苗族古歌》中描写鹡宇的形象里有"鹡宇添得锦鸡尾，得到远古的翅翎。"[2]所描述的"锦鸡尾"与"翅翎"都是指艳丽的长尾，这一描述与刺绣中的形象符合。从笔者搜集到的有关黔东南一带鹡宇鸟的形象来看，似乎都有一个大致相似的形象——长冠（似鸡冠甚至还会夸张）、展翅、长尾，并且伴生在蝴蝶两边。在一件台江县施洞地区盛装衣袖花纹上（图2，贵州省文化馆馆藏），绣娘潘慕全，袖花上的鸟纹被明确标注"鹡宇鸟"；贵州省博物馆馆藏的一件施洞地区衣袖三段式纹样（图3），第一段纹样中间绣有展翅的蝴蝶，下带一小蝴蝶，两边对称的鸟纹同样造型相似，研究者考据为"鹡宇鸟"。一件剑河县革东地区的衣领花纹上，中间纹样是蝴蝶，两旁的鸟纹特点也与前文所述颇为相似（图4）。

[1] 燕宝．苗族古歌[M]．贵阳：贵州民族出版社，1993：201.
[2] 燕宝．苗族古歌[M]．贵阳：贵州人民出版社，1983：494.

图2 台江县施洞地区盛装衣袖花纹
（摘自《贵州省文化馆藏集萃·刺绣》）

图3 台江县施洞地区衣袖三段式纹样
（摘自《中国贵州苗族绣绘》）

台江地区一套清代苗族绣片（图5）“据说传承了十三代。为镇宅、镇寨神衣。[1]”，该绣片的每一个具体纹样的内涵已不可考，内容指向古歌中的创世神话故事。其中一幅的中心为人脸团形纹样，在笔者走访的可以分辨纹样内涵的台江地区绣娘中，该形象被描述为“与蝴蝶妈妈相似”，有些更直接确定这就是“蝴蝶妈妈”。对比同时代的贵州省文化馆馆藏清代衣袖纹样（图1），中心“蝴蝶妈妈”的纹样造型也同样是人面与蝴蝶的结合。基于苗族古歌中蝴蝶、鹡宇鸟与十二个蛋的创生神话，中心纹样上方的两只对称鸟纹同样也与蝴蝶纹样伴生出现。当地苗族人以此衣饰镇寨，可知蝴蝶与鸟的组合纹样中必然有祝福与保佑的巫术之意。在台江地区，蝴蝶和鸟纹大都同时出现在一组纹样中，尽管现在通常被当代的绣娘（多在50~60岁）解释为“吉祥祝福”之意，但此中溯源，根据蝴蝶妈妈和鹡宇鸟在苗族古歌中的关系，姜央在蛋内呼唤鹡宇鸟为“妈妈”，说明这两者仍然是苗族创世神话中关于产蛋和孵蛋（“孕”与“育”）、创造生命的形象。

图4 剑河县革东地区的衣领花纹
（摘自《贵州省文化馆藏品集萃·刺绣》）

图5 台江清代苗族绣片
（摘自《中国民间美术遗产普查集成·贵州卷》）

台江地区清代苗族盛装衣袖（图1）刺绣纹样的第三段，讲述的是生育后的蝴蝶妈妈。人面卵

[1] 余未人. 中国民间美术遗产普查集成·贵州卷上 [M]. 北京：华夏出版社，2007：69.

形的中心纹样变成上蝶下人展翅的形象。这种在巨大展翅的蝴蝶形象下绣绘人形纹以示“蝴蝶妈妈”身份的图案，在台江地区的衣袖纹样上多有体现。例如，上文所述的贵州省博物馆馆藏施洞地区衣袖纹样的第三段中心纹样（图3），与另一件施洞地区盛装衣袖纹样上（图6）的第二段的中心纹样相似，同样也是上部分蝴蝶展翅，下部分为人展翅的形象，两旁对称的主体纹样是鹡宇鸟，鹡宇鸟和蝴蝶妈妈纹样的空余部位有两个人物形象，对称分布在蝴蝶妈妈纹样两旁。这两个人物纹通常都伴随着蝴蝶妈妈的形象出现。这一点也可以在这件台江清代苗族盛装衣袖纹样上看见。图1中第三段，中心蝴蝶妈妈纹样两边即是两个人物纹，在询问这两个纹样的寓意时，时年七十岁的阿婆们也有说他们是祖先的，也有说不清认为并无具体意义的。这一段纹样两边还对称出现了龙的形象，与衣袖第二段上简化的尚在蝶母孕中的“仔仔龙”形成对比，仿佛长大了，牙齿、龙角、皮毛都有详细表现，神气威武。在《苗族古歌》中，龙是蝶母十二个蛋中的一个，与姜央（人类）是兄弟。古歌中唱“龙的脐带变宝物，变成远古的宝物。”❶并且在兄弟间争位分的时候，姜央让龙住进深水里，并赠予其一个宝贝。苗族刺绣图案上，龙的形象旁多有一个类似团状物的宝贝，具体形态并不统一。绣娘们也都说龙爱戏宝。如该段纹样上，龙的嘴旁就有一个团形宝贝。

图6　台江县施洞地区盛装衣袖纹样
（摘自《中国贵州苗族绣绘》）

整幅衣袖上的刺绣纹样，第一段和第四段重复绣有蝴蝶和鸟纹，“用以强化整个故事的主题”❷第二段和第三段着重于蝴蝶妈妈生产与鹡宇鸟孵蛋的故事。并不是每一段刺绣都有具体的故事内涵，诚如斯特劳斯所言：“绘画的消息首先通过美感，其次通过理智知觉被领会”❸，刺绣的纹样亦如绘画，形式美是第一位的，因此在传统苗绣图案中处处可见中心对称、上下呼应和强调的美感，其次才是在这种均衡的美感中填充故事形象，传递相关信息。

2．围绕人祖姜央的族源神话

苗族古歌和口述故事中，姜央作为人类始祖的形象是最为丰富多彩的。姜央出生以后，和雷公、龙、虎等兄弟争当老大。古歌中唱：“雷公逞威风，姜央搞心计”❹，最后，姜央以一把大火烧掉房子，逼得房子里的龙、雷公以及虎等兄弟承认姜央为老大。在古歌中，能够看见苗族人在自然环境中生存艰难的潜在描述，姜央以近乎狡黠的方式赢得了与雷、象、蛇、虎等其他物种与自然现象（拟人化的“雷公”）的对抗，也是对人类会利用工具改造生存条件的礼赞。尽管苗族文化中有“万物有灵”的信仰痕迹，例如古歌辞中动物都是拟人化的，蝉的叫声是逝者灵魂的言语，枫树是护寨的守护神，祭祖时还要邀请山神、土地神、水神。反映在服饰的刺绣图案上，例

❶ 燕宝．苗族古歌 [M]．贵阳：贵州民族出版社，1993：501.
❷ 贵州省文化馆．贵州省文化馆藏品集萃・刺绣 [M]．贵阳：贵州人民出版社，2016：4.
❸ 列维・斯特劳斯．神话学 [M]．北京：中国人民大学出版社，2007：30.
❹ 燕宝．苗族古歌 [M]．贵阳：贵州民族出版社，1993：211.

如施秉地区的传统刺绣剪纸样本上，绣娘解释人与其他动物都是好朋友，互助关系。这种“万物有灵”的思维中，对“人”的智慧的崇尚却是比较明显的。台江地区的刺绣图案中，动植物与人脸的结合表示此物的灵性都高于其他同类。关于人类始祖姜央的刺绣图案故事的表现也是极为丰富。

贵州省博物馆馆藏的另一件施洞地区衣袖刺绣图案上的第一段“上边花”（图7），在左右袖子上各为一组图案，合为一套。一边袖花上中心纹样为蛋形宝贝，左右各绣一对鹡宇鸟，长冠长尾，呈蹲伏孵蛋状，另一边袖花上的中心纹样为卵形人，似刚破蛋而出。两边对称的鹡宇鸟蹲伏守护状。同古歌所唱一致，衣袖上的一套图案形象地反映了姜央破壳而出的过程。

图7　施洞地区衣袖刺绣图案

（摘自《中国贵州苗族绣绘》）

上文所述的清代苗族盛装刺绣图案（图1）第三段，蝴蝶妈妈旁边的两个人像，根据文化馆馆藏介绍，应为人祖姜央和他的妻子阿妮（古歌中也称为“妮姬旦”）。阿妮是姜央的妹妹，燕宝版《苗族古歌》中说十二个蛋里还生出了一堆姑娘。“还有一堆姑娘们，她们生在哪一夜，她们生在月明夜，一生下地会想算，会用手指来绩麻。”❶

雷山地区十三年举行一次的祭祖仪式上，寨老取出“央公”“央婆”的雕像来踩鼓。“绕场时，背着央公的人边走边喊‘夺张’（即交媾之意），背着央婆的人边走边喊‘沙降’（即繁荣之意）”❷在雷山西江一带的苗族衣袖图案上，中心图案是宗庙造型，宗庙屋檐下的人物是祖先形象。雷山县的绣娘吴廷芬刺绣在衣袖上的图案（图8，贵州省文化馆馆藏），展示了蝴蝶妈妈与鹡宇鸟、水牛、竹鼠、蜈蚣等众多神话故事里的角色，其中心宗庙图案里站着的人即是先祖姜央。

图8　绣娘吴廷芬刺绣图案

（摘自《贵州省文化馆藏集萃·刺绣》）

3．关于西迁、战争的历史与想象

古歌谣《怀念失去的地方》里唱道：“三位老人又苦思苦想：仿照那城池的

❶ 燕宝．苗族古歌［M］．贵阳：贵州民族出版社，1993：498．

❷ 方均玮．背儿带——中国西南少数民族背儿带图录［M］．台东：台湾史前文化博物馆，2007：29．

图9 水城县苗族花背图案
（拍摄于北京，中国美术馆展）

式样，制造出一床一床有褶纹的披毡，让小伙子们披上。”“把失去的地方的各种东西，都刺绣在衣服上，让后辈们知道，叫子孙们牢记。”❶在黔西北地区的苗族，其花背与下裙上有反映祖先故土的传统纹饰。水城县苗族花背图案（图9，中国美术馆藏）中，方块代表城墙，中心图案的菱形小方块表示有士兵把守的四个角楼。整件花背就代表着祖先居住的地方。该地区的下裙和花背纹样都用红、白、黄相间的几何直线纹分割。当地一位自称为“蒙阿只”的老人，她将下裙中绣上去的色条解释为：红色是代表江河“得多”（浑水河），是用祖先蚩尤的血染成的。苗族所谓浑水河，学界已有几种研究成果：“关于浑水河，苗族史歌或故事有各种各样的形容……总而言之,此水含有泥沙，故名浑水。要渡过河颇不容易，初时驱使猪狗去渡，因河宽而大未能成功，后用水牛试渡便成功。……所谓浑水河就是渡黄河。”❷尽管学界对苗族族源问题说法不一，但总体苗族一直由东向西迁徙是一个不争的事实。在《苗族古歌・沿河西迁》中，也不断提及祖先们最初生活在东方。该地区的苗族将久远的迁徙历史通过图像储存在服饰图案上，作为一种支系标志与内部族人共享的符号信息，一直延续至今。

刺绣图案根据历史事实会加以艺术化的处理方式，除记录下祖先迁徙的路线外，黔东南地区的两位苗族英雄也被当地妇女用针线变为刺绣图案的故事主题，经久不衰。咸丰五年，张秀眉在台拱地区集合附近几个苗族人会盟举义，古歌《张秀眉抗粮》中唱道:“台江张秀眉，集中苗家人，召集八百寨……扛刀如茅草，扛枪像烟杆。”❸在张秀眉起义过程中的一位苗族女将军“务茂媳”，骁勇善战，兵败被擒并牺牲。黔东南地区的民间口述故事将这位女将军的事迹以夸张感性的神话思维加工成为脍炙人口的传奇，反映在服饰刺绣图案上，更具有神秘而热烈的艺术情感。例如，台江施洞地区衣袖刺绣图案（图10）下部，左边一着裙女子手持一物，另一只手做招手状，右面绣一条龙，口部有一宝。这名女子便是务茂媳，背部绣有一伞示意。民间传说务茂媳有神伞，能在战时不利时脱身。该图案表达的是务茂媳举手召唤神龙，龙在图案中的出现，使得这名女将军更具威风。施洞地区的绣娘潘小快的衣袖刺绣图案上（图11，贵州省文化馆馆藏），务茂媳戴冠插羽，骑马，手持现代化的枪支造型，脸上的涡旋纹有说是苗族神力的标志。务茂媳是台拱人，台江地区的妇女视她为偶像，用她的形象和传奇故事装饰自己的服饰。

❶ 苗族文学史编写组. 民间文学资料・第十六集之(苗族古歌)[M]. 贵阳:中国作家协会贵阳分会筹委会印,1959:82,83.
❷ 胡起望,李廷贵. 贵州苗族研究论丛 [M]. 贵阳:贵州民族出版社,1988:105.
❸ 江开银,口述. 杨元龙,杨昌梅,译著. 苗族古歌古辞古故事 [M]. 贵阳:贵州大学出版社,2015:127-128.

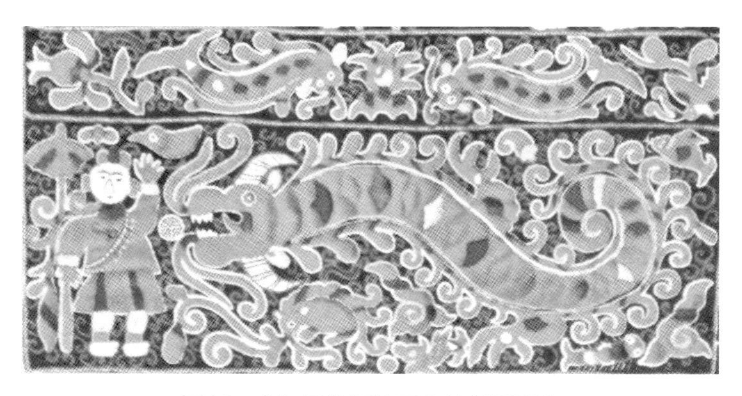

图10 台江县施洞地区衣袖刺绣图案
（摘自《中国贵州民族民间美术精粹》）

图11 绣娘潘小快刺绣图案
（摘自《贵州省文化馆藏品集萃·刺绣》）

三、苗族服饰刺绣图案——口述文本之下的图像载体与文化符号

围绕神话原型中的蝴蝶、枫树、鹡宇鸟以及姜央和他的几个兄弟形象，围绕历史事实加以神话想象，衍生出贵州地区苗族传统刺绣图案的几类常见纹样类型，如蝴蝶纹、鸟纹、枫树纹、宗庙人祖纹、虎纹、龙纹、城池纹、务茂媳纹等，尽管这些纹样的装饰意义已经普遍被大众熟知，但它们留存于传统服饰上的文化内涵，仍然是可以被解读的“野性思维”。“自然使我们具备了某些需要，但文化却告知我们怎样去满足它们。”[1]贵州地区的苗族人常年生活在闭塞的山野之中，不仅要在艰苦复杂的自然环境中掌握维持生计的生活方式，这些生活方式既与自然也与族人互相关联，这种长期稳定的关联性产生了一系列有关价值、道德、信念、习俗的文化模式，满足苗族人大量的社会与心理需求。传统服饰上的刺绣图案，是反映苗族看待自己历史与周围世界的心灵式样。

贵州的苗族人口数量全国第一，而黔东南聚集的苗族数量比重最大，古歌的故事以黔东南的传统服饰图案反映最为丰富。它们是一种介于形象和概念间的符号。这种符号既可以构建形而上的精神世界，也可以作为一种实体记忆的储存方式。如格雷马斯所言，符号“组成了社会个体对价值系统最广泛的参与，而其全部价值就构成了社会的‘文化’。”[2]苗族的绣娘作为图案创作的个体，在完成对传统图案内涵的再现时，也融合了对族群集体文化的个人参与，与流传久远的古歌一样，传统刺绣图案内容根据族群历史与绣娘自身的理解与喜好不断推陈出新，这一点在黔东南地区表现最为集中。她们以针为笔，以线为墨，使传统图案与苗族古歌相互印证，这种图史互证的方式让苗族世代能更加生动地想象他们的神话与部族支系的历史。这是苗族内的“密语”，使世代得以窥见凝结在图案中的关于苗族族群对自然、社会、人文所构建的丰富的精神内涵。

[1] 罗伯特·F. 墨菲. 文化与社会人类学引论 [M]. 北京：商务印书馆，2009：52.
[2] A. J. 格雷马斯. 符号学与社会科学 [M]. 徐伟民，译. 天津：百花文艺出版社，2009：49.

18 红河县传统染织手工艺“红染”技艺调查

高 翔[1] 李玉洁[2]

摘 要 为推进红河县少数民族传统手工艺“植物染色—红染”的调查、征集和展示，做好少数民族传统文化遗产抢救、保护、传承和研究工作，推动当地手工技艺的发展，笔者自2017年4月至9月在红河县13个乡镇中迤萨镇、甲寅乡、宝华乡、石头寨乡、阿扎河乡、乐育乡、大羊街乡、车古乡、架车乡等几个少数民族相对集中、目前还保留有植物染色及纺织的乡镇村落，对周边不同地区、不同支系民族的印染工艺发展史进行系统梳理，就借助现代工艺技术传承、保护、发展传统工艺以及建立生产性保护基地（项目）对少数民族文化遗产进行传承、保护、发展等问题进行实地考察，搜集了广泛的资料。笔者从实际田野记录的角度对红河县少数民族染色技艺和织布工艺的变迁及历史现状等方面做了描述，写了调查报告，以期为相关研究者提供交流。文中图片均为笔者拍摄。

关键词 红染、红河染织、植物染色、民族服饰工艺

红河县位于云南省南部、红河哈尼族彝族自治州西部、红河中游南岸哀牢山地区，面积2057平方千米。经中央国务院批准，1951年1月7日正式设县，以红河命名，故称红河县。红河县有哈尼族、彝族、傣族、瑶族、汉族五个世居民族，全县总人口为29.65万人（2010年），少数民族人口占总人口的94%。其中，哈尼族占全县人口的74%，是哈尼族聚居的地方。

元代以前，哈尼族、傣族的先民就在红河哀牢山这块土地上农耕劳作，繁衍生息，明、清时期，彝族、瑶族、汉族相继迁入，逐渐形成世居红河山区的主要民族。由于哀牢山特殊的人文地理环境，各个历史时期的民族文化在本区域内得到了充分交流与融合，出现了不同类型的农耕经济文化和多种宗教文化。随着社会历史的变迁，因文化标准、文化特征及文化结构的不同，各民族在不同历史时期互相摩擦、

[1] 高翔，云南民族博物馆，副研究馆员。
[2] 李玉洁，中南民族大学，硕士研究生。

碰撞和冲突，最终通过文化整合，形成了独特的滇南民族风格和民族特色，从而奠定了红河县民族文化多元化、多样性的格局。

为进一步推进红河县少数民族传统手工艺“植物染色—红染”的普查、征集、收藏和展示，做好少数民族传统文化遗产抢救、保护、传承和研究工作，进一步推动当地手工技艺的发展，根据《中国科学院昆明植物研究所与欧莱雅（中国）有限公司合作协议》精神，笔者自2017年6月至9月在红河县13个乡镇中迤萨镇、甲寅乡、宝华乡、石头寨乡、阿扎河乡、乐育乡、大羊街乡、车古乡、架车乡等几个少数民族相对集中、目前还保留有植物染色及纺织的乡镇村落，对周边不同地区、不同支系民族的印染工艺发展史进行系统梳理，就借助现代工艺技术传承、保护、发展传统工艺以及建立生产性保护基地（项目）对少数民族非物质文化遗产进行传承、保护、发展等问题进行实地考察，搜集了广泛的资料。

这里所说的“红染”技艺，是指红河县区域内的少数民族植物染色技艺。在红河县，至少在20世纪60年代以前，这里的少数民族主要的衣饰制作、染色技艺为每一位妇女所掌握，也是每一个家庭赖以生存的一种技艺。

一、传统纺织工艺及其变迁

红河岸边、哀牢山区的世居少数民族，过去主要以自种的棉花作为纺织原料。作为衣物染色的重要载体“手织棉土布”，该技艺为当地世居少数民族所掌握（文中出于调查村寨的民族情况，主要介绍哈尼族的纺织工艺）。

纺织，是哈尼族传统手工艺的主要生产方式，完全由妇女来承担。男耕女织是哈尼族社会的主要分工形式。因此在很小的时候哈尼族妇女会跟随母亲学习种植棉花、收棉、晒棉、轧棉花、搓棉条、捻线、纺纱、绕线、煮线、上浆、漂洗、缠线架、排经纬、织布、染布等一系列传统繁杂的技术工序。

图1 大科寨棉花种植环境

历史上红河县的哈尼族家家户户种植棉花，品种为草棉，其产量低、可植株抗病力和适应性强。一般栽培在海拔1300米以下的地区。很多红河的世居民族一般在宽厚的田埂上、田边地角种植，有的专门在河谷一带开荒为棉田。棉花的栽种方式为撒播，管理精心的除草一两次，基本不施肥料（图1、图2）。

图2 棉花根部特征

由于自身民族的生活需求及其栽种环境的限制，历史上哈尼族所种植的棉花基本上为自用，种植数量基本是满足一家人穿衣用，而不成为商品。20世纪80年代，随着外地棉花、棉布的大量进入，红河各乡镇的传统棉花种植逐渐减少。目前，在宝华乡大科寨、三村、绿树格等村落还保留有少许种植，并采用棉花织布。

在20世纪80年代以前，红河的哈尼族、彝族等世居民族几乎每家都保留织布机、纺织机（图3~图6），但随着社会的不断进步、商品经济的流通，特别是十一届三中全会后，外地各种机织布料大量涌入红河的村村寨寨，同时各民族审美观念的变化使得传统的纺织工艺逐渐萎缩。至今只有50岁以上的部分妇女会传统纺织工艺。而20世纪80年代以后出生的女子几乎不会纺织技艺了。一般红河少数民族的织布受自制木架机器的限制，布的宽度一般在24~33厘米。

图3　大新寨彝族织布机

图4　龙玛村哈尼族织布的妇女

图5　他撒村哈尼族织布机

图6　宝华村彝族织布大妈

二、传统染色工艺及其变迁

红河地区的世居少数民族传统衣料都是自己染色，即使是现代工业生产的衣料充斥市场的今天，妇女们在制作服饰时，依然喜欢选用自染的传统手工织造的布料。因此，红河哀牢山区的世居民族也形成了一套完整的种植蓝靛草、沤靛、打靛、滤靛、制染水、浆布、染布等相关的染布工艺程序。

从14世纪中叶明朝统治云南起，大量的中原汉人移民到云南各地，同时带来了先进的农具和技术，促进了当地农业生产的发展及丰收。而服饰，它是一个强烈的民族社会标志，同时也是一个民族的个性象征。因此，居住在红河这片土地上的民族，都会根据自己民族的审美需求及习惯，因地制宜地种植和采摘不同的植物来提取汁液对布料进行染色。据清乾隆《开化府志》卷十，刘世长诗中有“阿泥……少种禾苗多种靛”的描述。从中可看出世居民族哈尼族善于种植板蓝根的历史。而板蓝根，就是当地民族普遍种植的靛染植物，菘蓝。它是十字花科，二年生草本植物，全株带粉绿色，叶呈长椭圆形，全缘或有微锯齿，抱茎，基部宽圆形垂耳，春夏开花，色粉蓝，排成圆锥花序，花梗细长而下垂，果为长椭圆形，扁平，边缘呈翅状，顶端钝圆或截形，叶称大青叶，根称板蓝根，均可入药，其药效清热、凉血、解毒（图7、图8）。

图7 板蓝根叶

图8 野生板蓝根

红河各族人民生活的哀牢山区，海拔1200~2000米的林下均适宜栽种板蓝根，因此，在红河世居民族里哈尼族、彝族、瑶族都有种植板蓝根的历史。

20世纪70年代以前，在红河甲寅、乐育、宝华等地乡村寨子里，红河世居民族如哈尼族喜欢在村边林下、菜园地边、私有林地等栽培板蓝根。一般当地民族习惯用老根发出的嫩芽割来栽插。种植时间在端阳节雨季来临之后，到次年秋天即可收获。采割时，留10~20厘米的老根茎作发芽，割下的蓝靛叶枝干来加工蓝靛泥。一般来说，每年的农历五、六月份是制作靛蓝的最佳时期。20世纪七八十年代，在各乡镇的村寨周边设有一些石灰水泥糊的靛塘（图9）。

图9 瑶族靛塘

一般来讲，加工一次蓝靛，需要板蓝根茎、叶三背箩（75~90千克），人们把割回来的板蓝根茎叶在塘中放水浸泡5~7天（热天）或8~9天（冷天）自然发酵后，塘水变为深蓝色，捞出茎叶杂质，塘中放进适当比例（10千克石灰粉混合）的石灰水，再用大扩梳反复搅拌靛水（打靛）1~2个小时，在外力作用下，会泛起大量蓝色泡沫。从泡沫的颜色可以看出蓝靛质量的优劣，好的，泡沫色呈紫蓝色，差的呈灰蓝色，泡沫产生后，即停止搅拌打靛（便于石灰水和蓝靛水化合）。留置一天后，次日，靛泥自然沉落于靛塘底部板结

图10　乐育乡哈阿村现代沤靛场景

图11　过滤好的靛泥

图12　晾靛球

图13　哈尼族制作的染布水

或呈半固态靛汁泥，然后把上层水撇出，把塘底留下的靛泥水捞起，并将靛泥置于塘坝边的竹箩筐过滤水（图10、图11）。经几天滤干后，再把箩底的靛泥捞起，做成球状或置于密封的塑料桶内，存放于阴凉处备用（图12）。成品靛泥色泽紫蓝为上品，带绿色为中品，色灰则为下品。

经过调查，这种传统的制作场地留下来的不多了，现在很多蓝靛泥是在现代机器制作的塑料器物里完成的。原因是现代工业染料的大量引入，人们图方便都到市场上购买化学合成染料靛青，而植物栽种数量的减少，很少使用的靛塘也随之毁坏了；再有，现代器物的便利性及其加工数量的减少也是导致靛塘消失的原因之一。

染布前，首先要制作染布水（图13）。各民族人民在家里设置的染布靛塘或染缸里，放入一定量的水及靛泥，加入适当的草木灰水或酒（哈尼族会再采回一把水冬瓜的新鲜枝树绿叶和靛水一起浸泡），经发酵后靛水变为黄绿色，即可将白布放入塘中、缸内浸泡。染色前，先用清水或热水将布洗净、晾干。染色具体操作时，一般哈尼族白天把白布浸泡在缸中，晚上捞出，搭在缸边或缸口木架上任其氧化，第二天继续浸泡加染、捞出氧化。这样不断重复第一天的基本工序，直到布呈现出自己需要的色泽，之后染透、漂洗晒干即可（哈尼族染布工艺一般是4天即可染透，制作一次染缸液可以染3~4次，之后需往染缸内添加靛泥及酒，使染水恢复浓度，以利于次日染色）。瑶族则是将蓝靛泥放进染缸内做主料，加半缸清水稀释，掺进2~3两（100~150克）自制的白酒，变成染料。每天早晨，要用木棒搅动一次，一周后，缸水呈现黄绿色，即可将布料入缸内染制。瑶族每天将染布泡一次，每次3小时左右，将布捞出，清水洗净晒干（瑶族人也根据染水浓度及时添加靛泥及酒类，以利于着色）。每日照此操作一遍，每次染制需要两个月左右，直至布变成深黑色即可。相对来讲，瑶族的染布工艺烦琐而复杂，是一种耐心和细心的体现。

需指出的是，瑶族在染黑色布时，最后的两道工序会及时添加一种野生植物“山羊头”的浆汁，以达到固色和使染布透出光泽的效果。而哈尼族染黑色布时大多会采用牛皮胶水浸布，达到染色均匀和固色的效果。

用自制纯植物蓝靛汁染制的布料，富有光泽，色彩古朴端庄，富有特殊的持久香味（图14）。

图14　乐于镇汉族晾晒代加工的土布

在为期两个多月的时间里，通过走访近20个自然村小组，访谈数十个农村妇女及村干部、文化站工作者，笔者了解到，作为红河岸边哀牢山区的世居民族，黑色及其青蓝色是其服饰文化的基调色。在传统植物染色的技艺中，除了利用板蓝根提取靛蓝染色外，还会利用大自然中的一些其他植物进行染色，红色、绿色也曾是20世纪50年代以前染制的色彩。比如乐育哈扎村的哈尼族从山林中采集当地名为“红靛”的植物染红色。可由于植物染料本身的褪色问题，色牢度不够，其染制品易褪色。而由于化学染料的色稳定及便利性，植物红色染逐渐被化学染料取代了。

访问：尼美村委会哈阿村，普米秋，女，86岁，桂东村人

据普米秋老人介绍，其父母在其少女时期，会染蓝、黑、红、绿四种颜色的布，而且染布均是自用。普幼时向其母学习染布，在30岁时，开始自己染布，当时是用“Hong Nini Bo”（哈尼语音译，红靛）染制。该植物是两片叶，属于多年生草本植物。染制方法主要是用叶、茎、秆，经高温水煮以提取红染液。待颜色变成深红色后把靛叶等物捞出，再放入自织土布于高温染液中泡20~30分钟，重复煮染多次。

“Gei Chi Chibo”（哈尼语音译，绿条刺）用来染绿色。该植物有刺，主要用树皮经高温煮提取液体，而后将布放入液体中浸泡，需多次染色。普米秋介绍她们年轻时一般选择在三、四月份染布，特别是在栽秧季节，白天染布,晚上把染好的布置于田埂上打露水，便于布着色。一般染三次色会是秧苗的绿色,染布主要做衣服。

需要指出的是，由于自然植被的破坏及染色的复杂性，红色、绿色的染色技艺逐步消失。但访问中，很多染布的妇女表示愿意学习其他植物染色的技艺及尝试鲜艳的色彩。

从总体上看，20世纪80年代初期后，红河地区的各个民族里除了传统的生物彩染外，也有从市场上购买化学合成的染料，其方法是用器具将水煮沸后让化学染料溶于水中，然后将布匹放入锅中微火慢慢煮染，其间，需不断翻滚布料，布料冷却后用清水漂洗晾干即可。

受需求和化学合成染料的影响，一段时间里，红河地区的板蓝根种植一度大幅度下降，但21世纪初，由于蓝靛和板蓝根药材市场价格上涨，加上板蓝根茎、叶提取生态环保染料的走俏，在市场的驱动下，红河县的一些乡镇，比如乐育，将海拔1400米以下的半山区作为一项生物商品的开发内容积极推广，种植面积出现产业化扩大。

三、结语

上文描述的“红染”传统工艺是制作红河地区当地民族日常生活中衣饰的基本技艺。至少在20世纪60年代以前，该技艺是每户人家不可或缺的。但通过这次调查，我们了解到，影响到纺织技艺及染色技艺较为直接的是材料的输入、衣饰技艺内部的改变以及人们观念的变化。

首先，材料输入问题。由于早期红河世居民族受自然环境及生产力的限制，当地群众的棉花自给率不足，自织的土布基本只能满足于本家庭成员的使用。这就不可能走向市场。在20世纪80年代初，随着改革开放及市场经济的影响，虽然种植有所恢复，但自然条件的限制加之经济作物种植的兴起、外地机织布的输入、加之当地少数民族与外界接触的少，人们没有商品意识。因此，市场化的形成就滞后了。据了解，在各村寨里，织布的妇女基本不代加工织布，获取经济利益；染料方面也一样，哀牢山区的世居民族染布所用的染料基本上是本地生产的蓝靛，人们早期的种植基本自给自足，基本没有蓝靛应市。到了20世纪末，有少许染料交易出现，但也只是在个别代染布的农户里。在21世纪初期，随着交通的改变、对外交往的增多，个别人具有了商品经济意识，因此在甲寅、乐育乡、哈啊村等地区出现了买卖蓝靛的商人（据调查有6家从事大宗蓝靛收购业务），商人的商品意识及行为，极大地带动了红河各乡镇之间板蓝根的种植及染料蓝靛的制作。目前，在红河乡镇的集市中，由于市场需求，蓝靛泥应市交易出现。

其次，是衣饰技艺内部改变的问题。上面提到红河世居民族自纺棉纱、织布，被机制纱线替代。从本身看，自纺棉纱技艺落后、耗时费力、加之不同操作者技术熟练程度不同，纺出的纱线就会粗细不均匀，加上手捻强度不够，造成织物纤维断线、断纱，影响效率。因此，当纱线价格为人接受时，机制纱线、机制布就很快占有市场，机制纱线就成为纺织土布的半成品。

再者，观念的变化问题。它是影响今天红河世居民族传统衣饰、染色技艺变化的关键。由于教育的普及、信息的多元化，加上外出务工接触外界的影响等诸多因素，造就了一批批具有新文化价值观和新审美意识的青年。他们对于本民族传统文化不再固守，特别是近十几年市场经济的发展，大量的新型面料、成衣涌现，并具有透气、便利、易洗、不褪色、色彩丰富等特点，深受人们喜爱。因此，传统衣饰为生活所依赖的格局得以打破。鲜艳的染织面料、染色的稳定性、多样性带给了世居少数民族更多的选择。在调查中，宝华镇作夫村许来农（哈尼族，62岁，80年代初整个宝华镇只有许家一台缝纫机，由于许家的做工染色好，深受本村及附近乡里人喜爱）在儿子媳妇的鼓励带动下，2013年，许到县城开了家小门市（铺面租金1.7万元），根据顾客需要购买材料制作定制衣服，同时设计加工更多的衣服，让其儿女开车到村镇赶集出售，2016年得到县妇联3万元现金和10万元无息贷款（两年还清），据了解许家每年营业额10万多元，是一个典型的观念转型发家致富案例（图15）。

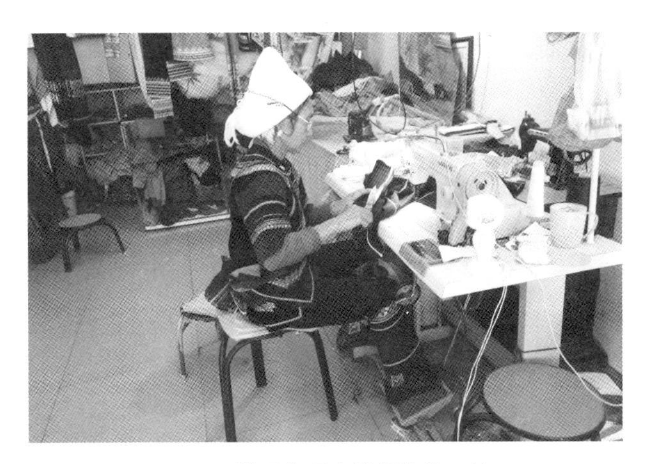

图15 以现代观念发扬传统工艺

红河流域、哀牢山自然保护区具有众多的植物种类，其中包含有多种植物染料，有的属于乔木、有的属于灌木、有的属于草本，有的既是染料又是药物，具有多功能特征。虽然所有的植物有自己的颜色属性，但并非所有植物都可做染料，因为染料不仅要有鲜艳的颜色，而且对纤维要有足够的亲和力，才能被纤维吸附而染色。

20世纪90年代以来，植物染料染色又引起人们的关注、重视。主要是因为植物染色与生态环境相容性好，可生物降解，毒性较低，生产染料的原料可以再生。因此，开发天然染料对于保护自然资源和生态环境有着重要意义。

从市场、市场化或者商品化与民族传统文化资源利用与保护之间的关系来看，“红染”这一植物传统染色技艺，一方面可以依赖市场获得发扬；另一方面又显示出传统技艺所依存的市场是以农耕经济为主导的市场，那时的蓝靛消费是大众化消费，是以大众所具有的手工染布技艺为基础的一种大众化消费，当社会的主导经济发生变化、某种大众消费减弱时，原本具有广泛群众基础的某种技艺也就衰落为仅有少部分人掌握的技艺了。

就目前的“红染”民间传统技艺产品，在当地小区域范围内有部分人需要，但扩大范围，从全国至国际的大范围看，仅有着特殊的人群消费使用，维持少量的生产即可以使这种技艺得以延续。因此，扩大有价值的、具有现代设计理念的产品销售范围，是对“红染”技艺的有效保护方式。

参考文献

[1]红河县民族宗教事务局. 民族旅游[M]. 昆明：云南人民出版社，2012.

[2]红河县民族宗教事务局. 民族服饰[M]. 昆明：云南人民出版社，2012.

[3]杨福生. 红河哈尼族彝族自治州概况[M]. 北京：民族出版社，2008.

[4]李涛. 话说红河：红河[M]. 昆明：云南人民出版社，2009.

19 中国台湾布农人传统服装制作中的实用文化

——以《阿妈的织布箱》为中心[1]

贾 浩[2] 丁泽丽[3]

摘 要 布农人是发源于中国台湾中部山脉的重要少数民族，其自制服装的文化源远流长。本文对布农人服饰制作人的制衣理念、服装制作素材和制作工具的形成与发展、服装样式设计三个方面进行梳理，通过对布农人不同性别服饰的特点分析，得出布农人在服装制作中十分注重实际实用的原因以及规律。相应的，传统布农人服装制作中的实用文化又从外在形式上表现出了布农人文明的特色。

关键词 中国台湾布农人、传统服装、制作设计、实用文化

布农人为中国台湾的原住居民。“布农”是台湾自称为bunun人群的中文译名，是布农语中“人”的意思。日本占领时期台湾总督府临时台湾旧惯调查会于1916年所出版的《番族调查报告书武仑族前篇》，则是将bunun音译为汉字的“武仑”[4]。布农人人口四万六千多[5]，在台湾原住民中仅次于阿美人、泰雅人和排湾人[6]。发源和分布于台湾中部山脉，一般处于海拔1000~2200 米的山区。[7]关于布农人的起源目前尚无定论[8]，或说随洪水漂流到台湾[9]，或言原住于台湾。[10]因打猎、开垦、分家、埋葬习俗

---

[1] 本文曾作为十篇入选论文之一宣读于 2018 年 10 月 16 日“中国社会科学院第二届民族文学研究博士后论坛”，并得到论文评阅人巴莫曲布嫫研究员的详细指导。后宣读于 2019 年 5 月 4 日厦门大学“首届高校台湾研究学术年会暨第四届高校涉台研究机构协同工作会”，并得到论文评阅人杨齐福、姚彬彬教授的详细指导，在此表示感谢。

基金项目：2019 年度郑州大学思想政治教育教学研究专项一般项目“《中国近现代史纲要》中的党群关系”（项目编号：ZDSZ201903）；郑州大学马克思主义学院国家社科基金培育一般项目“西欧联盟与英国加入欧洲一体化研究（1958—1971）”。

[2] 贾浩，郑州大学马克思主义学院，讲师，郑州大学港台人文研究中心联系人、助理研究员，在站博士后。

[3] 丁泽丽，郑州轻工业大学马克思主义学院，讲师，博士。

[4] 李树义. 台湾少数民族——布农 [M]. 北京：台海出版社，2008：8.

[5] 李瑛. 台湾少数民族作家文学论 [M]. 北京：民族出版社，2007：17.

[6] 张妙弟，中国地理学会. 美丽台湾 [M]. 北京：蓝天出版社，2014：162.

[7] 林瑛琪. 台湾的音乐与音乐家 [M]. 台北：五南图书出版股份有限公司，2014：12.

[8] 过伟. 台湾少数民族民间文学 [M]. 上海：上海文艺出版社，2011：214.

[9] 潘英. 台湾原住民族的历史源流 [M]. 台北：台原出版社，1998.

[10] 李天送，李建国，翁立娃. 阿妈的织布箱 [M]. 台北：浩然基金会，2001：17.

及日据时代的迫害，布农人在台湾分布较广，从南投、高雄、花莲到台东均有族人居住❶。南投县浊水溪南岸的那母岸（lamungan，约今之社寮、民间一带）是布农人古代的据点，后族人沿浊水溪而上，在其支流丹大溪和郡大溪沿岸发展；约18世纪中叶，穿过中央山脉到达花莲境内；约19世纪初期再往台东扩展；19世纪末、20世纪初再往高雄境内移动❷。日据时期，为了消除原住民的抵抗，以及进一步同化布农人，日本殖民者采取了高压与强迫的办法，将布农人由山区驱赶到平原地区，致使该民族的文化大量流失❸。

数千年来，布农人形成了自己的文化特色，布农人的生活比较注重实用，无论衣食住行都讲求实际，就连唱歌都并不是为表演用，而完全是因为祭典或饮酒后感性的一种宣泄。在服装方面更完全以实用为主。❹李然和林毅红的《台湾布农人研究综述》(《广西民族大学学报（哲学社会科学版）》2006年第1期）介绍了学界研究布农人的七大热点，其中“物质文化和经济生活”部分就介绍了布农人独特的服饰生产方式，但学界至今仍缺少就布农人服装制作展开的具体研究。

布农人的服装制作可分为两种：一种为男子打猎获取的猎物兽皮，经鞣皮处理后制作为衣服，这一鞣皮过程一般由男子处理，这种皮衣主要为男子上山狩猎时的衣着，可谓工作服，并非日常着装；另一种由女子通过“织”布手艺，将线分为经线、纬线横纵交贯而成整片面料——布衣，供应一家人的服装需要，此为布农人的日常服装，亦是其主要的服装。在这两种服装制作过程中均透露出布农人传统文明——实用主义。事实上，在每种文明中，一切习惯、物质对象、思维和信仰，都起着某种关键作用，有着某种任务要完成，代表着构成运转着的整体的不可分割的部分❺。本文立足于中国台湾台北浩然基金会于2001年出版的系列丛书《布农的家：潭南社区文化传承系列》之传统织布篇——《阿妈的织布箱》一书，以服装制作为中心，分析服装制作主体的角色、思维、服装制作素材的择取、服装制作样式的形成来探讨其间的实用文化。需要注意的是：本文件所使用的材料主要涉及布农人中潭南社区这一族群。

一、布农人服装制作人的实用理念

布农人的服装主要由家庭中的女子供应，通过日常织布做成衣服。这种家庭地位、社会角色的形成是一种精神文化的体现，这种精神文化也就是实用理念，表现在以下两个方面。

一方面，婚嫁的需要。布农人妇女传统服装制作是先民流传下来的传统，会用苎麻纤维织线、织布并能用天然染料（植物）把白纱线染成各种颜色，调配颜色编制绮丽多彩的图纹，做成衣服。❻可谓是妇女的一项日常工作，正如歌谣所唱：“女人们在做什么？将苎麻皮剥下，整理，将

❶ 李天送，李建国，翁立娃．阿妈的织布箱 [M]．台北：浩然基金会，2001：18.

❷ 吕钰秀．宝岛音乐文化 [M]．北京：中央音乐学院出版社，2013：78.

❸ 宋全忠．中国导游十万个为什么：台湾 [M]．北京：中国旅游出版社，2006：39.

❹ 李天送，李建国，翁立娃．阿妈的织布箱 [M]．台北：浩然基金会，2001：29.

❺ 卡尔迪纳，普里勃．他们研究了人 [M]．孙恺祥，译．上海：生活・读书・新知三联书店，1991：249-250.

❻ 达西乌拉弯・毕马(田哲益)．台湾布农人风俗图志 [M]．台北：常民文化，1995：117.

苎麻皮捲于转轮，马上加木头（针状），要切割整齐并整理好，将要织成将要织成。”[1]至于布农人什么时候开始织布，暂不可考。据布农人的射日传说：古时候两个太阳轮流照耀大地，把草木都晒干了。一对夫妇干农活时，其婴儿被晒成一群蜥蜴。父亲决定射落一个太阳报仇。他们射瞎了一个太阳的眼睛（一说左眼，一说右眼），变成了月亮[2]，月亮在一块大石头上教族人织布，从那时起，布农人就有了衣服穿。[3]

不管其起源于何时，在布农人的传统社会里，织布做衣是女子的本分，女子也乐意为之，因为精于织布的女子特别受男子欢迎，凭借精湛的织布手艺能够找个好归宿。正如出生于1932年南投双龙村的谷女说女士所说：“以前的女孩子如果会织布，是很受欢迎的，也是很多男生追求的。”[4]出生于1952年的谷秀虹女士也表示：“以前人喜欢娶会织布的女人，通常织一件衣服可换取嫁妆一头猪，不会织布的女人只能和先生共穿一件衣服。”[5]假使不会织布，“欲论及婚嫁即有困难。”[6]据一位老阿妈说：“以前的女子一定要会织布，否则会嫁不出去。”[7]可见，传统布农人女子擅长织布的首要原因在于追求婚姻中处于优势地位（图1）。

图1　布农人妇女使用织布箱织布
（http://www.5ch.com.tw/story/story_detail.asp?num=0351）

另一方面，提升其社会地位的追求。传统社会布农人为父系氏族社会，家庭中以男性尊长为家长，指挥全家共同劳动共同生活。[8]女子成家后到男子家庭生活，织布做衣成为其日常生活中的一项常规性工作。长期的织布经验，妇女甚至晓得要制作一件男用背心需要种多少苎麻，可以纺到几个纺锤重的线[9]。这种织布文化逐渐演变为母亲文化。妇女整日忙于织布工作，为制作麻线将苎麻茎砍下来，经过剥皮、刮皮等数十种繁杂手续，“在上山工作途中仍继续捻线的工作，回到家中忙完厨房的工作后，又要继续完成做线的工作，然后才开始织布的工作”[10]。尽管辛苦异常，妇女仍争先做之。

布农人女子以织布做衣体现女性家庭角色，提升社会地位，主要表现为：首先，女人通过为男人缝制暖衣，借着针线表达淳朴的情感，[11]以赢得丈夫对自己的尊重与爱护，正如松万金先生回

[1] 李天送，李建国，翁立娃．阿妈的织布箱[M]．台北：浩然基金会，2001：41.
[2] 陈连山．射日神话的分析与理论验证——以台湾布农人射日神话为例[J]．民族文学研究，2010(3)：5-16.
[3] 李天送，李建国，翁立娃．阿妈的织布箱[M]．台北：浩然基金会，2001：35.
[4] 李天送，李建国，翁立娃．阿妈的织布箱[M]．台北：浩然基金会，2001：110.
[5] 李天送，李建国，翁立娃．阿妈的织布箱[M]．台北：浩然基金会，2001：112.
[6] 李天送，李建国，翁立娃．阿妈的织布箱[M]．台北：浩然基金会，2001：117.
[7] 李天送，李建国，翁立娃．阿妈的织布箱[M]．台北：浩然基金会，2001：33.
[8] 史式．台湾先住民的历史介绍[J]．历史教学，2000(1)：50-51.
[9] 李天送，李建国，翁立娃．阿妈的织布箱[M]．台北：浩然基金会，2001：45.
[10] 李天送，李建国，翁立娃．阿妈的织布箱[M]．台北：浩然基金会，2001：37.
[11] 李天送，李建国，翁立娃．阿妈的织布箱[M]．台北：浩然基金会，2001：107.

忆说："我很感谢我的太太，她很勤劳，白天喜欢到山上工作，晚上回家继续织布纺线。"❶其次，通过盛装制作赢得赞扬。除了日常服装外，女人往往为家人制作精致的服装，凸显她的手艺。如女人在善于打猎的丈夫外用背心上织上打猎丰收的战绩，那是光荣的象征，会让族人们钦佩。而这些织纹同时也代表着女子的巧思，把自己最好的一面表现在图案的设计上，在聚会时可以互相称赞一番（图2）。❷男人在团体中会很有面子，女人也借此赢得了蕙质兰心的声誉。当然这种复杂多彩的织纹耗费的精力要超出一般布衣几倍，据谷女说女士回忆："简单的织布从整经到织完只需一个晚上，可是如果加上挑花的织纹就要花三到四个晚上。"❸尽管如此，妇女仍感欣慰，因为这是提升其社会地位的一个良好契机。

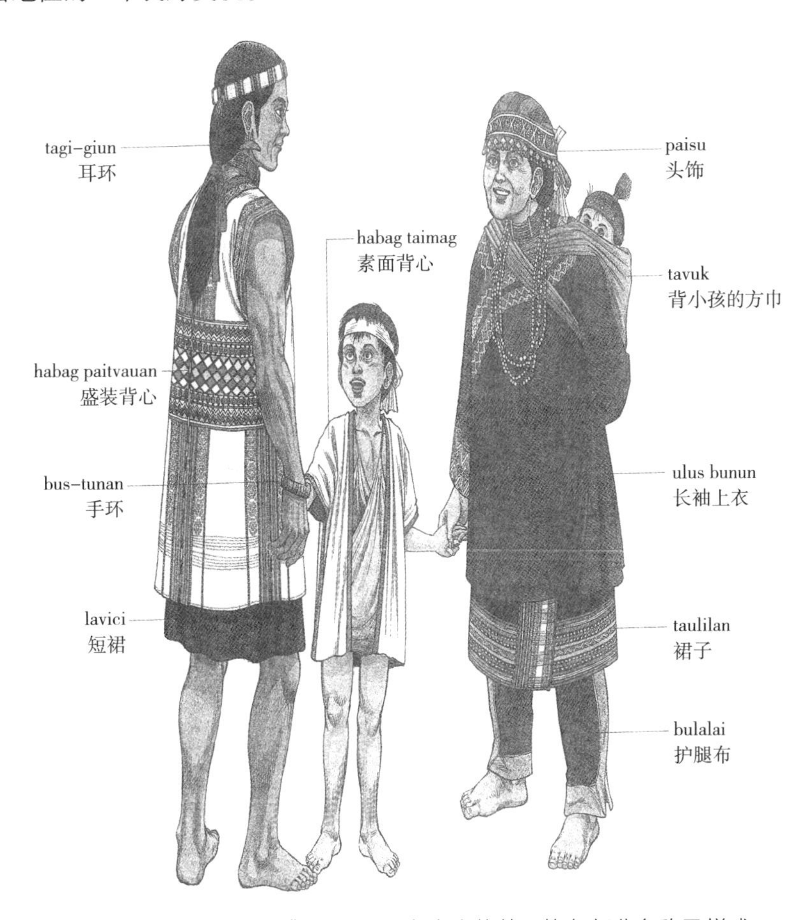

图2 《阿妈的织布箱》中展示的布农人传统服饰各部分名称及样式

因此，织布做衣对布农人服装核心制作人——传统布农人女子而言，一方面可帮助其在婚嫁中处于有利地位，另一方面精湛的织布技艺可提升其社会地位。这种传统布农人服装制作的实用价值对布农人女子而言弥足珍贵。

❶ 李天送，李建国，翁立娃. 阿妈的织布箱 [M]. 台北：浩然基金会，2001：112.
❷ 达西乌拉弯·毕马（田哲益）. 台湾布农人风俗图志 [M]. 台北：常民文化，1995：35.
❸ 李天送，李建国，翁立娃. 阿妈的织布箱 [M]. 台北：浩然基金会，2001：110.

二、布农人服装制作素材的实用贯彻

布农人服装制作人的实用理念在服装制作实用文化中可谓一种价值观念，这种观念的贯彻实施表现为对服装制作素材的择取。首先，传统布农人的服装素材可分为两种，一种为皮质，一种为布质，均属于实用素材。

皮质方面，即通过狩猎获取野兽，以其皮制衣。每一种野兽皮都有各自不同的功能与用途，布农人依据每一种野兽皮的特性，选取合适的材料。他们制作皮衣，多以鹿皮、山羌皮、山羊皮等为主要材料，山猪皮质地较硬，则大部分食用之，若制成皮衣，较厚重而硬。可见布农人，充分发挥了每一种兽皮的实用价值。

布质方面，过程较为复杂。在线材的选取上，传统布农人未与汉人接触前，以种植苎麻为衣物主要材料。之所以选择苎麻，不仅因当地环境适宜种植此种植物，其实用性强亦是另一重要原因。苎麻是台湾原野自生植物，多年草生，叶卵形，茎皮可搓绳织夏布，大都自生于小山坡及溪流旁。布农人为采收方便，也采用人工栽培，开辟麻园种植苎麻，种植时间为十二月到翌年的三月，此间为农闲时期，栽培苎麻的关键还在于苎麻的收成为一年采收四次，分别为二月、四月、六月、九月。[1]随着布农人人口的增长及应各种场合需要，衣服的种类各异，服装制作材料的需求增加，苎麻多次采摘的实用性一定程度上缓解了布农人传统服装制作线材量的需求。于纺线方面，苎麻经过种植采收后进入纺线环节。纺线是制作衣服的重要环节。纺后线的强韧度直接决定衣服的耐穿性。于是，为增加线的强韧度，减少分叉，布农人往往使用纺锤，将线头绑在直棍环上，其余的线放在肩后，避免和旋转的线搅和在一起。将纺锤放在手掌上双掌往外搓，或放在大腿上往外搓，双手配合旋转的纺锤在线上慢慢滑动，直到一定的长度按住，利用纺锤旋转增加强度直到纺锤完全停止为止。此为纺线的一个完整过程。但为增加线的强度，布农人妇女往往重复几次这一过程。于煮线方面，在煮线柴火的选择上，传统布农人使用硬质耐烧的木材，因为其烧尽的灰含有碱质，可以洗线。这样的木材选择既节省了材质，又提供了洗线的天然材料，且保护了环境。[2]

其次，在布农人做服装工具的植物种植方面也贯穿着实用文化。布农人服装制作工具往往由传统布农人种植一定的植物，由家中男子利用某种植物的特性为女子制作。如制作纬线梭子的箭竹，其笋可食，因其弹力佳，亦是制作钓竿的材料，也作为房子墙壁的重要植物。[3]制作夹线板的台湾榉木，也是最佳的家用器材及造林的树种，也可作为枪托的材料。[4]做固定棒的山棕，其嫩芽心也可食，布农人也将其嫩枝与叶子捆为一束做成扫把。做腰带的黄藤，传统布农人也用其编制家具、席铺或手工艺品，且食用藤心可降血压及降火气，通肠减肥。此外，其果实还含丰富

❶ 达西乌拉弯・毕马(田哲益). 台湾布农人风俗图志 [M]. 台北：常民文化，1995：118.
❷ 李天送，李建国，翁立娃. 阿妈的织布箱 [M]. 台北：浩然基金会，2001：46.
❸ 李天送，李建国，翁立娃. 阿妈的织布箱 [M]. 台北：浩然基金会，2001：51.
❹ 李天送，李建国，翁立娃. 阿妈的织布箱 [M]. 台北：浩然基金会，2001：53.

维他命C。❶

再次，在布农人服装染色方面也贯穿着实用文化，主要表现为两个方面。一方面体现在染色植物的种植。传统布农人服装的着色主要依靠种植染色植物，如薯榔、薑黄、山蓝、黑泥，染出来的颜色分别是红色、黄色、绿色和黑色，另外还有sumug、sandidan等植物，其树干也可以将服装染成红色。❷需要注意的是，传统布农人在种植染色植物方面也并非只是因其具有上色功能而种植，或是因为高海拔区的布农人集聚区适宜种植这种植物，更多的是因为这种染色植物具有被更多族人所需要的实用功能。例如能染出红色的植物薯榔，其生长环境就并不属于高海拔区。薯榔根块如山芋般体积庞大，中腹膨胀隆起，年年结节的增生凸出于表土。其叶为长椭圆形，先端尖状，夏日开小花。传统布农人取用薯榔根块染色，其皮厚粗糙，内部呈现红肉多汁的纤维。红汁含有丰富的丹宁酸并带有黏液，将其捣碎，取汁液与衣物一起染，可使衣物纤维变硬，具有防水功能。再如可染黄色的薑黄，其属于热带亚洲原产地植物，其叶形有如芭蕉叶般四五叶一起丛生，耐旱且适宜种植。其地下根茎内部含有浓郁香味的黄色物质，以根块染服装，可以保护布料，有防虫杀菌的作用。同时，自古以来其根茎也是治肝脏炎、健胃的药材，亦作为腌制食物、咖喱粉的原料之一。❸另一方面则是布农人所染服装颜色的功能。传统布农人因从事体力工作，在社会工作环境的要求下，其服装颜色多以深暗为主。例如，布农人妇女多从事织布、做饭等家庭琐事，其衣服颜色以深黑为主，耐脏而且耐看。❹

可见，在服装制作素材的选择上，传统布农人并非就制线而制线，就制作工具而种植植物，而是其间的每一环节都透露出传统布农人的实用文化。当然，这种实用文化的彰显也有其偶然性。比如受到环境因素的限制，抑或是布农人只发现了此种制线素材、制作工具植物及染色植物。尽管如此，也足以说明了布农人于服装制作素材中对实用文化传统的注重。

三、布农人服装样式设计的实用展示

除服装制作人的实用理念与服装制作素材的实用贯彻外，传统布农人的服装样式设计亦是彰显其实用文化的良好途径。这种实用文化的表现因男女性别、工作环境的不同而不同❺。

在布农人的文化中一直流传着一首名为《要去那里？》的童谣，其内容是："要去那里？要去那里，去拿擦油枪。为何要去拿？要擦这支枪。为什么要一直擦枪？要来射山羌。为什么要射？要给cina puni。为什么要给cina puni？因为要织衣服。为什么要织？要给小孩穿。为何要给小孩穿？因为要给小孩保暖。"❻由这首童谣可以知道：布农人织布最主要的功能是用来保暖。除此之

❶ 李天送，李建国，翁立娃．阿妈的织布箱 [M]．台北：浩然基金会，2001：55.
❷ 李天送，李建国，翁立娃．阿妈的织布箱 [M]．台北：浩然基金会，2001：47.
❸ 李天送，李建国，翁立娃．阿妈的织布箱 [M]．台北：浩然基金会，2001：48.
❹ 达西乌拉弯・毕马（田哲益）．台湾布农人风俗图志 [M]．台北：常民文化，1995：35.
❺ 吕钰秀．宝岛音乐文化 [M]．北京：中央音乐学院出版社，2013：78.
❻ 李天送，李建国，翁立娃．阿妈的织布箱 [M]．台北：浩然基金会，2001：15.

外，其服装样式的设计亦是出于实用考虑。

传统布农人男子的日常服装主要有上衣、胸袋、胸兜、长胸袋（此袋仅为峦社群人有）和遮阴布。其日常服装样式中几乎均可表现其实用文化，如上衣前襟凉快，胸部敞开，自颈间挂一方形斜折之胸袋，这种胸袋的设计很特别，专为放置香烟、烟斗或子弹壳等小东西，为随手取用方便而设计。且这一胸袋也在分猪肉时为猪肉的放置提供了方便（峦社群人更有长胸袋，其作用与胸袋相同）。再如布农人腰部垂一块遮阴布，为长约90厘米的正方形布，自右向左围绕腰部，在腰部两边的两角各有细带，用以固定裙子，以遮其阴部，后应环境需要演变成聚会或祭典时穿着的较宽、类似短裙的衣物。简而言之，相当于现代意义上女子穿的短裙，但因传统布农人内不着内裤，故其主要的实用功能就是遮阴❶，且这样的设计也是为行厕方便和易于为山路行走，使身体轻盈而无负担。❷

男子上山打猎时，其穿着有所更换。上文已经述及传统布农人的服装材质虽主要是麻布制，但亦有皮质，主要为男子上山打猎时所穿，即为其工作服。男子依据每一种野兽皮的特性，通过鞣皮工艺，制作需要的服饰。如用山羌的皮制成皮帽、皮鞋，以便其上山打猎时保护头部和足部，并且走路也会如山羌一般灵巧快速，它的皮也被制成背心、袖套、护腿裤，不仅保暖而且可以防止被树叶割伤。❷山羊皮用以制作衣服及雨衣，猴皮也可用以制作皮帽。因此男子打猎服饰多以鹿皮、山羊皮为主要材料，上衣为鹿皮背心，外披鹿皮披肩（披风），具有极佳的御寒挡风作用。❸

布农人服饰纹理图样的设计具有仿生学的实用性。布农人祖先非常留意自然景物，常常在山里面观察动植物，并利用它们的造型设计了许多服饰图样。例如，他们观察到百步蛇的背纹好像许多连续的菱形或三角形，其颜色都具有强烈对比，让人可以看清楚每一条纹路。如果将百步蛇的背脊摊开，更会发现它中间的图案最清楚且左右对称。所以布农人祖先发展出了许多左右对称的菱形几何图形，以色彩对比为特征（图3）。除了以百步蛇为图案主体外，也会在其中加入一些花草的图案，例如叶脉的纹路、花的形体色彩，使整体的表现更加丰富而生动。这些大多源自山林间的美丽图案，有利于布农人猎人在丛林中隐藏自己的行迹。

图3　布农人的服装图案及其灵感的来源之一——百步蛇的背纹

此外，传统布农人男子也会因其特殊需要装备特殊服饰。如据《阿妈的织布箱》的作者回忆：“我小时候常看到隔壁的老伯伯，头上经常绑着红

❶ 李天送，李建国，翁立娃. 阿妈的织布箱 [M]. 台北：浩然基金会，2001：31.
❷ 李天送，李建国，翁立娃. 阿妈的织布箱 [M]. 台北：浩然基金会，2001：35.
❸ 达西乌拉弯・毕马（田哲益）. 台湾布农人风俗图志 [M]. 台北：常民文化，1995：25.

头巾，我一直不明白他为什么一直绑着红头巾，后来我才明白那是用来遮掩他的凸头。另外，红头巾也是象征着这一氏族的记号，所以红头巾对他来说是一个非常实用的东西，渐渐地变成了他这氏族的标记。（图4）”❶

相对男子而言，传统布农人女子的服饰样式略显单一，其衣服常为窄袖，下着围裙膝裤以被下腿，这种样式的设计除保暖外，亦出于日常工作开展方便的需要。

图4 《阿妈的织布箱》中作为氏族标志的红头巾

四、结语

综上，布农人是一个生活在台湾高山上的传统少数民族，但学界对其传统服装的制作与设计缺乏应有的关注。其实布农人在高山族中属织布、编篮、制革、制陶技术比较发达的。布农人服装制作中制作人的实用理念表现在：精湛的织布技艺对服装核心制作人——传统布农人女子而言，一方面可于婚嫁中处于有利地位，另一方面可提升其社会地位。这种流于传统布农人文明的实用文化对布农人女子而言弥足珍贵。因此，布农人社会生活虽是父亲氏族制，但女子在家中有一定地位。

在布农人服装制作素材的选取方面，服装制作人的实用理念表现在三个方面。首先，传统布农人的服装素材可分为皮质与布质两种，但不论是皮质还是布质，均属于实用素材。其次，布农人在选取用来制作服装工具的植物的种类时也考虑它们在其他方面亦有用途。最后，在布农人服装染色方面也贯穿着实用文化。一方面体现在染色植物的选取上，传统布农人在种植染色植物方面也并非只是因其具有上色功能，更多的是因为这种染色植物具有被更多族人所需要的实用功能。另一方面则是布农人所染颜色的功能。传统布农人因从事体力工作，在社会工作环境的要求下，其服装颜色多以深暗为主，耐脏而且耐看。

除服装制作人的“实用”理念与服装制作素材的实用选取外，传统布农人的服装样式设计亦彰显了实用文化。表现在布农人在设计服装时，因男女性别、工作环境的不同而进行了不同的样式设计。而布农人服装的图案纹理设计则来源于山林间所捕捉的美丽画面，这些优美图案的仿生特性，有利于布农人猎人在丛林中隐藏自己的行迹。

相应的，布农人服装制作中的实用文化最终又通过其外在形式彰显了布农人的文明特色。那么，布农人为何在服装制作中如此注重实用性？或者说实用性与布农人生活的其他方面有何关系呢？由于布农人的生活、生产方式比较落后，实用性是布农人生活方式、生活手段及社交的重要方式。正因为如此，实用性并非布农人独有的特性。实际上，台湾其他少数民族支系——如赛德

❶ 李天送，李建国，翁立娃. 阿妈的织布箱 [M]. 台北：浩然基金会，2001：29.

克人传统服饰制作中也有类似的实用文化，实用性是所有原始部落民族共有的特点。

布农人的实用主义对宗教和信仰都有重要意义。人类学功能派的英国学者马林诺夫斯基的《文化论》称：一切物质设备，包括器物、房屋、船只、工具以及武器等皆有文化功能。从人类学的功能主义角度讲，通过对布农人进行人类学研究可以回答台湾原住民从何而来的问题。如前所述，布农人在接触汉人前穿麻，而我国西南地区苗族对麻织品非常重视，必须穿麻制衣服下葬。所以服饰是少数民族生活的重要内容，也是民族文化的主要载体，具有精神性意义。

20 贵州台江苗族织锦绣研究

刘川渤[1]

摘　要　苗族刺绣是苗族民间传承的手工艺，它是苗族历史的一个活的载体，是苗族人民勤劳智慧的完美体现，传统的苗族服饰被喻为“穿在身上的史书”。作为一个极具传奇色彩的古老民族，台江苗族特有的织锦绣在苗族刺绣文化中闪烁着神秘的光芒，是苗族刺绣工艺的重要组成部分。苗族织锦绣作为贵州省台江和雷山地区独特的刺绣方法，其工艺复杂、图案精美，在苗族传统服装、鞋帽及配饰上均有体现，具备极高的实用性和欣赏性，完美地呈现出本地区劳动人民对生活的美好期许和对大自然的崇敬。本文通过对苗族织锦绣的发展现状、使用材料、制作工艺、图案装饰、色彩搭配、文化内涵等方面进行系统分析，较为深入地探讨台江苗族织锦绣背后的文化价值，提升大众对优秀传统文化的认知，弘扬传统文化并增强文化自信，本文旨在通过研究挖掘，将这一面临失传境地的传统刺绣工艺进行传承和发展。

关键词　台江、苗族、织锦绣、传承、创新

苗族历史文化悠久，苗族先民几经纵跨南北的漫长大迁徙，逐渐形成了分布在中国云南、四川、贵州、湖南、湖北、广西和海南等地及海外各国与其他民族大杂居小聚居的格局。苗族的房屋建造、宗教祭祀、婚姻礼俗、服饰刺绣等多彩的民族文化独具特色，在迁徙的过程中也受其他民族文化的交融影响，但始终保留其民族的独特气质和精神内涵。

在跨越江河山川，频繁的迁徙与动荡的生活中，苗族人只有自己的语言而没有本民族文字，使得苗族文化传承有别于其他民族，在宗教、艺术、文化与情感表达的方式上洒脱而豁达。苗族同胞不断将自身的文化与其他民族文化融合与发展，而又始终保持着自身文化精髓的代代传承，苗族服饰图案的造型、线条都是其历史文

[1] 刘川渤，北京服装学院，博士研究生。

化的承载。

据2010年中国第六次人口普查统计，贵州苗族人口4,299,954人，占苗族总人口数的48.07%。黔东南苗族侗族自治州是贵州苗族文化体现最集中的地区，这一地区的台江县苗族人口占全县人口的97%，被称为“天下苗族第一县”。台江地区的苗族服饰相对于其他地区保持较为完整，苗族传统刺绣工艺的魅力在此地区展现得淋漓尽致。

贵州台江苗族服饰刺绣种类繁多，其中以破线绣、织锦绣、绉绣、叠布绣等精湛的工艺闻名遐迩。台江苗族织锦绣服装属礼服品类，该服饰的刺绣工艺在现有苗族传统服饰中极少出现，织锦绣在苗语中读为“boujin”，是一种借鉴织锦工艺经纬编织原理形成丰富纹理的刺绣针法，边缘偶尔用滚针、圈金、锁绣等针法圈界纹样，色彩表现力丰富。

随着西方审美和科技浪潮的冲击，传统刺绣工艺的传承出现危机，文化的多样性遭到破坏，迫切需要我们来关注、传承和发展。台江苗族织锦绣作为众多绣法中极具特色而神秘的绣法之一，工艺复杂、变化多样、难度较高，目前台江苗族织锦绣法仅为极少数绣娘所掌握，几近面临失传，极具研究价值。目前此类织锦绣服饰主要分布于贵州省雷山与台江两地，本文将从历史沿革方面对织锦绣分布于两地的情况给予分析，并对台江苗族织锦绣进行较为系统地研究。

一、贵州台江地理环境、历史沿革及台江苗族织锦绣发展现状

贵州苗族织锦绣因其刺绣形式和外观式样也被当地人称为“网绣”或“铺绒绣”，是先用一种颜色的丝线依据所需图案的形状拉直平铺绣花打底，再用其他颜色丝线从垂直方向沉浮变化穿插交织呈现出不同几何图案的针法，多见于贵州台江和雷山地区的苗族服饰。服装服饰的穿着方式一定与当地的自然地理环境及社会人文发展有着密切的关联，因此，对台江地理环境、历史行政区域划分等进行分析，为苗族织锦绣同时分布于贵州台江县和雷山县两地的原因找到依据。

（一）贵州台江地理环境及历史沿革

位于贵州省黔东南苗族侗族自治州的台江与雷山两县毗邻，台江县苗族人口密集，被称为“天下苗族第一县”，史称“苗疆腹地”。台江县地处云贵高原东部苗岭主峰雷公山北麓，位于贵州省东南部、黔东南苗族侗族自治州中部，清水江中游南岸。被当地人称为“展响”的施洞镇位于台江县与施秉县两地交界，意为“贸易集市”，商业发展迅猛，自古亦为兵家要地，清末民族学家徐家干在《苗疆见闻录》光绪四年刻本的记载也描述了这一地区当时发展的盛况：“施洞口偏寨附其东，沙湾、岩脚、巴团、平地营蔽其前，九股河依其后，向为苗疆一大市会，人烟繁杂，设黄施卫千总驻之。”[1]台江地区水路交通便利，旧时山区的经贸往来主要依靠水陆运输，清水江航运

[1] 徐家干:《苗疆闻见录》,光绪四年刻本。

是湘黔水运重要的组成部分，因此也带动了沿线码头的经贸发展，独特的地理环境使得服饰异彩纷呈，风俗颇具特色。

贵州苗族各个地域的服饰往往因其自然环境和历史发展的种种因素存在差异或关联，台江苗族织锦绣服饰作为本地区节日盛装之一展示出了苗族人奔放、古朴的文化特征，而同时分布于雷山地区的苗族织锦绣风格与之极为相近，这一现象与两地历史行政区域划分有着密切的联系。

台江县的建制沿革据史料记载，清朝雍正十一年（1733年），政府在其区域设置台拱厅；民国二年（1913年）将“台拱厅”名称改为“台拱县”，隶镇远道，为二等县，置革东、来同、台盘、南省、在浓、施洞六镇[1]；雷山县明至清康熙年间均为苗族自理本地区事务，无建制前均称为管外苗族地区，隶属于其他州、郡、县。台江县在1941年前与雷山县部分区域实为一体，称为“丹江县”，1941年废丹江县，划丹江河以东地区并入台拱县，改名为台江县，二县各取一字而得名“台江”；1958年台江县并入剑河县；1962年复置台江县。两地的建制沿革使两地区域文化相互交融，服装形制与刺绣技艺也注定互相影响，由此充分解释了织锦绣技艺分布于台江县与雷山县两地的现象。

（二）贵州台江苗族织锦绣工艺发展现状

苗族服饰各个支系的划分可分为“广义”和“狭义”两个层面。广义上来看，“支系”是具有一个共同历史来源的部落、联盟或民族的几个大的系统组织；从狭义上看，“支系”为一个民族内部有着相同自称、方音、服饰、风俗习惯和经济生活的若干集团派别，是一个民族长期发展和演化的产物。

台江在苗语中被称为“fangni”，喻为“如金银般美丽的地方”，这里有最为纯正、最具代表性的苗族文化空间及表现形式，其中台江苗族服饰是台江苗族图腾崇拜、心理及性格特征、审美情趣和技艺水平的集中体现。贵州台江苗族支系众多，狭义上按支系划分为台拱、排羊、后哨、革一、革东、施洞、交包、反排、南宫九个最具代表性的支系，台江县的县城台拱镇是苗族台拱型服饰分布的中心区域和典型代表，也是台江苗族织锦绣技艺传播的核心地带。

改革开放以来，大量新鲜信息涌入闭塞的村寨，使得苗族人在交流方式、穿着习惯、思维观念等方面都发生了巨大的变化。随着现代工业的发展，大机器织造的面料以及电脑绣花的普及，极大地降低了服装制作的时间和成本，苗族人越来越多地使用现代工业制作的服装产品，使得苗族原有的传统服饰淡出了他们的生活。国家对于基础教育投入的加大，“春蕾计划”[2]等爱心工程的扶持让失学女童回到学校接受教育，这些女孩把大部分精力放到学习和工作中，而耗费大量时间和情感去学习、创作的刺绣和剪纸等传统手工技艺却因此渐渐被忽视。随着艺术品鉴赏业的发

[1] 李若慧. 财富、商品与信仰——黔东南施洞苗族人的银饰价值观 [D]. 北京：中央民族大学，2012.

[2] 春蕾计划(Spring Buds Project/Spring Buds Program)：是一项旨在帮助因生活贫困而辍学或濒临辍学的女童重返校园接受学校教育的爱心工程。

展和人们对传统服饰文化认知的提升，绣娘们大多迎合市场去选择最为常见的、精致的、具有代表性的类型去进行刺绣，例如施洞地区的破线绣因为其宣传力度大、受关注面广，从而使得其周边区域去效仿。

另一方面，苗族剪纸作为苗族刺绣的蓝本，与苗族传统刺绣相互依存。据了解，目前贵州很多绣娘无法熟练掌握剪纸技艺，她们刺绣所需的剪纸多从其他剪纸技艺娴熟的绣娘处购买，台江施洞地区破线绣远近闻名，这些绣娘所剪的纸样多按照自己的审美和意识形态进行创作，且为了迎合市场增加刺绣的商品价值，剪纸大多复杂精细，带有各种镂空的纹样。台江苗族织锦绣所需的是有较少镂空、大块面、整体性强的剪纸，这一点正与前者产生了矛盾，因此本人分析这一情况对台江苗族织锦绣的发展和传播在一定程度上也产生了影响。

织锦绣作为贵州省台江和雷山地区特有的刺绣方法，贵州省台江县的杨再美老师是目前仅有的对台江织锦绣技艺完全掌握的手工艺人。台江苗族织锦绣技艺在杨再美老师的带领下得到传承和发展，她对织锦绣的艺术表达进行探索，将织锦绣绣片制作成装饰画、手提包等富有创造性和设计感的装饰物，为苗族织锦绣增添了现代的气息。现代台江苗族织锦绣符合现代人的审美情趣和居家装饰需求，并且更加突出体现苗族织锦绣的纹理之丰富变化、色彩之明快艳丽，传统刺绣手工技艺的传承复兴带动了当地旅游商品业的发展，给当地苗族人带来了可观的收益，开创了当地经济发展的新途径（图1、图2）。

图1　杨再美老师演示织锦绣
（拍摄于贵州省台江县杨再美刺绣工作室）

图2　现代台江苗族织锦绣装饰画
（拍摄于贵州省台江县杨再美刺绣工作室）

二、贵州台江苗族织锦绣服饰综合分析

（一）贵州台江苗族织锦绣服饰材料分析

生活在山区的苗族人以农耕为主，“男耕女织”的生活方式使其传统服饰别具特色，传统苗族服饰工艺复杂、耗费工时，服装所用纱线都是由苗族妇女纺制。从面料上看，台江苗族服饰的布料为黑色、蓝色或棕色的棉布，苗族人的服装面料制作工序复杂，“蛮人衣裙，在桂省内，绝少绒呢皮料之物”“所著衣裙，完全为其手制，故蛮人妇女，无不善纺织。其工细者，数月而成疋，曰

‘娘子布’”[1]。

苗族人古老的染布方式沿袭至今：“染以草实、好五色衣服”充分表明苗族在较早时期已经采用天然的植物染料进行染色。利用植物染料对绣线进行染色是苗族传统服饰主要的染色手段，台江苗族刺绣的绣线色彩明快，不易脱色，蓝色染料主要采用靛蓝；红色染料主要采用茜草、红花、苏枋；黄色染料主要采用槐花、姜黄、栀子；紫色染料主要采用紫草、紫苏；棕褐色染料主要采用薯莨；黑色染料主要采用五倍子、苏木[2]。织锦绣的刺绣图案主要装饰在领口、袖口、门襟、开衩、裙腰上，刺绣面料多以蓝色和黑色为主。

织锦绣在刺绣前需准备浸泡好的皂角、绣针、剪刀、真丝绣线、刺绣底布（平纹或斗纹）、剪好的双层图案纸样等材料，作为台江苗族刺绣中一种重要的工艺，华贵大方、古朴精美的纹样和肌理感是苗族织锦绣工艺中的一大亮点。

（二）贵州台江苗族织锦绣服饰色彩及图案分析

苗族刺绣种类丰富多样，每件苗族传统服饰上都使用到多种绣法，根据绣法的变换呈现出令人惊叹的视觉效果。台州苗族织锦绣图案品类众多，最常见的图案为蝴蝶、石榴、鸟和花卉等。织锦绣的纹饰风格大胆夸张，简洁写意，表现出苗族劳动人民极强的创造力、对自然的崇拜和对未来生活的美好憧憬。

1. 贵州台江苗族织锦绣服饰色彩分析

作为历史上没有通行文字的民族，苗族传统服饰在蔽体保暖的基本功能上，超越了审美需求，用不同的寓意指向来达到对自然万物的崇拜，同时苗族不同部族之间也用服饰形态和图案、颜色来进行族群的识别和界定，成为认同“乡里”的符号，其丰富的纹饰图案和神秘的色彩搭配转变成一种通用的图案语言，与口传歌颂的歌谣和故事相互衔接，多维度地为我们呈现出如史诗般的苗族文化。

根据调研及考察整理，笔者对贵州台江苗族织锦绣图案及色彩进行了列举分析（表1）。从台江苗族织锦绣图案在色彩运用上分析，其颜色丰富多变，复杂却不凌乱，这与本民族的历史观念、文化习俗和地理环境有着密不可分的联系。少女服装的刺绣多用明快颜色的绣线进行对比表现，并装饰亮片，在颜色搭配上并不受固有色的局限，配色以对比色为主，调和色为辅，在底色为黑色、蓝色或棕色的布料上呈现出独有的节奏感和缤纷热烈的景象；而老年妇女服装的刺绣则显得素雅简洁，多用颜色较稳重的绣线进行刺绣。传统台江苗族织锦绣纹饰的色彩构成十分奇特，随着化工染料的普及，越来越多的苗族妇女选用市场上现成的化学染料染制的丝线，这些丝线颜色较之前的传统染色而成的丝线更为光亮。

[1] 刘锡蕃. 岭表纪蛮[M]. 上海：商务印书馆，1935：59.

[2] 刘克祥. 棉麻纺织史话[M]. 北京：中国大百科全书出版社，2000.

表 1 贵州台江苗族织锦绣图案及颜色列举分析

项目	花草纹	鸟纹	蝴蝶纹
图案示例			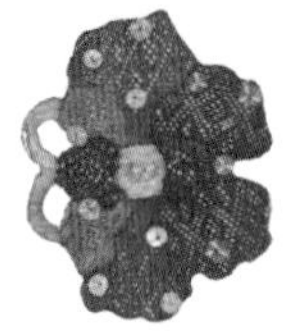
轮廓线稿图示			
色彩图示		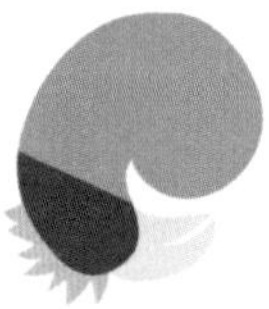	
颜色提取			

图案纹样来源：笔者拍摄；图示：笔者绘制。

2．贵州台江苗族织锦绣服饰图案分析

贵州台江妇女在进行织锦绣时，刺绣的图案式样千变万化，凭借她们对于生活的积累和对于生命的热爱而随机随性绣出美丽的纹样，图案在构图上有对称式、S形、圆形、中心式、散点式等形式，有二方连续、四方连续和自由组合等多种式样。

台江苗族女性织锦绣盛装多运用斗纹、花卉纹、鱼纹、龙纹、鸟纹和蝴蝶纹，织锦绣的花卉纹多为三至四瓣花卉，与波浪形的茎叶进行有机组合，或与鸟纹、蝴蝶纹样进行呼应（表2）。

表 2 台江苗族织锦绣常见动物纹、植物纹图案列举

动物纹	植物纹	

续表

动物纹	植物纹	
		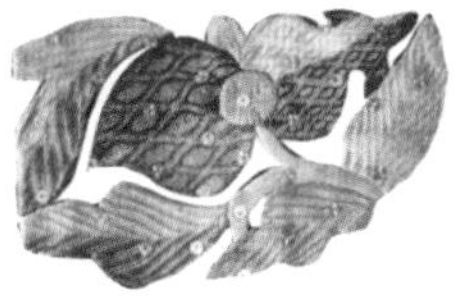

图片来源：笔者拍摄。

通过对田野考察和大量实地调研资料的整理，我们从中得知苗族服饰刺绣中的“蝴蝶”图案和纹饰，是为了纪念创世史诗神话中人类的始祖“蝴蝶妈妈”[1]；鱼纹是对生殖繁衍神灵的崇拜；石榴纹代表子嗣绵延；龙纹代表力量、正义与生命力；鸟、螃蟹花、水车花、水波纹、鱼纹等图案是表达苗族人民对美丽的江河湖泊的追忆；肩带花代表着苗族部族的迁徙过程中跨过的大江大河，富有寓意的刺绣图案从另一方面体现了苗族人对祖先的敬仰、对历史的追忆和对自然的尊敬[2]。这些具有象征意味的图案纹样运用到台江苗族人的日常服饰和节日盛装乃至生活器物的装饰纹样上，不仅展现了独特而多彩缤纷的苗族文化，另一方面也为当代服装设计的灵感元素注入了新的血液。

（三）贵州台江苗族织锦绣服饰工艺分析

苗族服饰的传统制作工艺是复杂化、立体化的手工劳动，剪纸工艺与刺绣工艺是相互依存的，并作为苗族传统文化及日常生活的重要细节。台江苗族织锦绣工艺因其正面绣线交织形成大块面图案并有点阵分布，绣片背面使用“藏针”工艺而极具特色（图3）。

台江苗族织锦绣工艺与剪纸工艺关系密切，其剪纸的主要作用是为苗族服饰的纹样刺绣做铺垫（图4）。黔东南台江地区苗族剪纸也是织锦绣工艺的重要一步，在刺绣前需将剪好的纸样用短

[1] 伊藤清司. 中国古代文化与日本——伊藤清司学术论文自选集 [M]. 张正军，译. 昆明：云南大学出版社，1997.
[2] 吕春祥. 黔南苗族服饰的艺术特征研究 [J]. 中国民族博览，2015(5)：48-50.

图3　贵州台江苗族织锦绣图案背面
（拍摄于贵州省台江杨再美工作室）

图4　贵州台江苗族剪纸——蝴蝶纹样
（拍摄于贵州省台江杨再美工作室）

线迹固定在底布上作为刺绣所用花纹底样，然后在布上依据剪纸纹样进行刺绣。织锦绣多用在服装肩部、袖子、领子的装饰上，自由布局，图案分为以蝴蝶、花、鸟等为原型变化的图案和刺绣图案上呈现的点状几何纹样（表3）。

表3　贵州台江苗族织锦绣纹样组织结构

序号	纹样图例	组织结构
纹样一		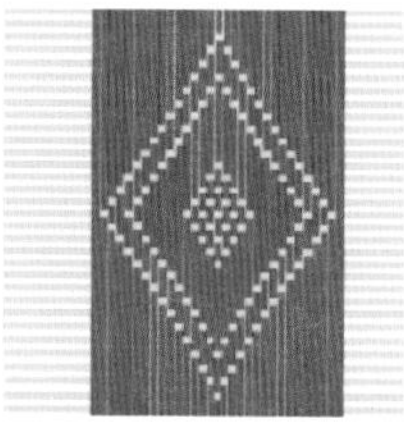
纹样二		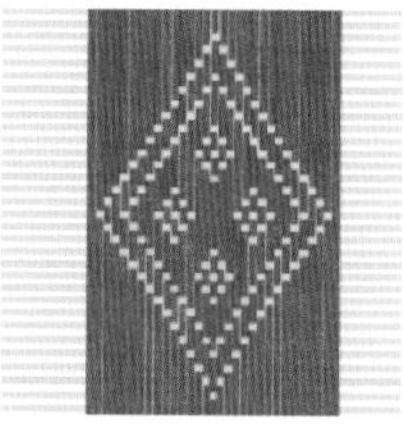
纹样三		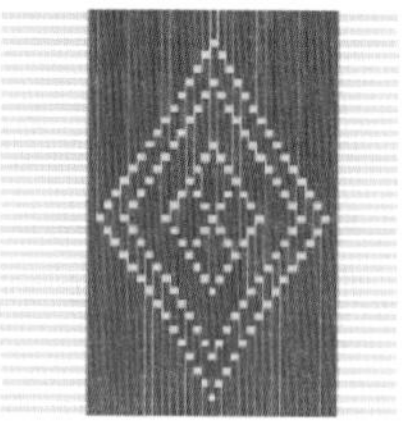

纹样图例来源：笔者拍摄；组织结构：笔者绘制。

第一步，穿针引线，先将针线穿过浸泡好的皂角，再将剪好的双层纸样图案用短针固定在刺绣底布上（图5）。第二步，用刺绣中点状花纹颜色的绣线进行平绣铺满图案区域，即绣出织锦绣的纬线，线与线之间留有些许缝隙；刺绣背面使用“藏针”，每绣完一条纬线后再次出针时应在

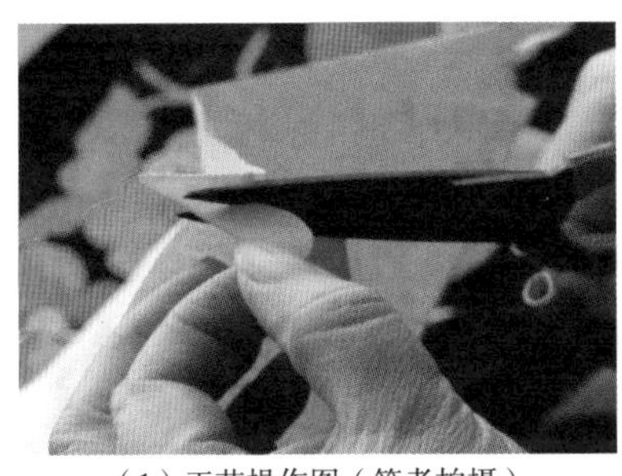

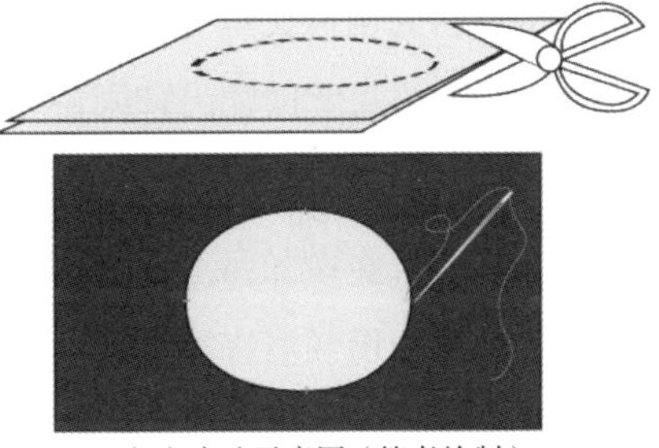

（1）工艺操作图（笔者拍摄）　　（2）方法示意图（笔者绘制）

图5　步骤1：剪样并固定

上一针位旁，即与上一纬线相反方向进行刺绣，背面产生点状线迹（图6）。第三步，纬线铺满后，选用与纬线颜色产生对比的绣线进行经线方向刺绣。其原理与传统织锦“提花”有异曲同工之妙，经线沉浮于纬线上下，交织错落进行刺绣，形成花纹（图7）。

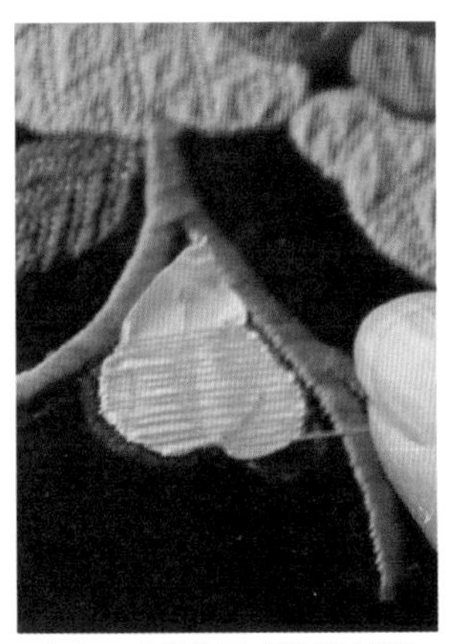

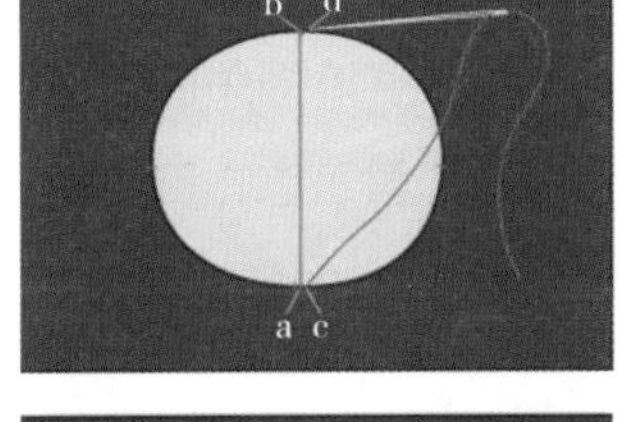

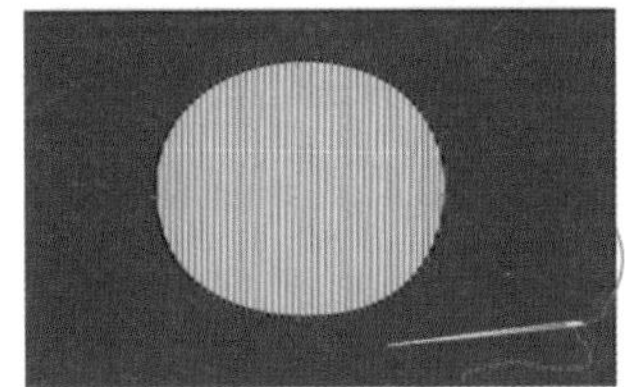

（1）工艺操作图（笔者拍摄）　　（2）方法示意图（笔者绘制）

图6　步骤2：纬线铺底

（纬线由b点出，a点入，c点出，d点入，从而布料背面形成点状针迹）

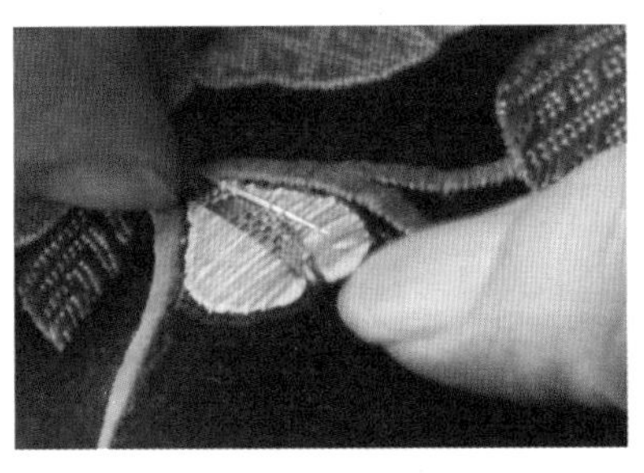

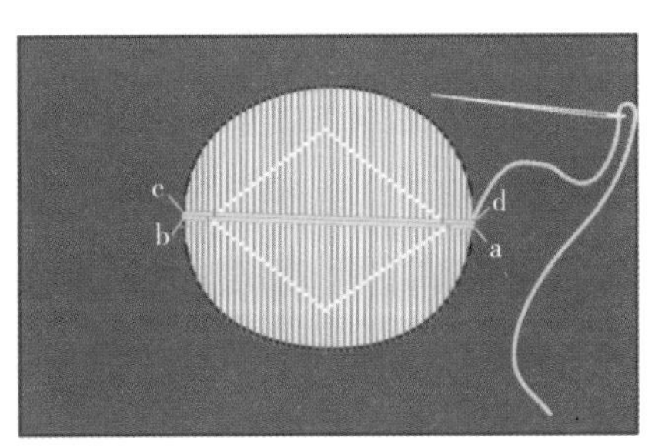

（1）工艺操作图（笔者拍摄）　　（2）方法示意图（笔者绘制）

图7　步骤3：“织”经线

（经线由a点出，b点入，c点出，d点入，覆盖纬线，经过花纹图案，即图中白色点时，从此点所属的纬线下穿过，依次形成“织锦”状图案纹理）

台江苗族织锦绣要求底绣即所绣纬线平行均匀，绣线经纬颜色产生对比，刺绣图案看似精美的织锦，与织锦不同的是其背面只显点状针脚而不露线迹，故将此刺绣称为织锦绣。

（四）贵州台江苗族织锦绣工艺在服装中的应用

台江苗族织锦绣多绣于服装肩部、袖子等大面积结构上，左右衣身花纹图案看似相同实则不一，随意性强，颜色搭配大气、明丽，饱含丰富的联想与美好的寓意（表4）。

表4 贵州台江苗族织锦绣女性上衣刺绣分析

刺绣部位	刺绣工艺	刺绣纹样	刺绣色彩
袖子、肩部（加粗线条的花草为织锦绣）	织锦绣、锁绣、叠布绣、平绣等绣法相结合	斗纹、花草纹、鸟纹、水波纹、蝴蝶纹等	大红色、玫红色、粉红色、橘黄色、草绿色、墨绿色等
肩部图案示意		袖部图案示意	
肩部图案线稿		袖部图案线稿	

图片来源：笔者拍摄；图案线稿及款式结构图：笔者绘制。

贵州台江地区苗族男装简朴，女装分为“亮衣”（年轻女性穿着）与“暗衣”（年长女性穿着）。从结构上看，苗族织锦绣盛装外衣为深色交领系带上衣，无省道设计；服装正面为左右两片裁片，服装背面有中缝，由两片长方形布片缝合，衣袖在日常穿着时挽起5~6厘米（图8~图11）；下身多着深色百褶长裙，无刺绣纹样。

传统织锦绣盛装的衬衣多为苗族妇女自制，袖部有精美的刺绣装饰，现今台江苗族妇女极少有人能详述传统衬衣的形制和特征。笔者在苗族服饰收藏家家中请教台江地区苗族服饰问题时无意间发现了现在极为少见的台江苗族衬衣，此件衬衣为棉布制作而成的本白色交领系带上衣（图12~图15），领部为白色纳针，袖口绣有黑色花纹。

图8 贵州台江苗族织锦绣上衣正面
（北京服装学院贵州考察团队拍摄）

图9 贵州台江苗族织锦绣上衣背面
（北京服装学院贵州考察团队拍摄）

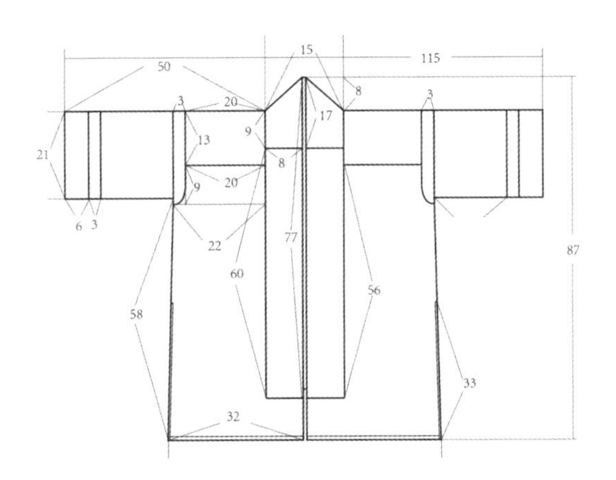

图10 贵州台江苗族织锦绣上衣正面尺寸结构图
（笔者绘制）

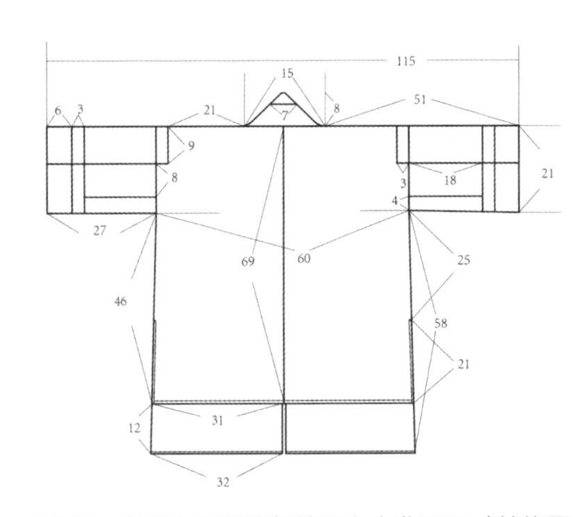

图11 贵州台江苗族织锦绣上衣背面尺寸结构图
（笔者绘制）

图12 贵州台江苗族衬衣正面
（北京服装学院贵州考察团队拍摄）

图13 贵州台江苗族衬衣背面
（北京服装学院贵州考察团队拍摄）

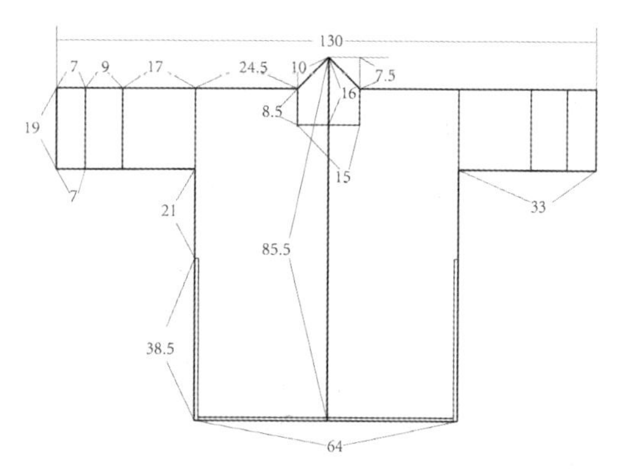

图14　贵州台江苗族衬衣正面尺寸结构图
（笔者绘制）

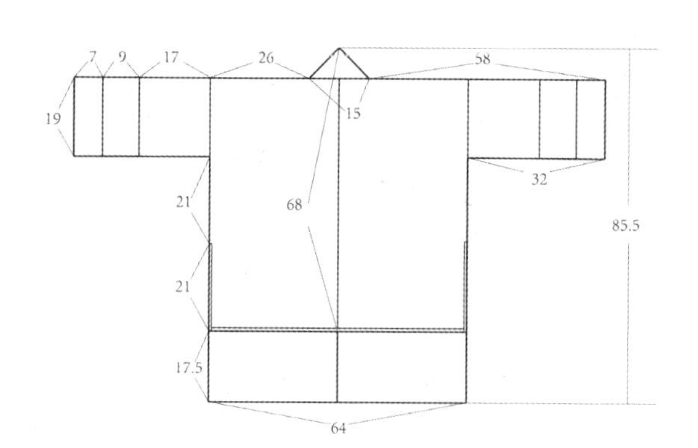

图15　贵州台江苗族衬衣背面尺寸结构图
（笔者绘制）

三、结论

通过对贵州台江苗族织锦绣较为系统地分析，我们得知，织锦绣作为苗族刺绣文化中极具特色的一部分，在经历曲折的发展过程后，突破传统的意识形态，在创新中不失其独特的民族个性和文化血脉，适应着时代潮流的演进。

人类的纺织历史从纺纱织布到刺绣装饰经历了漫长的发展演变的过程，“织”与“绣”有着极深的渊源，台江苗族织锦绣汲取了织锦经纬穿插起伏的组织结构原理，将其综合运用到刺绣针法中，其实用性、审美性、文化性等多方面都具有极高的研究价值。贵州苗族织锦绣分布于贵州雷山、台江一带，与两地历史行政区域划分有着直接的联系。

台江苗族织锦绣是一个具有装饰性、包容性的传统刺绣技法，与其他刺绣技法相互呼应、对比、演绎，产生了一种大气、新奇的视觉效果，其应用范围也十分宽广：服饰品、家居用品、墙壁装饰、箱包等均可应用。从颜色运用上看，织锦绣用色稳重但不压抑，新鲜却不艳俗，对比而又相互呼应、和谐；从工艺技法来看，织锦绣作为多种刺绣文化相互影响、交融的产物，其经纬绣线的“显”与“隐”代表着苗族劳动人民的勤劳与智慧，“藏针”技法一方面展现苗族人豁达、低调的处世态度，另一方面是苗族人勤俭节约传统美德的传承；从图案纹样的运用来看，苗族人善于用吉祥寓意的刺绣纹样表达、寄托自己的情感，并运用丰富的几何纹、植物纹或动物纹等表述自己对未来幸福生活的期冀，这完美诠释了“艺术源于生活而又高于生活”的哲理。

织锦绣从面临失传到走向世界的路途艰辛，需要数代人的传承与发扬，将织锦绣的精髓在保持其独特性的前提下与当今时代融为一体。少数民族文化研究对于提升苗族人民的民族自信心、重拾本民族的传统技艺和带动少数民族地方经济的发展起到至关重要的作用，在苗汉文化交流、中西文化交融的趋势下，台江苗族织锦绣将注定焕发新生。

21 闽南惠安大岞村渔女服饰结构考察研究[1]

卢新燕[2] 童友军[3]

摘 要 闽南泉州惠安女服饰于2006年被国务院录入首批国家非物质文化遗产名录，惠安女服饰结构基本沿袭汉族服饰传统的斜襟右衽，在海洋自然环境和外来文化的不断影响下，惠安女服饰从“接袖衫”“缀做衫”到“节约衫”的不断演变过程中，既传承了传统立领右衽大襟十字型结构，又融入了适合海洋生产方式的服饰特征，形成了独有的海洋民俗特征的服饰结构和审美情趣。透过惠安女服饰结构的演变，折射出海洋民俗文化的开放性和包容性，容易变化的是物质文化，而最不容易变化的是非物质文化，大岞村渔女服饰承载着海洋民俗文化的物质和精神内涵。

关键词 大岞惠安女、海洋文化、服饰结构、文化内涵

惠安女服饰是指生活在惠安县东部海边的一个特殊汉族族群的妇女服饰，大岞村位于三面环海的惠安崇武半岛上，其独特的服饰风格一直受世人瞩目，惠安流传的一句经典民谣“封建头，民主肚，节约衣，浪费裤”，就是对现代惠安女服饰的高度概括。封建头是指惠安女头饰——花头巾和黄斗笠包裹和遮挡，看不清五官；“节约衣”是指惠安女上衣衣身短小至腰部，袖口收紧到小臂，用布节约，以此得名；“民主肚”是指上衣紧窄短小，在劳作中露出肚脐而不遮挡，很是民主；“浪费裤”是指下装特别宽松肥大，与上装形成鲜明宽窄对比。我们现在看到的大岞惠安女服饰这种形制是在20世纪50年代后才逐渐定型的。从尚存的惠安女服装史料和田野考察中，大岞惠安女服饰可分为三个历史阶段：清代的“接袖衫”、清末民国的“缀做衫”和现代的“节约衫”。本文通过分析三个时期的服饰结构特征，解析海洋文化背景下惠安大岞女服饰结构历史演变所折射的文化内涵。

[1] 基金项目:国家社会科学基金项目(15BG104)阶段性研究成果。本文图片均为作者田野考察时拍摄。

[2] 卢新燕(1974—),女,福州大学,教授,硕士研究生,研究方向:服装技术与服饰文化。
[3] 童友军(1970—),男,福州大学,副教授,硕士研究生,研究方向:服装技术与服饰文化。

一、惠安大岞村渔女上装右衽大裾衫的结构特征

惠安大岞村渔女上装结构不论是“大裾衫”还是“缀做衫”和“节约衫”，其结构特征都是传承汉族服饰的立领右衽，中华服饰的十字型平面结构一直延续至今。惠安渔女服饰受到不同时期政治、经济、文化发展的影响，形成了不同时期的审美标准和结构特征。

1．清代卷袖“接袖衫”的结构与工艺

“接袖衫”又称“卷袖衫”，是以袖子拼接过长再翻卷的特征而得名（图1、图2）。“接袖衫”是清代崇武大岞惠安女上装的基本样式，这个时期惠安女服装搭配形式是：上装“接袖衫”搭配大折裤，大折裤又称“汉裤”，臂挽褡裢（俗称“插么”），腰系百褶裙，脚穿鸡公鞋。“接袖衫”沿袭清代妇女“大袂衫”的结构，立领右衽，长及膝盖，袖子类似于清代女装的挽袖，不同的是

图1　接袖衫

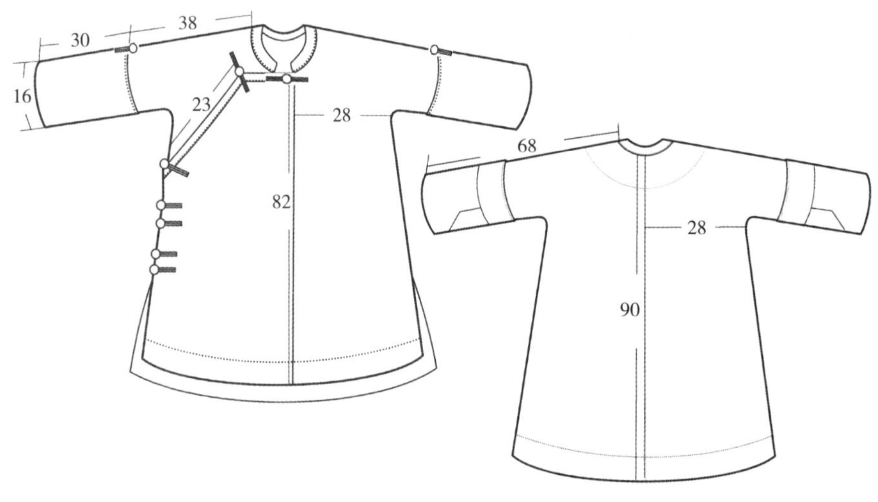

图2　接袖衫正背面结构图（单位：cm）

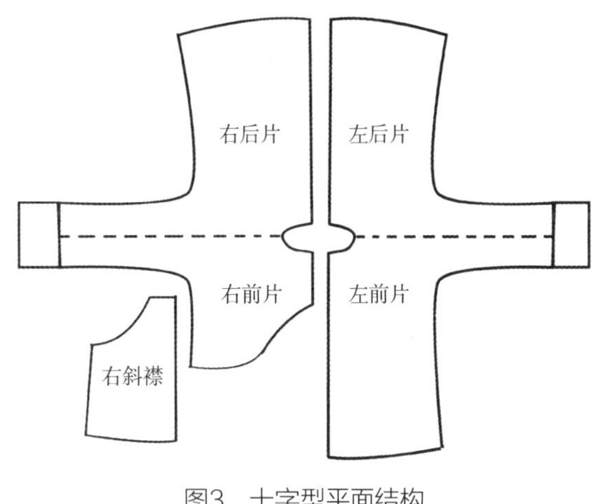

图3 十字型平面结构

袖口细窄，长及没过手指，服装结构沿用的是传统十字型平面结构接袖拼接（图3）。接袖最初是受当时纺织技术布幅宽度的限制，家织布一般是60厘米宽幅，连身袖结构只有拼接，这也成了后来中式服装的典型结构特征。大岞惠安女“接袖衫”不仅仅解决了布幅不够的问题，同时还具有特殊的婚俗礼教的功能，在当时的礼教，结婚头三天新娘是不能露面的，除了头饰乌巾遮面，新娘还要提袖掩面遮羞，等到婚后第三天，从袖长的一半处翻卷用布纽固定，便于干活。❶“接袖衫”的接袖可能也受清代挽袖女装的影响，但不同于清代挽袖女装的可拆卸性。在花色面料还是稀缺的年代，“接袖衫”以蓝色为主要配色，蓝色布头成了大岞渔女们服装的主要装饰材料，在袖口背面缀接两块拼合成长方形和三角形的蓝布，卷起的袖口自然露出，另外袖口还贴有4厘米宽的黑布并镶饰色线起到装饰作用；领根下，中线右边也饰有一块约5厘米的方形蓝布❷，小小的细节无处不体现大岞惠安女的爱美之心。

“接袖衫”的十字型平面剪裁结构，是以通袖线（水平）和前后中心线（竖直）为轴线构成，衣身和袖片相连，现在服装术语就是连身袖设计，衣长至膝盖，胸、腰、臀直身宽松略呈A字形，衣摆稍呈弧形外展，这一外展弧形设计一直被沿袭至今，后来弧度越演越大，成为惠安女服饰的重要结构特征。“接袖衫”的前后中心线左右相连拼接，衣身分为5大片，第1片是前后右衣片以袖中缝对折连裁，第2片是前后左衣片连裁，第3片是左片掩右片的斜门襟部分，第4和第5片是袖口拼接卷袖的部分。衣领为立领设计，领高3~4厘米，盛装时佩戴可脱卸刺绣花纹立领，右衽斜门襟滚缝一条黑色布边，由于当时还没有缝纫机，所有工艺都为手工制作暗针缝制，内里用不同颜色的碎布贴边，应该是节约用布，一条弧形下摆内贴边多种不同花色面料，拼接的内贴边略比外衣面料长0.1~0.2厘米，构成一个多色牙条下摆装饰效果，接袖衫纽扣为中式红色布扣，领前1粒，前胸侧1粒，腰侧1粒，固定卷袖2粒，共9粒，布质多为粗布和苎布两种❸。

2．缀面装饰的“缀做衫”结构

“缀做衫”因上衣拼接长方形和三角形缀面装饰而得名。“缀做衫”是在“接袖衫”的基础上演变而成，为民国时期主要服装样式，相比于接袖衫，衣长有所缩短，随着妇女的地位逐渐提升，加长接袖的遮羞功能慢慢减弱，袖长变短至手腕。接袖衫挽袖里布的三角形拼缀装饰，因卷袖的结构消失而转移到胸腰和背腰装饰，胸、背中线左右缀做两块六寸（20厘米）四方黑或褐色布❹，

❶ 陈国华．惠安女的奥秘［M］．北京：中国文联出版社，1999.
❷ 陈国强，石奕龙．崇武大岞村调查［M］．福州：福建教育出版社，1990：198.
❸ 陈国强，蔡永哲．崇武人类学调查［M］．福州：福建教育出版社，1990：180.
❹ 卢新燕．福建三大渔女服饰文化与工艺［M］．北京：中国纺织出版社，2014：61.

这种长方形的缀面，结构形式类似于清代官服的补子，不同的是大峠渔女上衣的补子结构又加上独特的自我审美特色：以前中心线为对称，左右补子上下错落2厘米,补子四角拼接不同色的小三角形（图4、图5）。这个时期服装的基本搭配是："缀做衫"外穿"贴背"，"贴背"类似于清代的坎肩，是一种多纽襻的背心，下穿宽腿大折裤，百褶裙已经少见，外出干活围腰巾。"缀做衫"弧形下摆加阔，弧度加大向外弯展，当地人称为"裳根尾"。袖口内里贴蓝色或绿色长方形布边，一是节约面料用一些碎布拼接内里，二是以便翻卷时作为装饰，侧缝、内襟都是用一些碎布头贴边，这种缀做衫的做法一直延续至今。左右侧缝开衩，相对纽扣的侧面开衩部位，用色线绣有一个装饰纹样，最早以渔网纹为主，后期大都以花卉图案装饰为主。领型依然是立领，领根下方增加不同颜色三角形拼布装饰。胸腰和背腰的补子缀面长约15厘米，宽约12厘米，一般用黑色或深褐色绸布装饰，其四边各镶接一块边长约为5厘米的三角形色布，这些类似于清朝官服补子的缀面，清朝官服和民服或多或少都有一定影响存在于大峠渔女服饰中。

图4　缀做衫

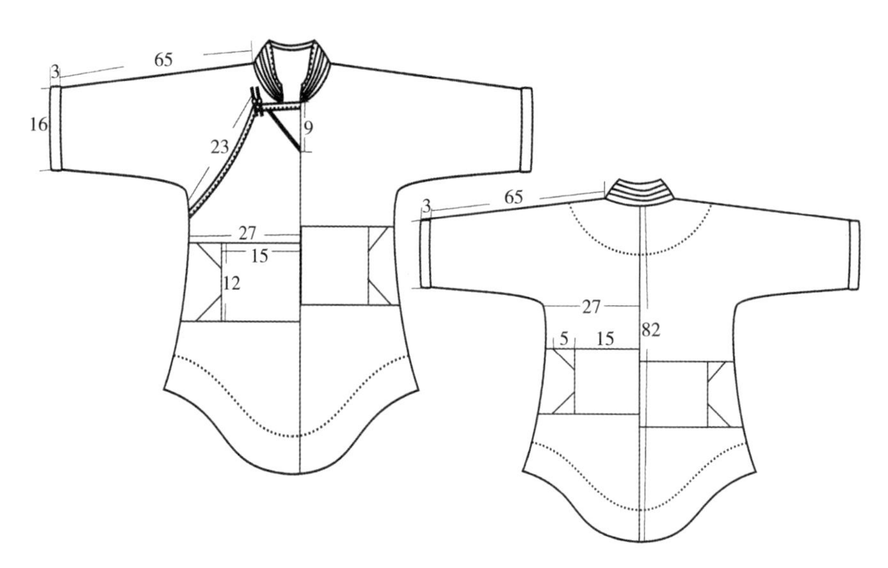

图5　缀做衫正背面结构图（单位：cm）

3．海洋风情的“节约衫”结构

“节约衫”是现代惠安女上衣的代称，出自惠安渔女服饰特征的一句民谣：“封建头，民主肚，节约衣，浪费裤”。中华人民共和国成立以后，妇女解放运动进入新的历史发展时期，移风易俗、男女同工同酬，大大激发了妇女的劳动热情。具有代表性的惠女水库建设，1958年7月动工修建，当时1.5万多人参加修建，其中惠安渔女占1.3万多人，可见惠安女在当时社会生产劳动中的地位，水库也因此更名为“惠女水库”。在如此多惠安女参加劳动的过程中，谁的衣服好看成了她们闲余时间的热门话题，新的花色面料、新样式、新的手工都成了她们精神世界的一部分，节约衫和民主肚在这集体创新和从众审美下形成了。

“封建头”指的是现代的花斗笠和花头巾。海边劳作时为防风防晒，原有的乌巾已满足不了劳动的需求，随着花布的出现，花色头巾应运而生，在防晒又透风，在美观和功能的要求下，产生了现在的方形对角固定在头巾架上的包系方法，既方便脱卸，又起到通风透气的作用。在惠安女特殊的审美需求下，大岞渔女们创造了塑料斗笠花的特殊装饰风格，原先挡风挡雨的斗笠由最初的普通斗笠演变成装饰斗笠，成了婚礼服的重要组成部分。

长及膝盖的“缀做衫”无法适应新时代的劳动，伴随着劳动的过程悄然缩短了衣身、收紧了袖口，在缀做衫的基础上，去掉三角形色布和方形黑、褐红的繁杂镶接工艺[1]。“节约衫”衣长缩短至腰线，早期的卷袖简化成了细窄的七分中袖，干净利落。随着节约衫不断变短，下摆的弧度越来越大，向外弯至腰部，起翘量一般达15厘米，下摆围度比胸围围度长约20厘米。“节约衫”下摆如此大的弧度，在工艺上没有采用现代弧形贴边工艺，而是一直沿用她们传统的均匀收褶手工暗针工艺，正面背面都有变化。衣领下延续缀做衫的三角形刺绣装饰（图6、图7）。随着头巾流行越来越大，刺绣的纹样被头巾遮挡，现在也很少绣此装饰了。节约衫最大的特征是肩、胸裹紧[2]，

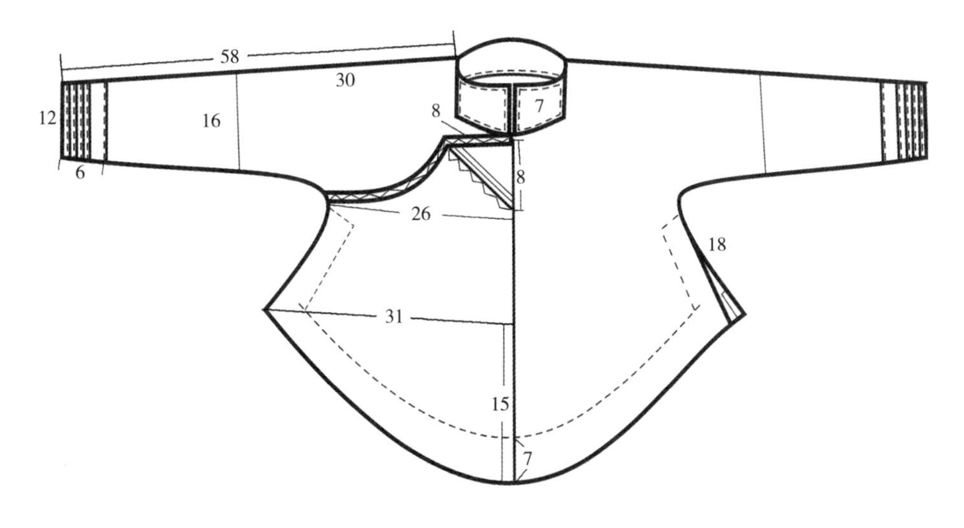

图6　节约衫结构图（单位：cm）

❶《泉州惠东妇女服饰研究》课题组. 凤舞惠安——惠安妇女服饰 [M]. 福州：海潮摄影艺术出版社，2003：84.

❷ 白璐，郭磊. 惠安女奇特服饰的魅力 [J]. 电影文学，1998(3)：61-62.

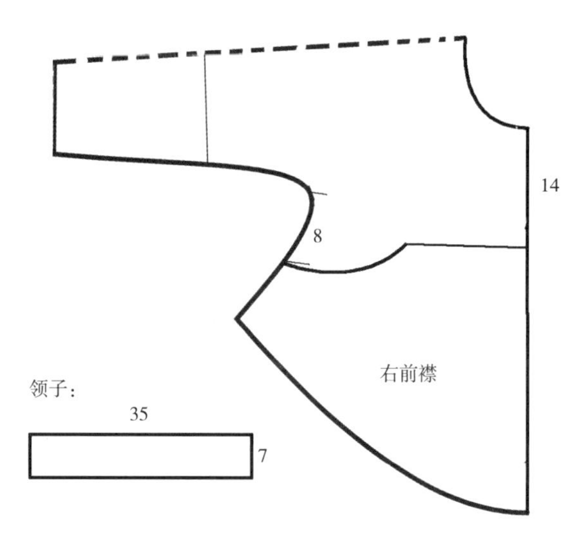

图7　节约衫右衽里襟结构图（单位：cm）

下摆弧形张开，露出臀、腰，搭配下装宽腿裤，更显苗条的身材。节约衫越来越短的节约，另一个原因是充分展示象征财富与骄傲的银腰链，银腰链作为一个时代定亲的彩礼，也是婆家身份财富的象征。特定的自然环境、经济方式、社会结构等因素，孕育出来千姿百态的民俗文化，构成人类文化的多样性❶。

二、独具民俗特色的大岞渔女“贴背”结构

贴背是大岞惠安女对穿在背上没有袖子的背心称谓。惠安女贴背具有独特的审美特征和实用功能，内穿外罩无不具有独特的审美情趣。

1. 内穿的“贴背”

节约衫最大的特征就是衣长过短，肩胸合体，下摆呈A字型张开，夸张的圆弧下摆在劳动的过程中无法起到遮体的作用。渔女们便创造了功能与装饰高度结合的内穿背心，背心衣长及腰部，利用不同的碎布拼接多彩内衣，用现代的语言就是节约环保。不同花色面料有规律、有秩序地组合，特别是下摆带状装饰，独具特色。内搭的背心功能上既遮肚又束胸，相当于我们现代的文胸作用。惠安女服饰结构既开放又内敛，在生不露面的时代，胸部以平直为美，胸大不便于弯腰劳动，同时也是耻于见人，而胸小便于干活，所以惠安女从小就开始穿紧身内衣。内衣背心结构为对开襟，中间用密集的扣子扣紧，约1寸（3.3厘米）一粒，这种紧身衣如同“三寸金莲”一样，严重影响身体发育，给很多惠安女婚后哺乳带来不便，现在也只有中老年人继续穿了。由于节约衫独特的A字侧开衩造型，无法安装口袋，内背心上的口袋设计弥补了“节约衫”的局限，同时还做到了隐藏防盗（图8）。

❶ 詹兴文，邢植朝，邓章扬．论民俗学的学科建构与海洋民俗文化研究的发展［J］．南海学刊，2016，2(2)：81–86.

2. 双面外穿的“贴背”

图8 内穿贴背心

“贴背”在民国时期盛行，类似清代坎肩，当地人又称“夹胛”，前短至腰间，上下两半部分组成，上半部分用纯色，黑、蓝色居多，下半部分拼色。“贴背”受清代坎肩的影响，不同于传统汉族服饰的右衽斜襟，为对襟设计，前短后长，前下摆平直，与腰线平齐，后下摆与缀做衫类似，弧形下摆，与缀做衫下摆等长，从另外一个角度看又有一丝燕尾服的结构特征，泉州是海上丝绸之路的起点，也不难理解受到外来文化的影响。

外穿的贴背盛行于民国期间，限于当时纺织品染色工艺局限，花色棉布都是惠安女们用来装饰的主要面料，拼接缀做是这个时期惠安女服饰的典型特征，色彩依然是蓝色、黑色为基础色，一般采用2～3色拼接，主要拼接在下摆、衣领，衣领一般与下摆拼接同色，贴背后片弧形下摆也有10厘米左右的拼接色。外穿贴背还有一个重要的特征就是双层设计，内外互穿，里布同时又是面布。聪明的惠安女在物质缺乏的那个时代，制作的双层设计既保暖又耐穿，为了便于双面穿还在门襟位置上巧妙地设计双层门襟（图9），对襟方便左右两边开口，可以插手保暖和藏钱物[1]，里外都设纽扣，纽扣为长襻布扣，左右对称，衣领一对，衣领以下三对，腰线下拼接色块处不设扣子。惠安女的“贴背”不同于我们现在的背心穿在外衣的里面，而是作为盛装的一个重要搭配穿在“缀做衫”的外面，搭配形式类似于清代长袍衫外套马甲的造型。

图9 贴背的双面穿功能

三、大岞渔女下装裙、裤的结构特征

1. 百褶裙的结构特征

惠安大岞渔女百褶裙是清末“接袖衫”的标配，百褶裙外出系在“接袖衫”的外面，功能上起到遮挡作用，造型类似于苗族的百褶裙，正因为有此特征，才有学者推论惠安女与苗族是否也有渊源。裙身由前后两片黑色棉布缝成细褶组成，前后片侧缝不连接也就是两个长方形裙片只在腰间相连，佩戴在接袖衫外面，构成侧面开衩的效果。裙片褶量为1厘米，前后两片组成，裙长一片有35厘米长，早期腰头拼接一条褐红布，后期也有本色土布拼接，腰头宽度为6厘米，是盛装时

[1] 郑文伟. 惠安文化丛书：民俗风情 [M]. 福州：福建人民出版社，2003：129.

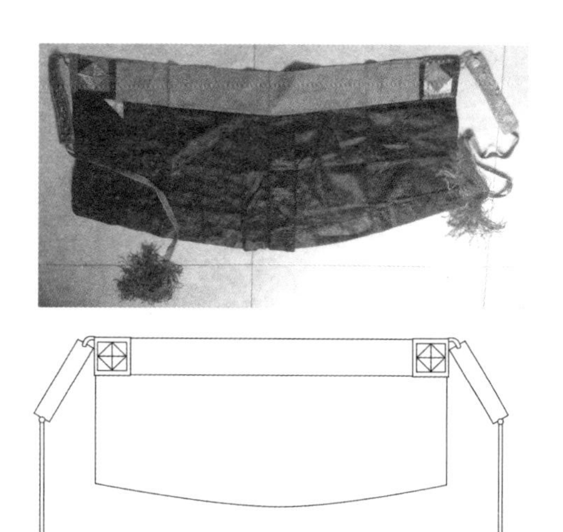

图10　腰巾

必备的搭配。从百褶裙的设计来看，百褶裙不是整个裙子均匀布褶，细褶比例占裙片的2/3，裙身的1/3不做褶，形成不对称的形式美感，同时形成平面与立体的肌理对比效果，片式百褶裙的结构特征承载了惠安女服饰的独特民俗文化。

2．腰巾的结构特征

腰巾是民国时期“缀做衫”的标配，围在缀做衫的外面，功能上起到保暖和防污的作用，一般在冬、春两季使用，类似于现在的围裙（图10）。腰巾为一条长方形的黑布，腰头和巾身两色拼接，普通人家一般用的是棉、麻面料，富贵人家一般选择丝绸，长度约1米，宽约35厘米，弧线下摆，与缀做衫的弧形下摆相一致，腰头拼接一条6厘米宽的布边，腰巾正中间做一个10厘米宽的工字褶，使围在腰间的腰巾富有立体的效果。腰巾腰头两端沿用缀做衫的三角形缀做工艺特点，不同的碎布头先做成三角形的形状，三角形再组合拼接成正方形的装饰，腰巾带绣上精致的纹样作为装饰，为了便于系结，长方形巾带再连接细长的绳带，两端还装饰红色穗带。

3．宽筒大折裤的结构特征

大折裤又称“汉裤”，长方形箱型结构一直沿袭至今。闽南渔女由于一直承担家庭的劳作，相对于“三寸金莲”的裹脚时代，她们被称为“粗脚氏”，而搭配粗脚干活不便穿裙装，便于海边作业的大折裤由于生产方式的需要一直传承下来。裤型结构上腰围和臀围宽度相同，臀腰围松量达到20厘米有余，穿着时在前腹向一边对折，故称“大折裤”。裤腿左右片相同，没有裤侧缝的分割，采用一片对折，腰部用细绳带固定，由于裤子前后裆等大，所以不分前后片。腰头拼色不同于裤腿，由于面料幅宽一般不够裆宽，所以先拼一块小裆，然后分别合缝前后侧缝，最后拼腰头。另外大折裤还有一个特殊的工艺——折痕工艺（图11），这些折痕装饰源于化纤、丝绸面料易皱的特点，不易收纳。1949年以前棉麻面料的大折裤就没有折痕，因为聪明的惠安女采用独特的来回折的收纳方式，上衣、裤子、头巾都采用了这种来回折叠的方式收纳，久而久之折痕变成了大岞、山霞惠安女服饰独特的装饰风格，为了让这些折痕能持久，早些时候用石板压，有了熨斗以后采用熨烫工艺，美的方式来自生活的各个细节。

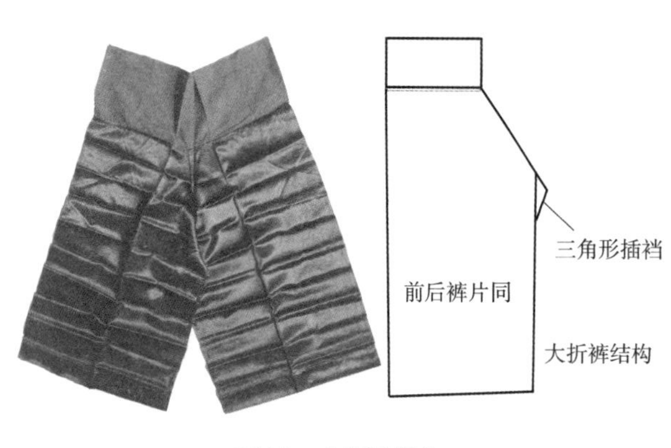

图11　大折裤结构

四、结束语

文化的变迁是不可阻挡的，有形文化遗产存在于无形文化遗产生态环境中，[1]传统产业和传统生活方式的改变,服装习俗也随之改变，爱美和敢于创新是惠安女服饰变革的内在因素，用她们自己的话就是："我们祖先就是'爱花况'，也就是爱打扮的意思。明朝有文字记载，在张岳的《惠安县志》中曾记有："衣服稍美者，别藏之，有嘉事递服以出……"[2]，"爱花况"是惠安女自古以来对服饰美感追求的精神力量。惠安女服饰面料花色和工艺制作都在不断地改变，但中华传统服饰立领右衽、十字型结构和对折的大折裤一直传承至今。最容易变化的是物质部分，而最不容易变化的就是非物质文化部分。民俗对自然环境具有很强的适应性和选择性，海洋自然环境形成了独特的海洋民俗特征，惠安大岞渔女服饰在不同历史阶段，形成了不同的服装结构和装饰特征，承载着不同时期政治、经济、文化的丰富内涵,服饰是人类文明的重要标志，也是人类文化的一种重要载体及传播媒介。

[1] 王静爱，小长谷有纪，色音．地理环境与民俗文化遗产："自然环境与民俗地理学"中日国际学术研讨会论文集[C]．知识产权出版社，2009：101-102.

[2] 泉州晚报社，泉州市邮政局．惠女的故事[M]．厦门：鹭江出版社，2009：125.

22 秉持与融合——东南亚娘惹服饰典型款式及特征考析

袁　燕[1]

摘　要　　娘惹服饰是海外土生华人——峇峇、娘惹族群生活和文化的主要表现形式之一，它与政治经济、思想文化和地缘环境息息相关。本文首先将娘惹服装与同时期中国相对应的服装相比较，探究娘惹服饰的起源，并根据服装款式的变化，以19世纪为时间节点，将娘惹服装分为前、后两个时期。然后，以海外实地考察的资料为主要依据，概括总结娘惹服饰典型款式（长衫、娘惹可巴雅、笼纱和配饰）的主要特征，并分析娘惹服饰形成的主要原因。为研究中国服饰文化在海外的交流、传播和影响提供参考。

关键词　娘惹服饰、东南亚华人、服饰文化

"峇峇""娘惹"特指东南亚土生华人族群，他们是中国移民男子与当地土著女子通婚的后代，即父亲是华人血统，母亲是土著血统，后代中的男子称为"峇峇"（Baba），女子称为"娘惹"（Nyonya）。他们自称"Peranakan"——马来语意思"土生华人"，他们承认自己华人身份，秉承中国传统文化习俗。[2]这是这一族群区别于他们所生活的区域内其他族群的主要标识。他们主要集中在新加坡、马来西亚的马六甲和槟城（统称海峡殖民地）。峇峇、娘惹族群在海外的生存和发展，伴随着对中华文化的传承和发展，同时，也融合海外多元文化，从而形成自己独有的族群文化，而娘惹服饰是这一族群文化中一颗耀眼的明星。

笔者这次东南亚实地考察更是深深地体会到中国传统文化在海外华人心中崇高的地位，以及对自己作为华人血统的骄傲。目前在一带一路的倡议下，中国与东南

[1] 袁燕，福州大学厦门工艺美术学院，副教授。

[2] 庄国土. 论东南亚的华族 [J]. 世界民族，2002(3):37–48.

亚各国的交流[1]更加频繁和深入，对这一地区独有的、与中华文化同根同源的一个族群的研究就愈发重要和具有现实意义。

一、娘惹服饰的历史溯源及发展历程

娘惹服饰采用上衣下裙形制，脚穿珠绣鞋，戴配饰，有常服和礼服之分。以19世纪英国殖民者统治海峡殖民地为时间节点，娘惹服饰前后变化较大，可分为前后两个时期，变化主要集中在上衣上，下装均为“笼纱”（Sarong）。前期娘惹服饰的典型款式为长衫（Baju Pan-jang），后期娘惹服饰的典型款式为娘惹可巴雅（Nyonya Kebaya）。

关于娘惹服饰的起源大多数学者的观点认为：娘惹服饰来源于马来西亚传统服饰可巴雅，但是笔者在调查研究过程中发现，娘惹服饰与中国传统服饰渊源甚深。从服装样式上分析：其一，早期的娘惹服饰长衫与中国服装窄袖“褙子”有许多共同点。“褙子”起源于宋代，流行于明朝。娘惹长衫衣身整体造型宽松，直身、直领对襟、长窄袖，衣身较长，长至膝盖以下，下摆侧开衩，上衣无扣，通常无刺绣装饰。中国的窄袖“褙子”整体造型修长，直身、直领对襟、侧开衩，下装搭配裙，着绣花鞋。长衫与窄袖“褙子”相对比，无论是服装形制、外观造型都极为相似（图1）。其二，娘惹服饰的下装“笼纱”是中国南方少数民族中常见的下装样式，例如海南的黎族、云南西双版纳的傣族都有这样的样式。其三，娘惹的新娘婚礼服款式类似于中国戏曲服装，确切说是中国传统服装唐、宋、明式的凤冠、霞帔，清式的马面裙的集合。[2]峇峇、娘惹的婚礼风俗更是秉承中国传统，例如新郎骑马迎娶新娘、新人向家中长辈叩拜行礼、祭拜祖先、梳头礼、回娘家等时间长达12天。丧礼服也同样延续中国“披麻戴孝”“守孝三年”的传统，丧礼期间着麻衣。[3]

图1　长衫和宋代窄袖褙子

[1] Baba、Nyonya、Peranakan、Baju Pan-jang、Nyonya Kebaya、Sarong、Keronsang、Baju Kecil、Rubia、Ibu、Anak、Cucuk 为马来语。
[2] 华梅. 多元东南亚 [M]. 北京：中国时代经济出版社，2007：28-42.
[3] 梁明柳，陆松. 峇峇娘惹——东南亚土生华人族群研究 [J]. 广西民族研究 .2010（1）：118-122.

此外，关于笼纱还有文字记载：笼纱是从扶南的“干缦”演变而来，而扶南的“干缦”则与中国文化有关。据中国史籍记载，早在康泰、朱应出使扶南时就曾向扶南王建议：“‘国中实佳，但人亵露可怪耳。’寻始令国内男子著横幅。横幅，今干漫也。”❶

可见，娘惹服饰的起源是更多中国传统服饰的海外延伸，甚至在更早时期中国的传统服饰文化已经影响到这一地区。直至19世纪前，受中国传统文化影响较大的长衫一直是娘惹的主要着装。长衫也是中国文化与当地文化相融合的产物，吸收了当地文化中诸多元素，例如：就地取材、配饰等。进入“英殖民地”统治时期，工业革命和西方文化的强势介入，体现女性身体美的娘惹可巴雅慢慢取代了宽大扁平的长衫，但是许多年长者因观念的原因一直都穿着长衫。

二、娘惹服装典型款式的主要特征

娘惹服饰是中国文化、当地马来文化以及西方文化的完美融合，它在前后两个时期表现出截然不同的两种风格，前期娘惹服饰整体造型宽大扁平、保守，后期娘惹服饰包裹身体，整体造型凸显女性身材。笔者通过实地调研考察和整理资料，总结出娘惹服装典型款式主要有前期的上衣“长衫”、后期的“娘惹可巴雅”，以及下装“笼纱”。

1．扁平、保守的长衫

长衫整体风格更偏重中式意蕴，它具有中国传统的平面裁剪结构，连袖，无省道、无破缝，直身、对襟、直领；使用胸针“Keronsang”扣合前门襟。长衫为上衣外套，内穿白色立领长袖小衣“Baju Kecil”，搭配下装“笼纱”和珠绣鞋，肩部搭配一方形手帕，手帕可以随意搭在肩上，也可用胸针固定，手帕既有装饰性，又具有擦拭的实用性。早期它的主要材料是苏门答腊岛的棉织布，手感粗糙，织物主要采用植物染色，染色原料主要从树皮中获得，色彩主要是褐色和灰色，这样的面料制作的长衫外观观感朴实无华。后来随着中国与东南亚海外贸易的日趋频繁，中国的丝绸、棉织物等也成为制作长衫的材料，长衫的色彩和质地变得丰富起来（图2）。

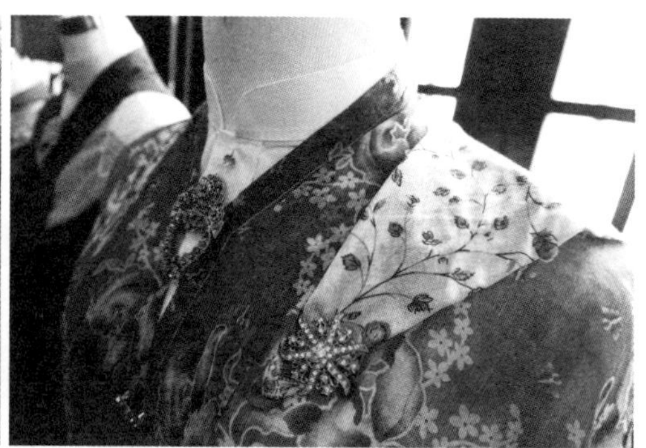

图2　不同材料的长衫和细节

❶ 杨保筠. 中国文化在东南亚 [M]. 郑州：大象出版社，2009：133.

19世纪中叶后英国殖民统治时期，长衫的材料也发生了变化，一种称为“Rubia”的薄纱材料开始成为首选，一方面半透明的材料将娘惹们的身材展现无遗，另一方面“Rubia”适合刺绣和印染。❶社会的发展、材料的变化使得娘惹服装也在潜移默化中改变。这一时期的长衫款式逐渐变短，色彩也更加鲜艳、多彩，且在衣领、门襟和袖口出现了刺绣、花边等装饰。长衫逐渐变成了现在的娘惹可巴雅。

2．凹凸有致的娘惹可巴雅

娘惹可巴雅整体风格隆重典雅，受西方审美的影响讲求立体修身，裁剪方式上，量体裁衣，根据娘惹的身体数据裁剪，采用斜裁裁剪，以达到更好地修身合体的效果；款式结构上，衣长变短至臀部，开省道、破缝，低收腰，强调胸、腰、臀差，凸显女性的身材美。可巴雅的衣领为翻领，领口下移，将娘惹修长的颈部露出；对襟、窄袖，衣片前长后短，前衣长下摆呈“W”形，纵向延伸感使得观感上身材更加修长；无侧开衩，同样采用胸针扣合门襟。色彩既有中国传统的大红、粉红色系，也有马来人喜爱的土耳其绿等，❷娘惹可巴雅的色彩艳丽，饱和度高，与早期的深色系长衫有较大差别。材料也从本地的棉质布料到中国的丝绸，再到“Rubia”，“Rubia”成为娘惹可巴雅的主要材料。娘惹可巴雅注重装饰，着重装饰衣领、门襟、下摆和袖口，装饰手法不仅采用中国传统的刺绣和镂空手法，还将西方的蕾丝花边用来装饰。刺绣装饰图案多是中国传统纹样（花、鸟、鱼、虫、龙凤等），以植物花卉图案最为常见，也有具有东南亚风情的植物、花鸟图案。

随着中国移民由马六甲向新加坡和槟城南北两地迁移，娘惹可巴雅不断融合当地文化，使其在不同的地理位置呈现出不同的特点。马六甲与爪哇岛距离较近，娘惹服装多受爪哇文化、马来文化的影响，马六甲可巴雅风格素净、典雅，上衣以单色为主，刺绣主要沿着布边（衣领、门襟、下摆和袖口），也有将刺绣以四方连续的样式点缀在整件可巴雅上。刺绣以白色为主，“Rubia”布有自己的底色，与白色刺绣相映衬，使得整件可巴雅精彩纷呈。新加坡与马六甲地理位置接近，娘惹服装风格与马六甲接近。槟城的地理位置比较靠北，接近缅甸，这里的娘惹可巴雅中国传统文化元素更多，尤其体现在刺绣上，刺绣图案多为中国常见的传统吉祥纹样，如牡丹、荷花、凤凰等。槟城的可巴雅绣花面积较大，主要集中在W形下摆，图案的位置从下摆沿门襟一直延伸到胸膛，做角隅纹样，此外衣领、袖口也有面积较大的刺绣图案，这也与同时期清末服装有相似之处（图3）。

3．裹裙笼纱

笼纱，为娘惹下装，是一种裹裙，腰间可搭配腰带装饰固定。它长至脚面，结构虽为简单的长方形，却有“身”和“头”两部分，其中“头”占整件笼纱布料的三分之一，其余的为“身”。穿着时“头”一定要在前方，多余的笼纱布折回头，折线一定要在脚的中间。笼纱的底部要拉水

❶ 张娅雯，崔荣荣．东南亚娘惹服饰研究［J］．服饰导刊，2014，3(3)：56-60.

❷ 马来西亚的娘惹文化［N］．南宁日报，2004-02-23.

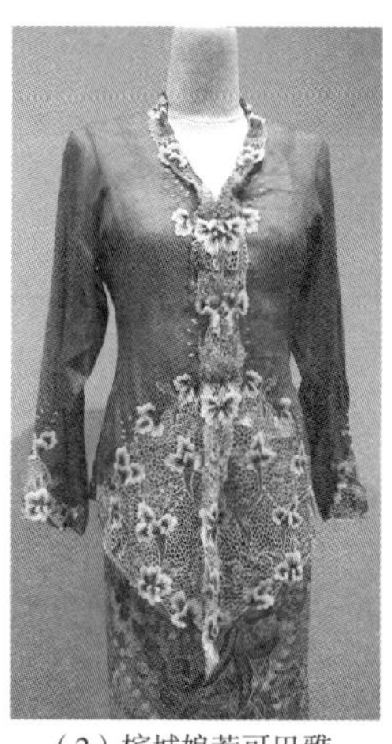

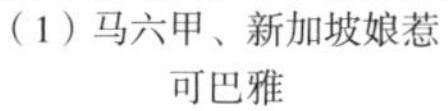

（1）马六甲、新加坡娘惹可巴雅　（2）槟城娘惹可巴雅　（3）清末中国服装

图3　娘惹可巴雅和清末中国服装

平，不能让背面露出来，随后拉紧，拉紧程度根据娘惹的双脚曲线来确定，这样穿起来就会婀娜多姿。

笼纱的图案和色彩都极具马来风情，色彩常以蓝色、红色、黄色为底色，绘以大量的各式图案纹样，图案纹样非常多元化，既有当地代表性的土著文化图案，如来自爪哇岛的赤状纹样，也有中国的传统图案纹样牡丹、凤凰等，还有表现欧洲故事和生活的图案，甚至是在一条笼纱裙中使用多种风格题材纹样，其中以花、鸟图案最受欢迎。早期笼纱的图案染色技术受印尼的爪哇岛、巨港等地影响，以单色植物蜡染为主。后来笼纱流传到北加海岸（印尼爪哇岛的北岸），这里的人喜欢多色，且色彩明亮鲜艳，笼纱开启了多色的新纪元。到殖民时期，荷兰人Eliza van zuylen女士在笼纱上作画，采用柔和色系，柔和色系的笼纱和可巴雅更加搭配，至此笼纱流行起柔和色系图案，笼纱图案绘制者也学习画家的方式在笼纱上签名。20世纪初，笼纱的图案和用色变得更加绚丽多姿。

早期娘惹服装的搭配原则是依据上衣可巴雅绣花的颜色来选择笼纱，所以，可巴雅的绣花图案设计常以笼纱的图案参照。后来娘惹们更加重视可巴雅，而不重视笼纱，两者之间的联系逐渐淡化。

三、娘惹服装典型配饰的主要特征

娘惹服装非常注重配饰，常见首饰有：发簪、项链、胸针、耳环、手镯、腰带、脚环等，首饰材料多选择贵金属（金银），镶嵌各种钻石、玉石、宝石、红珊瑚、珍珠等，尤其钟爱黄金，做工精致，图案精美。此外，娘惹配饰还有珠绣鞋和珠绣包袋。娘惹配饰中以胸针、丘丘克发簪和珠绣鞋最具特色。娘惹日常搭配配饰比较简约，出席重要场合时则比较隆重，尤其是在婚礼时娘惹的配饰以黄金首饰为主，且华丽到极致。丧礼期间则佩戴银质镶嵌珍珠的首饰，珍珠象征着眼泪。

1．来自马来文化的胸针

胸针是娘惹上装中不可缺少的配饰，它既有扣合服装前门襟的实用性，又有极强的装饰性，是娘惹服装的视觉中心点。娘惹们通过胸针的样式来表明自己的婚姻状况。已婚娘惹佩戴“一母两子”式，这一胸针样式来源于马来文化，风格带有异域的华美，它是三个组成一组的胸针，纵向一字排列固定在上衣前面，第一个胸针较大，寓意母亲，称为“Ibu”，“Ibu”的造型像桃子，或者是佩兹利火腿花型。余下两个样式相同，为圆形胸针，意指孩子，称为“Anak”。佩戴时，第一个桃形胸针的尖端向下向左倾斜，指向佩戴者心脏。未婚娘惹则佩戴三个等大的且相互连接的胸针样式（图4）。材质和佩戴位置基本与已婚者相同。

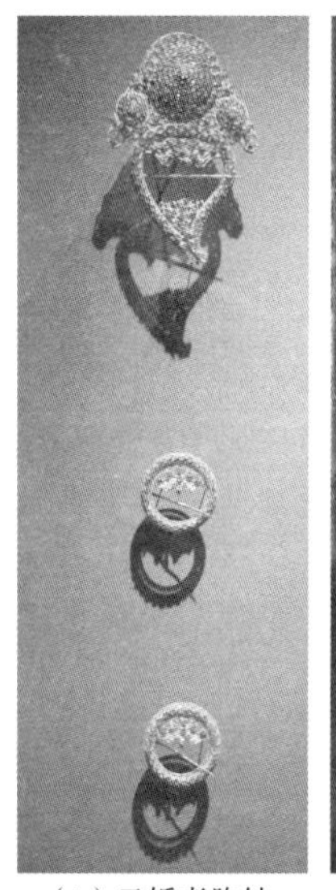

（1）已婚者胸针　（2）未婚者胸针

图4　胸针

2．丘丘克（Cucuk）发髻和发簪

娘惹常见发式有：顶发椎髻、两侧双髻和丘丘克发髻，其中丘丘克发髻是娘惹的典型发式，它是一种将头发盘发成结，由几个长短不同的长锥形丘丘克发簪插入固定的一种发式。丘丘克发髻置于娘惹头部顶端，形状呈盛开的花朵，层层叠叠的纸花和编织物装饰在发髻底部。丘丘克发簪沿面部向上装饰在发髻的第二层，排列成王冠状，再向上装饰锡制绒花和立体的花簪和凤凰簪，这些最顶部的发簪轻轻晃动闪闪发光，将娘惹衬托得更加美丽，丘丘克发髻常与长衫搭配。娘惹们通常有几套丘丘克发簪，作为日常使用的发簪装饰相对比较简洁，只有微小的装饰，而隆重场合佩戴的发簪则装饰复杂且华丽，常以花卉图案为装饰纹样（图5）。槟城和马六甲两地的丘丘克发髻在细节上略有不同，槟城娘惹喜欢用5~7个丘丘克发簪装饰固定发髻，马六甲娘惹常用3个丘丘克发簪固定装饰发髻，同样最长的从顶部插入发结，接下来将较短较小的横于发结底部。

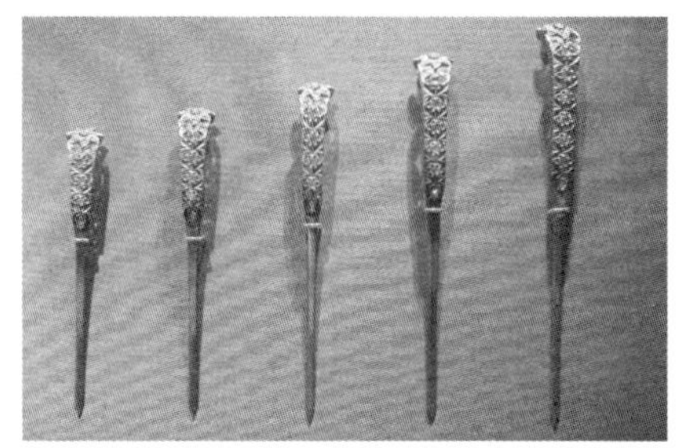

图5　丘丘克发簪

3．珠绣鞋

娘惹珠绣鞋是一种以珠绣为主要装饰工艺的拖鞋，主要刺绣工艺有常见于闽南地区的金苍绣、打籽绣，以及平绣和珠绣，到后来以珠绣为主，除了刺绣外还会钉缝各种

图6　珠绣鞋和制作工具及材料

由金银制成的各种图形箔片。打籽绣，是闽南地区的一种“子节”的刺绣，将刺绣线打成小疙瘩，一粒一粒，使得刺绣的外观有立体浮雕效果。土生华人在殖民统治时期接触到来自欧洲的细小玻璃珠，这些珠子的形状和打“子节”的外观很像，且珠绣更加容易制作，外观更加亮丽、颜色持久。这些用于制作珠绣鞋的珠子极小，如小米粒，形状是半球面的，一双珠绣鞋一般有一千多颗珠子组成，一般至少使用到20种颜色的珠子（图6）。早期的娘惹鞋造型受印度平底软鞋的影响，为平底拖鞋，其中以天鹅绒面料的拆线绣最为精致，整体风格奢华精美，带有浓郁的中国装饰风格。后来受西方文化和工业化的影响，随着可巴雅的出现，娘惹们的珠绣鞋由平跟变为高跟。珠绣鞋的图案也受欧洲风格的影响，带有浓浓的洛可可艺术风格，清新，极具装饰性，透着高贵与闲适的气质。珠绣鞋常见图案题材多为花鸟类、动物类、人物。早期以中国传统图案纹样较为常见，如牡丹、花瓶、花篮、莲花、喜鹊登梅等；后期题材广泛，花鸟题材仍然为主，但也出现白雪公主、小矮人等形象，还会有立体几何形状、小鱼、螃蟹等。

东南亚的珠绣鞋后来影响到中国福建闽南地区，直至到1949年前厦门仍有珠绣鞋厂生产珠绣鞋，这一时期厦门人也爱穿着这种珠绣鞋，现在厦门的珠绣工艺也已经成为省级非物质文化遗产。

四、娘惹服饰形成的主要原因

1. 独特的地理位置与热带海洋气候

娘惹族群集中地——“海峡殖民地”从地理位置上来说处在三大洲和两大洋的“十字路口”，这一地区地处热带，以海洋性气候为主，湿热多雨，受季风影响，年平均气温26~30℃，雨水充沛，年降水量在3000毫米左右，土地肥沃、植被茂密，自然资源丰富，是人类居住和生活的理想场所。[1]湿热的天气使得娘惹服饰选择透气轻薄的面料“Rubia”，鞋子则选择凉爽的拖鞋样式，服饰色彩也常用自然界中明亮的颜色。正是这样的自然地理环境孕育了具有热带风情的娘惹服饰。

2. 移民背后的中华情节和开拓精神

娘惹、峇峇这一族群的先民是一批批华人移民，他们良好地传承了中国传统文化以及风俗习惯。这是海外移民及其后代对自己祖先原住地的依恋心理，这就是娘惹、峇峇浓浓的中华情节。此外，原住地与新驻地之间的文化、经济、地理环境等差异以及与原住民的矛盾，使得海外移民

[1] 吴国富.第三届中国与东南亚民族论坛论文集——文化认同与发展[M].北京：民族出版社，2011:31.

加深了对母文化——中华文化的依恋，同样也是心灵上的慰藉。执着的“中华情节”和坚定的“文化自信”是娘惹特色服饰形成的重要原因之一。此外，娘惹女红（中国传统刺绣和珠绣）作为评价娘惹的重要标准，这种对传统手工艺的认同和传承，也使得娘惹服饰带有标识性的中国味。

海外求生存的先民们，本身就具有很强的开拓精神，这些海外移民不断进取，从社会最底层开始，到成为当地显赫一时的贵族阶层，除了自身的文化自信，更多的是他们的“开拓精神”。娘惹服饰也是这种开拓精神的体现。娘惹服饰打破中国传统服饰文化的等级制度，娘惹们都穿娘惹装，材料也都几近相同，图案纹样上更少有等级区别，无龙凤等忌讳图案，服饰色彩斑斓，色彩与礼制、等级规范无关。

3. 中国、西方、当地文化的融合

峇峇和娘惹这一族群生活在东南亚这样一个多元文化的地区，印度文化、中国文化、伊斯兰文化、西方文化先后都在这里传播，再加上东南亚本土文化，形成一个文化的多棱镜。[1]在这里中国传统文化与其他文化不断地接触、碰撞，不断地融合、发展。

东南亚当地文化也长期受中国文化影响，中国传统的服饰文化对东南亚许多民族的服饰产生过广泛的影响，娘惹文化是将中国传统文化与当地文化再融合。16世纪后东南亚各国沦为欧洲各强国的殖民地和保护地，至19世纪之后西欧各国工业化迅速发展，西方文化成为先进文化的代表，对这一地区的影响力逐步加强，娘惹文化主动向先进文化靠近，也做出了调整和改变。在娘惹服饰变化的过程中，我们看到海外华人对原有主体文化的坚持，也有基于实际情况对当地土著文化的融合，更有后来对代表更先进的西方工业化文化的吸收，正是华人的这种学习才造就了别具特色的娘惹服饰。

4. 族群认同使得娘惹服饰继承和延续

“我们所称的族群是那样一些人类群体。它的成员因为相似的体质类型或者风俗或者二者皆有，或者由于有关殖民和移民的记忆，而在主观上相信他们拥有共同的世系；这种信念对于族群形成的培育意义重大，然而，它并不关心客观的血缘关系是否存在。”“峇峇人并不与马来人认同，而以华人自居。”[2]“华人血统”是峇峇娘惹族群认同的根基所在，中华文化是族群的内在凝聚力。峇峇和娘惹从语言、服装、宗教信仰、生活风俗等都以中国为母体，但是却不是简单地复制，它是一种融合，我们可以看作是中华文化在海外生根发芽的一个子文化。

5. 全球政治格局对娘惹服饰影响深远

全球政治格局的变化是峇峇娘惹族群兴盛和没落的主要原因，峇峇娘惹族群因英国海峡殖民地时期的特殊政治管理地位而备受瞩目，峇峇娘惹强大的经济实力和独特的政治地位，以及较高的当地声望，促使娘惹服饰在这一时期达到了奢华的极致，奢华的珠绣、金线绣，大量的金银珠宝首饰，无不展示着自己的经济能力，更是作为华人的优越感区别于其他阶层的一种夸张的表达。

[1] 张旭东. 东南亚的中国形象 [M]. 北京：人民出版社，2010：3.

[2] 云惟利. 新加坡社会和语言 [M]. 新加坡：南洋理工大学中华语言文化中心，1996：212.

随着马来地区的独立运动，马来文化作为主流回归，峇峇娘惹族群失去了原有的政治地位，经济上也不再占有绝对优势，峇峇娘惹文化也越来越弱势，娘惹服饰也逐渐淡出公众的视野。

五、娘惹服饰的现状

笔者在东南亚田野考察中发现，现在除了节庆或者婚丧等重要礼仪场合，在日常生活中很少见到传统娘惹服饰，但是，在市场中仍然能够购买到改良版的娘惹可巴雅。现代的娘惹服饰由原来地域的差别趋于统一，新加坡、马六甲、槟城娘惹服饰基本以槟城娘惹服装风格为主，通过大面积的刺绣强调服装的华美，材料、制作工艺等多为现代工业化制作。

娘惹文化在当地完全被认同，甚至把娘惹文化作为自己地区文化的一部分，在新加坡、马来西亚各大博物馆中都有关于娘惹文化的介绍说明，更让笔者惊讶的是在马六甲王宫博物馆中介绍他们13州郡代表服饰时，在槟城州与马六甲州都是以娘惹服饰为代表作介绍，且作为当地的主打旅游资源开发推广。此外，从与当地华人的接触交流中发现，当地华人因娘惹文化而骄傲，更因自己是中华血脉而自豪。今天的娘惹早已走出闺阁，参加各种展示活动，向世人展示自己的文化魅力。年轻一代的峇峇娘惹开始追溯自己的文化源头，开始思考自己文化的归属和价值。

六、结语

东南亚土生华人“峇峇娘惹”族群经历了几百年的传承、融合和发展，以其非凡的勇气、智慧和创造力，创造出了世界上独一无二的娘惹文化。作为娘惹文化的代表——娘惹服饰是中华文化在马来地区落地生根的一个见证，它既是中华文化在海外绽放的花朵，也是多元文化融合的产物，更是中华文化于和平环境下在东南亚地区传播和交流的“活标本”。娘惹服饰极具中式美学意蕴，将中国文化、传统手工艺创造性地传承，积极吸收当地土著文化，以及西方工业革命带来的先进文化和技术。对娘惹服饰的深入研究，有助于更好地了解中国文化在海外的传承和发展。

下篇

服饰传承与创新

01 多元对比与多向互证——敦煌服饰与染织工艺研究方法

杨建军[1]

摘　要　敦煌石窟服饰艺术属于图像资料范畴，将其与染织工艺对比研究涉及文字资料、实物资料、其他图像资料、工艺调查资料、工艺实践资料等多个方面。研究认为，只有将敦煌服饰与文字资料、实物资料、其他图像资料、工艺调查资料、工艺实践资料等各方面资料尽可能全面、深入地对比研究，才能通过互相补充、互相印证、互相阐释、互相解说予以诠释，从而最大程度接近所表现染织工艺的历史真实。

关键词　敦煌服饰、染织工艺、对比互证、接近真实

在研究敦煌石窟服饰艺术过程中，将其与染织工艺进行对比分析获取相关信息是重要手段。需要同时兼顾研究以下几个方面：第一，文字资料研究。包括史书文献记载、文书、题记和诗词、小说等，这些大多来源于当时或随后文字记述，其客观真实性很高。外文资料和今人研究成果也是文字资料的一部分。第二，实物资料研究。实物资料是最为真实客观的首要形象和研究依据，其来源主要包括地下挖掘、传世遗品。第三，其他图像资料研究。图像资料仅次于实物资料提供的形象证据，广义图像指实物之外的一切视觉效果画面，是内涵丰富的信息载体，具有近似反映自然物象的特征，因而各个历史时期多种图像资料能够反映一定的客观现实。第四，工艺调查资料研究。复原传统工艺需要最大程度还原当时的材料、技术，寻访调查延续至今的传统工艺是重要手段。第五，工艺实践资料研究。对于特定传统工艺获取体验性感悟，必须通过运用传统材料和技术进行操作，以此检验相关研究结论或推断。以上五个方面是基本内容，其他一切相关资料均可以在敦煌服饰与染织工艺对比研究中使用，多维度、多视角审视与关照可以获取更多相关证据，最大化推进精准研究。

[1] 杨建军，清华大学美术学院，副教授。

一、敦煌服饰与染织工艺研究方法阐释

1925年王国维先生在《古史新证》中写道："吾辈生于今日，幸于纸上之材料外，更得地下之新材料。由此种材料，我辈固得据以补正纸上之材料，亦得证明古书之某部分全为实录，即百家不雅训之言亦不无表示一面之事实。此二重证据法惟在今日始得为之。"这种把"地下之新材料"（发现的史料）与古籍记载结合起来进行考证古代历史的方法对20世纪我国学术研究产生了巨大影响，早已成学界公认的学术研究方法正流。研究敦煌服饰艺术具有特殊性，由于各个历史时期留存至今的实物服饰资料非常稀少，将"纸上之材料"的文字资料与"地下之新材料"的实物资料进行对比分析极为有限，因而需要借助其他图像资料提供佐证，在加强对敦煌服饰表现客观程度确认中锻炼细腻的洞察力。

图像资料作为重要信息载体和信息来源，主要有两个特点：一是图像资料在很大程度上反映着客观现实，是认识或还原历史真实的重要源泉，在实物资料缺乏的情况下尤显重要；二是图像资料毕竟不是实物资料，有时会有"陷阱"。由于种种原因，偶有图像资料中不同程度存在与实际情况不一致现象，如果不经过深入研究加以甄别，而是轻易将其作为事实证据使用就会把研究引向歧途，这就是所谓的"陷阱"。为了避免落入"陷阱"，需要把敦煌服饰纳入社会发展的整体脉络中予以观照和解读，注重各个发展要素之间的交叉互动关系，认知诸多因素在敦煌服饰艺术形成过程中的作用定位，进而提升对其所表现的染织工艺分析确认和判断能力。通常情况下，如果在其他图像资料中找到与敦煌服饰类似的表现，就可以极大提高敦煌服饰表现客观真实性的程度。

另外，对于敦煌服饰与染织工艺的对比研究，很大程度上还要依赖对染织工艺调查资料的积累，主要包括材料和技术。将其与敦煌服饰所处时代相对应，获取特定工艺材料特点和技术细节，以及延续、传承至今的规律性特征。比如"罗"是我国汉唐时期重要的绞经织物，日本山形县米泽市的山岸幸一至今依古法养蚕、缫丝、染色及手工织造，具有"活化石"作用，到现场调查工艺知识和获取感受非常有益于加深对工艺的理解和认识。同理，对于其他染织工艺进行深入调查研究有助于提升推理的严密性和判断的准确性。在此基础上，通过工艺实践研究的体验性感悟进行全方位的印证与确认。总之，多元对比与多向互证是敦煌服饰与染织工艺对比研究的有效方法。

二、敦煌服饰与染织工艺研究方法运用举例

（一）敦煌服饰中的冕服与帷帽

1．冕服

首先是文献资料研究。冕服是皇帝和王侯重要场合穿着的专用礼服，《唐六典》记载："天子之冠二，一曰通天冠，二曰翼善冠。冕六，一曰大裘冕，二曰衮冕，三曰鷩冕，四曰毳冕，五曰絺冕，六曰玄冕。"由此得知，根据着用者及场合不同，冕服有大裘冕、衮冕、鷩冕、毳冕、絺冕、

玄冕六种样式。《唐六典》还记载："大裘冕……祭天神地祇则服之，衮冕……受朝及临轩册拜王公则服之，鷩冕……有事远主则服之，毳冕……祭海岳则服之，絺冕……祭社稷帝社则服之，玄冕……蜡祭百神朝日夕月则服之。"冕即冕冠，顶部有冕板，《唐六典》记载唐制大裘冕的冕板"广八寸，长一尺六寸"，其前后有垂珠，称为"旒"。十二章纹指皇帝和王侯礼服上的十二种纹饰，《尚书》对其做了最早而全面的记述："予欲观古人之象，日、月、星辰、山、龙、华虫，作会；宗彝、藻、火、粉米、黼、黻，絺绣，以五采彰施于五色，作服。汝明。"日、月、星辰代表光照大地，山兴云雨，龙有灵变，华虫（雉鸡）寓意多彩华丽，宗彝（祭器）表示感念祖先，火代表光明，藻象征文采，粉米取意洁白养人，黼（斧形）暗含果断刚毅，黻（亚形）表意君臣同心、黎民背恶向善。冕服样式不同，章纹各异，《唐六典》记载"衮冕……玄衣纁裳十二章。八章在衣，日、月、星辰、龙、山、华虫、火、宗彝；四章在裳，藻、粉米、黼、黻……鷩冕服，七章。三章在衣，华虫、火、宗彝；四章在裳，藻、粉米、黼、黻……毳冕服，五章。三章在衣，宗彝、藻、粉米；二章在裳，黼、黻……絺冕服，三章。一章在衣，粉米；二章在裳，黼、黻……玄冕服，衣无章，裳刺黻一章。"对应以上记载看敦煌莫高窟初唐220窟"帝王礼佛图"（图1）中的帝王冕服，基本可判断其描绘的是衮冕，纹饰虽然看不清，但根据部位来看基本符合"八章在衣、四章在裳"的规制。

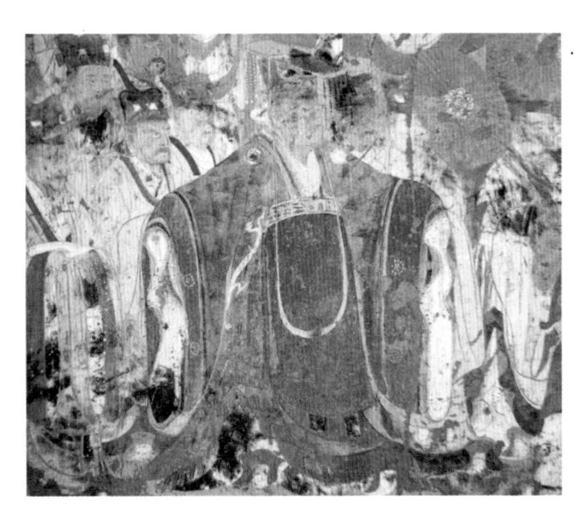

图1　帝王礼佛图
（谭蝉雪. 敦煌石窟全集24：服饰画卷[M]. 香港：商务印书馆，2005：89.）

冕服样式和十二章纹在周代已经基本确立，经过汉晋南北朝进一步完善，到唐代已经作为重大仪式的不可或缺内容，沿袭千年。期间虽然冕服种类、使用范围及十二章纹的内容、分布等各朝有所变化或更定，但冕服制度一直延续到明代。不过，迄今为止还没有发现完整的古代冕服，即使北京定陵出土的较为完整的明代冕服也缺少上衣。[1]我们把敦煌莫高窟初唐220窟"帝王礼佛图"中的冕服与文献记载进行对应研究，一方面可以发现它在样式、色彩、纹样等方面与文献记载基本能够一一对应上，另一方面也可以发现不同之处。例如据《唐六典》记载"衮冕垂白珠十有二旒，以组为缨"得知，帝王衮冕的冕板垂旒是十二条，而敦煌壁画描绘的仅为六条，沈从文先生认为应是画师笔误或者是草率行为所致[2]。敦煌壁画中的帝王垂旒基本都是六条，为什么画六条？在当时是否有什么讲法？对此还有进一步研究的空间。在没有实物资料或者实物资料不足的情况下，极大提高了其他图像资料的重要性，将敦煌莫高窟初唐220窟中描绘的冕服与现存美国波士顿美术博物馆、唐代阎立本（传）绘制的"历代帝

[1] 中国社会科学院考古研究所. 定陵（上）[M]. 北京：文物出版社，1990:81–130.
[2] 谭蝉雪. 敦煌石窟全集：服饰画卷 [M]. 香港：商务印书馆（香港）有限公司，2005:83–84.

王图——北周武帝”（图2）进行对照比较，二者在帝王身姿、体态，以及冕服样式、色彩、纹饰等方面的相似程度是非常高的，这对敦煌莫高窟初唐220窟中所描绘冕服真实性的确认帮助很大。所以，图像资料相互间的对应比较和佐证，可以提高对敦煌服饰的准确判断与推断能力。

图2　历代帝王图——北周武帝
（传唐代阎立本绘。杨新，等. 中国绘画三千年[M]. 北京：外文出版社，1997：62.）

2．帷帽

明代《天中记》中记载：“帷帽创于隋代，非汉宫所作。”以此为据，帷帽产生于隋代，既然不是“汉宫所作”，就应是从外族“胡装”演化而来。《旧唐书·舆服志》中记载：“永徽之后，皆用帷帽，拖裙到颈，渐为浅露……则天之后，帏帽大行……”由此可知，在唐高宗永徽（650—655）以后，女子皆戴帷帽，武周则天（690—705）以后，帷帽盛行开来。对应《旧唐书·舆服志》记载来看敦煌莫高窟盛唐217窟“青山踏青”（图3），该女子所戴帽子应该就是文献记载的“帷帽”，所穿裙子到颈，应该就是“拖裙”。然而，作为图像资料中的该女子装束与文献记载的真实情况是否一致，我们将其与陕西历史博物馆收藏的唐代“彩绘头戴帷帽骑马女俑”（图4）相比较，二者之间存在很高的相似度。这样，在没有当时实物资料留存的情况下，通过“彩绘头戴帷帽骑马女俑”与莫高窟盛唐217窟“青山踏青”女子相互印证，可以同时提高二者表现生活着装的真实性，由此确认了莫高窟盛唐217窟“青山踏青”女子服饰展现客观原貌的定位指数。因此，最大程度在其他图像资料中寻找相关资料用来佐证，是提高敦煌服饰可信度的有效方法。

（二）敦煌服饰与染织工艺对比分析

敦煌服饰涉及的染织工艺非常丰富，一方面形象展现了敦煌装饰风格特征及其演变发展脉络，另一方面在很大程度上反映出各个历史时期染织工艺在技术上的革新、发展状况，以及在服装与服饰上的运用样貌。对敦煌服饰图案表现的染织工艺进行深入分析研

图3　青山踏青
（谭蝉雪. 敦煌石窟全集24：服饰画卷[M]. 香港：商务印书馆，2005：129.）

图4　彩绘头戴帷帽骑马女俑
（尹盛平. 陕西历史博物馆[M]. 西安：陕西人民美术出版社，1994：50.）

究，能够在很大程度上弥补实物资料不足的缺憾。当然，对于敦煌服饰图案与染织工艺的对比研究，实物资料最为重要，通过将敦煌服饰图案与同时期实物资料的互相印证、互相阐释、互相解说，再结合文字资料、其他图像资料等方面的研究，能够最大程度接近还原久远的历史真实。

1．织锦

织锦是一种多彩织物，通过组织变化显现多种色彩纹样。对于莫高窟隋代420窟彩塑胁侍菩萨裙饰图案（图5），首先在广泛范围内寻找相关实物资料。研究中发现，日本法隆寺收藏7世纪后半叶的“狮子狩猎纹锦”（图6）是一件典型波斯萨珊锦。波斯萨珊王朝（224—651）大致相当于中国魏晋南北朝至初唐这一段时期，波斯萨珊锦作为外来艺术形式，曾对中国织锦题材内容、装饰特征影响至深。波斯萨珊锦的典型装饰特征是把联珠纹和动物纹组合在一起，在联珠纹构成的圆环内填饰各种异兽及狩猎场景。这种织锦最迟于6世纪传入我国，逐渐与我国中原文化成双成对的风俗及审美观念相融合，隋唐时期非常盛行的对鸟对兽联珠纹锦就是在波斯萨珊锦影响下发展起来的。据此，我们可以肯定地说，莫高窟隋代420窟的彩塑胁侍菩萨裙饰图案表现的正是曾在西亚、中亚地区非常流行的织锦式样。据此判定，联珠狩猎纹锦描绘于敦煌隋代洞窟与波斯萨珊锦传入我国，在南北朝、隋代一直到唐代极为流行的史实相一致。

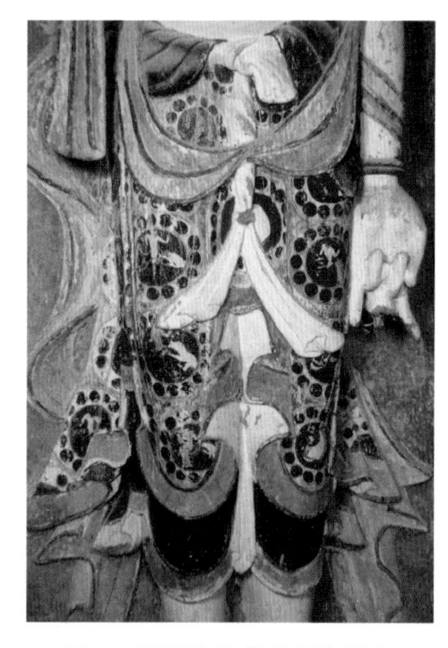

图5　彩塑胁侍菩萨裙饰图案

（谭蝉雪.敦煌石窟全集24：服饰画卷[M].
香港：商务印书馆，2005：79.）

图6　狮子狩猎纹锦

（松本包夫.正倉院裂と飛鳥の染織[M].
京都：紫紅社，1984：51.）

敦煌莫高窟隋代292窟彩塑菩萨半臂绘棋格联珠团花纹（图7），体现出波斯萨珊锦与我国本土文化的交汇融合特征。将其与新疆维吾尔自治区博物馆收藏的唐代“团花纹锦”（图8）进行对比，相似度非常高，而“团花纹锦”展现的正是我国织锦技术变化时期的典型特征。经锦是最早出现的织锦，因以经线显花而得名，从战国、汉魏时期一直到初唐是我国经锦技术的辉煌时代。经锦分为两种：一种是平纹经锦，一种是斜纹经锦。平纹经锦经过汉魏、南北朝时期的盛行，大约在隋代前后织造技术发生了变化，出现斜纹经锦，使图案产生更为丰富的变化[1]，“团花纹锦”正是这一时期生产制作的斜纹经锦。日本正仓院收藏的7世纪“格子花纹锦”（图9）也属于此类，正仓院松本包夫研究员认为这一类经锦就是传说中出产于中国四川成都的著名“蜀江锦”[2]。蜀江锦精美艳丽，在当时上流社会非常流行，并输往外国，出土于远离四川的丝绸之路沿线新疆吐鲁番，以及收藏于日本正仓院都佐证了这一史实。

图7 彩塑菩萨半臂绘棋格联珠团花纹
（谭蝉雪. 敦煌石窟全集24：服饰画卷[M]. 香港：商务印书馆，2005：79.）

图8 团花纹锦
（新疆维吾尔自治区博物馆. 丝绸之路：汉唐织物[M]. 北京：文物出版社，1973.）

图9 格子花纹锦
（松本包夫. 正倉院裂と飛鳥の染織[M]. 京都：紫紅社，1984：82.）

敦煌莫高窟中唐158窟涅槃像陀头下的枕物图案（图10），表现的是唐代精美织锦，四方连续式图案以团窠联珠含绶鸟纹为单元连续构成。将其与出土于新疆吐鲁番阿斯塔那古墓的唐代“戴胜鸟纹锦”（图11，新疆维吾尔自治区博物馆藏），以及出土于青海省都兰热水的唐代“含绶鸟纹锦”（图12，青海省文物考古研究所藏）进行对比，三者一脉相承的特征清晰可见。大约在初唐时

图10 涅槃像佛陀头下的枕物图案
（敦煌文物研究所. 中国石窟：敦煌莫高窟·四）[M]. 北京：文物出版社，1987：63.）

图11 戴胜鸟纹锦
（赵丰，屈志仁. 中国丝绸艺术[M]. 北京：外文出版社，2012：228.）

图12 含绶鸟纹锦
（赵丰，屈志仁. 中国丝绸艺术[M]. 北京：外文出版社，2012：228.）

[1] 赵丰，屈志仁. 中国丝绸艺术 [M]. 北京：外文出版社，2012：219-220.
[2] 松本包夫. 正倉院裂と飛鳥天平の染織 [M]. 京都：紫紅社，1984：192.

期，我国织锦由平纹经锦转化为斜纹经锦并迅速流行起来，呈现出团窠鸟纹饱满、色彩华丽的风格特征。经过研究可以确认，敦煌莫高窟中唐158窟涅槃像佛陀下的枕物图案在很大程度上再现了当时流行的联珠鸟纹锦。

初唐或更早时期，随着中西染织文化的广泛交流，在西域织造技术影响下，我国织锦从经线显花逐渐转变为纬线显花[1]。纬线显花有两个显著特点：一是可以织造大花纹，二是可以织造多种色彩。把新疆吐鲁番阿斯塔那古墓出土的唐代“花鸟纹锦”（图13，新疆维吾尔自治区博物馆藏），与敦煌莫高窟中唐159窟彩塑菩萨裙饰图案（图14）进行对比发现，二者题材一致，表现的都是花、鸟、云等；组合相近，团花锦簇、祥云缭绕，鸟飞其间、气氛祥和；色调相同，朱红色为主，蓝、绿色点缀其间，热烈而和谐。充分说明当时画师们虽然在佛教石窟中描绘的是菩萨服饰，但其服装样式、图案全部来源于世俗上流社会生活。由此推断，为159窟彩塑菩萨绘制裙饰的画师肯定亲眼见过当时富贵人家着用的各类名贵织锦，甚至拿织锦原型作参考。

图13　花鸟纹锦

（新疆维吾尔自治区博物馆. 丝绸之路：汉唐织物[M]. 北京：文物出版社，1973.）

图14　彩塑菩萨裙饰图案

（敦煌文物研究所. 中国石窟：敦煌莫高窟·四[M]. 北京：文物出版社，1987：77.）

2. 夹缬

夹缬是指用两块对称镂刻夹板夹住织物进行染色的防染印花工艺。文献中关于夹缬起源有不同表述，五代《中华古今注》记载：“隋大业中，炀帝制五彩夹缬花罗裙，以赐宫人及百僚母、妻。”以此为据，隋代已经有了夹缬工艺。而北宋《事物纪原》记载：“《事始》曰：夹缬彻子造。《二仪实录》曰：秦汉间有之，不知何人造。陈梁间贵贱通服之。《潘氏纪闻谭》曰：唐代宗宝应二年，吴皇后将合祔肃宗，陵启旧堂衣服缯綵，如撮染成花鸟之状。玄宗柳婕好妹适赵氏，性巧，因使工镂板为杂花，打为夹缬。初献皇后一匹，代宗赏之，勑宫中依样制造。当时甚秘，后渐出，遍天下，此似始为夹缬之制也。”依此又得知，《事始》记载夹缬为彻子所造，但彻子何许人也，

❶ 赵丰. 中国丝绸艺术史 [M]. 北京：文物出版社，2005：70.

无从查证；《二仪实录》记载秦汉时期就已有夹缬，但不知何人所造，陈梁时期普遍着用；《潘氏纪闻谭》记载详细，认为夹缬大约始于唐代，为唐玄宗李隆基嫔妃柳婕妤妹适赵氏创制。无论如何，最早确切记述“夹缬”之名始见于唐代古籍，《桂苑笔耕集》中记有“西川罗夹缬二十匹，真红地绢夹缬八十匹”等。唐诗中也有很多关于夹缬的描写，如薛涛《春郊游眺寄孙处士二首》中“今朝纵目玩芳菲，夹缬笼裙绣地衣”，白居易《玩半开花赠皇甫郎中》中“成都新夹缬，梁汉碎胭脂”，以及《泛太湖书事寄微之》中“黄夹缬林寒有叶，碧琉璃水静无风”等。考古界迄今一直没有发现唐以前夹缬实物资料，据此推测，夹缬工艺产生于唐代的可能性最大。

将新疆吐鲁番出土的唐代“花卉纹印花绢”（图15），新疆维吾尔自治区博物馆藏，英国伦敦大英博物馆收藏的唐代“连叶朵花纹夹缬绢”（图16），与敦煌莫高窟盛唐199窟所描绘的高僧五瓣花纹袈裟（图17）相比较，仅凭直观就可以作出推断，后者所表现的正是当时盛行的多色夹缬，日本正仓院收藏的大量唐代多色夹缬为此又提供了充足证据。对于敦煌壁画描绘僧人身着花纹袈裟，香港志莲净苑佛学家辛汉威先生解释道：来自印度的佛教戒律没有规定禁止出家人穿着带花纹衣服，也没有禁止吃肉，因为出家修行摒除一切外缘，衣物、食物等生活必需品都依靠信众布施，施主给什么穿什么，给什么吃什么，但是戒律对服用色彩有严格规定，其色只能是“坏色”，就是不能使用纯色，即纯红、纯黄、纯白、纯黑、纯蓝是被禁止的，如果化缘得来纯色衣物必须将其染坏，就是染成不纯的色彩才能使用，故此称为“坏色”[1]。因此，敦煌莫高窟盛唐199窟描绘的高僧多色袈裟，不仅反映出了当时夹缬工艺非常盛行，还表现出僧人身着带花纹袈裟这一符合佛教戒律规范的社会现实，这应该也是唐代社会经济繁荣、思想开放的体现。

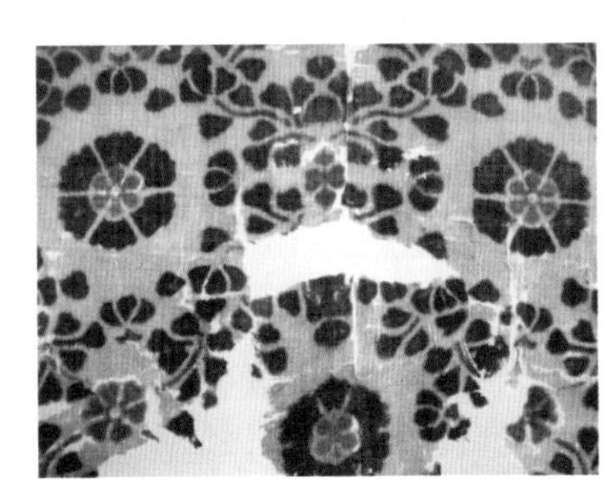

图15　花卉纹印花绢
（赵丰，屈志仁. 中国丝绸艺术[M]. 北京：外文出版社，2012：252.）

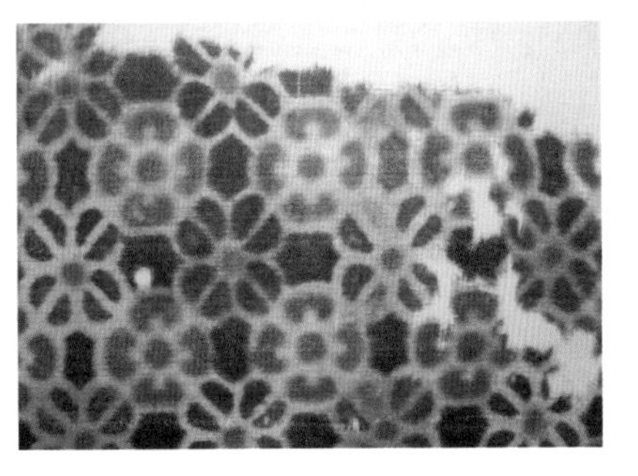

图16　连叶朵花纹夹缬绢
（赵丰，屈志仁. 中国丝绸艺术[M]. 北京：外文出版社，2012：255.）

图17　五瓣花纹袈裟
（谭蝉雪.敦煌石窟全集24：服饰画卷[M]. 香港：商务印书馆，2005：143.）

3. 镂版印花

敦煌莫高窟晚唐第85窟壁画中绘有身着浅地深色团花袍服的商人形象（图18），应该与当时木模印花、镂版印花两种工艺有关。木模印花也称木戳印花，属于凸版印花范畴。所谓凸版印花，就是使用金属、木质等凸纹版像盖戳一样把色料压印于织物上，形成图案花纹。迄今发

[1] 2018 年 1 月在香港志莲净苑与辛汉威先生交谈中获知。

图18　商人团花袍服
（谭蝉雪. 敦煌石窟全集24：服饰画卷[M]. 香港：商务印书馆，2005：167.）

图19　泥金银印花纱
（湖南省博物馆，中国科学院考古研究所. 长沙马王堆一号汉墓・下[M]. 北京：文物出版社，1973.）

图20　摺布屏风袋（局部）
（松本包夫. 正倉院裂と飛鳥の染織[M]. 京都：紫紅社，1984：159.）

现最早的凸版印花实物资料是长沙马王堆一号汉墓出土的使用金属凸纹版印制的“泥金银印花纱”（图19，西汉，湖南省博物馆藏），精巧细腻。收藏于日本正仓院的8世纪中叶“摺布屏风袋”（图20），是一件难得的使用木模版印制的实物资料，这种古老工艺至今保留于新疆喀什地区。所谓镂版印花，就是先把金属板、木板、油纸等雕刻成镂空花版，然后通过镂空花版把色料刷印到织物上。长沙马王堆一号汉墓出土的“印花敷彩纱”（图21，西汉，湖南省博物馆藏）表明，镂版印花工艺在汉代就已经相当成熟，日本正仓院收藏的8世纪“花鸟纹摺绘绝”（图22）也是使用镂空版印制而成，其印制时间与莫高窟晚唐第85窟造窟时间大致相同。由于日本正仓院8世纪前后藏品中绝大多数是当时从中国流传到日本的，由此证明建造莫高窟晚唐第85窟时世俗社会使用木模印花是无可争议的事实，从而为该窟壁画中商人团花袍服表现木模印花的真实性提供了实物证据。

这种使用镂空版直接刷涂色料的印染工艺至今在浙江桐乡、山东临沂、河北魏县等地还能见到，通常使用多套花版进行多色印制，浙江称为彩色拷花，山东、河北等地称为彩印花布。经过对比分析发现，二者雕刻材料、方法不同决定花纹特点各异，木模印花适合印制细线条和点子，线条可以连续不断；镂版印花适合印制各种小面积花纹，各部分独立存在，互不相连。通过将敦煌莫高窟晚唐第85窟商人袍服图案分别与长沙马王堆一号汉墓出土“印花敷彩纱”、福州北郊黄昇墓出土的“黄褐色印花绢”（图23，南宋，福建省博物馆藏），以及日本正仓院收藏的“花鸟纹摺绘绝”等镂版印花实物资料进行比较研究，认为莫高窟晚唐第85窟商人袍服图案符合镂版印花的印制效果，表现的是当时盛行的镂版印花工艺。当然，在保留至今的新疆喀什木模印工艺中，有一种先按花纹轮廓把铜片等金属片嵌入木板，再填充毛毡类材料的方法，用此工具也可以印制轮廓整齐、着色均匀的较大面积花纹，更适合于印制连续性散点图案。不过，关于此工具产生及使用的初始时间尚无定论，它很可能晚于唐代出现，甚至晚至近代，对此需要进一步研究。

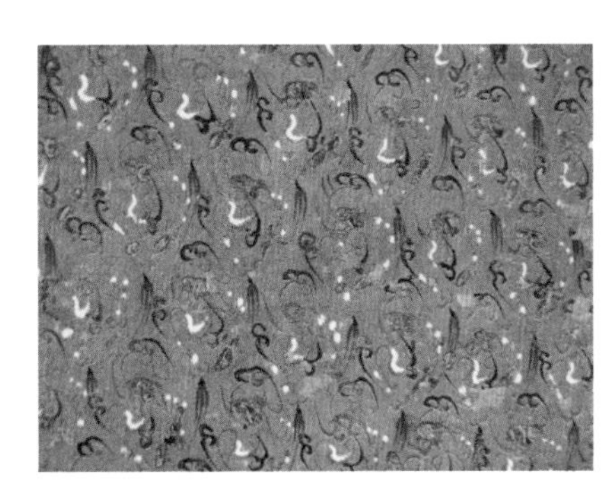

图21 印花敷彩纱
（湖南省博物馆，中国科学院考古研究所. 长沙马王堆一号汉墓·下[M]. 北京：文物出版社，1973.）

图22 花鸟纹摺绘絁（局部）
（松本包夫. 正倉院裂と飛鳥の染織[M]. 京都：紫紅社，1984：132.）

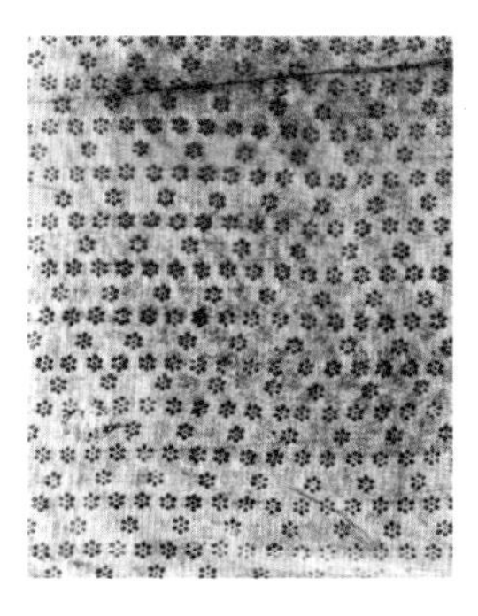

图23 黄褐色印花绢
（李英. 中国彩印二千年[M]. 南昌：江西科学技术出版社，2009：125.）

4. **碱剂印花**

唐代前期在上流社会中兴起女扮男装的风尚，以盛唐时期最盛。正如《旧唐书·舆服志》记载："……着丈夫衣服靴衫，而尊卑内外，斯一贯矣。"敦煌莫高窟盛唐445窟近事女像（图24），表现的正是当时女着男装的社会现实。近事女所穿着的翻领、对襟、窄袖袍服的团花图案与新疆出土的唐代"黄色印花纱"（图25，新疆维吾尔自治区博物馆藏）等纺织品印花图案类似。新疆吐鲁番阿斯塔那墓葬出土的印花纺织品曾被学术界定为蜡染，后来新疆博物馆的武敏研究员通过工艺实践研究，推翻了之前的蜡染定论，认为是一种称为"碱剂印花"的印花工艺[1]。碱剂印花纺织品在新疆吐鲁番阿斯塔那古墓大量出土，在很大程度上证实当时也非常流行这种印花工艺。因此，敦煌莫高窟盛唐445窟近事女袍服图案表现的应该是当时盛行的这种碱剂印花工艺。

图24 近事女像
（谭蝉雪. 敦煌石窟全集24：服饰画卷[M]. 香港：商务印书馆，2005：128.）

图25 黄色印花纱
（新疆维吾尔自治区博物馆. 丝绸之路：汉唐织物[M]. 北京：文物出版社，1973.）

[1] 武敏. 吐鲁番出土丝织物中的唐代印染 [J]. 文物，1973(10)：37-47+81.

5．刺绣

刺绣工艺表现自如、变幻多端。出土资料表明刺绣工艺在我国商周时期就已经相当成熟，战国、秦汉时期非常兴盛，唐宋时期发展更加迅速，刺绣规模庞大，绣法齐全，用途宽泛，除了用于宗教和欣赏，绣制服饰图案成为重要内容[1]。当时刺绣制品做工精致，色彩华丽，通过李白《赠裴司马》“翡翠黄金缕，绣成歌舞衣。若无云间色，谁可比光辉。”白居易《秦中吟十首·议婚》“红楼富家女，金缕绣罗襦”等诗句描写与赞美，可以想象当时刺绣制成的“歌舞衣”“罗襦”是何等精美。对此，敦煌莫高窟晚唐138窟壁画中郡君太夫人盛装（图26）提供了形象化图像资料。这是晚唐时期最尊贵的贵妇礼服，其花鸟纹样自由活泼，色彩对比强烈，造型、构成、色彩都与刺绣特征相吻合。将其与1900年发现于莫高窟藏经洞、现藏于法国吉美博物馆的“绿罗地刺绣花卉”（图27）进行对比，虽然“绿罗地刺绣花卉”仅是一件晚唐至五代时期的绣品残片，但绣制的植物花叶完整清晰，完全能够反映出当时的刺绣样式及特点。依据“绿罗地刺绣花卉”与莫高窟晚唐138窟中郡君太夫人服饰纹样题材、组合方式、色调气氛的诸多趋同性可以推定，郡君太夫人服饰描绘的正是当时现实社会中贵族妇女喜爱的刺绣花卉纹样。作为供养人身份的郡君太夫人像，应该是画师按照身着盛装的郡君太夫人本来样貌描绘的，进一步提高了其服饰图案的真实性。

图26　郡君太夫人盛装
（谭蝉雪. 敦煌石窟全集24：服饰画卷[M]. 香港：商务印书馆，2005：176.）

图27　绿罗地刺绣花卉
（赵丰. 敦煌丝绸艺术全集·法藏卷[M]. 上海：东华大学出版社，2010：221.）

敦煌莫高窟五代98窟描绘了节度使曹议金家族的贵妇群像（图28），集中展现了当时精美绝伦的贵族女眷服饰。根据当时流行刺绣服饰的社会背景分析，莫高窟五代98窟节度使曹议金家族贵妇盛装服饰图案无疑表现的是精美刺绣工艺。同样1900年发现于莫高窟藏经洞、现藏于法国吉美博物馆的“菱格纹绮地刺绣鸟衔花枝”（图29，晚唐—五代）为其提供了佐证，其鸟衔花枝的题材

[1] 赵丰. 中国丝绸艺术史[M]. 北京：文物出版社，2005：91.

图28 节度使曹议金家族的贵妇群像

（谭蝉雪. 敦煌石窟全集24：服饰画卷[M]. 香港：商务印书馆，2005：233.）

图29 菱格纹绮地刺绣鸟衔花枝

（赵丰. 敦煌丝绸艺术全集·法藏卷[M]. 上海：东华大学出版社，2010：216.）

与波浪形组合形态与莫高窟五代98窟节度使曹议金家族贵妇服饰图案极为近似。由此可以断定，莫高窟五代98窟节度使曹议金家族贵妇服饰图案，展现的正是晚唐至五代时期最为华美的刺绣服饰艺术。

三、敦煌服饰与工艺实践个案探讨

研究敦煌服饰与染织工艺的关系，工艺实践研究环节必不可少，对文字资料、实物资料、其他图像资料、工艺调查资料的研究结果通过实践进行验证，是取得接近事实结论的唯一途径。这里仅以敦煌莫高窟盛唐194窟彩塑菩萨裙带图案（图30）为例，介绍工艺实践研究的过程与方法。

敦煌莫高窟盛唐194窟彩塑菩萨裙带图案有模糊渗化视觉效果，直觉提示表现的是绞缬工艺，即现在所说的扎染工艺。绞缬是古代一种重要的染织工艺，通过针缝、线捆等方法扎结织物达到防染目的，染色后形成的花纹具有晕染渗化特征，富于偶然性的自然韵律美。据文献记载，我国早在魏晋南北朝时期就已经广泛应用绞缬技术，东晋陶潜在《搜神后记》中记述："淮南陈氏于田中种豆，忽见二女子姿色甚美，着紫缬襦、青裙，天雨而衣不湿。其壁先挂一

图30 彩塑菩萨裙带

（敦煌文物研究所. 中国石窟：敦煌莫高窟·四[M]. 北京：文物出版社，1987：42.）

铜镜，镜中见二鹿。”其女子身着“紫缬襦、青裙”，远远看去如梅花鹿一般。显然，女子穿着的“紫缬襦”应该就是“鹿胎缬”花纹的绞缬上衣。出土于新疆吐鲁番、和田等地的“方胜纹大红色绞缬”“绛紫色绞缬绢”等六朝绞缬实物资料也证实，早在公元4世纪我国的绞缬技术已经非常成熟。隋唐时期绞缬工艺达到极盛，诗人李贺《蝴蝶飞》“杨花扑帐春云热，龟甲屏风醉眼缬”，段成式《嘲飞卿七首》之二中“醉袂几侵鱼子缬，飘缨长罥凤凰钗”等诗句，描写的正是当时的绞缬流行盛况。

研究文献记载和出土绞缬实物得知，古代绞缬除了捆扎形成的散点式花纹，还有腊梅、海棠、蝴蝶等图案，及玛瑙缬、鱼子缬、龙子缬等多种精美图案。关于莫高窟盛唐194窟彩塑菩萨裙带具体表现的是哪种技法，从其特征分析无疑是当时盛行的缝绞。不过，缝绞技法本身具有多样性特征，折叠面料方式的变化、缝绞技法的变化可以呈现千变万化的不同效果。新疆吐鲁番阿斯塔那古墓出土的缝绞实物，主要是先等距折叠布料，然后依照花纹形成的规律用合股线穿缝、抽紧，通过针线的抽紧叠压产生的紧密褶皱形成防染区域，染色之后出现白色花纹。这是缝绞技法中最为普遍的一种平缝针法，1969年新疆吐鲁番阿斯塔那墓葬出土的唐代“棕色绞缬绢”（图31，新疆维吾尔自治区博物馆藏）就是运用这种平缝针法制作而成的，从其图案效果了解到，由于抽紧缝线时的拉力缘故，在图案的白色花纹线中显现出较为明显的针孔痕迹，且针孔周围因抽紧密实，防染效果清晰，稍远处则渗色较多，造成白色花纹线条出现或宽或窄，或断或连，或虚或实的变化。再结合云南大理、巍山等地区保留至今的针缝扎染技法分析，其针缝、抽紧、固定、染色形成的图案同样显现缝绞留下的隐约针孔及抽紧痕迹，花纹线条同样具有时隐时现的断续效果。制作实践经验表明，这正是平缝针法的特点，也是无法避开的情形。这样，因为以平缝法染制的图案效果与莫高窟盛唐194窟彩塑菩萨裙带图案差距很大，所以推断莫高窟盛唐194窟彩塑菩萨裙带表现的缝绞是另外一种技法，但此技法很可能早已失传了。

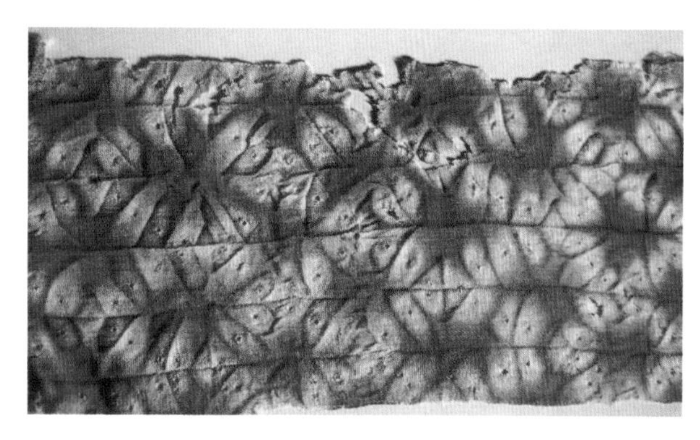

图31　棕色绞缬绢
（新疆维吾尔自治区博物馆. 丝绸之路：汉唐织物[M]. 北京：文物出版社，1973.）

一个偶然机会，我们看到片野元彦制作的“青海波纹折缝绞和服”（图32），惊奇地发现“青海波”纹样与莫高窟盛唐194窟彩塑菩萨像裙带图案非常相似，只是“青海波”纹在每个扇形中多了一道线条，用以表现波纹的涟漪。由此设想，古代中国多种工艺东传日本，唐代流行的一种缝绞方法很可能传到日本，最终以“青海波”形态流传下来。如果真是这样的话，我们通过对莫高窟盛唐194窟彩塑菩萨裙带图案的工艺实践研究，还意外复原出曾经在唐代辉煌一时、如今已经销声匿迹的针缝绞缬工艺。

“青海波”原本是日本宫廷古乐曲，以此乐曲为舞曲的舞人服装上波浪形纹样也称为“青海波”。对于“青海波”的缝制方法，日本榊原女士进行了详细解说：先把面料正反折叠多层，再分别用称为“挡布”的3～5层其他布料将其夹在中间，于一侧布面画上图稿，依图稿轮廓向前缝一针向后倒半针，一针挨一针拉紧线，把布料压实❶。我们依照榊原女士的缝法绘制了示意图，称为“倒针缝”（图33）。唐代上流社会流行穿着丝绸，盛行使用红花染料染制亮丽柔美的红色，我们据此选择丝绸进行折叠、缝制，使用红花进行染色，对敦煌莫高窟盛唐194窟彩塑菩萨裙带表现的缝绞工艺进行制作实践研究，尝试复原出唐代折叠倒针缝绞缬工艺（图34）。研究结果表明，实践研究获得的真实感受在敦煌服饰与染织工艺比较分析过程中，对相关研究推论起着最终检验、印证及阐释的关键性判断作用。

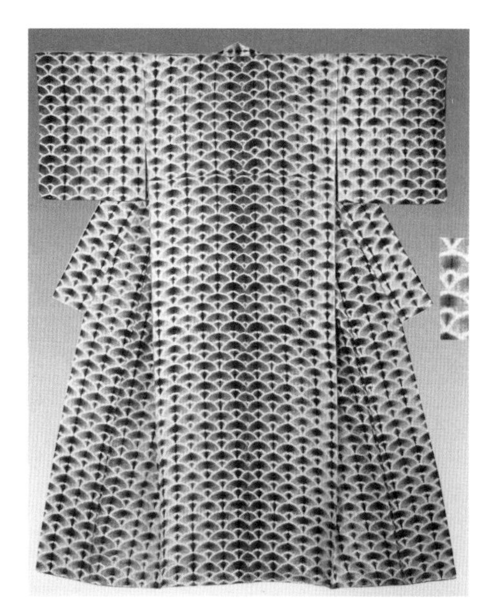

图32 青海波纹折缝绞和服

（名古屋市博物館開館15周年記念特別展：《絞——美を染める世界の技》）

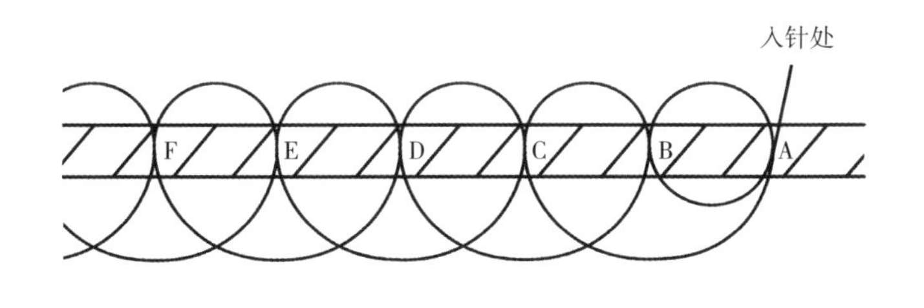

图33 倒针缝示意图

图34 唐代折叠倒针缝绞缬工艺复原

四、结语

《无量义经》曰：“若善男子、善女人，若佛在世及灭度后，若得是经，发大欢喜生希有心，即自受持、读诵、书写、供养如说修行，复能广劝在家出家人，受持、读诵、书写、供养解说如

❶ 榊原あさ子. 日本伝統絞りの技 [M]. 京都：紫紅社，1999：162-164.

法修行，即令余人修行是经力故得道得果，皆由是善男子善女人慈心勤化力故。”[1]佛教认为，于佛诚敬供养之人有无尽福报，以财宝、饮食、卧具、衣服、众花、众香、燃灯、华盖等供养于佛有无量功德。据此结合敦煌石窟供养人不乏豪门世族这一史实进行分析，雇请画师把当时最为名贵的织锦、夹缬、镂板印花、碱剂印花、刺绣等染织艺术画到佛像上，是符合人们虔诚敬佛、一心供养的社会事实的，必然在很大程度上真实表现了当时的染织工艺。与此同时，画师描绘于石窟壁面身着盛装、长久供养的供养人画像，以及经变故事场景中各种人物服饰，也都直接而形象地反映着早已逝去的世俗生活中的染织工艺。

研究实践证实，将文字资料、实物资料、其他图像资料、工艺调查资料、工艺实践资料进行多元对比与多向互证，是将敦煌服饰与染织工艺进行深入研究、获取证据、做出判断的有效方法，是最大程度探究、追寻历史真实的最佳途径。本文旨在抛砖引玉。

[1] CBETA 电子佛典集成,《大正新修大藏经》T09,no.0276,p.0388,C15。

02 古法蓝染——夹缬技艺当代应用研究

王　悦[1]

摘　要　传统工艺是历史和文化的载体，是传统在今天生活中的现实体现，它反映人类生活方式、视野及观念的变化，并在传承中不断被赋予智慧和创造力。遵循着尊重工艺的精神，本文以服装作品《重塑》为例，结合创作分析夹缬技艺在当代设计应用中的思路和方法，探讨传统工艺在当代的传承与创新方向。

关键词　夹缬、文化传承、创新应用

一、传统手艺的活化石——夹缬

夹缬，是中国古代防染印花“四缬”中最为重要的一种手工印花染色技术。其中我国浙南地区以靛青为染料，用木板印制花布的民间工艺，称为“蓝夹缬”，其历史可上溯至东汉时期，盛行于唐宋（图1）。唐明皇曾将其作为国礼馈赠给各国遣唐使者。据史料记载“玄宗时柳婕好有才学，上甚重之。婕好妹适赵氏，性巧慧，因使工镂板为杂花之象而为夹缬。因婕好生日献王皇后一匹，上见而赏之，因敕宫中依样制之。当时甚秘，后渐出，遍于天下。”[2]至宋，由于国力衰退，夹缬由此而衰。元、明时期，夹缬向单蓝色转化，最后仅在浙南地区保存至20世纪80年代。20世纪90年代初，夹缬复生。在2006年，“苍南夹缬”列入第一批浙江省非物质文化遗产名录；2011年6月，“蓝夹缬技艺”被国务院公布为第三批国家级非物质文化遗产名录。

图1　蓝夹缬

❶ 王悦，清华大学美术学院，副教授。

❷《唐语林》引《因语录》云：“玄宗时柳婕好有才学，上甚重之。婕好妹适赵氏，性巧慧，因使工镂板为杂花之象而为夹缬。因婕好生日献王皇后一匹，上见而赏之，因敕宫中依样制之。当时甚秘，后渐出，遍于天下。”

夹缬工艺是将硬度较强的木板刻制成能相互吻合的镂空纹样后，把丝绸布匹叠折夹在两块或多块花板中间，捆扎后用不同颜色的染料在连通花板各纹样的孔中浇染或投入染缸中单色浸染。由于染液无法渗透到花板夹紧的部分，而镂空的沟壑可以使染液流通，如此便形成了套色或单色纹样。由于夹缬模板材料多采用木材，镂刻的纹样受到木板工艺限制，因而花纹粗犷，风格质朴。传统的蓝夹缬，主要成品是被单。长久以来一直被大众称呼为“方夹被”“雕花被”“双纱被”“敲花被”等，也有一些地方根据夹缬图案的寓意称呼为“百子被”“龙凤被”“状元被”（图2）。

图2 工农兵纹蓝夹缬棉布被面

二、研究思路与方法

“非遗”作为承载民族记忆的活态文化资源，日益受到全社会的关注和重视。2015年10月12日，文化部“中国‘非遗’传承人群研修研习培训计划”在清华大学美术学院正式启动。在此次机缘中，笔者与南通蓝印花布传承人吴灵姝女士合作作品《重塑》，并在“非遗进清华——中国非物质文化遗产传承人群研修研习计划”试点成果汇报展中展出。笔者在汲取中国传统工艺中的智慧和创造力的同时，希望传达给使用者的是一种时代语境下的、中国式的生活方式。作品《重塑》正是基于这一理念而进行的初次尝试，创作中以发黄的旧衬衫为载体，在传统工艺的应用形式、图案的变化和新材料的使用方面进行了探索与实践，尝试以现代人的穿着方式传承蓝物之美，这种再利用寓意着人、文化、技艺的循环更迭、周而复始，更像时尚在变化往复，生活在返璞归真（图3）。

图3 作品《重塑》

1. 应用形式的转化

蓝夹缬所使用的镂空模板印花技艺，其模板材料多采用木材。模板刻制工艺较为复杂，而且所刻花板容易变形，颜色容易渗透（图4）。由于夹缬花板自身的材质和结构特点，要求夹染中所使用的织物尽可能平整且贴合板面，因此一般的夹缬工序是先夹染布料，再用染好的布料制作产品。笔者此次的创作理念是将旧衬衫进行二次利用，所以是以成衣衬衫为载体直接进行夹染创作，最初希望通过使用折叠、打褶等不同的夹染方式，结合扎染工艺自然的虚实效果打破蓝夹缬纹样的传统结构，将扎染的“虚”效果渗透到夹缬图案中，从而使传统工艺焕发新生。但笔者在南通蓝印花布博物馆染坊的实验过程中知悉，目前所使用的夹板是从清代流传下来的，年代已经非常久远，由于衬衫不同部位面料厚度、硬度不同，打褶后放入夹板中的衬衫厚度变化更大，很容易对夹板造成损伤和断裂，因此本着尊重工艺的原则，在保证夹板受到损伤最小化的同时，对设计方案进行了调整（图5）。

图4 夹缬木质镂空花板

图5 成衣衬衫夹染过程

首先，将衬衫对称折叠，花板集中夹在衬衫的前襟部位，左右对称的夹缬纹样刚好与衬衫的对称结构相契合，从而产生了均衡感和稳定感（图6）。又如在衬衫衣袖上进行夹缬，穿着时服装结构自然地弱化了常规夹缬图案的矩形结构（图7）。其次，在衬衫局部结构上的夹缬运用，将衬衫的领口与袖克夫拼接起来穿插在一套花板上进行夹染，因为袖口与领口的面料厚薄程度不一，致使染料流进被夹的部分，因此纹样也产生了虚实变化（图8）。大面积的稳定的素蓝色与这种虚化的效果相互衬托，这种常规被认为是“染坏”的效果，反而极具现代感。最后，尝试将几件面料较薄的衬衫进行折叠打褶处理，成衣的结构线和面料自身的肌理图案，使夹缬纹样在色彩上产生了多层次的色阶变化和透叠效果（图9）。被夹板固定好的衬衫放入染缸中浸染一个星期的时间，染液在这些白衬衫之间随着夹板的沟壑慢慢地浸染。完成后的夹缬衬衣经过晾干已然被赋予了新生，原本旧衬衣被磨损的袖口和衣领在这种旧手艺中充满了破旧的时尚感。

图6 衣身部位的夹缬

图7　衬衫衣袖上的夹缬

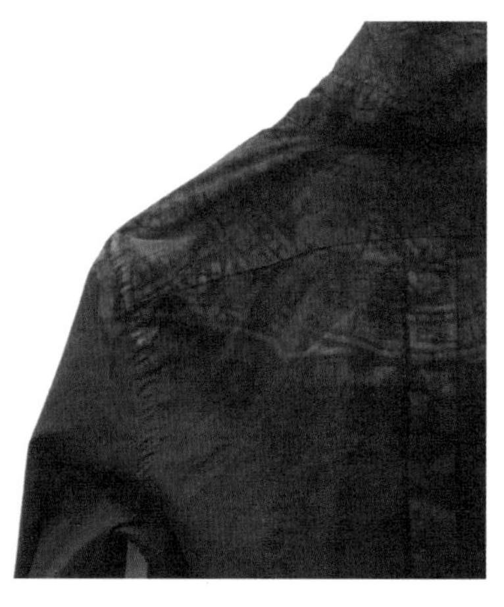
图8　衬衫领部的夹缬

图9　带有肌理的衬衫，使夹缬图案产生虚实变化

2．图案的变异

中国传统纹样中一直讲究“图必有意，意必吉祥”。夹缬纹样更是如此。传统夹缬纹样以植物、动物、戏曲人物为主流题材。它将人们在现实生活的题材抽象化，并将其特有的装饰系统植入传统的象征寓意中，赋予其深邃的文化内涵，形成既定的符号意义。

此次创作中使用了“百子图”纹样。这类纹样大多出现在传统被面上，由16个图案组成，人物形象一般是天真活泼的儿童，意寓吉祥如意，子孙满堂，多子多福。此外还使用了鱼跃龙门、喜鹊报春以及以凤和牡丹花为题材的图案。自古以来，中国一直强调阴阳结合，反映在夹缬技艺中便是蓝底白花的相互衬托。中国人一直提倡崇尚自然，讲究天人合一，在夹缬技艺中也是显而易见的。自然的染色，手工的操作，天然的面料，自然的纹样风格，许多纹样看起来描绘的是物，但实际反映的则是人，平淡天真，无需修饰，纯净质朴，迎合了现代人所追求的返璞归真的生活方式。

图10　夹缬纹样的大面积应用

独幅对称是夹缬工艺原理所决定的独特的图案结构样式，其结构以中心线为对称轴左右展开。图案表现以线为主，点线面结合且纹样多数定格在一个长方形的方框里。创作中首先尝试的是对独幅图案的直接使用，将夹缬图案对应衬衫结构，沿衬衫前门襟将其对折放入夹板中间，由于面料上下位置以及叠加层数的不同，形成了虚实对比强烈的对称纹样。然后笔者又尝试打破独幅图案的结构，将夹缬纹样满印在衬衫上（图10），主要运用在衬衫胸部以下的部位，原本中规中矩的矩形纹样随即被打散，人为制造的凌乱感赋予了夹缬纹样一种未来感和神

秘感。最后使用现代石磨水洗工艺，根据水洗次数的不同形成了不同的蓝调，并在原本清晰的蓝白中加入了一层层灰色调。水洗工艺所形成的磨旧效果在虚实之间赋予了衬衫一种现代休闲风格。原本一件基本款的衬衫，经过夹缬印染和水洗工艺被重新定义，迎合了当代消费者的审美取向。

3．材料的创新运用

蓝夹缬大多以棉作为主要材料，另外还有麻、毛等织物。传统夹缬面料是农家家纺的白色土坯棉布，这种土坯布纱支较粗，织造紧密厚实，但布面比较粗糙。用土坯布做成的夹缬大花被套，一条的重量达3000克左右，经久而耐用。随着人类生活方式的改变，这种以耐用为主要功能的夹缬产品逐渐淡出了大众的生活，人们更关注的是这些传统工艺所承载的多元文化和审美。目前，虽然以夹缬工艺创作的产品种类有所增加，并从生活日用品向服饰品和装饰品方向发展，但并未跳脱蓝白纯棉印染的材质使用范围，依旧普遍使用厚重的棉麻质土坯布等材料。

笔者在此次创作中尝试打破传统蓝夹缬厚重的外观，使用轻薄的材料，如透明的真丝、生丝面料，将这一传统手工艺以一种更轻松的方式呈现出来。实验过程中，因为生丝面料过薄，染液很容易浸染整块面料而无法单层使用，因此又尝试了多层折叠浸染以及在夹板中间垫入其他面料做防染，最终才得以在透明材质上呈现出完整的夹缬纹样，多色阶的真丝面料成就了不同节奏的蓝灰色调，透明材质虚化了纹样的边缘，在光线下呈现出丰富的层次感（图11）。

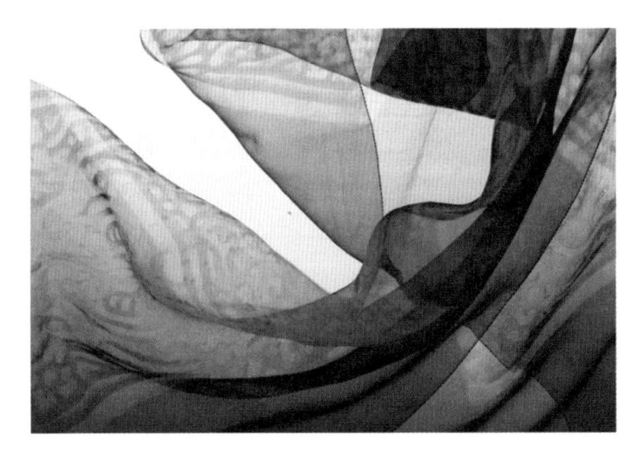

图11　透明材质上的夹缬纹样

三、传承与展望

记忆可以定义为“重新看见”“重新思考”“重新享受”。经历了近千年的传承演绎，蓝夹缬技艺已成为时代记忆和蓝白经典。它源自民间，顺应了不同时代人类生活方式的改变，从而被人们喜爱、推崇进而使用、发展而传承至今。纵观历史，笔者认为现代人对手工艺和传统文化的溯源和复兴来源于对自我身份认同的寻找。近年来国家提倡的“文化自信”，就是让我们重新认识中华民族文化价值，挖掘民族文化中优秀与精髓的东西，从而传承保留民族民间文化的多样性，进而使中华民族文化以个性的魅力呈现给世界。对于当代中国设计师，我们有一种情愫就是让设计回到本源，我们要做的就是把传统文化和技艺恰当地融入现代人的生活，希望带给使用者的是一种时代语境下的、中国式的生活方式，并希望借助这一充满温度的造物方式来探寻真正属于中国人的优雅生活。

传统手工艺中藏着我们的根，真正的创新是要有根的。

参考文献

[1]张琴. 中国蓝夹缬[M]. 北京：学苑出版社，2006.

[2]郑巨欣. 浙南夹缬[M]. 苏州：苏州大学出版社，2009.

[3]杨思好，萧云集. 温州苍南夹缬[M]. 杭州：浙江摄影出版社，2008.

[4]李震. 浙江夹缬的历史渊源与审美分析[J]. 浙江师范大学学报：社会科学版，2009,34(4)：91-95.

[5]张道一. 中国印染史略[M]. 南京：江苏美术出版社，1987.

[6]吴元新，吴灵姝. 南通蓝印花布[M]. 苏州：苏州大学出版社，2011.

03 南宋女装配领及装饰工艺探微[1]

张　玲[2]

摘　要　本文侧重于南宋女装微观技术层面的探讨，依托纺织考古发掘的出土服饰实物，对南宋女装对襟式直领的裁配工艺加以实证研究，通过“外加领缘法”与“内出领缘法”的技术比较，揭示南北两宋女装直领成型工艺的潜在差异。进而对直领外在装饰的构成规律加以探微考辨、举证释析。领抹和花边作为时尚要素，依女装上衣品类之不同，构成方式风格迥异。

关键词　南宋、女装、直领、领抹、花边

宋代是中华文明发展的高峰，在政治、经济、文化、科技诸多领域成就斐然。其创造的服饰文化异彩纷呈，其中尤以南宋女装最具特色。南宋女装世界由伦理世界和时尚世界二元建构[3]，以礼为核心的礼服系统突显等级性和神圣性，以审美趣味为核心的常服系统彰显世俗性和时尚性。后妃命妇礼服系统高度程式化，为交领右衽[4]、疏阔宽袖，严冷庄重。而上下合流的常服系统（大袖、褙子、衫子、襦衣等）则高度世俗化、生活化、简约。整齐划一的对襟式直领以精美的领抹或花边装饰，与性感的“一”字形抹胸内外搭配，颇具艺术特色。

“知者创物，巧者述之，守之世，谓之工”[5]，南宋女装制作工艺既有历史的传承性，又具时代的异变性。本文以南宋墓葬出土的女装标本为依托，聚焦广为流行的典型领式——对襟式直领，对其裁配方式及装饰工艺加以实证研究。虽然这些女装标本的时间坐标皆指向南宋后期，但就制衣技艺的传承性而言，或许在某种程度上也折射出南宋前、中期的工艺特色，但与北宋女装的裁配方式又多有不同，其中一

---

[1] 本文原刊于《服装设计师》2019 年第 6 期，现有部分修改。

[2] 张玲，中国传媒大学戏剧影视学院，教授。

[3] 陈宝良先生在《“服妖”与“时世妆”：古代中国服饰的伦理世界与时尚世界（上）》一文中提出“传统中国服饰存在着两个世界：一是伦理世界；二是时尚世界”，本文借用此观点，将其引入南宋女装世界的二元建构中。

[4] 士大夫家命妇的礼服亦有直领对襟的“大袖”衫，而此服式则为上一等级后妃命妇的日用常服。

[5] 郑玄，注．贾公彦，疏．周礼注疏・卷第三十九・冬官考工记第六 [M]. // 李学勤．十三经注疏．北京：北京大学出版社，2000：1241.

些造物观念、制作手段对当下而言仍具有方法论上的启迪意义。

一、配领及缘边工艺

关于南宋女装对襟式直领的裁配问题，始见于《福州南宋黄昇墓》一书，该书在“服饰”一节对出土袍、衣等形制结构的描述中言及“均合领对襟开叉，加缝领”，并在一件“深褐色罗镶花边单衣形制图”中将“加缝领”示意为一个“矩形裁片”[1]，其虽未阐释具体的配领工艺，但此精微的细节披露却也至关重要。继之刘瑞璞教授在论著《中华民族服饰结构图考（汉族编）》中依托《福州南宋黄昇墓》发掘报告，对其中一件“紫灰色镶花边窄袖袍”的“加缝领”配置方法给予深入的图示分析（图1）[2]，从专业角度推进了宋代女装配领工艺的研究进程，也为本论文的开展提供了重要启示。

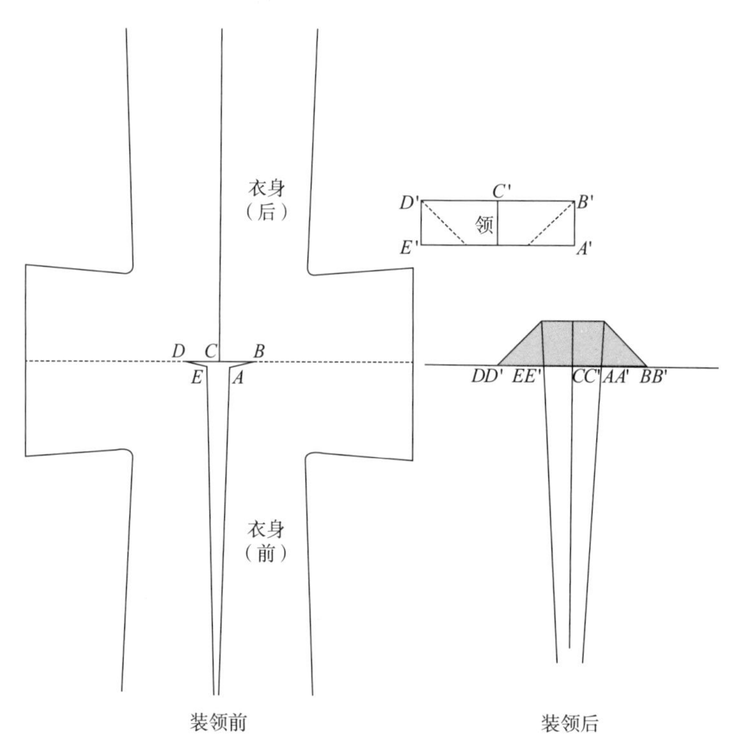

图1 “紫灰色镶花边窄袖袍”配领方法[2]

依图1可见南宋女装褙子的配领示意，矩形“加缝领”与上衣领口的拼缝线位于衣身的上平线处，由此对应服装实物接领线也应出现在此处。但对多件出土女装标本调研发现，南宋直领对襟女上衣几乎均有一个共同的特征，即在领缘偏上距离上平线2~4厘米处皆有一条水平的接缝线，且左右对称分布，很明显拼领的接缝线落于此处，而并非位于上平线处，见图2、图3。不仅女装

[1] 福建省博物馆．福州南宋黄昇墓[M]．北京：文物出版社，1982：9，12.
[2] 刘瑞璞，陈静洁．中华民族服饰结构图考（汉族编）[M]．北京：中国纺织出版社，2013：60.

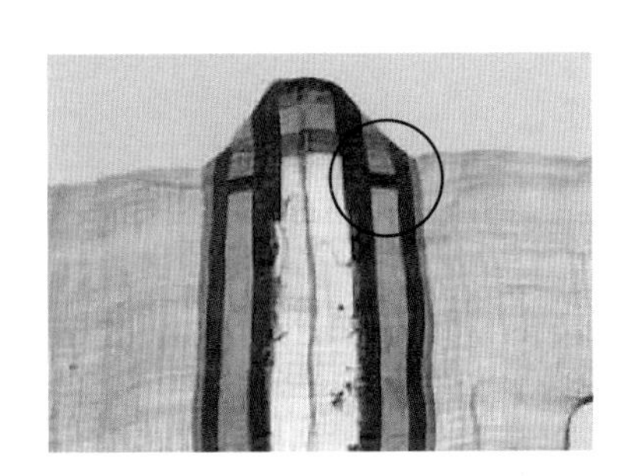

图2 接缝领的拼接线示意图1：纱罗对襟上衣

（福州茶园村宋墓，福州市文物管理局. 福州文物集萃[M]. 福州：福建人民出版社，1999：100.）

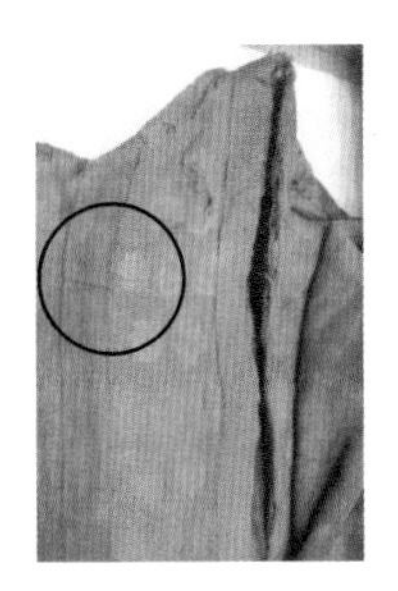

图3 接缝领的拼接线示意图2：散点杂宝罗襟褐色素罗夹衫

（江西德安周氏墓，德安县博物馆调研拍摄）

如此，南宋直领对襟男装在配领上也具有相同的工艺特征[1]。

可见学界现有的配领工艺理论与南宋女装领式的实际发生存在一定的偏差。就理论而言，如果所配接缝领长度折转后恰好位于衣身上平线部位，接缝领末端与衣身领口部位缝合，需要“抢占”一定的缝份量，在狭窄的区域内会增加缝纫的难度以及拼缝后衣领部位的不平服现象。可见此配领方法若付诸实践会存在一定的问题，且成形后接缝领位置偏高，与南宋女装衣领的真实样态不相符合。

女装上衣的接缝领应如何装配才符合历史真实呢？就外观而论，接缝领与领缘拼接后浑然一体，可见破解接缝领工艺之谜，从领缘结构入手是关键。仔细观察南宋女装大袖、褙子、衫，其门襟部位皆存在领缘结构，左右对称，宽度7~9厘米，领缘上端与接缝领对拼（拼缝线低落于衣身上平线2~4厘米）。衣身的反面有与领缘同宽的贴边设计（素绢）。领缘与接缝领皆采用与上衣面料相同的材料，即便领缘上有花边镶嵌，但还是可以从边缘处看到本料的领缘结构。观察领缘与衣身的衔接处，领缘对衣身呈压叠之势，领缘在上，衣身在下，缝头倒向领缘一侧。以此为前提，领缘与衣身的压叠关系存在两种可能，情况一，领缘下压叠衣料；情况二，领缘下未压叠衣料。以下将对配领工艺的可能技术路径加以讨论。

（一）装配方案一：外加领缘法

预设前提，领缘外加。假如领缘下压叠衣身面料，可以将裁好一定宽度的领缘与止口平齐，直接压缝在衣身上，且上端与接缝领裁片（矩形）衔接，顺势勾缝领口部位。如此处理，前门襟衣片被压隐于领缘之下，再以反面的贴边夹缝固定。这样的设计思路，在缝纫上没有难度，也可以解决之前接缝领缝纫时的技术瓶颈，从外观效果看接缝领也能够达到与南宋女装实物趋同。以下将以福州茶园村宋墓所出“浅黄色牡丹花卉纹罗衫”为例（因其领缘无任何装饰遮挡，便于结构分析），对南宋女装上衣的配领及缘边工艺给予分析探讨（图4）。

[1] 笔者在中国丝绸博物馆举办的“丝府宋韵——黄岩赵伯澐墓出土服饰展”中所见宋太祖第七世孙赵伯澐墓[嘉定九年(1216)]所出直领对襟衫“对襟双蝶串枝菊花纹绫衫(008271)”的领缘距衣身上平线约4厘米处左右有拼缝线各一道。

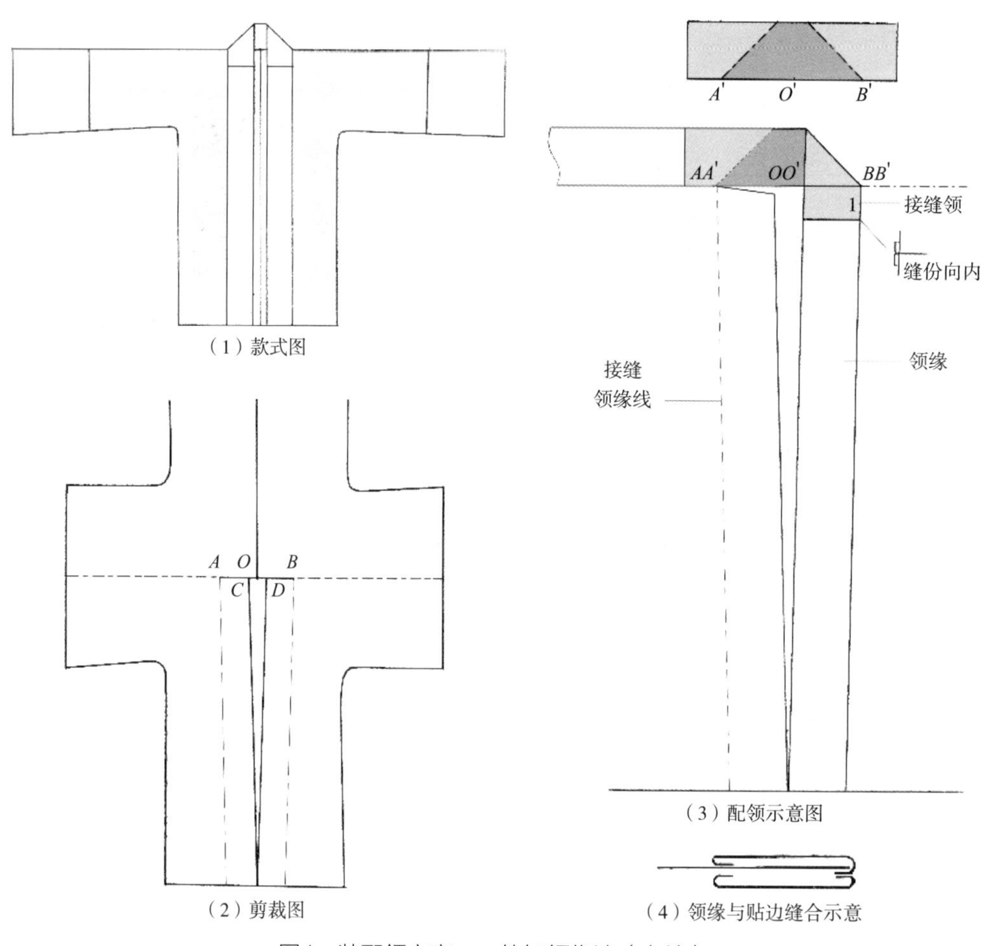

图4　装配领方案一：外加领缘法（自绘）

由图4可见领缘的装配情况。接缝领与上衣的领缘在距上平线约4厘米处拼缝衔接，缝份在反面，于表面不显露。接缝领的内口线*A' B'*与衣身上口线*AB*缝合（缝份0.5厘米），左右向下折转继续与衣身扣缝（缝份0.5厘米），顺接领缘，直至上衣底摆处［图4（3）中虚线为领缘与衣身缝合线］。领缘与接缝领的上口线均为裁剪毛边，将其向内折进0.5厘米，于反面以与领缘同等宽度的绢质贴边（左右毛边内折0.5厘米，扣烫平整）上下夹缝固定，于正面走针，可见明显针迹。缝纫示意如图4（4）所示，上层为领缘，中层为上衣面料，下层为贴边。绢质贴边一般在后领中心线处有拼接缝一条，也有后中完整，拼接缝低落至衣襟部位的情况。

接缝领以及领缘的耗料尺寸（含缝份）规律可以总结为（单位：厘米）：若已知上衣领口宽为x，领缘宽为y，衣长为z，则接缝领裁片：长为x+4+4+1（缝份），宽为y+1（缝份）；领缘裁片：长为z−4+1（缝份），宽为y+1（缝份）。贴边两条，长度为$x/2+z$+1（缝份），宽为y+1（缝份），其中各边缝份量均为0.5厘米。

此种领式配置方法，有一个明显的缺憾，即裁制完衣大身后，领缘需要额外耗费新的布幅裁配（衣身裁剪后所剩余料长度不足以匹配）。领缘虽窄，但长度却近衣长，所需侵耗的整幅布料较长（但利用率却不高，仅于纵向占一窄条）。可见，外加领缘工艺并非为理想的裁配方式。

此外，还有一点值得探讨，就是在“外加领缘”的前提下，拼缝领存在的意义。由图4可见，理论上完全可以由一条完整的领缘料（或于后领中心处设置拼缝一道）贯穿上下完成整个配领工艺。何须特意安装一条独立的拼缝领呢？是领缘用料的长度不够所致吗？这种理由，似乎不大成立，因所见到的南宋女装上衣无论长短都存在位置较为恒定的拼领线。南宋女装衣身剪裁力求规整简洁，尽可能化零为整，而此配领方法，却无形中增加了裁片的零碎感。既然非结构之必须，那么“加缝领”的存在会是对服装形制内在文化诉求的外化折射吗[1]？此方面的有效证据在宋代的文献典籍中亦鲜有所见。由此，选择方案一“外加领缘法”会带来“单材料”（用料率不高）以及工艺上“弃整存零”的弊端。

（二）装配方案二：内出领缘法

续上讨论，领缘压附于衣身之上还有另一种可能情况，即领缘下无压叠衣料。这种情况，似乎将方案一中被领缘压叠的衣料裁掉，即可获得需要的效果。此种做法并不高明，除了增加一道裁制工序外，还失去了领缘下原有衣身面料对门襟所起到的支撑与衬垫作用。衣料被无端裁弃，似乎与一贯以来中华民族“物尽其用”的造物传统相背离。可见，这种裁掉衣襟的做法近乎不可行。由此看来，领缘下“未压叠衣料”的情况似乎并不存在。福州南宋黄昇墓发掘报告在论及一件“深烟色牡丹花罗背心”[2]时，提示此背心是“由衣片折转而成的对襟边”（图5），如此，领缘下“未压叠衣料”的情况得以呈现，但重要前提是需要“内出领缘”，即上衣的领缘无须外加，而是由衣身的前门襟料直接充当。这种做法极尽巧妙，既节省了材料，又满足了上衣需要配置领缘的形制要求。而这种“内出领缘法”工艺又使得加缝领结构变得必不可少，上下衔接，方能构成完整的领缘造型。那么这种以便捷、巧妙为特色的“内出领缘法”，其技术关键点——折转而出的领缘该如何与“接缝领”有效衔接呢？运用实证研究的方法，模拟折转领缘的配领工艺实验，通过反复比较分析，最终确认一条较为简便易行的工艺方法。以下将按工艺的实施过程，

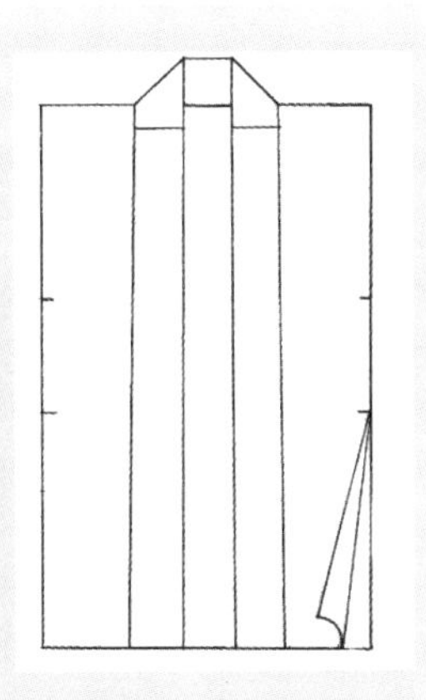

图5　装配领方案二：内出领缘法

[1] 形制的文化意味，如古制深衣下裳需裁剪十二片，以应年有十二月；上衣下裳制中，裳裙用料前三幅，后四幅，以示前尊后卑之意。在南宋男装中，“褴衫”，特意将下摆裁断一节，横向加“襕”，以示古意“上衣下裳”。

[2] 福建省博物馆. 福州南宋黄昇墓 [M]. 北京：文物出版社，1982:13.

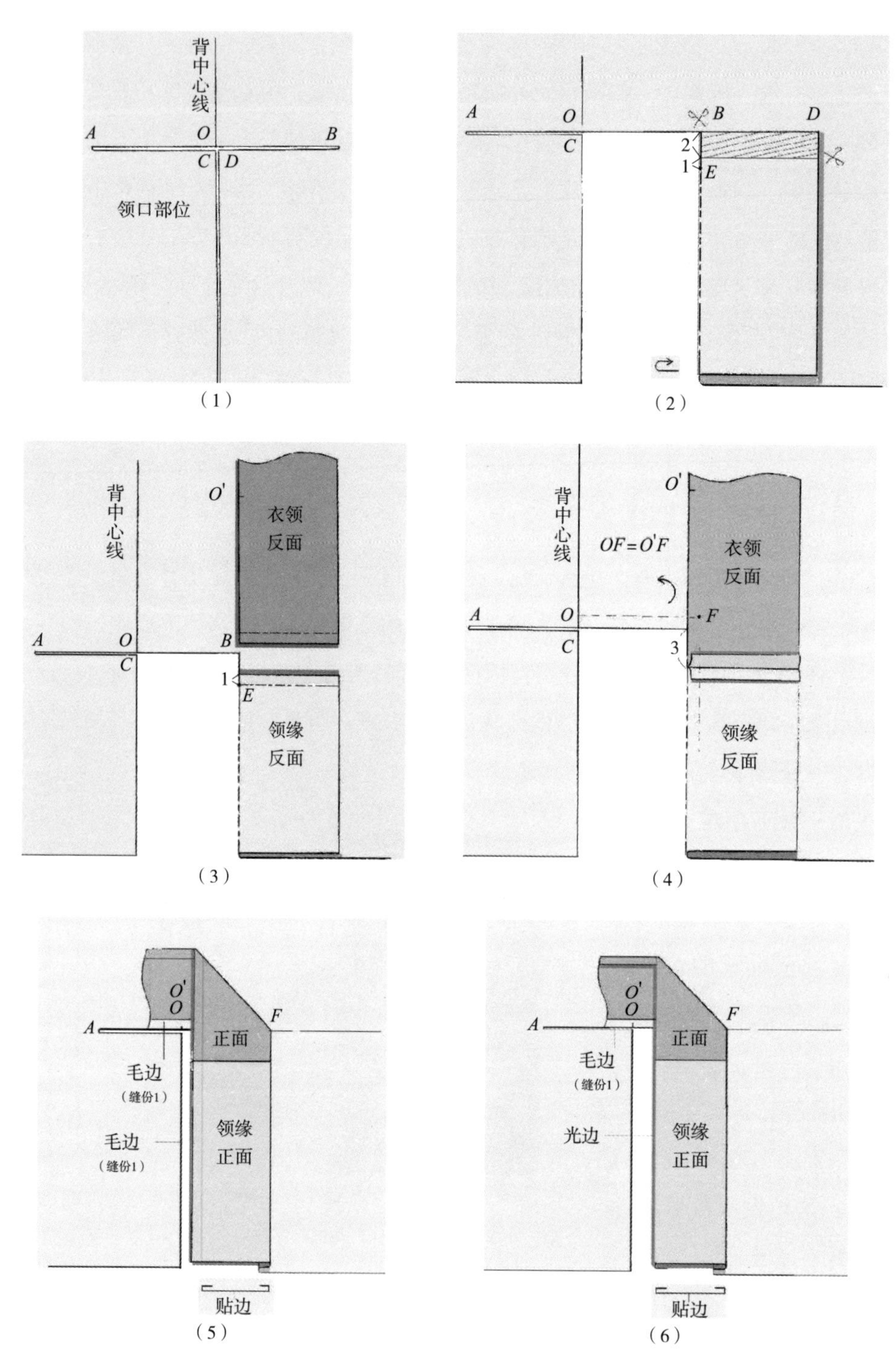

图6　内出领缘法工艺示范图（自绘）

分步骤加以绘图示意，如图6所示。

由图6所见，此种配领方法工艺简单，缝纫便捷，将衣身和领缘结构融为一体，独具智慧。*AB*为领口宽线，将*AB*线和前中线剪开。继而只需将前衣襟反向水平折转，自衣身上口线*B*点沿折转线剪切至*E*点，剪切深度决定接缝领的高低位置。衣襟（领缘）水平方向预留1厘米缝份量，其余部分剔除（阴影所示）。取宽度与衣襟折转量相等的矩形接缝领裁片一块（长为后领宽+2×接缝领低落量+缝份），与衣襟（领缘）折转部分的上平线拼缝固定（缝份朝上），自F点（衣身肩颈点）以上，接缝领下口线与衣身领口线缝合，要求O点应与O'点对齐；自f点以下，预留1厘米缝份，将领缘下口线与衣身缉缝固定。缝纫好的领缘整体回折至正面，即完成领缘及接缝领的装配。将领缘上口线毛边回扣1厘米，与两侧已折为光边、扣烫平整的贴边彼此相对，于边缘处用手针将两者缝缉固定。

在“内出领缘法”工艺前提下，接缝领结构在整体构成中居于不可或缺的地位。拼接线的位置设定（上平线下2~4厘米）亦具有天然的合理性，此值过小（小于2厘米），拼缝区域过于狭窄局促，影响缝纫工艺的有效实施和缝纫效果；数值过大（大于4厘米）衣身部分被裁掉太多，而接缝领所需用料就会随之增加，造成材料空耗，这种做法显然毫无意义。如此便破解了南宋女装上衣拼缝领结构的定位之谜。而这种“内出领缘法”在节省用料方面亦展现出无可比拟的优势，除裁配一小片接缝领外，整个领缘无需再消耗其他材料。

经统计发现，南宋女装上衣后领宽度一般在18~20厘米（男装直领对襟式样为23~24厘米），如按照“内出领缘法”，成品领缘的最大宽度为7~8.5厘米，南宋女装实际领缘的最大宽度一般都不会超过此数值。其中还发现存在5.5厘米、6厘米领缘宽度的情况，工艺上只需加大缝份量，或适当将门襟沿前止口处略裁去稍许即可。在南宋女装调查中发现，前身衣摆宽度一般比后身衣摆宽度略小2~4厘米，也是由于“内出领缘法”工艺所带来的必然结果。

由此可见，装配领方案二“内出领缘法”比装配领方案一“外加领缘法”具有诸多优势，为南宋女装所普遍采用的工艺范式。但其中也不乏例外之举，据江西德安周氏墓发掘报告记述，周氏墓所出服饰“大多数加缝衣小领”，也有无衣小领存在的情况[1]。想必应是采用了方案一的工艺方法，而获得了并无拼缝的视觉效果。北宋女装的领缘部位皆无南宋式样的拼缝领结构，如笔者对安徽南陵铁拐宋墓标本调研时，发现北宋后期女性上衣领缘上部皆浑然一体，无拼缝领结构。此外，南京北宋长干寺地宫所出泥金半袖女衫同样未有拼缝领结构。显然，北宋前、后期女装的配领工艺，皆采用方案一“外加领缘法”得以完成。而南宋女装中极个别特例存在无拼缝领的情况，很可能是受到北宋遗风的影响。但不可否认装配领方案二“内出领缘法”，在南宋后期的女装中应用已相当普遍，男装领域亦概莫能外。

二、领抹及花边装饰工艺

造型简约的对襟式直领镶嵌以精美的领抹或花边成为南宋女装潮流变幻的亮点，颇具时尚气息。领抹是重要的装饰要素，类似宽花边，镶嵌于领缘之上，奢华绮丽。除领抹外，精巧的窄花边亦别具特色，尽显俏丽雅致。领抹及花边的使用量极大，如福州南宋黄昇墓（1243年）所出服

[1] 周迪人，周旸，杨明．德安南宋周氏墓[M]．南昌：江西人民出版社，1999：98.

饰计115件，其中在对襟及缘边处有领抹或花边装饰的就有79件之多[1]，福州茶园村宋墓（1235年）除服饰上的装饰花边外，亦出土有大量未经使用的领抹及花边原料。这些装饰用辅料不仅纹样精美秀丽，在形式构成上亦遵循着某种约定俗成的工艺范式。

领抹元素最为突出，是南宋女装中时髦的配饰。沈从文先生较早提出领抹即为宋代女衫对襟处装饰花边的论断，“外衣衫子对襟，有两长条花边由领而下，多属戳纱绣法，也有织成、画成的。宋人凡提‘领抹’，必兼画绣而言”[2]。领抹可以作为商品买卖，价格不菲，“一领一袜，费值千钱”[3]。领抹自北宋就广为流行，“相国寺每月五次开放，万姓交易。……占定两廊，皆诸寺师姑卖绣作、领抹、花朵、珠翠、头面、生色销金花样、幞头、帽子、特髻冠子、绦线之类”[4]。到了南宋，领抹依旧畅行不衰，“最是官巷花作，所聚奇异飞鸾走凤……销金衣裙、描画领抹，极尽工巧，前所罕有者悉皆有之”[5]。宋无名氏有《阮郎归·端五》一词：“及妆时结薄衫儿，蒙金艾虎儿，画罗领抹襽裙儿，盆莲小景儿。香袋子，搐钱儿”，领抹工艺即为纱罗上以画绘之功渲染铺陈。领抹之实物在南宋墓葬出土的随葬衣料中皆有所见，但其装饰技巧并非单一的画绘一式，还兼具刺绣（平绣、打籽绣、盘金绣）、泥金印花多种式样。可见随着时间的更迭流转，领抹制作工艺亦呈现缤纷百态，多具变革与创新。

（一）形制基本构成

综合实物调研及相关发掘报告提供的有效信息，南宋女装的领抹一般较宽，为5~6厘米，镶嵌于衣身领缘处，较宽者几乎将领缘整体遮蔽。与领抹相比，花边相对较窄，宽度仅为1.5~2.5厘米，镶嵌于上衣领缘及衣缝处，起到“画龙点睛”的装饰效果。

领抹和花边皆以罗料为地，领抹的形制特征为长条形，双侧内折边，反面以“之”字形针迹将缝份扦缝固定。工艺过程为：取已经印绘或刺绣好花纹的长条形坯料，以花卉纹为中心，左右各预留2~3厘米的折反量，将花边裁剪下来。为增强成品领抹的硬挺度，若为印绘工艺，则在花边背后加垫同样质地和宽度的衬料一条，若为刺绣工艺，则选择衬垫近似花卉纹宽度的硬纸一条，将花边上下预留量向反面折叠，包住衬垫料，再施以“之”字形针迹将上下扦缝固定，成品效果和工艺方法如图7、图8。

图7　领抹成品效果（棕地金茶蘼绣花领抹，福州南宋黄昇墓）
（高汉玉. 中国历代织染绣图录[M]. 上海：上海科学技术出版社，1986：220.）

[1] 福建省博物馆. 福州南宋黄昇墓[M]. 北京：文物出版社，1982：111.
[2] 沈从文. 中国古代服饰研究[M]. 上海：上海书店出版社，2002：445.
[3] 袁褧. 枫窗小牍[M]. 上海：上海古籍出版社，2012：10.
[4] 孟元老. 东京梦华录[M]. 郑州：中州古籍出版社，2010：58.
[5] 吴自牧. 梦粱录·卷十·团行[M]. // 全宋笔记：第八编：五. 郑州：大象出版社，2017：219.

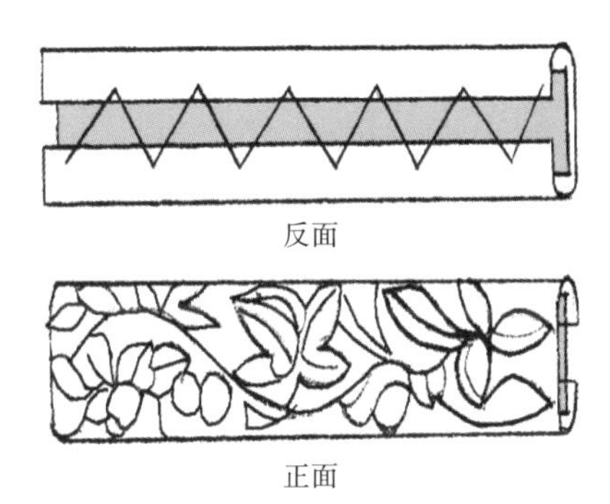

图8 领抹制作工艺（棕地金茶蘼绣花领抹，自绘）

花边的形制构成多在大块坯料上取材完成。将窄条花卉纹相隔一定距离（约3厘米）数排平行印在罗地上，材料长约200厘米。与领抹不同，此类花边使用时需再次剪裁，将花卉纹居中，两边留出余量。剪裁后依据折边方式可以分为两种类型，A型（双向折边）和B型（单向折边）。A型：以彩绘花纹上下边缘为界，两侧折转多余的罗料，形成双侧光边的效果，此花边一般作为衣缝的装饰花边使用。B型：以彩绘花纹的上边缘为界，单侧折转多余的罗料[1]，形成单侧光边。此型多用于上衣前门襟止口部位的装饰，花边坯料及工艺方法如图9、图10所示。

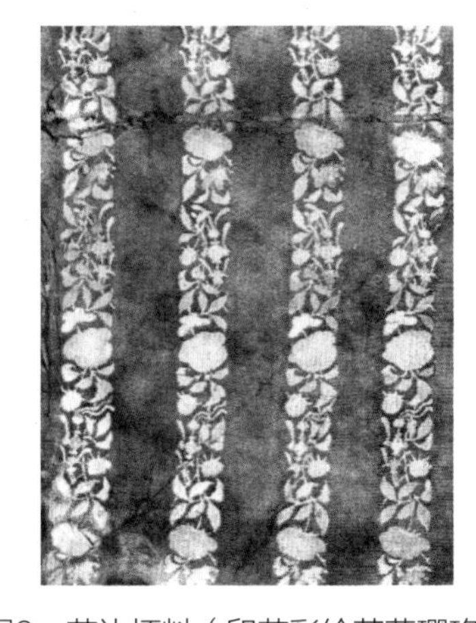

图9 花边坯料（印花彩绘芍药璎珞花边，福州南宋黄昇墓）

（高汉玉. 中国历代织染绣图录[M]. 上海：上海科学技术出版社，1986：82.）

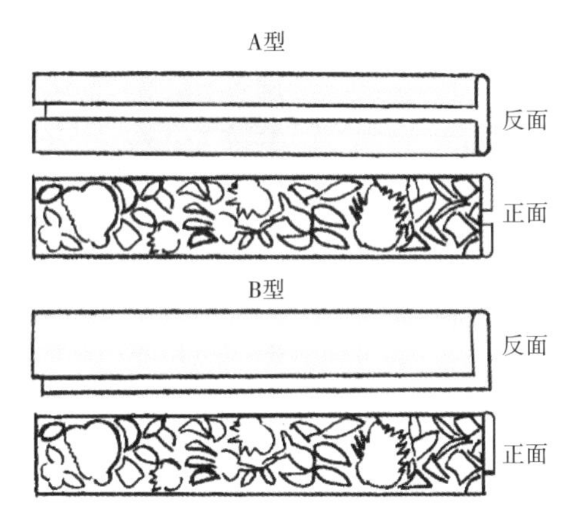

图10 花边制作工艺（印花彩绘芍药璎珞花边，自绘）

领抹较花边装饰工艺复杂，据福州南宋黄昇墓发掘报告记述，黄昇服饰的领抹工艺有手工彩绘、凸纹印花彩绘、刺绣（平绣、打籽绣、贴绣、辫绣、盘金绣等）等多种形式[2]，工艺精湛，令人叹为观止。图案题材丰富，有牡丹、芙蓉、芍药、梅花、水仙、茶花、百菊、海棠等缠枝花卉，也不乏狮子戏球等动物形象，构思精巧、造型绮丽，为南宋女服装饰之翘楚。福州茶园村宋墓出土了成品领抹及为数众多的花边坯料。通过标本调研测绘发现，其中领抹工艺涵盖刺绣（平绣、打籽绣、盘金绣）、印花彩绘等，而花边主要以彩印、泥金印花为主，虽金粉脱落严重，但仍可看出使用时的绚丽与华美。

---

[1] B型花边裁剪时花纹的上边缘需比下边缘预留多些罗料，便于翻转后有充分的衬垫量。

[2] 福建省博物馆. 福州南宋黄昇墓 [M]. 北京：文物出版社，1982：111–133.

（二）镶嵌方式

以下将对女装直领部位的领抹与花边的镶嵌方式予以适当讨论。

1．领抹镶嵌（含B型花边）

在上衣的领缘部位自上而下镶嵌领抹（下压B型花边），是南宋女装中“衫”类高频使用的装饰手段，镶嵌效果如图11所示。工艺过程为：首先完成衣身前襟部位的缝纫，即在衣身前襟处叠缝同样质地的领缘（含接缝领），并于反面勾好贴边（绢、纱或罗）。将B型花边光边向外置于领缘之上，花纹下缘与上衣止口处对齐，其余探出其外；再将领抹外缘与止口对齐，将B型花边毛边处压住，恰好露出花边的花纹部位，领抹与花边在前止口处自然过渡衔接。领抹的固定方式为

图11　领抹镶嵌装饰效果：烟色镶金边绉纱上衣（福州茶园村宋墓，福州市博物馆藏）

（福州市博物馆. 福州文物精粹[M]. 福州：福建人民出版社，1999：103.）

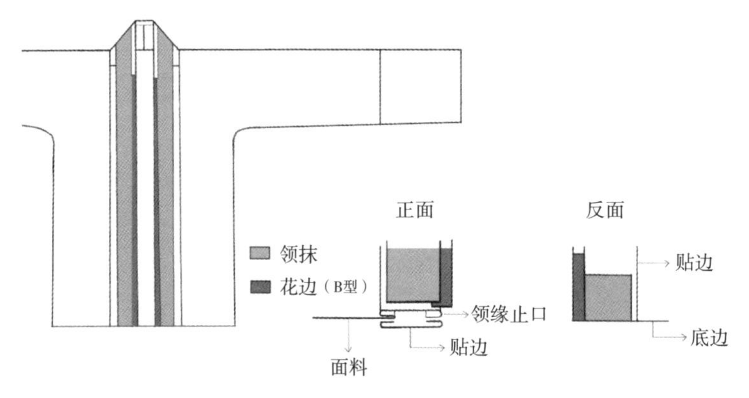

图12　领抹镶嵌工艺示意图（自绘）

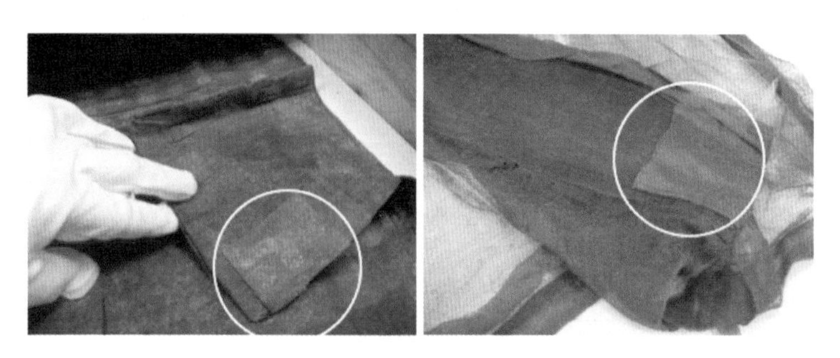

图13　领抹尾部向反面折转细节图

（德安南宋周氏墓服饰，德安县博物馆调研拍摄）

左右暗扦边，针迹隐藏，具体镶嵌工艺如图12。此外，领抹的尾端至上衣底摆处并不裁断，而是留出3~4厘米，向反面回折，并用手针扦缝固定（图13），德安南宋周氏墓、福州南宋黄昇墓所出女衫均具有此工艺特征。为了对精美的领抹起到保护作用，一般会在领抹上加缝护领结构，护领正面的可视宽度一般为2~3厘米，反面内折1厘米，两侧均扣折为光边。

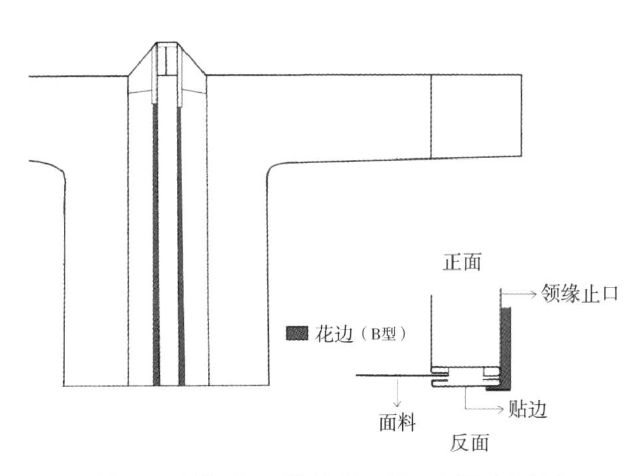

图14 花边（B型）镶嵌工艺示意图（自绘）

从出土服饰来看，存在B型花边与领抹共生的关系，一般镶嵌有领抹的上衣前止口部位都会有B型花边出现，视觉上形成宽、窄花边的节奏对比，B型花边的存在对领抹起到很好的陪衬与烘托效果。故本节将B型花边的工艺讨论列入领抹语境之中。

上衣领缘部位有领抹、花边同时装饰外，还存在仅由B型花边单独装饰于门襟止口处的情况，如福州茶园村宋墓女装大袖就属于这种情况。由于失去领抹的压叠关系，B型花边一般会移至衣襟的反面，靠近贴边处缝纫固定。在服装标本调研中，福州茶园村宋墓、江西德安周氏墓所出上衣中，均发现相似的例证，具体镶嵌工艺方法如图14所示。

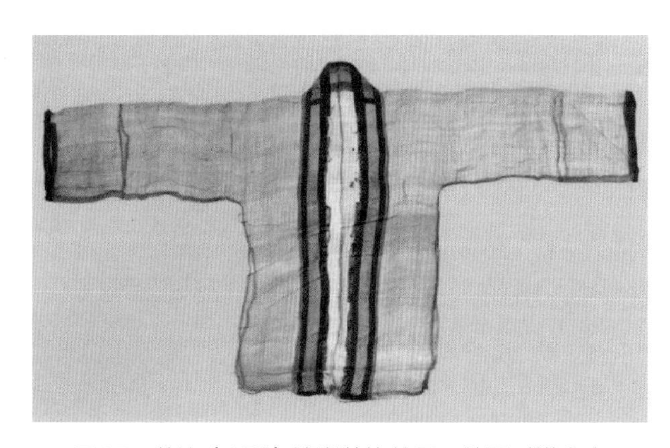

图15 花边（A型）镶嵌装饰效果：纱罗对襟上衣

（福州茶园村宋墓，福州市博物馆藏，福州市博物馆. 福州文物精粹[M]. 福州：福建人民出版社，1999：100.）

2. 花边（A型）镶嵌

除了应用于上衣前门襟止口处的B型花边（单向折边）外，A型花边（双向折边）亦应用于女装上衣（衫、褙子、大袖）领缘部位以及裙、裤的边缘、衣缝等处。A型花边在直领部位的镶嵌方式为在领缘的两侧镶两道花边（接缝领或袖口边有时也存在花边），如福州茶园村宋墓出土的“纱罗对襟上衣”、福州南宋黄昇墓出土的“紫褐色罗镶花边单衣（39③）”“浅褐色罗镶花边广袖袍（大袖）（65⑤）”等皆具有此装饰特征。A型花边装饰效果、镶嵌工艺示意见图15、图16。

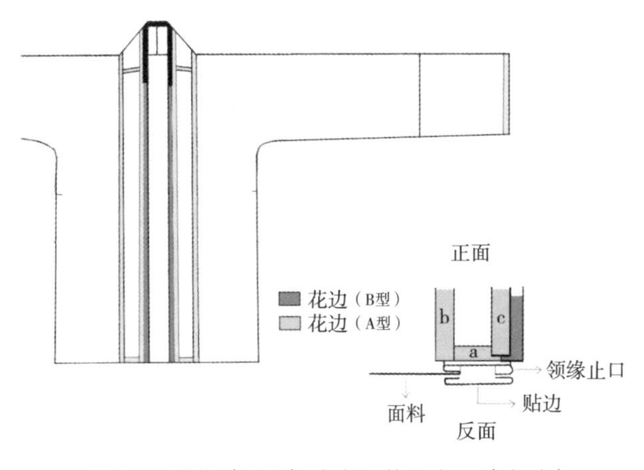

图16 花边（A型）镶嵌工艺示意图（自绘）

综上所述，南宋女装上衣直领部位的装饰工艺具有一定的程式化特色，不同品类的女装一般遵循特定的装饰原则。如女装大袖、褙子的领缘装饰多以窄花边为特色，并延伸至衣服的边缘及衣缝等处；而时尚的衫子则一般以精致的领抹装饰见长（也有花边镶嵌的实例）。上衣中短襦作为内衣，领缘素朴无饰。较之南宋女装精美绮丽的领部装饰，北宋女装则相对简素，或无饰或于领缘处仅见素罗镶嵌装饰，含蓄而低调，如安徽南陵铁拐北宋墓、南京北宋长干寺地宫所出女装实物均提供了这一证据。

三、结语

对襟直领式常服在南宋女性衣装世界中居于主导地位，其使用频率远超交领右衽的程式化礼服，凸显南宋日常女装高度世俗化、生活化的风格特色。简约利落的直领，裁配方式较北宋有所发展和完善，“内出领缘法”独具匠心，成为南宋社会男女服饰普遍通行的工艺惯式，展现宋人“惜物善用”的造物智慧与聪颖巧思。与纤长的直领相配合，精致的领抹和花边作为重要的装饰语言颇具时尚韵味，并依女装品类不同有所甄别，使直领的外在装饰赋予显在的规律性。南宋女装独特的配领工艺作为中华古典制衣技艺中宝贵的文化遗产，其创设理念、构成方式对现代服装造型实践仍具有积极的借鉴意义。

04 敦煌壁画中几何图案研究与创新应用的思考

高　阳[1]　张　乐[2]　陈雨琪[3]

摘　要　本文以敦煌壁画中出现的典型几何图案为研究对象，重点研究其装饰美感。将敦煌几何图案按照造型基本特征的不同进行分类分型；分析每种类型几何图案的造型、色彩及组织形式特点；结合几何图案在石窟内的具体装饰部位分析其装饰特点。最终归纳总结出敦煌壁画中几何图案的装饰作用与装饰美感。本文对敦煌几何图案如何与现代服饰面料图案设计结合提出了思路和见解，展示了研究与教学实践的成果，总结了现代服饰面料图案设计借鉴敦煌传统图案进行创新的设计方法。

关键词　敦煌、几何图案、服饰、面料、设计

一、敦煌壁画中典型几何图案的类型分析

“几何图案是用各种直线、曲线，以及圆形、三角形、方形、菱形等构成的规则或不规则的几何形体作装饰纹样的图案。”[4]敦煌壁画中较典型的几何图案类别有方格纹、菱形纹、栏墙纹、联珠纹、回纹、龟甲文几大类，每一类别之下根据造型特征的区别又有更多的分型。本文囿于篇幅所限，仅以大类中最为常见、出现最多，并且在现代设计借鉴应用上最广泛的方格纹、菱形纹这两大类做类型分析示例。

1．方格纹类型分析

方格纹是由水平和垂直的直线相交而形成的方形几何图案。构成方格的边线有单线也有双线，还有以方格形作为骨架，内饰小叶、小花、十字等其他花纹的方格纹。方格纹的组织形式一般为二方连续纹样和四方连续纹样。

敦煌石窟中出现的方格纹可分为造型本身为方格（实体方格纹）及组织骨架为

---

[1] 高阳(1974—),女,北京市人,北京林业大学艺术设计学院,副教授,硕士研究生导师。

[2] 张乐(1989—),女,辽宁省朝阳市人,毕业于北京林业大学艺术设计学院,硕士研究生。

[3] 陈雨琪(1995—),女,北京市人,就读于北京林业大学艺术设计学院,硕士研究生。

[4] 樊文江.美术辞林·工艺美术卷[M].西安:陕西人民美术出版社,1989:30.

方格（方格骨架纹）两大类。

实体方格纹大类下有三种分型（表1）:

表 1　实体方格纹类型分析

型别	窟号与装饰部位	年代	资料来源	附图
A	莫高窟431窟，窟顶平棊	北魏	《敦煌石窟全集·图案卷·上》	
B	莫高窟285窟，南壁,龛内佛座后织物	西魏	《中国敦煌历代服饰图案》	
C	榆林窟25窟，北壁	中唐	《敦煌石窟全集·图案卷·上》	
	莫高窟156窟，南壁	晚唐	《敦煌石窟全集·图案卷·上》	
	莫高窟112窟，北壁	中唐	《敦煌石窟全集·图案卷·上》	

A型，由直线垂直相交等大方格，呈四方连续排列。单元方格面积较小，形态和组织构成方式简洁。色彩强调明度反差，靠有规律的色彩深浅变化产生图案的装饰韵律与节奏。

B型，由九个正方形小方格构成一个较大方形，将其作为一个图案循环单位。相邻的两个单位色彩处理不同，其一是将四角小方格涂深色，中间五个小方格排列成的十字区域留白；其二是将中心一个小方格涂深色，其他八个小方格留白。将运用这两种色彩处理方式的大方形交替以四方连续排列组合，并在每两个大方形间以一个中间装饰有小圆花的白地大方形隔开。

C型，方格为矩形，格内两对角线相交于中心点，在此中心点上装饰圆点形纹样。两对角线将矩形分割的四个三角形相间涂色。此型还演化出斜方格纹，其中心装饰圆点形纹样，斜方格单元内不用对角线分割，平涂一种颜色，相邻方格颜色交替变换。

方格骨架纹大类下有两种分型（表2）:

表 2　方格骨架纹类型分析

型别	窟号与装饰部位	年代	资料来源	附图
A	莫高窟257窟，窟顶	北魏	《敦煌石窟全集·图案卷·上》	

续表

型别	窟号与装饰部位	年代	资料来源	附图
A	莫高窟435窟，窟顶	北魏—西魏	《敦煌石窟全集·图案卷·上》	
	莫高窟288窟，南壁	西魏	《敦煌石窟全集·图案卷·上》	
B	莫高窟275窟，西壁佛座	北凉	《中国敦煌历代服饰图案 》	

A型，蓝黑相间、蓝绿相间或蓝褐相间排列的小方格构成了方格纹的骨架，将画面分割成若干大的斜方格。大方格中央装饰小花或圆点。每个大方格单元由九个正方形小方格构成，四角及正中小方格分别以不同的两种颜色填色，横或纵方向的四角小方格及中心方格分别相对左或右进行相间填色。

B型，以中间装饰十字花叶的大方格为循环单元，四方连续排列。每两个大方格之间上下左右各空出相当于其四分之一的宽度。大方格四个角分别安置由小方格排列成的十字花纹。

2. 菱形纹类型分析

菱形纹是四边都相等的四边形形成的几何纹样，其组织形式有二方连续和四方连续，一般取决于装饰面积。敦煌石窟中出现的菱形纹可分为以块面色彩表现的菱形纹（实体菱形纹）；以线形表现的菱形纹（线形菱形纹）；菱形骨架与花叶纹样结合的菱形纹（菱形花叶纹）这三大类。

实体菱形纹大类下有两种分型（表3）：

表3 实体菱形纹类型分析

型别	窟号与装饰部位	年代	资料来源	附图
A	莫高窟254窟，西壁	北魏	《敦煌石窟全集·图案卷·上》	
	莫高窟435窟中心柱北	北魏	《中国敦煌历代装饰图案·续编》	
B	莫高窟361窟，西龛内	中唐	《中国敦煌历代装饰图案·续编》	

A型（实体单色菱形纹），由相交呈30°和150°夹角的直线绘制成等大的菱形，呈四方连续排列。图案底色一般为白色，在垂直方向上将一排菱形涂深色，而下一排菱形涂较浅的颜色。常见

交替使用的三种颜色为白、石绿、黑；白、石青、黑；白、石青、土黄。由于每个菱形中由一种单一颜色平涂，因此称为“实体单色菱形纹”。此型菱形纹出现于北朝石窟。

B型（实体退晕菱形纹），此型图案也主要以块面平涂颜色表现，但采用了同一色系色彩深浅退晕平涂的手法，称为“实体退晕菱形纹”。如表3中所示，石绿色的菱形为深浅两种绿色退晕平涂。此型菱形纹自唐代开始出现。

线形菱形纹指主要由线条构成，或是画面比较突出地呈现出线的因素。线形菱形纹大类下有五种分型（表4）：

表4 线形菱形纹类型分析

型别	窟号与装饰部位	年代	资料来源	附图
A	莫高窟288窟，中心柱南	西魏	《中国敦煌历代装饰图案·续编》	
	莫高窟251窟，后部平綦	北魏	《敦煌石窟全集·图案卷·上》	
B	莫高窟288窟，中心柱北	西魏	《敦煌石窟全集·图案卷·上》	
	莫高窟428窟，中心柱东	北周	《中国敦煌历代装饰图案·续编》	
C	莫高窟288窟，南壁	西魏	《敦煌石窟全集·图案卷·上》	
	莫高窟254窟,南壁	北魏	《中国敦煌历代装饰图案·续编》	
D	莫高窟435窟，窟顶	北魏—西魏	《敦煌石窟全集·图案卷·上》	
E	莫高窟379窟， 窟顶藻井外围边饰	隋	《中国敦煌历代装饰图案·续编》	

A型（单线菱形纹），以单线交织构成菱形图案，在菱形的中央装饰圆点。单线菱形纹可有一些细节变化，如表4中北魏251窟后部平綦的菱形纹样，构成菱形轮廓的黑线较粗，下面加一道如同阴影的灰色。每个菱形左角上装饰一水滴状的点，为石绿色。

B型（线套叠菱形纹），由多个同心线形菱形相套叠构成的菱形纹。如表4中在灰白的底色上用黑色相交的直线绘制成网状，其内部依次往里分别用深灰色和黑色勾勒同心套叠的菱形。另一例是在石青底色上以黑色直线交织成菱形，每个菱形中套一个更小的菱形。

C型（组线菱形纹），此型菱形纹造型相对复杂，外形由等距的一组四根直线交织构成，交织而成的大菱形的四个角呈现9个小菱形，组成类似倾斜的十字形。大菱形在直线相交的四点处分别与9个小菱形纹四个角中的一个相重叠，四条边涂颜色，但与小菱形相重叠处留白，同时，大菱形纹内部中心也绘制同心套叠的小菱形。此菱形纹虽有平涂色块的部分，但图案的造型构成和整体视觉效果依然是靠线的组织起决定性作用。

D型（点线菱形纹），以点状线构成菱形外形和整个图案的结构组织。白色小圆点形成的虚线构成菱形轮廓，相邻两个菱形的交点上绘以黑色略大的圆点。每个菱形的中心画石绿色的更大圆点。

E型（波状线菱形纹），以波浪状线条构成的菱形图案。用两组双波状线相交绘制成菱形造型，由黑、石绿、土红、蓝隔行涂色。独特的外轮廓使得波状线菱形纹规整中又有活跃的视觉效果。

菱形花叶纹以菱形结构为图案骨架，菱形内部、骨架交点、骨架线上都有花纹装饰。运用多层退晕的设色手法，色彩效果细腻、丰富、华丽。菱形花叶纹主要出现于唐代，特别是盛唐洞窟。盛唐时期的菱形花叶纹由于重点表现花形，几何感减弱。中晚唐时期的菱形花叶纹花形简洁、缩小，退晕层次减少，菱形的几何特征较强。由于这一区别，菱形花叶纹大类下可有两种分型（表5）：

表5　菱形花叶纹类型分析

型别	窟号与装饰部位	年代	资料来源	附图
A	莫高窟217窟，西龛内	盛唐	《敦煌石窟全集·图案卷·下》	
	莫高窟387窟，西龛内	盛唐	《敦煌石窟全集·图案卷·下》	
	莫高窟172窟，西龛内	盛唐	《敦煌石窟全集·图案卷·下》	
B	莫高窟9窟，西龛内	晚唐	《敦煌石窟全集·图案卷·下》	

A型（盛唐菱形花叶纹），盛唐莫高窟217窟、盛唐莫高窟387窟、盛唐莫高窟172窟西龛内菱形纹是此型的代表。装饰繁复华丽，菱形边缘用多重线条或不同颜色圆点连起和点缀。菱形从外到内的色彩由浅至深多层退晕，最中心饰以四瓣四叶小花，两菱形相交处也饰以小花。

B型（中晚唐菱形花叶纹），中晚唐的菱形花叶纹菱形边缘的装饰与菱形骨架中央的花叶纹样都很大程度地简化了。涂色依然采用退晕，但色彩层次和用色种类都减少了。常用黑、灰白、石青、石绿相间填色，形成清冷的主体色调。

二、敦煌壁画中几何图案的形式美分析

雷圭元先生曾总结了“图案构成的基本形式法则”，即：对称与均衡；变化与统一；加强与减弱；条理与反复；节奏与韵律；对比与调和；比例与权衡。形式美存在于自然界的万千物象中，人们通过仔细观察体味美的事物，找到其中的规律，并将其总结、归纳、应用，成为普遍适应大众的审美需求法则。在设计的任何领域，遵循形式美法则、研究和探索形式美法则，依然是衡量设计创新的标准，能够使我们在内容美的基础上实现形式上的美，达到内容美与形式美的统一，并能够正确引领社会、时代、大众的审美。

1．对称与均衡之美

对称是指图形或物体以一个中心点或中轴线为基准，围绕中心点或位于中轴线两边的形象在大小、形状和排列上具有一一对应的关系。对称分为两种形式，一种是相对对称；一种是绝对对称。几何图案的对称以绝对对称居多。敦煌几何图案的对称之美，体现规整、安定、有秩序的装饰特色。

图1　佛头光图案
（敦煌研究院. 敦煌石窟全集·图案卷·下[M]. 香港：商务印书馆（香港）有限公司，2003.）

中唐时期莫高窟192窟南壁，佛头光中的水波折纹适合在圆形中，以佛头像为中心，圆形内垂直的直径为中轴线，波折纹依中轴线左右两侧呈绝对对称，从左右半圆的两头内类似被挤压波纹的一折，到中间宽阔区域内的两折，不论形状、位置、还是底色的石绿色，两侧的纹样都是由上到下的依次涂为土黄、赭石、浅赭、米白、浅赭、土红的镜像对称图案（图1）。

佛、菩萨头光中的对称式几何图案，以几何形的简洁造型和对称式的庄重构图更好地烘托出佛法的炽盛与庄严。

2．变化与统一之美

变化在装饰图案中主要体现为纹样在造型、色彩、组织形式及表现技法上的丰富多样。统一是与变化相反，但又相辅相成。纹样如果一味追求变化只会适得其反，造成画面的混杂无序，但如果过于追求统一则会变得呆板乏味。

变化与统一之美在敦煌几何图案中随处可见，即便是简洁的方格纹，也会用涂色的不同来产生变化，使画面的视觉语言更加丰富。但变化也不是随心所欲、杂乱无章的，亦可寻找到个体之间的共性与连接。例如，宋代莫高窟16窟窟顶藻井，藻井的边饰层中绘制有对角线方格纹，方格被内部两条对角线分隔为四个小三角形，其填色由石绿、黑、浅赭、土黄组成，但相邻的方格内部小三角形的填色位置各不相同，而且这四个颜色的填色位置交替没有一定的规律性可循，在藻井的边饰层中填色变化丰富，但置于整个藻井的大色调中却一点都不显得杂乱，反而十分统一。

盛唐时期莫高窟127窟壁画中的地毯纹样为三角纹，三角内部绘制有桃心和三瓣叶纹样，底色

分别由青、石绿、土红相间涂色，仔细观察可以发现内部绘制的桃心和三瓣叶在相邻横排内的位置和填色都不同，但是整个地毯的图案还是统一在一个视觉画面内，这些微妙的变化使得画面视觉效果显得更加生动活泼（图2）。

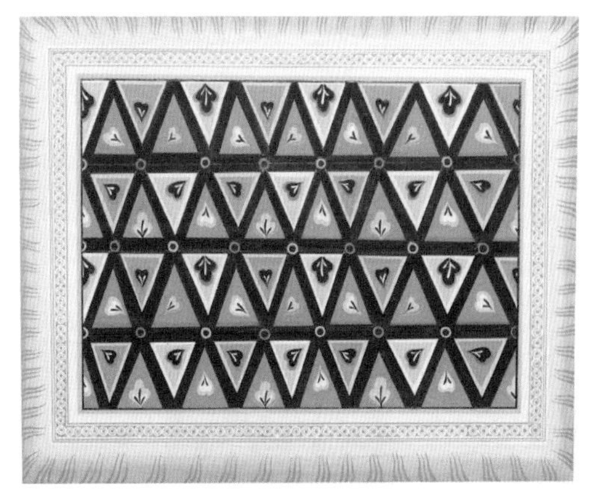

图2 三角纹地毯图案

（常沙娜. 中国敦煌历代装饰图案[M]. 北京：清华大学出版社，2004.）

3．加强与减弱之美

加强与减弱指的是重点强调刻画形象的最典型特征，而同时减弱不重要的、非典型的、多余的因素。在造型上，加强体现在放大主要形象的面积、加粗外轮廓、仔细刻画细节。对于次要形象要减小所占面积、弱化轮廓线、简略细节。在色彩上，加强主体形象的明暗对比、冷暖对比、色相对比等关系，使画面视觉更有侧重，突显主体形象。相反，减弱以上的几种色彩对比关系则会让形象退后，显得朴素安静并起着衬托主体的作用。

敦煌几何图案运用加强与减弱的形式美法则主要表现在色彩上。例如初唐莫高窟220窟的地毯图案，为方格骨架纹，一眼看去以土红色描边的矩形方格最为明显，其内部显示的是整个地毯的背景色石绿色，并在内部中心点以白色圆点。与这一土红边矩形方格相似的是斜向相邻的矩形方格，其描边为浅石绿、内部圆点为红色。相比之下，画工加强了土红描边矩形的对比，而同时减弱了后者，但这样过于强烈的对比也会使图案显得不协调，于是画工还在两种矩形方格纹中间的矩形空隙中绘制了由深青色涂成的四个小方格组，并在内部点以深青色圆点。两种方格矩形纹样的中间有了过渡，使得整个地毯的图案显得既丰富多变又不乏协调统一（图3）。

图3 方格骨架纹地毯图案

（常沙娜. 中国敦煌历代装饰图案[M]. 北京：清华大学出版社，2004.）

北魏254窟中的点状菱形纹，纹样整体的背景色为土红色，由白色小圆点连成线构成菱形，并且两两相交处点以黑色圆点，由于黑色圆点在土红色背景上不是很明显，画工故意减弱了其色彩对比度使之形象退后。在菱形内部中心还点以石绿色圆点，相对于交点处的黑点，此处的圆形所占面积显然更大一些，并且有意加强石绿与土红背景的对比度使圆点跃然墙上（图4）。

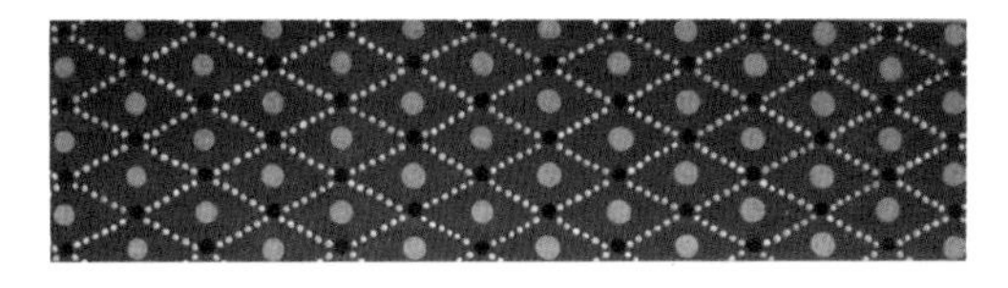

图4 平棊边缘几何图案

（常沙娜. 中国敦煌历代装饰图案·续编[M]. 北京：清华大学出版社，2014.）

4．条理与反复之美

条理是指按照富有秩序感的规律进行反复排列

构成独特的组织形式。几何图案是最突出地体现条理秩序美感的图案形式。几何图案中的纹样单元不会只有一个，而是由多个单位纹样经过一定的重复组合，呈二方或四方连续延伸排列。在纹样组合排列的过程中自然就会显现出来其中的条理性、规律性。

图5 鱼鳞纹阙形龛龛柱
（常沙娜.中国敦煌历代装饰图案·续编[M].北京：清华大学出版社，2014.）

北魏时期莫高窟259窟北壁上层阙形龛龛柱上的图案为鱼鳞纹。鱼鳞纹模仿自然界中的鱼身上的鳞片组织进行横排之间条理性的相错排列，并将这一规律反复运用，呈四方连续状向四面发散（图5）。

宋代莫高窟76窟东壁南侧绘制在佛座上的矩形对角线骨架纹，其独特的配色特点遵循了条理与反复的形式美法则，对角线分割而成的四个三角形中两两相对的一组分别涂为青蓝和石绿，而纹样所展现的变化也是由于这两种颜色的涂色位置变化而产生，可锁定其中的一个颜色，如青蓝色，从左至右青蓝色分别位于上、左、下、左、上、左、下……以此类推，相应的石绿涂色也是具有一定的涂色位置变化规律，纹样将这种规律反复向左右两边延续下去，呈二方连续状（图6）。

图6 佛座几何图案
（常沙娜.中国敦煌历代装饰图案·续编[M].北京：清华大学出版社，2014.）

5．节奏与韵律之美

节奏与韵律源于对音乐节拍强弱的表达。装饰图案的视觉元素在画面中的各种变化会形成相对的规律性，从而让观者感受到视觉上和心理上的舒适和愉悦。节奏与韵律之美在敦煌几何图案中也是普遍存在的，其实是上一条形式美法则——条理与反复的后续体现。

西魏莫高窟288窟窟顶平綦边饰中绘制有实体方格纹，这是出现在敦煌石窟中最为简单的几何纹样，用直线垂直相交绘制出等大的方格，由蓝、黑、白相间填色，填色有一定的规律性，可以看成是斜向的一排蓝色与斜向的一排黑色相邻，中间斜排空隙涂为白色，之后再是一排蓝色，加以空隙白色，再一排黑色，一直这样有规律地延续下去。实体菱形纹也同样如此，这种规律性的涂色就形成了节奏与韵律之美。

北魏—西魏莫高窟248窟北壁之上纹有天宫平台栏墙纹。北周之前早期的栏墙纹一般都是切块式，即凸出体和凹进面都被切分为上下两部分，涂色和表面的装饰纹样也充分体现了其规律性，凸出体的正侧面涂色和装饰纹样与相邻凸出体的正侧面涂色和装饰纹样的位置相互颠倒，凹进面亦是如此。这样第一与第三单元涂色和装饰纹样相同，第二与第四单元涂色和装饰纹样相同，并一直这样向左右两端延伸下去，充满了节奏韵律感，在观者观看带有立体效果的纹样同时结合涂色和装饰纹样的变化，使视觉画面更加富有冲击力（图7）。

图7　天宫平台栏墙纹

（常沙娜. 中国敦煌历代装饰图案·续编[M]. 北京：清华大学出版社，2014.）

6. 对比与调和之美

对比在装饰图案中体现在图案造型的方圆、大小、整破；构图的繁简、疏密；色彩的浓淡、冷暖、明暗、灰艳；线条的粗细、软硬、曲直等方面，可以使画面中的变化增多，使画面视觉呈现多样性，并富于感染力。调和与对比一样，也存在于图案设计的方方面面。“对比与调和”和“变化与统一”“节奏与韵律”法则也存在着内在的联系，设计时既要有所侧重，又要使二者和谐统一。

对比与调和之美在敦煌几何图案中多有体现，由于几何图案是简洁理性的图案样式，更重视规律一致的整体感，故此在造型上、构图组织形式上一般都严谨统一，保持一致的大小、方向，产生调和之美。对比的效果一般体现在色彩的色调、色相、明暗方面，或体现在局部的形象、线条与块面之间的对比上，在局部对比的同时也要注重整体感觉的调和。

盛唐时期莫高窟217窟西龛外南侧壁画上的菩萨服饰图案，描边为绿色的斜排方格与描边为红色斜排方格相邻，两种方格中间的空隙用白色绘制出罗列在一起的四小方格来进行调和，同时两种颜色描边的方格内部涂为中间色蓝色，并在中心点以补色圆点和白色小圆点，这些手法都是为了调和强烈的对比关系（图8）。

图8　菩萨服饰图案

（敦煌研究院. 敦煌石窟全集·服饰卷[M]. 香港：商务印书馆（香港）有限公司，2003.）

隋末唐初390窟内壁画边饰，几何纹样为水波纹，此纹样的特色在于其涂色，凸纹由土红和土黄相间涂色，凹纹由石青和石绿相间涂色。这样一来，土红与石绿、土黄与石青构成了强烈对比的补色关系，然而水波状的线条绘制在互为补色的涂色表面上，打破了此种强对比关系，而使纹样显得生动活泼且和谐统一（图9）。

图9　水波纹边饰图案

（常沙娜. 中国敦煌历代装饰图案·续编[M]. 北京：清华大学出版社，2014.）

隋朝莫高窟379窟窟顶藻井外围波状线菱形纹为边饰图案，此纹样的涂色同样对比鲜明。波状线轮廓的菱形内由土红、石青、黑、石绿横排相间涂色，尤以土红与石绿的补色对比最为强烈，但有石青和黑色的涂色作为调和，又有上层的黑色波状线的打破，此纹样在表现出独特视觉效果的同时，画面的和谐统一也得到了保证（图10）。

图10　波状线菱形纹边饰图案
（常沙娜. 中国敦煌历代装饰图案·续编[M]. 北京：清华大学出版社，2014.）

7. 比例与权衡之美

比例与权衡是指形象的整体与局部或者各个部分之间的关系，主要体现在面积、大小、数量上，将这些关系处理得协调得当就会形成权衡之美。比例与权衡在敦煌几何图案中多体现在主体形象的面积占比较大，而次要形象多出现一半或是相对减少，但同时次要形象也会用其他因素与主体形象产生联结和呼应，使得整体画面依然保证权衡统一。

西魏莫高窟288窟窟顶和北魏莫高窟257窟窟顶的两种几何纹样都是以方格为骨架，方格内都是以五个小方格罗列而成，相邻的方格内一种是在中心点以圆点，另一种是中心饰以小花，显然257窟窟顶上内饰小花的面积比288窟窟顶上内饰小圆点的面积更大。罗列而成的五个小方格与周边方格骨架中的小方格一起组成大的斜方格，而小花纹饰正好位于大方格内中心，有周围小方格的衬托，使得小花纹的主体形象更加突出。虽然小花的比例相对小方格过大，但其基于五个小方格罗列大小的方格骨架绘制而出，其中的大小、偏淡的涂色等还依然是在权衡之中，以四方连续的组织形式进行单元纹样的重复使得图案变化规律、协调统一。

北凉时期莫高窟275窟南壁上层阙形龛龛沿的几何纹图案，类似前文介绍的方格骨架纹的B型，此纹样全都是用白色单线在石青色背景上勾勒而成的，大方格骨架内的四叶小花与中心的花心圆点在整体上的比例远大于在其骨架四个角的五个小圆点组，但由于五个小圆点组的造型特点与四叶小花类似，罗列数量较四叶小花多，并且同是绘制在石青色背景上，这样使得两种纹样单元融合穿插在一起达到平衡统一（图11）。

图11　阙形龛龛沿几何纹图案
（常沙娜. 中国敦煌历代装饰图案·续编[M]. 北京：清华大学出版社，2014.）

三、敦煌几何图案应用于现代服饰面料的创新实践

在现代设计中，敦煌石窟几何装饰图案所呈现出的装饰美感和设计规律依然可以被我们在很

多现代设计领域借鉴和应用。通过对敦煌石窟几何装饰图案的全面研究，笔者在如何借鉴敦煌几何图案古为今用、设计创新方面进行了教学实践尝试，指导研究生借鉴敦煌几何图案应用于现代服饰面料的图案设计中。设计的方法包括：将敦煌几何图案用现代的流行色进行演绎；将纹样打散进行重组；夸张放大纹样中的某一元素，使其产生强烈的大小对比，然后用周边纹样的元素进行调和，依然保持其节奏的规律性，达到新颖独特与和谐统一。

图12作品的原型来源于天宫平台栏墙纹下方的三角形牙子，将纹样进行打散、重组，并从隋代敦煌装饰图案中提取土红、橙、浅紫和石青这几种典型色彩，并有意将石青处理成偏深色，使得色彩冷暖在整个纹样中的分布显得更加协调，单元纹样向四周平铺延伸，呈四方连续状分布，组织编排交叉层叠，富有节奏韵律感。

图13作品中单元纹样造型来自方形骨架纹中装饰有十字小叶的样式，再设计的图案重新调整叶片大小，将其中一片石青色的叶片略微放大，在整体暖色调中活泼跳跃，脱颖而出，打破呆板的氛围，产生形的大小对比和色的冷暖对比。小叶纹所在方形骨架内的位置不再居中，而是偏向左上角，并增添适合于方形骨架内的细线圆形，新设计的几何图案造型与组织更加丰富多变，具有现代感。

图14作品中单元纹样源于菱形套叠纹，再设计后的纹样将原始菱形内部的小菱形放大并使之脱离大菱形限制范围内，提亮并放大了的内嵌小菱形，成为整个图案的核心，加上颜色的深浅、色相和饱和度的相应调整，使得新纹样的组织排列更加灵活，风格更趋于现代。

图15作品同样是菱形纹，但借鉴的是线形菱形纹，将单元纹样由相连调整为相交，并将上下两行颜色区分为橙和蓝，一暖一冷形成对比，中间也有土红色和浅褐色菱形相错交织而减弱了这对互补色的对比，体现了加强与减弱之美，对比后的调和又达到和谐统一。

图12　张乐设计作品1

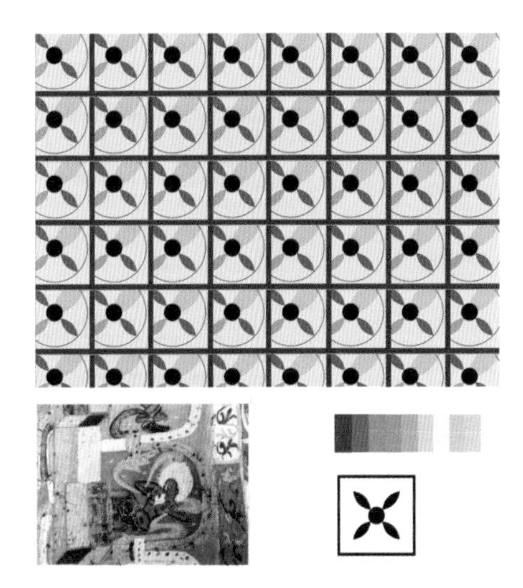

图13　张乐设计作品2

图14　张乐设计作品3

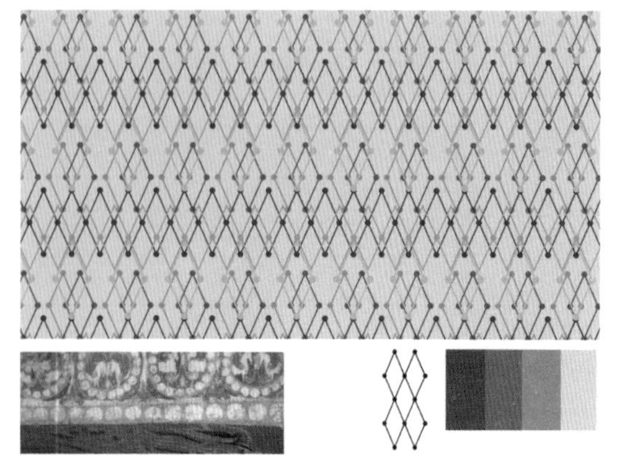

图15　张乐设计作品4

完成上述图案设计稿后，我们将图案应用于不同材质的面料，应用于各种服饰如衬衫、T恤、毛衣、领带、袜子、围巾、包袋、披肩、毛毯等，都产生了实用和美观的视觉效果。借鉴敦煌几何图案的创新设计运用在“丝格”这一服饰品牌中，让敦煌艺术的文化内涵、敦煌几何图案的形式美感和优雅色彩以平实又不失新颖的设计理念，走进现代人的生活，丰富了我们当代设计的视觉美感和文化意味（图16~图21）。

图16　“丝格”海报（张乐设计作品）

图17 “丝格”产品应用1（张乐、陈雨琪设计作品）

图18 “丝格”产品应用2（张乐、陈雨琪设计作品）

图19 “丝格”产品应用3（张乐、陈雨琪设计作品）

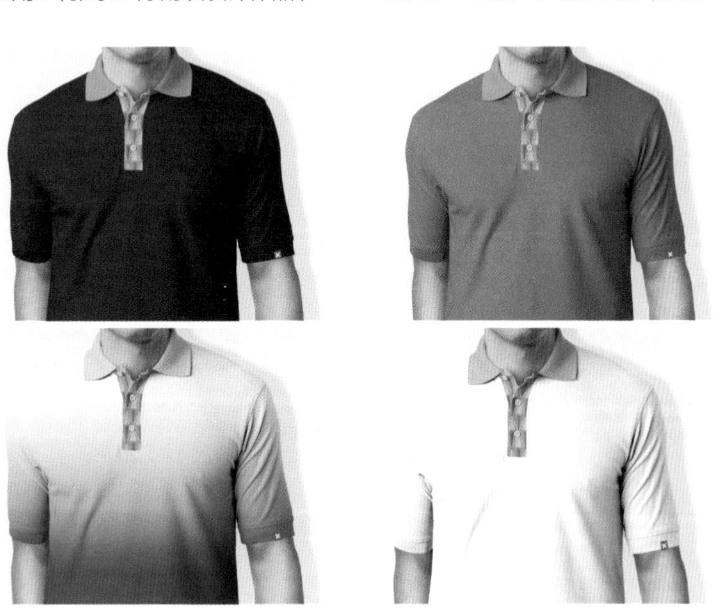

图20 “丝格”产品应用4（张乐、陈雨琪设计作品）

图21 “丝格”产品应用5（张乐、陈雨琪设计作品）

四、结论

本文将前人较少集中研究过的敦煌石窟几何图案类别作为研究对象，分类总结并整理，发现其中的特点及规律并进行总结。此研究课题一方面是对历史资料进行搜集与完善整理，有助于更全面地了解中国传统装饰图案；另一方面是对传统图案设计规律的分析解读，对传承传统装饰图案艺术并应用于现代设计有着一定理论意义。

对敦煌石窟几何装饰图案装饰美充分学习理解，在此基础上进行创新设计是现代设计师要达到的目标。在设计中力求使作品既体现敦煌图案的风格与特色，又与所装饰的对象完美融合；在表现其内容美及形式美的同时充分考虑功能性和现代时尚进行创作，这样产生出来的新纹样新形式才能够被大众接受，并真正具有实用价值。

参考文献

[1]张乐. 敦煌石窟中的几何图案装饰形式美研究[D]. 北京：北京林业大学，2014.
[2]高阳. 浅析敦煌早期和晚期石窟中几何图案的建筑装饰特色[J]. 装饰，2010(10)：79-81.
[3]张乐，高阳. 浅析敦煌北朝石窟中几何图案的装饰特点[J]. 美术向导，2012(6)：95-96.

05 关于民国西化结构有省旗袍发展史的实证补充

——由“绿屋夫人”品牌有省旗袍实物引发的考证

王子怡[1] 杨 雪[2]

摘 要 以往服装学界对于旗袍历史的理论研究多建立在文献考证和逻辑推演上，即便有参照实物证据，但普遍缺乏对旗袍实物款式、结构、工艺、配件等细节，以及对旗袍实物制作及服用背景相关时间线索等证据链同步整合地考证，尤其对于民国旗袍西化改良这段历史，著述含混，语焉不详，许多论断至今仍值得商榷。本文由一件带有“L.GREENHOUSE”（绿屋夫人）品牌标识的民国旗袍传世实物引发，通过对“绿屋夫人”的品牌历史及时代渊源的深度挖掘，爬梳中外文献、图像及口述史料，结合传世实物考证民国旗袍西化过程中结构及工艺细节的转变，对民国西化结构有省旗袍的出现、流行、演变发展的历史做出进一步梳理，获得了几处较为可信的时间证据，丰富了民国旗袍西化改良史研究的历史细节。

关键词 民国、旗袍、绿屋夫人、西化结构

旗袍传世实物的结构、工艺特征及品牌发展历程是考证旗袍发展史的重要证据。以往服装学界对于旗袍历史的理论研究多建立在文献和图像考证及逻辑推演上，缺乏对实物例证的深入考察。由于缺乏对有明确纪年的实物考证，旗袍发展史的研究，尤其是关于民国旗袍由中式结构转变为具有省道、分身、装袖等西式结构于一体的现代旗袍这一重要历史时间节点的断代研究存在诸多语焉不详、互为矛盾、值得商榷之论断。

本文中的“西化”，是指旗袍从服装结构来看，兼有“省道、破肩缝、装袖”这三个基本结构特征，从工艺角度看，其设计制作时运用了西式服装制作技艺。之所以用“西化有省”这个提法，是因为在近代旗袍向现代旗袍演化发展的历史进程中

---

[1] 王子怡(1972—),女,山东烟台人,清华大学美术学院文学博士,北京服装学院副教授,硕士研究生导师。主要研究方向为服饰文化、设计艺术学。

[2] 杨雪(1989—),女,山东济南人,东华大学、服装与艺术设计学院 2017 级服装设计与工程专业博士研究生,主要研究方向为中外服装史论、服装工艺文化。

先后出现过一些“中西混血”的旗袍式样，例如，具有中式平面连肩十字结构但有胸省的旗袍、具有装袖结构但衣身并没有省道的旗袍、破肩缝有胸省但整体上采用连袖形式不具备装袖结构的旗袍、旗袍式的连衣裙等。

其中，关于民国旗袍由中式“整身十字平面裁剪”结构演变至出现“具有省道、分身、装袖结构于一体”的现代西式结构立体旗袍的时间节点问题，目前学界断代的观点比较混乱。例如，《中国旗袍》一书写道：“到了30年代末，又出现了一种‘改良旗袍’。所谓‘改良’，就是将有不合理的结构改掉，使袍身更为适体和实用。改良旗袍从裁法到结构都更加西化，采用了胸省和腰省，打破了旗袍无省的格局。同时第一次出现肩缝和装袖，使肩部和腋下都变得合体了。还有的甚至在肩部衬以垫肩……”❶《中国旗袍文化史》一书说：“20世纪30年代末期出现了加入诸多西式服饰技术的改良旗袍……改良旗袍之改良体现在服饰技术方面主要有两点，其一，是省道技术的引用和合理应用，其二则是肩部和袖部的技术处理。”❷《中国近现代海派服装史》里说：“20世纪30年代起出现了局部采用肩缝、装袖、胸腰省道的逐渐具有立体结构的改良旗袍。”❸《民国旗袍与海派文化》一文说：“40年代起，为达到西方的合体轮廓……出现了肩部接缝线及接袖，改变了传统服装前后身肩膀一体而不分裁的结构……”❹

由于早期诸多学者在论及民国旗袍西化改良历程时并未从多重证据角度作以详述考据，只一句叙述带过，后来之学者未经细致周密考实，对前人之论断一再地转引，致使著作间表述相似、含混不明的旗袍史研究论断层出不穷，彼此矛盾，致人疑惑。

然据笔者对北京服装学院民族服饰博物馆、江南大学民间服饰传习馆、上海东华大学纺织服饰博物馆、南京江南织造博物馆（旗袍馆）的展品、世界范围内诸多服饰博物馆馆藏实物和对民国时尚文化研究者、民国文物收藏家高建中先生众多私人收藏传世珍品旗袍的深入考察和通过对民国时期有确切时间线索的期刊、报纸、老电影、老照片、旗袍裁剪书等文献的研究以及通过采访老一辈旗袍师傅所获得的口述史料的综合考察情况来看，民国旗袍西化改良的历史尚且有许多细节未被披露。

在本文中，笔者透过一件稀世珍品高级定制旗袍领标上“L.GREENHOUSE”（绿屋夫人）商标标识的线索，结合汇总各个时期传世旗袍实物、具有明确时间标识的相关历史文献，抽丝剥茧、追本溯源，对“绿屋夫人”的品牌历史及时代渊源进行了深度考证，以及对黄蕙兰旗袍的补充考证，尝试在建立多重证据链的基础之上对民国旗袍西化改良演变历程进一步厘清。省旗袍出现的时间节点。本文的研究对于完善旗袍发展史理论研究，具有一定的实证参考价值。

❶ 包铭新，吴娟，杨树，马黎，吴迪．中国旗袍 [M]. 上海：上海文化出版社，1998：30.
❷ 刘瑜．中国旗袍文化史 [M]. 上海：上海人民美术出版社，2011：93.
❸ 卞向阳．中国近现代海派服装史 [M]. 上海：东华大学出版社，2014:219.
❹ 袁宣萍．民国旗袍与海派文化 [J]. 装饰，2016(4)：24–29.

一、“绿屋夫人”品牌有省旗袍实物标本信息采集

这件朱红色“绿屋夫人”品牌西式结构有省旗袍（图1）是笔者在南京调研民国旗袍时偶然发现的，是民国时尚文化研究者、收藏家高建中先生的私人收藏品。它是一件由定位、定织的真丝面料定制而成的奢侈品级时装旗袍，其款式新颖，用料讲究，做工精细，审美简约，就是放在今天看也不失时尚与雅致。这件旗袍标本保存状况较好，结构信息完整，里外无破损，无明显污渍，更加难得的是，在它的后领中心位置缝有精致的刺绣领标，上面绣有明确的品牌标识（图2）。

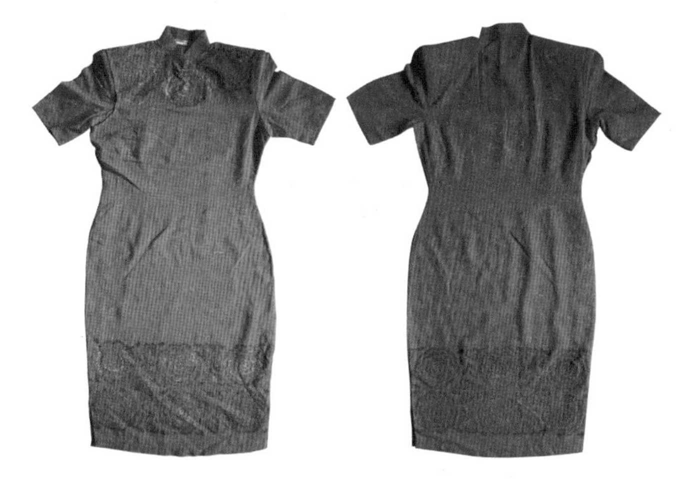

图1 “绿屋夫人”品牌有省旗袍正面图、背面图

图2 “绿屋夫人”有省旗袍领部商标特写

该旗袍采用西式女装结构，分身、分片式裁剪，破肩缝，装袖（一片袖），施胸省、前腰省和后腰省，将人体三围曲线雕塑得立体分明。肩部内附“八”字形针法手缝垫肩一副（图3）。右衽开襟处，设计采用19对紧密排列的揿纽（亦称暗扣或按扣）作为开合连接件，沿右肩线、袖窿弯及侧腰线开襟，止口在臀围线附近，开襟缝十分隐蔽，从外观上看前衣片似浑然一体（图4）。下摆处带花纹面料与衣身面料拼接，衬里下摆则为连裁，无拼接。领部花纹是沿领圈位置直接定位织造在朱红色真丝面料上的，织锦之面线原为金色线（现已氧化掉色），底线为朱红色丝线（图5）。立领内侧正中位置手缝“L.GREENHOUSE”字样的领标，在领标上还绣有“SHANGHAI＝PARIS”字样。对该旗袍标本采用平面接触式坐标定位测量法[1]进行了测量和数据采集，详细测量位置及数据参见附录。

[1] 该测量法是针对具有“十字型平面结构”的传统中式服装标本进行数据信息采集所采用的一种科学测量方法。该方法根据“十字型平面结构”前后、左右相互对称的结构特点，以服装实物标本前、后中线为Y轴，以肩线为X轴建立坐标轴，在X、Y轴及其平行线上设立基础测量线、设定基础测量点。通过测量各点、线间的直线距离，获取中服结构制图的核心技术数据。该测量法操作较为简便，参照采集到的数据信息逆向推导，可以对服装实物标本进行结构复原及复制。参见刘瑞璞，陈静洁.中华民族服饰结构图考（汉族编）[M].北京：中国纺织出版社，2013：121-127.

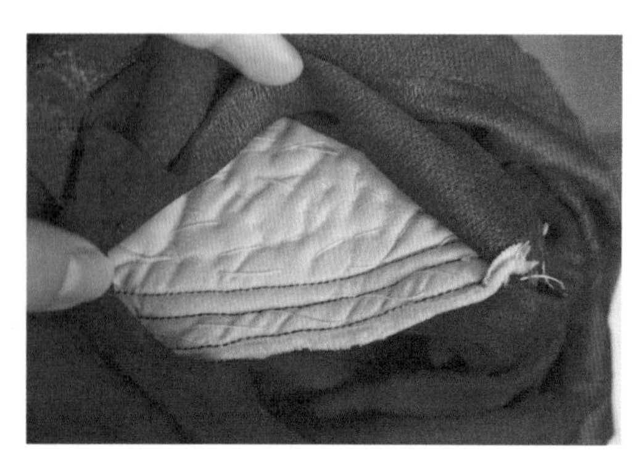

图3 “绿屋夫人”有省旗袍手缝垫肩

图4 “绿屋夫人”有省旗袍前襟打开图

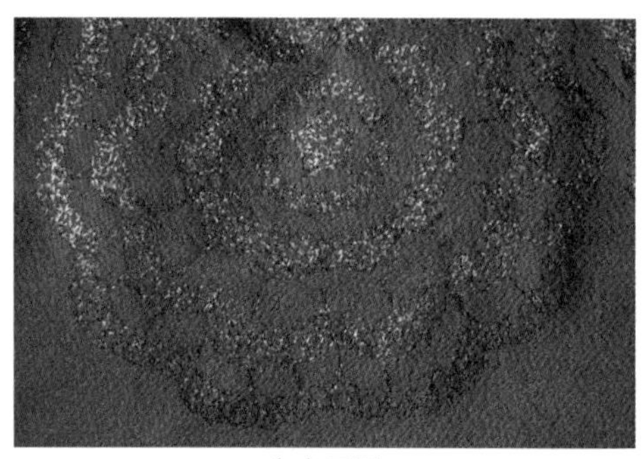

（1）正面

（2）反面

图5 “绿屋夫人”有省旗袍定织花纹局部

二、民国时期“绿屋夫人”品牌历史小考

分析完这件精致旗袍实物的基本信息，笔者不禁对领窝处这个独特的品牌标识生出诸多疑惑：“如此精工细作，这是个什么品牌？又有上海又写了巴黎，这个品牌具有跨国背景吗？这件审美不俗的旗袍是在哪儿、被如何定制出来的？它是中国裁缝缝制的还是外国裁缝缝制的？是哪位优雅的女士得以穿着这件价格不菲的高级定制旗袍？……”于是，笔者爬梳民国相关史料，遂得牵引出该品牌在民国时期的一系列历史线索。

20世纪40年代，上海静安寺路（今南京西路）德义大楼（图6）的底层有一家奢侈品时尚定制店，招牌写作法文与英文合璧的“MME.GREENHOUSE”（绿屋夫人时装沙龙，MME. 是法文“Madame”夫人的简写），门牌号为静安寺路790号，靠近卡德路(先后更名为嘉定路、中正北二路，今石门一路)，在同孚路(中正北一路，今石门一路)对街。[1]有关“绿屋夫人”品牌创始人的身世，在其儿媳伊·贝蒂·格列宾希科夫所著自传《我曾经叫莎拉》[2]一书中有着明确的记载（图7）。

[1] 王一心. 色，戒不了 [M]. 北京：中国广播电视出版社，2008：144.
[2] 伊·贝蒂·格列宾希科夫. 我曾经叫莎拉 [M]. 李康勤，译. 上海：世纪出版集团·汉语大词典出版社，2005.

图6　上海德义大楼

图7 《我曾经叫莎拉》封面

绿屋夫人时装店的店主是一名俄国白人女性，名叫亚力山德拉·瓦西莉耶弗娜，是一个有着高雅韵味的漂亮女人，她的朋友们习惯叫她“基萨”，是一个有着高雅韵味的漂亮女人。对当时瓦西莉耶弗娜的外貌打扮，格列宾希科夫有着细致的描绘：“她大约50岁不到，总是穿着丝绸衬衫，外面套一件亚麻西服。头发向上盘成整洁的发髻，妆化得也恰到好处……总是站得很挺拔，这样也就显得比实际身高要高一点。她的双手非常美丽，脚长得也漂亮，指甲精心修剪，毫无瑕疵。她手上戴着一个缟玛瑙戒指……”[1]

亚力山德拉·瓦西莉耶弗娜出生于俄国一个中上等的家庭，受过良好教育，能流利地讲英、法、德三国语言，“这些语言经常冷不丁地进入她有俄国腔的言语里”。[1]她结婚较早，丈夫是沙皇军队的一名军官，十月革命后，他们被赶到了西伯利亚。1922年，她与丈夫带着刚出生的儿子逃到满洲里。丈夫与人合伙做家具生意，她又有了第二个儿子。几年后，丈夫在沈阳去世，投资家具生意的钱又被合伙人骗走了。由于有一些俄国老朋友在上海，1926年她带着两个儿子来到上海。为了养活一家人和供儿子们读书，她拼命工作，并努力学习裁剪。多年后，她终于凭借自己的聪明和努力，成立了上海有名的“绿屋夫人”。

据上海“老克勒”树棻在《上海的最后旧梦》记载，“绿屋夫人”是当时上海顶级的服装店，不仅服装设计新颖，用料考究，做工精细，其经营策略也十分独特：除了女式服装外，还兼售女式鞋帽及皮包、围巾、腰带和首饰等各种女性配饰，一应俱全，供顾客挑选与衣裳搭配，任何一个女子走进去，出来的时候都是从头到脚焕然一新，但代价也是非同一般的昂贵。像这样能给顾客“配套成龙”的时装店非但在当年的上海滩上绝无仅有，即使半个世纪后有“购物天堂”美誉的香港也鲜有比肩者。[2]格列宾希科夫在书中说：“如果你想有一套时髦的衣服，那种让其他女人暗暗嘀咕‘一定是在绿屋夫人做的’上等货，你就会把攒好的钱心甘情愿地递到我未来婆婆的手里。”[1]

[1] 伊·贝蒂·格列宾希科夫. 我曾经叫莎拉 [M]. 李康勤，译. 上海：世纪出版集团·汉语大词典出版社，2005：137.

[2] 树棻. 上海的最后旧梦 [M]. 上海：上海古籍出版社，1999：77-78. 树棻是孙树棻（1933—2005）的笔名。孙树棻，祖籍浙江省绍兴府会稽县孙瑞乡，出生于富豪家族，孙家曾为常熟首富，1937~1986 年间主要生活在上海。著名海派文学作家。

根据《洋商史——上海：1843—1956》中关于上海洋商企业名录记载，绿屋夫人时装屋的开业年份是1926年，注册的企业负责人名叫振楚根，地址在南京西路790号（图8），关闭时间不详。❶“老克勒”树棻先生在其《上海的豪门旧梦》中回忆道：“‘绿屋夫人’1951年时还存在，到1953年我再经过那里时，原址已改成一家咖啡馆了。这家咖啡馆又不知在什么时候关闭了，原址经扩充后改为南京理发厅，一直至今。”❷

四、俄（苏联）商企业名录（438家）

企业名称	行业	投资额	开业年份	歇业年份	企业负债人	企业地址
绿屋夫人	商业	—	1926	—	振楚根	南京西路790号

图8 《洋商史——上海：1843—1956》中的俄（苏联）商企业名录中记载的“绿屋夫人”的注册信息

1949年5月底，中国人民解放军进驻上海，随后，绿屋夫人全家相继离开上海移民澳大利亚。❸

经过多番深入查阅历史文献，笔者发现，原来“绿屋夫人”时装屋自开业以来，一直都雇有中国裁缝师傅及学徒工。1948年的“绿屋”曾有一位身穿一身整洁的黑色中式长衫、手上戴着顶针箍、手里拿着皮尺、虽跟随店主多年然英文仍旧不够地道的“一号”裁缝师傅，能够进行礼服的立体裁剪。❹20世纪50年代，香港有一位人称“小毛师傅”的裁缝，9岁开始在鸿翔当学徒，并得到师傅做旗袍腰身不靠打褶裥、全靠手头“推归拔”技艺的真传，到“16岁（20世纪40年代，笔者注）年纪轻轻，已在静安寺路上那专做女洋装的‘绿屋夫人时装沙龙’做当家小生”了。❺还有一位姓“冯”的男裁缝师傅，1947年曾随老板（绿屋夫人，作者注）去法国、意大利购货并参观时装馆。❻

这些曾在“绿屋”工作过的中国裁缝师傅，他们或为本帮裁缝学徒出身，或有红帮裁缝技艺背景，他们在“绿屋”跟随洋裁缝学习西洋服装设计原理及结构、工艺等知识，本身又掌握有娴熟的中装制衣技艺功底，因此能凭借纯手工缝制出既有完善的西式结构和工艺又兼具东方工艺和审美品位的高级定制旗袍，正如本文所示的定织定制的朱红色有省旗袍那样的精品。“绿屋夫人”时装屋消失之后，这些作为“绿屋夫人”灵魂的裁缝师傅们还在，为造就20世纪40年代末至60年代初香港旗袍璀璨的发展历史提供了重要的人力资源和工艺技术支持。

“绿屋夫人”时装屋从1926年开设到关闭，在上海前后存在了近25年，它见证和成就了民国旗袍流行其工艺文化发展的历史。期间，它引入了西洋服装的设计原理和结构工艺知识，锻炼和培养了一大批既精通中装制作工艺又掌握西式裁剪技法的优秀中国裁缝技师，为中国女装旗袍的西

❶ 王垂芳. 洋商史——上海：1843—1956[M]. 上海：上海社会科学院出版社，2007：416.
❷ 树棻. 上海的最后旧梦 [M]. 上海：上海古籍出版社，1999：78.
❸ 伊・贝蒂・格列宾希科夫. 我曾经叫莎拉 [M]. 李康勤，译. 上海：世纪出版集团・汉语大词典出版社，2005：142-162.
❹ 伊・贝蒂・格列宾希科夫. 我曾经叫莎拉 [M]. 李康勤，译. 上海：世纪出版集团・汉语大词典出版社，2005：138.
❺ 程乃珊. 上海街情话 [M]. 上海：学林出版社，2007：3.
❻ 杨斌华. 上海味道 [M]. 上海：时代文艺出版社，2002：280-281.

洋化、机能化、现代化发展起到了重要且积极的推动作用，也促进了民国裁缝师傅想要成为服装设计领域的“专业先生”❶（即服装设计师）这一职业观念和职业理想的萌发。

三、对“绿屋夫人”有省旗袍实物标本的断代考证

了解了绿屋夫人品牌的历史，笔者心中又产生了新的疑问：“这件‘绿屋夫人’旗袍从面料到款式、结构、工艺与30年代末到40年代初期流行的旗袍有相似之处但细节很高级、很特别，与五六十年代的港式旗袍不相仿，它究竟是什么时候设计、制作和穿用的？”于是笔者继续考察了大量30年代至50年代的旗袍，以及与该旗袍可能存在年代相关性的实物、文献和图像线索，希望能洞穿心中疑惑，一探究竟。

据《香港服装史》记载：“至四十年代后期，随着旧上海的一批旗袍‘穿客’及一批旗袍裁缝师齐齐南来香港，为香港带来一股穿旗袍的风气”。❷

1954年好莱坞知名男演员克拉克·盖博（William Clark Gable）来到香港，跟当时中国最知名的电影女明星李丽华一起合作，拍下了这张照片（图9）。照片中李丽华穿着的旗袍胸腰曲线分明，下摆紧窄，紧贴身体轮廓，大襟处无盘扣，领缘、袖口、大襟上沿、开衩及下摆处均为单绲边。恰巧，南京收藏家高建中先生众多的旗袍收藏品当中有一件与李丽华照片中同款的旗袍传世实物（图10），于是笔者也对这件旗袍实物进行了数据测量及结构考察。这件橘色四合云纹真丝暗花旗袍实物在设计时考虑到了人体肩斜，采用破肩缝分片裁剪的方法，有一处接袖，但尚未开挖袖窿采用西式装袖结构，使该旗袍从正背面外观来看仍旧保留了传统旗袍连肩式外形，整个袖子既富有当时流行女装的现代感，同时圆润地修饰了女性肩部曲线。该旗袍只在胸部施加了省道，腰部、背部均无省道，下摆宽较臀围宽左右各收进8厘米，大襟处和侧缝处分别采用暗扣和侧拉链的开合方式（图11）。

图9　1954年好莱坞知名男演员克拉克·盖博与当时中国最知名的电影女明星李丽华的合影

参照50年代港台地区旗袍裁剪培训教材可以发现，照片中李丽华穿着的旗袍款式与50年代裁剪文献记载的流行款式具有高度相似性。

进入到20世纪50年代，旗袍西化改良进一步加剧，具有“省道、分身、装袖结构”于一体的现

❶ 杨斌华. 上海味道 [M]. 上海：时代文艺出版社，2002：280–281.
❷ 香港服装史筹备委员会. 香港服装史 [M]. 香港：次文化堂，1992：6.

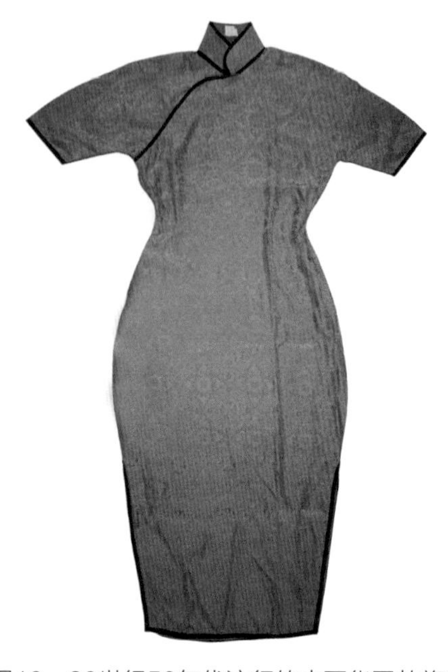

图10　20世纪50年代流行的李丽华同款旗袍
（高建中先生私人收藏）

图11　20世纪50年代流行的李丽华同款旗袍大襟处使用暗扣开合，侧缝处使用手工敲制的黄铜拉链头的拉链开合

代西式立体旗袍成为新的时髦爆款。1959年赖翠英所著台北市私立香港旗袍裁剪缝纫短期职业补习班培训班教材《短旗袍无师自通》中记载了装袖旗袍的纸样，可见50年代有胸省旗袍在香港地区已经十分流行（图12）。[1]另有一本50年代台湾地区印制的《婀娜裁剪学校讲义》[2]，记录的香港式旗袍纸样带有前后腰省（图13）。

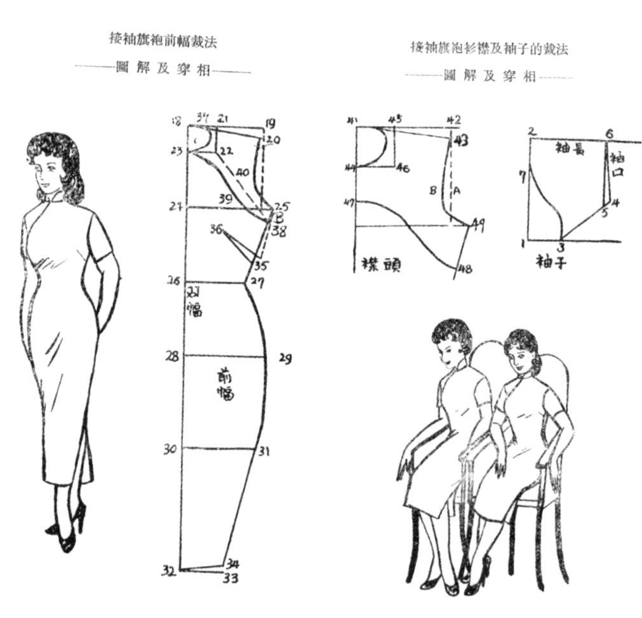

图12 《短旗袍无师自通》中的装袖旗袍纸样

对比记录了50年代香港旗袍发展史相关文献记载及传世实物，我们看到香港旗袍吸收了西式女装身体审美与制衣技术，在前衣身设计了指向胸高点的左右胸省，在左右胸高点正下方设计了前腰省，在后背与脊柱平行的后腰位置各设计了左右后腰省，进一步增进了女性胸、腰、臀的玲珑曲线，并逐渐形成了

❶ 赖翠英. 短旗袍无师自通 [M]. 台北：台北私立香港缝纫短期职业补习班，1959：33，35.（该书为曾担任过杨成贵贵苑服装公司高级顾问的北京华服界老前辈朱震亚先生私人藏书）

❷《婀娜裁剪学校讲义》是一本印刷于 20 世纪 50 年代的非正式出版物，系社会服装裁剪培训班所使用的教材。

自己独特的风格。

然而，无论是从50年代切实可考的服装裁剪文献所记载的纸样廓型，还是典型旗袍实物的细节考察来看，皆与上文“绿屋夫人”有省旗袍的设计风格有明显的差异性。

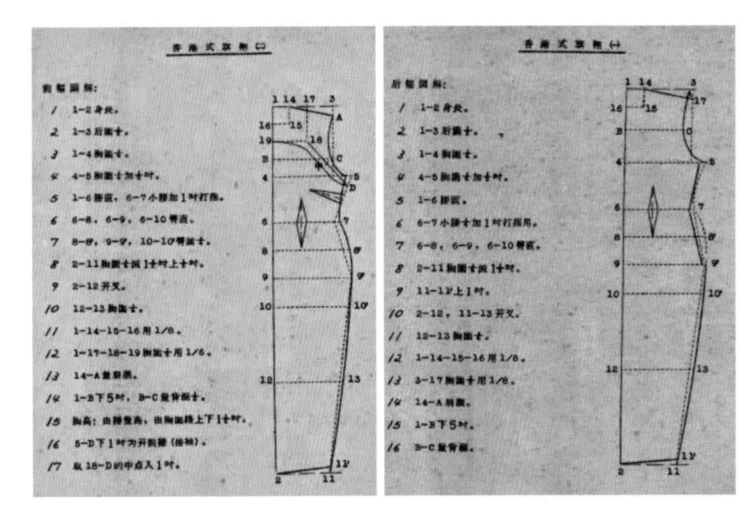

图13 《婀娜裁剪学校讲义》中的香港式旗袍纸样

“绿屋夫人”旗袍标本衣长102厘米，约至膝盖位置，开衩14.5厘米，较短，约至大腿中部偏下位置，属于典型20世纪40年代旗袍的普遍长度和开衩长度。后领高4厘米，前领高2.7厘米，这是40年代旗袍所流行的领高以及领型设计。但是从其破肩缝、装袖、胸腰背三省齐全的结构来看，这件旗袍应不属于40年代前期。经过与笔者测量过的多件典型的50年代风格旗袍实物进行对照后，可以得知，50年代流行的旗袍后领高通常能达到7厘米。这件旗袍从领的设计来看，应该属于40年代中后期至50年代初期。

“绿屋夫人”旗袍标本总肩宽41.5厘米，对应其胸、腰、臀处尺寸的比例来看显得过宽，肩形十分饱满、立体，有1.5厘米厚的垫肩，呈现的是1945年随第二次世界大战结束后一度风靡的宽肩样式的女装造型。袖山处浑圆无细褶，且有明显归烫过的立体塑型效果，对绱袖工艺处理得如此完美，足见该旗袍的制作者掌握有纯熟的西装制衣工艺。胸围的平铺测量值为96厘米，可见穿着者本人胸部比较丰满，制作时运用了胸省，以增加对于胸部的立体塑型效果。腰围72厘米，加入了前后腰省，使收腰十分明显。臀围92厘米，且前片的臀宽略窄于后片，前衣片略长于后衣片，前片胸宽、腰宽皆大于后片，这些都是由于该旗袍使用了西式女装结构设计及制衣工艺所造成的立体效果。且该“绿屋夫人”旗袍标本的下摆较臀宽的收拢量很小，左右各只有2厘米，而在典型的50年代流行的旗袍式样中，这个收拢量普遍增大，能够达到7~8厘米，如上述李丽华照片中同款旗袍传世实物的下摆宽较臀围宽就左右各收进8厘米。这也是我们直观上所看到的50年代流行的旗袍式样下摆更窄，几乎紧紧包裹在腿上的原因。从这一点看，“绿屋夫人”旗袍标本并没有体现50年代旗袍在下摆上所体现的设计和审美特征，而是更具有显著的40年代风格。

继续深入研究40年代的旗袍史料，我们发现其风格亦有不同的发展变化。民国时期上海著名的时尚文化类杂志《永安月刊》（创刊于1939年3月，终刊于1949年5月）和上海发行量最大的电影类杂志《青青电影》（创刊于1934年4月，终刊于1951年10月）中名媛的旗袍着装，从1940~1943年，女装旗袍尚为中式传统的十字型连肩袖结构；但从1944~1949年，曾多次刊登过穿着西式结构时装旗袍的美女照片（图14）。从这些时装旗袍集中出现的频率看，这一时期旗袍的西化改良进程急速加剧，这种具有装袖、垫肩、破肩缝、省道结构的西化结构改良旗袍成为当时最时髦的款式。这种夸张肩部的女装造型也与当时西方第二次世界大战后流行的宽肩式女装风尚相呼应。

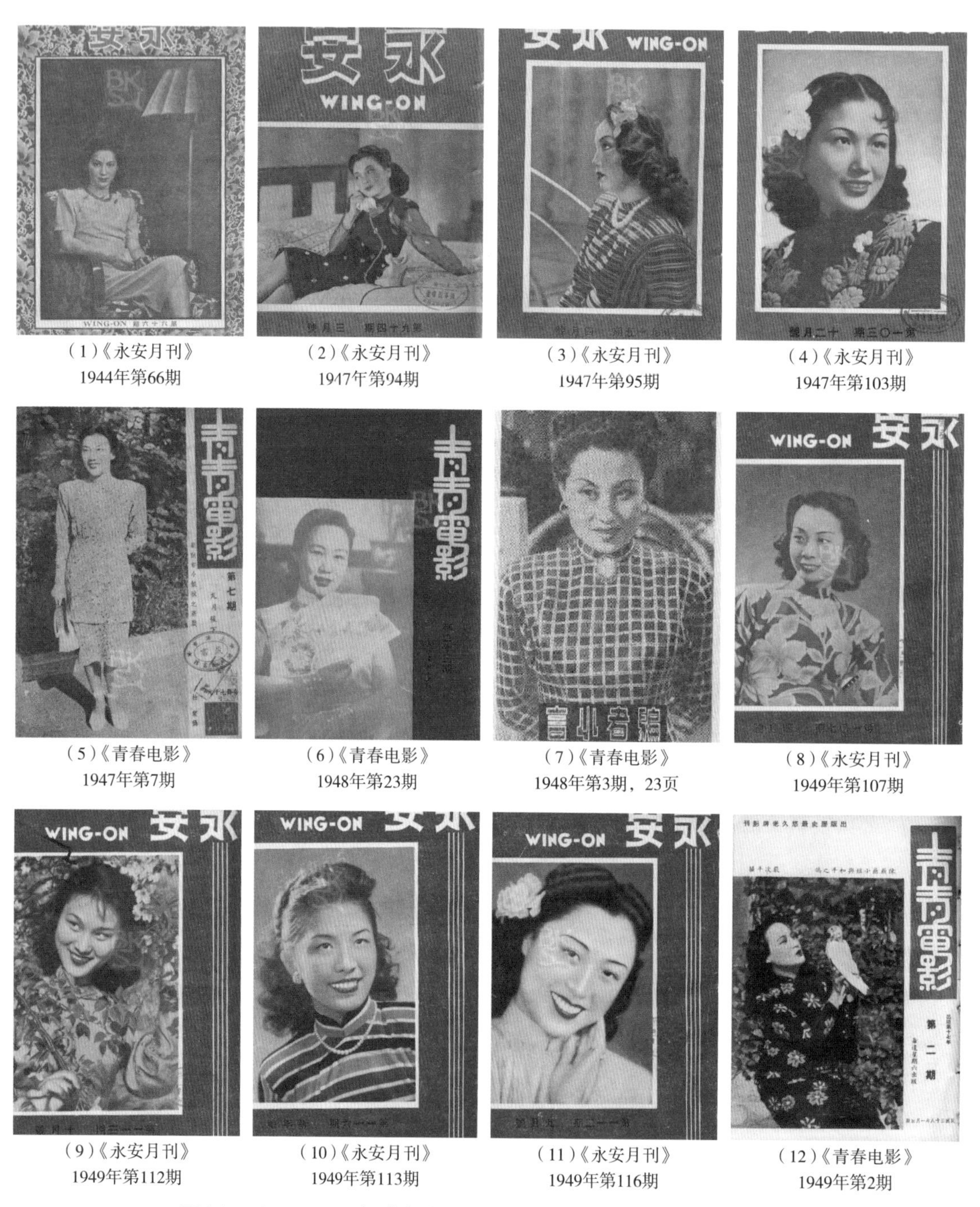

（1）《永安月刊》1944年第66期
（2）《永安月刊》1947年第94期
（3）《永安月刊》1947年第95期
（4）《永安月刊》1947年第103期
（5）《青春电影》1947年第7期
（6）《青春电影》1948年第23期
（7）《青春电影》1948年第3期，23页
（8）《永安月刊》1949年第107期
（9）《永安月刊》1949年第112期
（10）《永安月刊》1949年第113期
（11）《永安月刊》1949年第116期
（12）《青春电影》1949年第2期

图14 1944~1949年《永安月刊》与《青青电影》杂志的旗袍美女

著名海派女作家程乃珊在其所著《上海先生》一书中，记载了民国时期上海著名“富二代”摄影家秦泰来的夫人添置衣装都是去“绿屋夫人”定制的：“他用他的镜头，逼她去‘绿屋夫人’

沙龙而不是四大公司置装……”[1]书中还有一张秦泰来的夫人40年代拍摄于上海的老照片（图15），虽然看不清细节，但是从照片中女装装袖、宽肩、合体的式样，裙长以及开衩的长度来看，与该朱红色的“绿屋夫人”品牌定制旗袍甚为相似。1945年的《青青电影》杂志中也刊登过民国著名影星陈娟娟小姐穿着类似该“绿屋夫人”款式垫肩旗袍的时装照片（图16）。[2]

图15 上海著名摄影家秦泰来的太太40年代在上海

图16 《青青电影》1945年第7期，第6页，陈娟娟亲笔签名的旗袍时装照片

台湾实践大学教授施素筠在其所著《旗袍机能化的西式裁剪》一书记述，“1951~1956年，克里斯丁·迪奥之新线条影响旗袍，使之窄化、西化，并有前后身之差距，胸褶（省）打在侧边，窄下摆，并且使用拉链”。[3]“绿屋夫人”旗袍标本虽具有了胸、腰、背部的省道结构，但其右侧腰部密集排列6对德国进口“555”牌按扣作为开合件，并未使用拉链。而根据1940年《商情报告》中《上海之揿钮厂概况》记载，当时“市上畅销之555三五牌揿钮，系德国出品……国人能制造揿钮仅今年事耳。去年欧战爆发以后，因运输困难，德货大都经西比利亚运至中国，其数已属有限”[4]。该旗袍宁肯一次性使用19对这种在当时数量稀少的德国进口按扣，而不使用拉链，一个较为合理的解释是，在制作这件“绿屋夫人”旗袍的时候，还没有开始流行将拉链运用在旗袍侧缝的开合上。

从文献当中记载的纸样廓型、传世的照片和实物来看，50年代中后期香港式旗袍臀部曲线浑圆，下摆紧窄，下摆宽与臀宽差量大，旗袍几乎紧裹身体，并且通过对实物的考察，笔者发现这一时期的旗袍普遍使用侧拉链作为衣襟侧缝开合处连接件。由此可见，该“绿屋夫人”品牌有省旗袍标本存在的时间下限要早于50年代中后期。

综上所述，种种证据表明，这件“绿屋夫人”品牌朱红色有省旗袍标本不具备40年代初期或者50年代中后期旗袍的典型风格。其结构和工艺特点呈现出1945年第二次世界大战结束以后西方

[1] 程乃珊. 上海先生 [M]. 上海：文汇出版社，2014：204.
[2]《青青电影》1945 年第 7 期，第 6 页。
[3] 施素筠. 旗袍机能化的西式裁剪 [M]. 台北：台湾实践大学，1979：4–9.
[4] “上海揿钮厂概况”，《商情报告》，1940 年，特刊 706 号，第 10 页。

流行的宽肩式女装设计审美与中式传统设计审美的结合，其所属时间段应为40年代中后期到50年代初期。

四、民国西化结构有省旗袍发展史相关实证补充

纵观旗袍的演变历程，经历了无省古典期、无省过渡期、有省过渡期和有省定型期四个阶段，在旗袍的结构改良、工艺革新、审美转型和社会意义等方面，有省过渡期是其中承上启下、具有重要节点意义的转折时期。这个时期既传承了传统中装裁剪和制作的工艺之精、之美，又吸纳和借鉴了西式服装剪裁工艺的现代感和机能性，对推动旗袍向有省定型期的发展和中国女装的现代转化具有重要意义。

民国时期，上海是中国开放和西化的桥头堡和风向标，其国际视野和时尚地位在全国首屈一指，最为摩登和时髦，有"东方的巴黎"之称。作为由外国人开设的上海顶级的高级时装定制店，"绿屋夫人"能够及时地与国际服装时尚接轨，最早吸收和应用西方的制衣工艺，促使旗袍设计制作工艺的西化和现代化转化。因此，考察"绿屋夫人"品牌的款式、结构设计和服装工艺显然具有重要的历史研究参考价值。综合前述诸多证据的可信时间节点，我们推知这件"绿屋夫人"西化结构有省旗袍的存在时间大概为1944年至20世纪50年代初期，是当时国内款式最为摩登的高级定制旗袍。

除绿屋旗袍之外，笔者还在美国纽约大都会艺术博物馆馆藏的黄蕙兰旗袍上发现了西化结构的有省旗袍（图17）。

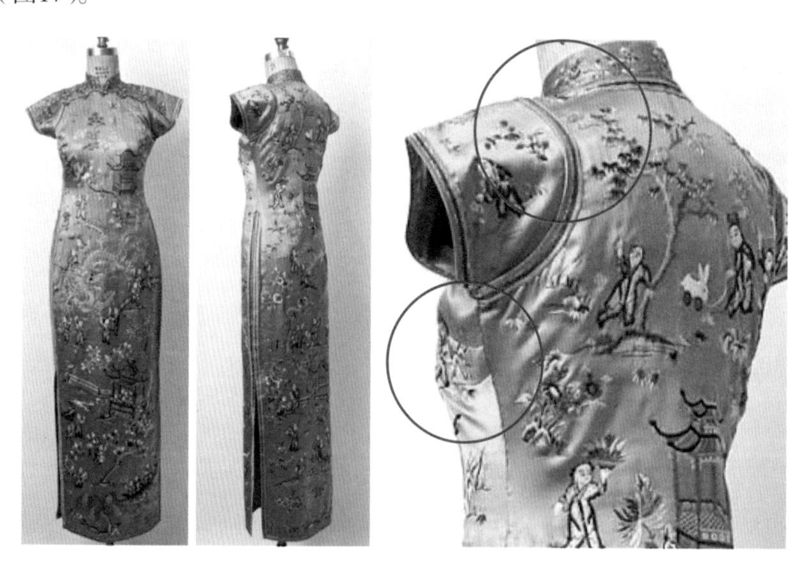

图17　黄蕙兰百子嬉春旗袍，藏于美国大都会博物馆

黄蕙兰被称作"远东最美丽的珍珠"，力压宋美龄被*Vogue*杂志评为最佳着装中国女性（图18）。作为民国著名外交家顾维钧的夫人，南洋富商"糖王"黄仲涵之女，黄蕙兰拥有独特的

时尚审美，英国的玛丽王后、摩纳哥王妃、美国杜鲁门妻子、宋美龄等国内外名流都把她视为时尚楷模，是当时首屈一指的时尚偶像（图19）。

图18 1943年*Vogou*1月刊，第31页

图19 20世纪40年代黄蕙兰与顾维钧外交晚宴合影

据黄蕙兰旗袍证据显示，1943年她就已经在穿着分身、装袖、有胸省的旗袍了（图20~图22）。20世纪40年代在英国，她每逢礼仪场合总会穿着中式旗袍礼服[1]，在其回忆录《没有不散的筵席》中她自述她的服装除了由英国裁缝、法国著名设计师量身设计定制，也有一位御用的上海裁缝[2]。

时尚的传播遵循着由特殊到一般，由个体到群体的一般规律，其自上而下的“滴入”具有一定的时间差，包括裁剪书类文献的出版亦具有时间滞后性。虽然，纽约大都会博物馆几件旗袍的制作者尚不可考证，但黄蕙兰旗袍的时尚程度领先国内甚多毋庸置疑，是民国旗袍发展史不可忽视的实物证据补充。

图20 黄蕙兰20世纪40年代初期的晚装旗袍，藏于美国大都会博物馆

图21 黄蕙兰1943年旗袍照片

[1] 黄蕙兰．没有不散的筵席：外交家顾维钧夫人自述[M]．天津编译中心，译．北京：中国文史出版社，1988：268.

[2] 黄蕙兰．没有不散的筵席：外交家顾维钧夫人自述[M]．天津编译中心，译．北京：中国文史出版社，1988：201.

图22　黄蕙兰1945年旗袍照片

五、结语

纵观旗袍的演变历程，经历了无省古典期、无省过渡期、省过渡期和有省定型期四个阶段，在旗袍的结构改良、工艺革新、审美转型和社会意义等方面，有省过渡期是其中承上启下、具有重要节点意义的转折时期。这个时期既传承了传统中装裁剪和制作的工艺之精、之美，又吸纳和借鉴了西式服装剪裁工艺的现代感和机能性，对推动旗袍向有省定型期的发展和中国女装的现代转化具有重要意义。

本文经由一件带有品牌标识线索的老旗袍，牵出一系列关于民国西化结构有省旗袍演进历史的综合考据。对"绿屋夫人"的品牌历史及时代渊源进行了深度挖掘，又考证实物、文献、图像和口述史料，以及对黄蕙兰旗袍的考证补充，目前我们初步获得了几处较为可信的时间证据，丰富了民国旗袍西化改良史研究的历史细节。未来，我们也期待会有更多、更新的文献和有明确纪年的实物证据被发现，有更好的研究视角和研究方法引入，有更多的学者对这段旗袍史的细节进行探讨，使我们对于旗袍历史和文化的研究更为清晰、表述更为翔实。同时，也希望通过对这件"绿屋夫人"品牌朱红色有省定制旗袍的发现和实验性考证历程，补充和完善民国旗袍史理论研究中多种研究材料综合考据的研究体例，一道探索旗袍史考证研究的学术新视野。

特别鸣谢：民国时尚文化研究者、民国文物收藏家高建中先生对本文研究在旗袍实物和文献方面提供了无私支持与帮助，谨致谢忱。

附录

“绿屋夫人”品牌有省旗袍实物标本测量数据

单位：cm

数据编号	数据名称	测量数据	实物标本正背面外观
1	后衣长	102	
2	总肩宽	41.5	
3	胸宽	48	
4	腰宽	38	
5	臀宽	46	
6	开衩点横宽	45	
7	下摆宽	42	
8	拼接料宽	27	
9	开衩长	14.5	实物样本（笔者自摄）
10	下摆起翘	2	
11	袖长	28.5	
12	袖口宽	13	
13	袖隆深	21.5	
14	垫肩厚	1.5	
15	后领高	4	
16	前领高	2.7	
17	领围	33	外观图（笔者自绘）
18	胸省长	5.5	
19	胸省宽	1	备注： 按扣为德国进口品牌“555”牌；破肩缝分身裁剪，施胸省和前后腰省，装袖；纯手工缝制；省道居中熨平，非直接熨倒。
20	前后腰省长	24	
21	腰省宽	1.5	

06 辽代金冠的形制特征与文化融合

贾玺增[1]

摘　要　本文针对辽代金冠的类型、结构特点、制作工艺、文化内涵和客观制约因素展开讨论。主要得出以下结论：第一，辽代金冠可分为金、银鎏金和铜鎏金三种质地；第二，有卷云、高翅、莲叶、菩萨和额冠五种类型；第三，辽代金冠主要戴用于辽代官员的祭祀、朝会和宴饮等礼仪场合，也用于入殓装裹之用；第四，辽代金冠可能是契丹朝廷统一制作并赐赠给契丹贵族或官员的物品。

关键词　辽代、金冠、传统服饰、首服

公元10~12世纪，在我国大漠南北建立辽代政权的契丹民族，创造了丰富而鲜明的游牧文化。其中，尤为特殊的是辽代契丹贵族在礼仪、祭祀和殡葬时戴用的一种金冠[2]。这种金冠在我国古代其他时期、其他民族都极为罕见。

辽代金银器艺术继承了唐代的传统，又受到了来自波斯以及地中海等地文化的影响，并根据本民族的生活习性而创造了富有契丹民族特色的金属工艺。金冠是辽代金银器艺术的重要组成部分，集中体现了契丹民族特色和契丹贵族的奢华生活，反映了契丹本土文化与中原文化、外域文化之间的交融。辽代的工艺美术特色，是与悠远的草原民族传统和生活习俗紧密相关的。

自20世纪50年代以来，随着内蒙古自治区和辽宁省的辽墓出土、国外博物馆与私人收藏者公布辽代金冠数量的增多，逐步为我们揭开了辽代金冠的神秘面纱。人们对于那个创造了辉煌历史，却又神秘消失了的北方古代民族的想象，也渐渐丰富和清晰了起来。

---

[1] 贾玺增，清华大学美术学院，副教授。

[2] 从出土实物看，辽代金冠的材质主要有银鎏金和铜鎏金两种。在文献记载中亦有纯金金冠，但实物未曾出土。本文将其统称为“金冠”。

一、造型式样

从造型式样上讲，辽代金冠大体可分为卷云、高翅、莲叶、菩萨和透雕额冠五类。现分述如下。

1．卷云金冠

卷云金冠是指由数片形如云朵状的金属叶片连缀拼合而成的冠式。在笔者所掌握的资料中，辽代卷云冠主要有内蒙古哲里木盟奈曼旗辽代陈国公主与驸马墓（图1）、北京某拍卖公司2006年拍品（图2）[1]和赤峰市阿鲁科尔旗温多尔敖瑞山辽墓出土的鎏金银冠（图3）。

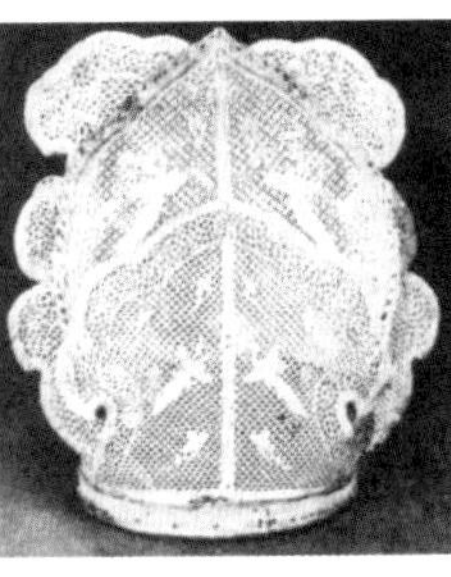
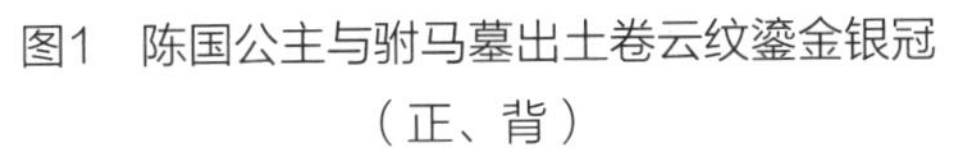
图1　陈国公主与驸马墓出土卷云纹鎏金银冠（正、背）

图2　北京某拍卖公司2006年拍品（拍0240号）

图3　赤峰温多尔敖瑞山辽墓出土鎏金卷云银冠

陈国公主墓卷云鎏金银冠为泰宁军节度使检校太师驸马萧绍矩之冠。该冠通高31.5厘米、宽31.4厘米、箍口径19.5厘米，重587克，由16片鎏金银片组成。冠前额正中有两片如意形鎏金银叶，上下叠压。其左右两侧各由下至上叠压三对云朵形鎏金银片（两片一对用银丝缀合）。冠背面有两片鎏金银叶，上下叠压，下如意形，上片莲瓣形，均以镂刻的几何纹为地，上饰双凤、云朵纹。该冠上缀22枚圆形饰件（直径3~5厘米）：1件“摩尼宝珠”火焰纹饰件、1件莲花纹饰件、2件宝桐花纹饰件、2件折枝菊花纹饰件、3件鹦鹉纹饰件、4件对鸟纹饰件、4件云凤纹圆形饰件、5件鸿雁纹饰件［（图4（1）~（8）］。这22枚饰件以金冠纵向中心线为轴左右对称排列。此外，在陈国公主墓卷云鎏金银冠的B片鎏金银片上方的左右两侧各缀有一只昂首、展翅、长尾的凤纹饰件［（图4（9）］。

北京嘉宝0240号鎏金卷云冠与陈国公主墓鎏金卷云冠极为相似。只是其上缀饰有15件镂刻凤凰与花卉纹饰的圆形金片及1颗粉红色宝石和6颗白色宝石。另外，其冠圈外侧錾刻宝珠纹和凤纹图案。

赤峰辽墓出土的卷云鎏金银冠，冠口直径20.6厘米、高32厘米，由8片镂刻鎏金铜片组成。前后两面各两片，上下连缀；左右两侧各两片，上端合在一起。6片冠叶底端插于冠箍的边带中。金冠的叶片边缘做成云朵形，内镂菱形底纹；正面下片錾刻一龙，两边有云朵；后面下片錾刻二龙，上片錾刻两凤。[2]此外，在该墓中还散落1件火焰珠宝饰、2件单朵如意云饰、2件凤饰、1件双朵如意云饰、1件鱼龙、1件回首凤鸟（图5）。

[1] http://www.99pai.com/Photo_list.asp?PhotoId=438&ClassId=7

[2] 刘冰，赵国栋．赤峰市阿鲁科尔沁旗温多尔敖瑞山辽墓清理简报[J]．文物，1993(3)：57-67+103-104.

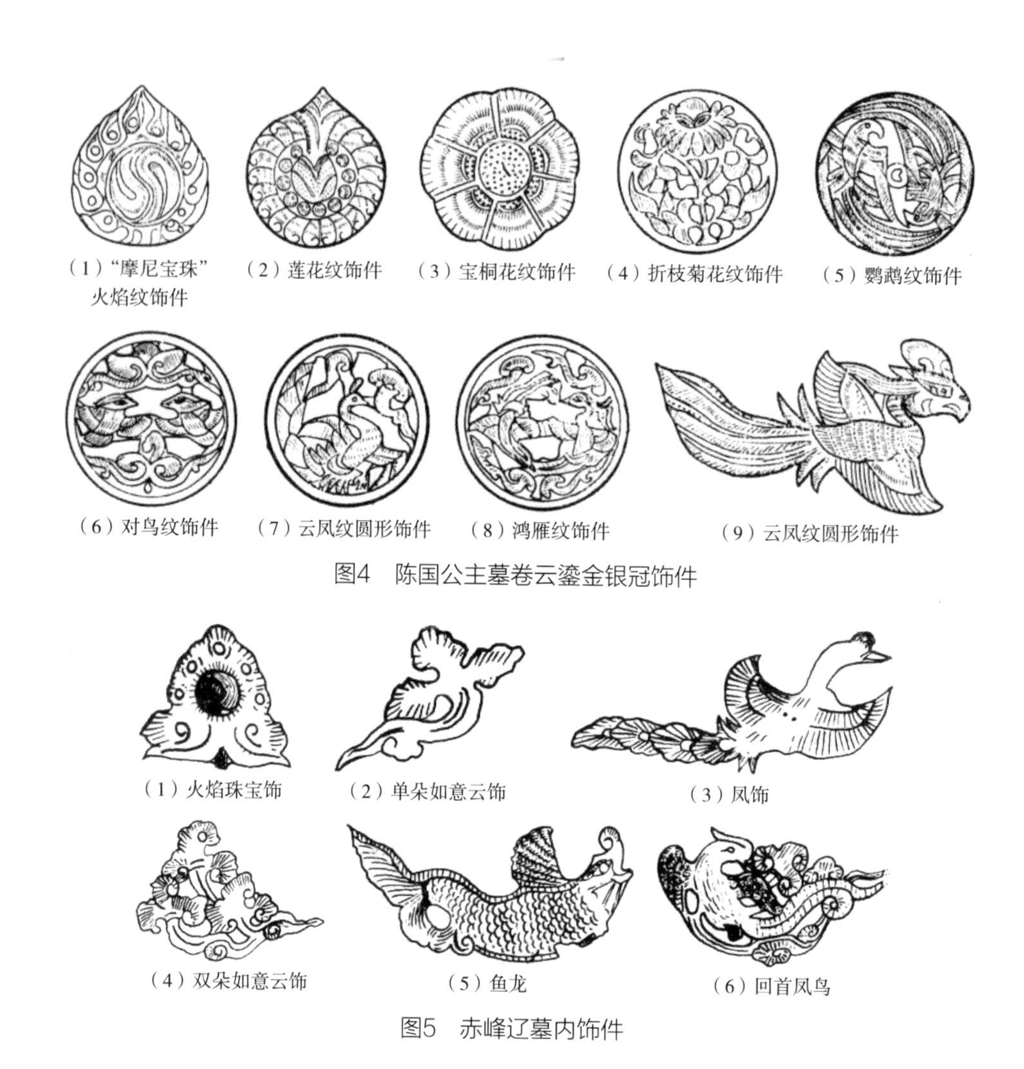
（1）"摩尼宝珠"火焰纹饰件　（2）莲花纹饰件　（3）宝桐花纹饰件　（4）折枝菊花纹饰件　（5）鹦鹉纹饰件
（6）对鸟纹饰件　（7）云凤纹圆形饰件　（8）鸿雁纹饰件　（9）云凤纹圆形饰件

图4　陈国公主墓卷云鎏金银冠饰件

（1）火焰珠宝饰　（2）单朵如意云饰　（3）凤饰
（4）双朵如意云饰　（5）鱼龙　（6）回首凤鸟

图5　赤峰辽墓内饰件

2. 高翅金冠

高翅金冠是指在半球形冠筒两侧竖立有一对翅膀状叶片的冠式。其实物主要有陈国公主墓出土鎏金银高翅冠、法国集美亚洲艺术博物馆（France Jimei Asian Art Museum）藏辽代鎏金铜高翅冠、香港大学美术博物馆梦蝶轩藏鎏金高翅龙戏珠纹铜冠和赤峰市温多尔敖瑞山辽墓出土鎏金银高翅冠。

陈国公主墓出土鎏金银高翅冠（图6），冠箍口径19.5厘米、冠体高26厘米，立翅高30厘米、宽17.5厘米，重807克。冠筒为圆顶，冠箍口略有收束，两侧有对称的立翅高于冠顶。立翅略呈长方形，卷边，上部呈弧形，下部底边与冠体一同嵌入冠箍夹层中，周边用银丝与冠箍缝缀。冠的正面镂空并錾刻花纹。正中錾刻一个火焰宝珠，左右两面錾刻飞凤，昂首，长尾上翘，展翅做起飞状。两凤周围錾刻变形云纹。冠的两侧立翅、外侧正面中心各錾刻一只展翅欲飞的凤鸟，长尾下垂，周围饰以变形云纹。立翅边缘和冠箍外侧周边錾刻卷草纹。

法国集美亚洲艺术博物馆收藏鎏金铜高翅冠（图7）的右侧立翅已经缺失，且已露出内部的冠箍，箍上有四条立带，十字相交于冠顶。冠筒及立翅片镂刻鱼鳞状底纹，左侧立翅上饰一条龙纹

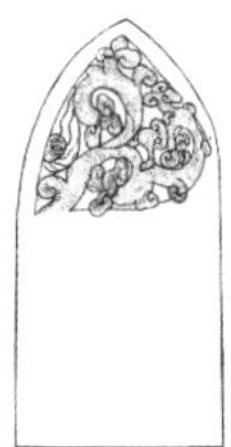

图6 陈国公主墓出土鎏金银高翅冠

图7 法国集美亚洲艺术博物馆藏辽代鎏金铜高翅冠

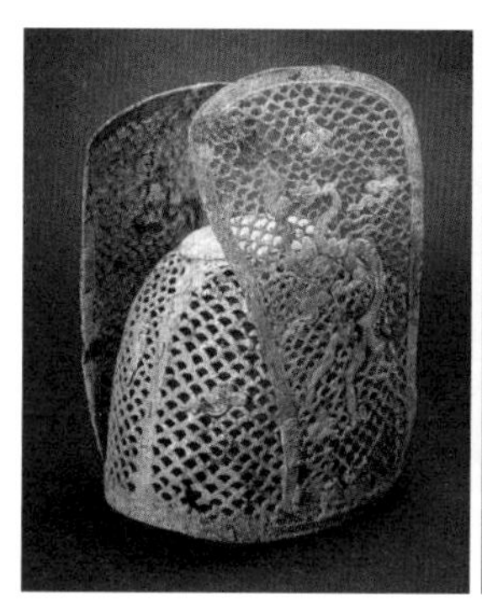

图8 梦蝶轩藏鎏金高翅龙戏珠纹铜冠

和祥云图案。其式样与香港大学美术博物馆梦蝶轩收藏的鎏金高翅龙戏珠纹铜冠（图8）极其相似。该冠高30.2厘米、直径23厘米，重162克。其冠两侧立翅上各有一条龙纹、云纹和宝珠纹样装饰。其冠顶部有一个圆形冠顶。

赤峰温多尔敖瑞山辽墓鎏金银高翅冠（图9），冠口直径21厘米、高23厘米，立翅高29厘米，底缘为宽2.5厘米的冠箍，錾刻卷草纹；冠箍上按等距离竖四条立带，带宽2.5厘米，上錾刻卷草纹；四条立带和冠叶相连，固定相接的冠叶，并相交于冠顶端，组成冠体；冠顶圆形，两侧各有一立翅，底边插入冠口的冠箍内。冠通体镂刻缠枝牡丹花，十分精致。冠旁散落一件立体凤饰和一件镂雕双重八瓣莲花底座（图10），[1]原置于高翅金冠的顶部。

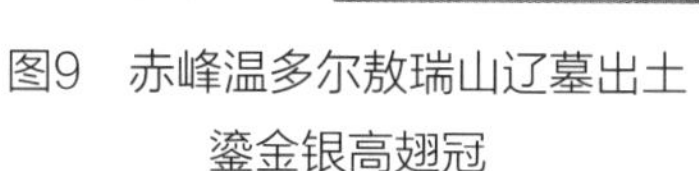
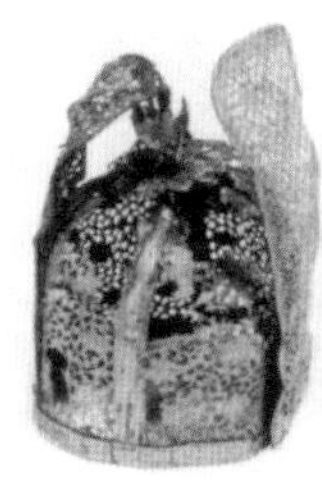

图9 赤峰温多尔敖瑞山辽墓出土鎏金银高翅冠

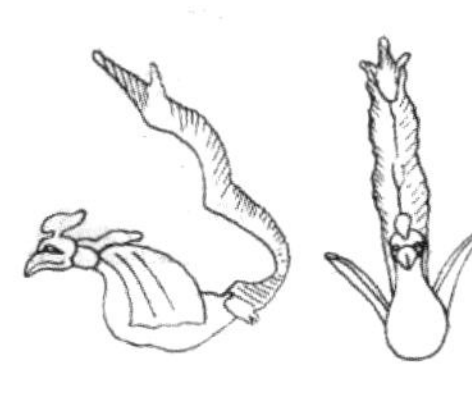

图10 赤峰温多尔敖瑞山辽墓立体凤饰和镂雕双重八瓣莲花底座

[1] 刘冰，赵国栋. 赤峰市阿鲁科尔沁旗温多尔敖瑞山辽墓清理简报 [J]. 文物，1993(3)：57-67+103-104.

此外，在辽墓出土的金冠实物中，还有一种没有两侧高翅的金冠。例如，1980年库伦旗5号辽墓出土的鎏金铜冠。据发掘报告记载，该冠冠口以鎏金铜片圈拢而成，上接四条等距鎏金铜带片，将冠体均分为四个单元，每单元均镂以牡丹花纹作地，上饰鸾凤。四条铜片相交处即为冠顶，上缀一朵铜质莲花。❶从造型上讲，赤峰温多尔敖瑞山辽墓鎏金银高翅冠与库伦旗5号辽墓鎏金铜冠相似，只是后者没有冠两侧的立翅。

除了没有两侧的高翅，辽墓还曾出土过仅有冠筒箍的实物。例如，2003年在科尔沁左翼后旗毛道苏木吐尔基山辽墓契丹女贵族头部发现一顶金箍冠（图11）。冠圈是一根4厘米宽、圈成圆形的铜带。在圈口的前、后、左、右各接一条鎏金铜带，相交于冠顶部，其上又有一球形冠顶基座（图12）。另外，还有一条金带从冠圈两侧至下颌。鎏金铜带上錾刻精美的雁衔缠枝牡丹纹（图13）。在冠的两侧各缀饰一个长方形鎏金银牌饰。鎏金银牌外框的两侧为两条突起的棱线，外棱线为直线，内棱线为连珠。外框内錾刻圆圈底纹，上饰卷云纹。牌框内錾刻5朵镂空生动逼真的缠枝牡丹纹。另外，在牌下还缀有5个轮饰，每个轮下缀喇叭花形金铃6~7枚不等（图14）。❷有学者称其为萨满教巫师。❸

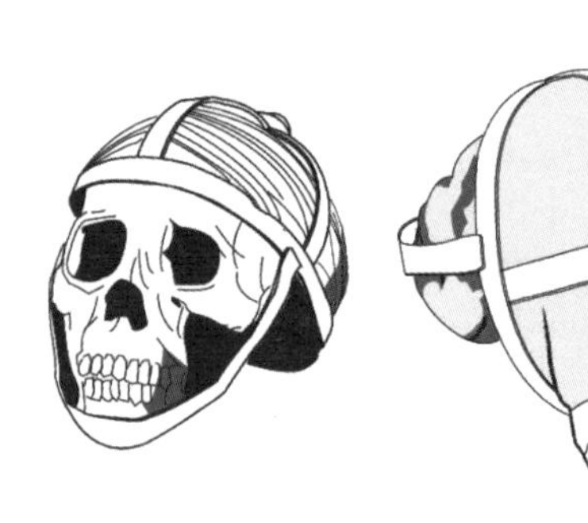

图11　科尔沁左翼后旗吐尔基山辽墓金箍冠线描图

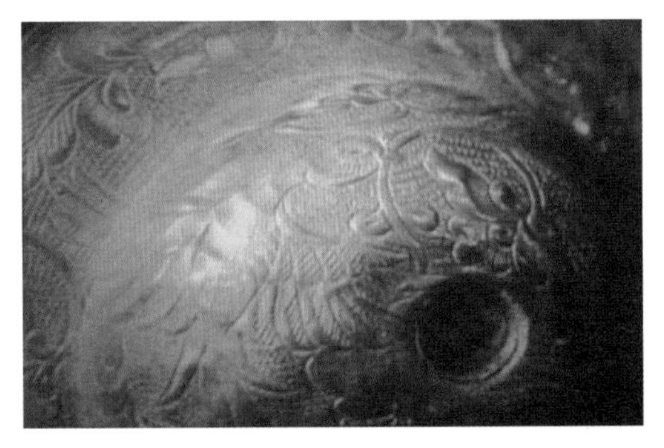

图12　科尔沁左翼后旗吐尔基山辽墓金箍冠局部1

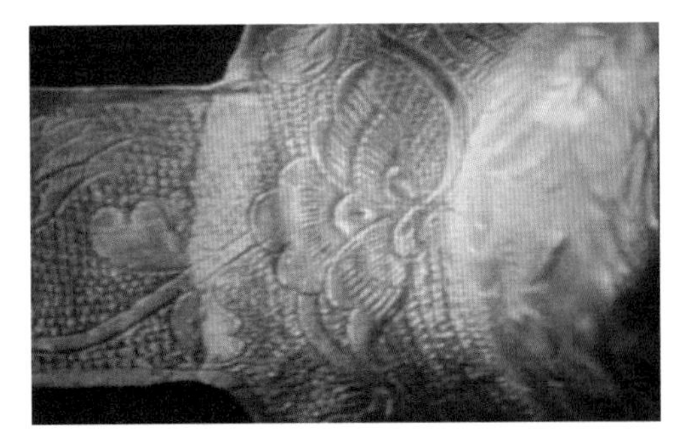

图13　科尔沁左翼后旗吐尔基山辽墓金箍冠局部2

图14　科尔沁左翼后旗吐尔基山辽墓金箍冠两侧缀饰的长方形鎏金银牌饰

❶ 哲里木盟博物馆，等. 库伦旗五、六号墓 [J]. 内蒙古文物考古，1982(2)：35–46.
❷ 张景明. 论辽代金银器在社会生活与风俗习惯中的体现 [C].// 中国古代社会与思想文化研究论集. 中国先秦史学会，2004:126–153.
❸ 冯恩学. 吐尔基山辽墓墓主身份解读 [J]. 民族研究，2006(3):67–71+109.

与此同时，在辽代陈国公主与驸马墓中也出土了54件金铃（图15）。该物长2.8厘米、上宽0.3厘米、下宽0.7厘米，重0.5克，为打制、焊接成型。外表呈筒形，断面呈菱形。上窄下宽，上部焊一个银丝制成的小环钮，下口边缘截成锯齿形花边。外表通体鎏金。出土时散置于尸床周围及供台上。有些金铃（原文称“流苏”）上还粘附着一些腐烂的丝织物。

如果将吐尔基山辽墓金箍冠与温多尔敖瑞山辽墓鎏金银冠和法国集美亚洲艺术博物馆鎏金铜冠比较，可知金箍冠与高翅冠的结构相似，只是冠箍上没有贴附那些镂刻着精美纹样的鎏金铜叶片。

从源头上看，辽代契丹人为鲜卑族后裔。鲜卑族有戴步摇冠的传统，如辽宁北票县西官营子北燕冯素弗墓中出土公元5世纪前期的金步摇冠（图16）。其式样为两条弯成弧形的金片十字相交处，安装扁球形叠加仰钵状的基座，座上伸出6根枝条，每根枝条上以金环系金叶3片。冠饰通高约26厘米，枝形步摇高约9厘米。[1]除了没有下沿的冠圈，其形与吐尔基山辽墓金箍冠的造型极为相似，且都在冠顶有球形底座。

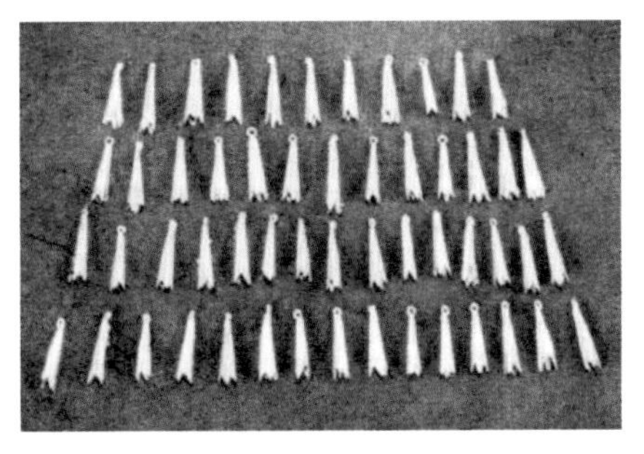

图15 辽代陈国公主与驸马墓出土金铃

图16 辽宁北票西官营子冯素弗墓出土的金步摇冠

据《契丹国志》卷二十三“衣服制度”载：“番官司戴毡冠，上以金华为饰，或以珠玉翠毛，盖汉、魏时辽人步摇冠之遗象也。”又，《辽史・仪卫志二》：“臣僚戴毡冠，金花为饰，或加珠玉翠毛，额后垂金花，织成夹带，中贮发一总。”可知，辽代高翅金冠很可能是汉代以来慕容鲜卑族步摇冠的衍变。所谓“毡冠”是在北方地区及西域少数民族地区流行的一种首服。它是一种以细罽、毛毡、羊绒或羊皮做成的首服。唐代李济翁《资暇集》称席帽太薄“冬则不御霜寒，夏则不障暑气，乃（以）细罽代藤，曰毡帽，贵其厚也。”[2]宋人《西湖老人繁胜录》：“遇雪，公子王孙常雪，多乘马披毡笠，人从油绢衣，毡笠红边。”[3]辽代毡冠很可能是以毡为冠胎，以金属片为骨架制作而成。

又据《册府元龟》卷九百七十二记载：“后梁开平二年（908年），阿保机妻进金花头饰。”前引文中并未明确讲清“金花”的式样，但从考古发掘实物分析，陈国公主墓公主头部出土一件琥珀云龙金花头饰或即是文中的“金花”（图17）。该头饰出土时置于公主头部。由两件琥珀龙形饰

❶ 黎瑶渤. 辽宁北票县西官营子北燕冯素弗墓 [J]. 文物，1973(3)：2–28+65–69.
❷《资暇集》卷下，南林刘氏求恕斋本。
❸ 西湖老人繁胜录 [M]. 上海：古典文学出版社，1957：122.

件、122颗小珍珠和42件金饰片以细金丝连缀组成。用两根长度相同的细金丝将珍珠串成两串，然后对折拧成两个长环状，两端各系一件龙形饰件，琥珀饰件下各垂挂两组金饰片。珍珠略有残损，每颗直径0.35厘米。金丝直径0.04厘米。两件琥珀龙形饰件大小相同，橘红色。龙的形象昂首翘尾，龙身镂雕，腹下雕刻一朵云纹，云纹上有三个孔，内穿金丝，下垂金饰片。金饰片有6组，每组由两件菱形小金片和五件尖叶形小金片以金丝连缀而成。菱形金片长1.8厘米、宽1.1厘米，尖叶形金片长1.2厘米、上宽0.5厘米、厚0.025厘米。❶

此外，辽代文献中的金花还可能是一种錾刻花形纹样的簪子，如内蒙古阿鲁科尔沁旗扎斯台辽早期墓葬出土的金花银簪，簪首金制，作盛开的牡丹花形，其下连扁平插管。银簪身扁平，上部略宽，渐次收窄。❷

除了金属质地的高翅冠，还有用纺织品做成的高翅冠。例如，在辽宁省法库叶茂台辽墓中出土了一件丝织高翅冠（图18）。该冠的形状和尺寸与前两者基本一致。其中间为圆式帽顶，两旁有两个立翅，帽顶为锦胎，棕色，帽面刺绣。而立球以罗为地，用平绣法绣出相对而奔的衔花双鹿及遍地花卉，周边以缂丝包边。缂棉上可见凤凰与人物纹样，色彩保存尚鲜❸。

图17　陈国公主墓公主头部出土一件琥珀云龙金花头饰

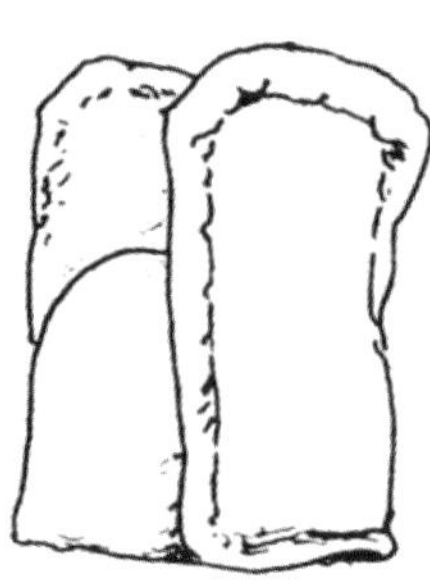

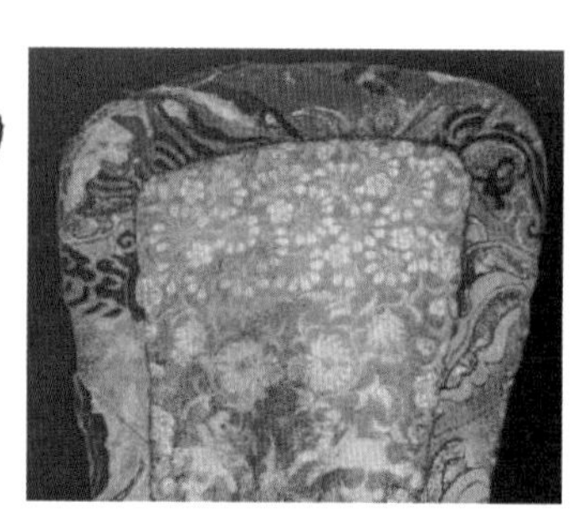

图18　辽宁法库叶茂台辽墓中出土丝织高翅帽

在辽代契丹族画家胡环所绘反映契丹人狩猎生活的《卓歇图》中，身穿白色左衽交领袍，盘坐在地毯上的贵族女性头上就戴着一件高顶首服（图19）。从形状上看，很可能就是高翅金冠或高翅丝冠。

3. 莲叶金冠

莲叶金冠的主体是一个通体镂刻鱼鳞纹的半球形冠筒，在其前后缀以各式莲叶形金叶片，其实物主要有韩国收藏家、甘肃省博物馆、香港大学美术博物馆收藏的鎏金银冠。此外，

图19　胡环《卓歇图》卷（绢本，33厘米×256厘米）

❶ 内蒙古自治区文物考古研究所，哲里木盟博物馆．辽陈国公主墓 [M]．北京：文物出版社，1993：87.
❷ 张景明．中国北方草原古代金银器 [M]．北京：文物出版社，2005：146.
❸ 辽宁省博物馆．法库叶茂台辽墓记略 [J]．文物，1975(12)：26-36.

有的莲叶金冠在冠筒前后还各置有2~3片向外展开的耳饰，其实物主要有内蒙古博物馆藏鎏金铜冠两件、凌源小喇嘛沟辽墓鎏金银冠。

比较实物可知，韩国收藏家收藏的鎏金连叶银冠（图20，高26厘米，筒径22厘米）和甘肃省博物馆收藏的鎏金连叶银冠（图21，高28.4厘米，筒径19.2厘米，据传出土于内蒙古翁牛特旗桥头镇）[1]极其相似。这两件金冠都是由内外两部分组成，即内部的圆顶冠筒和外部的装饰叶片。其内部圆顶冠筒是由镂刻鱼鳞纹的薄鎏金银片锤揲而成，鱼鳞纹中留有约2厘米宽的带缘，将圆顶冠筒分成四部分。带缘上錾刻卷草纹，带边錾刻连珠纹边饰。冠筒顶部，即四条带缘相交处为一个圆形区域，其上錾刻摩羯宝珠火焰纹。圆筒顶上饰凤鸟，高10.3厘米，鸟尾巴高高翘起，展翅欲飞。这两件金冠的区别在于，甘肃省博物馆金冠上另有一个衬托凤鸟的莲花底座。此外，这两件金冠的外部都是由四片组成，正面一片高于其他三片，为如意形。其内有如意纹开光，开光上的纹饰也为连珠纹，它将正面叶片分为内外两层。内层主体是摩尼宝珠火焰纹，其左右两侧为两只凤鸟，翎毛上飘；外层图案为两朵变形云纹。两侧金片纹样相同，即上部为变形云纹，中间为折枝菊花纹，下部为团菊花纹。后片主图案为拱门形，内为火焰宝珠纹，边缘为连珠纹。[2]其底沿圈口上錾刻卷草纹。

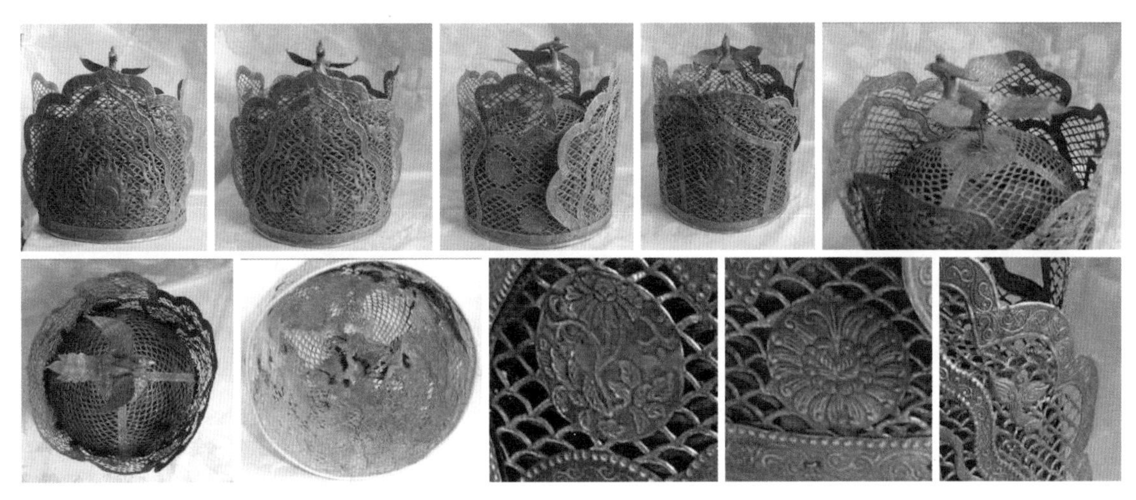

图20　韩国收藏家收藏鎏金莲叶银冠

香港大学美术博物馆梦蝶轩收藏鎏金莲叶银冠（图22）高23.3厘米、直径21厘米，重146克。其造型与前两者极其相似。

在内蒙古博物院馆藏中有两件辽代金冠。据内蒙古博物馆文物保护部张主任介绍，其中一件是在赤峰市征集来的（图23）。该冠口为铜片圈成，正面与后面各缀三层莲瓣形叶片，底纹镂空成鱼鳞状。三层莲瓣鎏金铜片前矮后高，逐层显露，每片饰展翅飞翔的对凤。在冠筒顶部和冠沿的

❶ 甘肃省文物局. 甘肃文物菁华 [M]. 北京：文物出版社，2006.

❷ 李永平. 甘肃省博物馆收藏的辽代鎏金银冠 [C].// 郑炳林，樊锦诗，杨富学. 丝绸之路民族古文字与文化学术讨论会文集（下册）. 西安：三秦出版社，2007：593.

图21 甘肃省博物馆收藏鎏金莲叶银冠

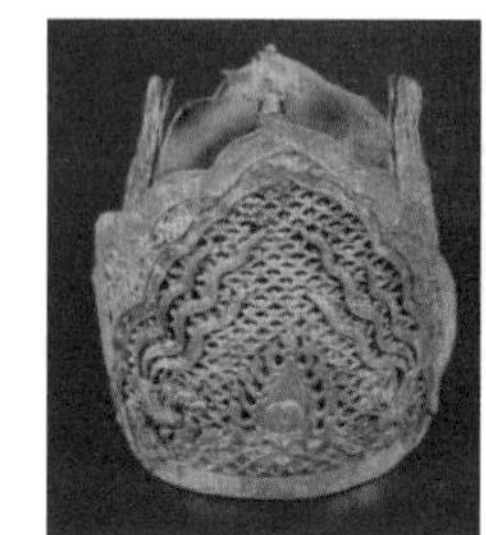
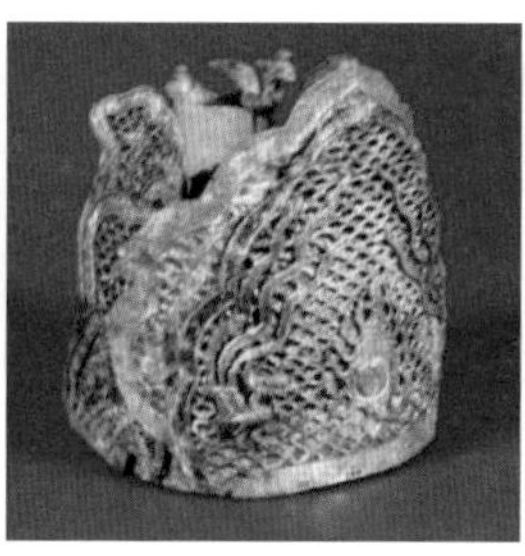
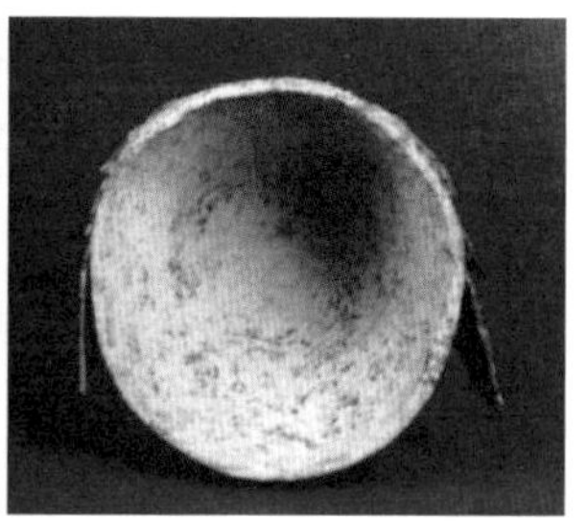

图22 香港大学美术博物馆梦蝶轩收藏鎏金莲叶银冠

两侧处各伸出云朵形冠耳，两两相对，用铜线缀合。冠顶附展翅振尾的凤鸟。[1]冠前叶片中心用铜丝连缀一尊坐佛像。内蒙古博物馆所藏的另一顶鎏金铜冠（图24）与前者类似，只是冠后叶片比冠前叶片高出许多，两侧各有如意形耳饰，且其冠前没有佛像装饰。

图23 内蒙古博物院藏辽代鎏金铜冠1

图24 内蒙古博物院藏辽代鎏金铜冠2

凌源小喇嘛沟辽墓出土鎏金莲叶银冠（图25）的冠后衬的莲瓣形铜片较高，冠筒前也衬两片莲瓣形叶片，前片矮、后片高。另在前叶片下部左右两侧各伸出一只翅膀状叶片，向外张开，翅尖部上翘。另外，在冠筒上部，左右侧各缀有一对冠耳，两两相对，外侧用铜丝连缀闭合。尤其显著的是，在冠前莲瓣形铜叶片上还缀有7个用6厘米长的细弹簧丝连缀的装饰叶片。当佩戴者行走时，冠上的饰物必然会上下震颤。此外，冠筒顶部缀有莲花饰物，上立凤鸟一只。在中间与前面的莲瓣铜片间有一道教人物饰片。

图25 凌源小喇嘛沟辽墓出土鎏金莲叶银冠
（凌源市博物馆藏，《辽河文明展——文物集粹》）

[1] 张景明. 论辽代金银器在社会生活与风俗习惯中的体现 [C].// 中国古代社会与思想文化研究论集. 中国先秦史学会，2004：126-153.

4．菩萨金冠

除了卷云金冠、高翅金冠、莲叶金冠，辽代契丹贵族女性还流行戴筒形的“菩萨金冠”。这种冠是用金属片捶卷而成，前檐顶尖呈“山”字形，且多运用立体浮雕凸花工艺装饰龙凤纹样。从其上装饰的纹样可分为三种：二龙戏珠纹，如1957年辽宁建平张家营子辽墓出土金冠、香港大学博物馆藏金冠实物；双凤戏珠纹，如1972年辽宁朝阳县二十家子公社何家窝铺大队前窗户村辽墓出土鎏金双凤戏珠纹银冠、香港大学博物馆藏金冠实物；龙凤戏珠纹，如小吉沟辽墓出土鎏金龙凤纹银冠。现分述如下。

辽宁建平张家营子辽墓出土双龙戏珠鎏金银冠（图26），高19厘米、宽20.9厘米，冠面压印着突出的花纹：中心作五朵蕃花，簇拥着一颗烈焰升腾的火珠；火珠的两侧饰两条坐龙；地纹为卷草纹；冠边框内饰以小朵云纹。[1]这种带有坐龙的菩萨金冠在香港大学美术博物馆梦蝶轩中也有一件。该冠为鎏金双龙戏珠纹银冠（图27），长43厘米、宽14.5厘米，重59克。冠边缘为双钩凸线，中间錾刻卷草纹，冠面底纹为水波纹。

图26　辽宁建平张家营子辽墓出土鎏金银冠

图27　蝶梦轩藏鎏金双龙戏珠纹银冠

辽宁朝阳县二十家子公社何家窝铺大队前窗户村辽墓出土鎏金双凤戏珠纹银冠（图28）出土时还戴在契丹女尸的头部。残高20厘米，周长62厘米，宽19.4厘米。冠正面悬一火焰宝珠，两侧双凤相对，昂首展翅，长尾，中有云气浮动，周边压印卷云纹，上宽下窄，装饰图案疏密有致，线条流畅，形象生动。[2]与前窗户村鎏金双凤戏珠纹银冠相似的还有梦蝶轩收藏的鎏金双凤戏珠纹银冠（图29），长48厘米、宽15厘米，重68克，为錾刻纹样。

图28　辽宁朝阳县二十家子公社何家窝铺大队前窗户村辽墓出土鎏金双凤戏珠纹银冠

河北省平泉县小吉沟辽墓出土鎏金龙凤纹银冠（图30）[3]冠面正中为双龙戏珠纹样，龙作游走状，翘尾昂首，形态生动。两龙后各有一凤，各展双翅，作

[1] 冯永谦. 辽宁省建平、新民的三座辽墓 [J]. 考古，1960(2)：15-24+4-6.
[2] 靳枫毅. 辽宁朝阳前窗户村辽墓 [J]. 文物，1980(12)：17-29+99-100.
[3] 张秀夫，田淑华，成长福. 河北平泉县小吉沟辽墓 [J]. 文物，1982(7)：50-53.

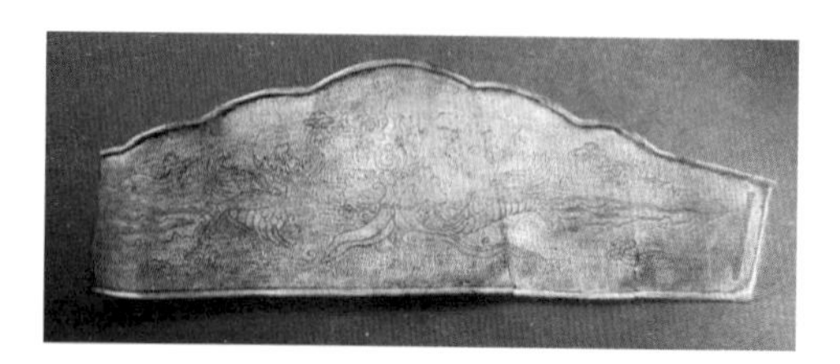

图29 梦蝶轩藏鎏金双凤戏珠纹银冠

图30 河北省平泉县小吉沟辽墓出土鎏金龙凤纹银冠

飞翔状。龙凤间填以云纹，整个图案以草叶纹为底。银冠上下缘为一宽0.3厘米的绲边，边缘上下每隔4~5厘米有一对小孔。向里有压印的如意云纹和两周凸起的圈线，内填有匀称的乳钉纹。冠两侧包有长条银片，一侧银片已失。银片侧缘中空，可用穿钉卡住。银冠展开后全长57.5厘米，两端宽9.6厘米，中间宽15.7厘米。

菩萨金冠的流行，与佛教的广泛传播和观音菩萨在契丹佛教体系中的特殊地位有很大的关系。辽太宗假借神人托梦，排除其母述律皇太后反对他南侵中原的异议。当太宗看到幽州佛教寺庙的观音像时，认定就是梦中戴花冠的神人，回到辽国后，在木叶山建寺庙，立观音像作为家神崇拜。证以《契丹国志・太宗嗣圣皇帝上》引《纪异录曰》："契丹主德光尝昼寝，梦一神人花冠，美姿容，辎饼甚盛，忽自天而下，衣自衣佩金带，执骨，有异兽十二随其后，内一黑兔入德光怀而失之。神人语德光曰：'石郎使人唤汝，汝须去。'觉，告其母，忽之不以为异，后复梦。即前神人，衣冠仪貌，宛然如故。曰：'石郎已使人来唤汝。'既觉而惊，复以其母，母曰：'可命复之。'乃召胡巫复，言：'太祖从西楼来，言中国将立天王，要你为助，你须去。'未决旬，石敬瑭反于河东，为后唐张敬达所败，遣赵莹持表重赂，许割燕王求兵为援。契丹帝曰：'我非为石邓兴师，乃奉天帝救使也。'率兵十万，直抵太原，唐师逐立石敬瑭为晋帝。后至幽州城中，见大悲阁菩萨相，惊告其母曰：'此即向来梦中神人，冠冕如故，自服色不同耳。'因立伺木叶山，名叫'菩萨堂。'"又如《辽史・地理志》："永州，永昌军。兴王寺，有白衣观音像。太宗援石晋主中国，自潞州回，入幽州，幸大悲阁，指此像曰：'我梦神人令送石郎为中国帝，即此也。'因移木叶山，建庙，春秋告赛，尊为家神。兴军必告之，乃合符传箭于诸部。"

至辽代中期，佛教更为兴盛。菩萨金冠在辽代贵族中也更为流行。其式样在现存的辽代菩萨像中仍能见到，如山西大同下华严寺辽代彩塑菩萨像（图31）。以此判断，在叶茂台辽墓出土曾因尺寸过大而被认为是银鎏金捍腰的实物，其确切用途应是戴在菩萨像头上的金冠。

图31 山西大同下华严寺辽代彩塑菩萨像

至元代菩萨金冠依旧流行，《元史》卷七十一《礼乐志》述乐队之制"妇女二十人，冠珠子菩萨冠，服销金黄衣，缨络，佩绶，执金浮屠白伞盖"，又有"妇女二十人，冠金翠菩萨冠，服销金红衣，执宝盖，舞唱与前队相和。"山西程山县青龙寺腰殿元代壁画《往古后妃宫女

众》里就有当时装饰祥云和仙人的菩萨冠图像。❶

5．透雕额冠

在辽代，还有一种较菩萨金冠更为简便的式样，即只在一片或两片金属叶片上镂刻出龙、凤、流云等图案的单片式金冠。有学者将其称为“额冠”。它与菩萨冠颇为相似，只是其底沿较短，不能围拢成一个圈口。因为没有冠体，戴时需依附于其他首服之上，才能竖于额头前面，故也称“额片”。其实物如1989年辽宁建平县北二十家子镇炮火营出土鎏金额冠、佳士得（香港）有限公司1995年春季拍卖会拍品、香港大学美术博物馆梦蝶轩藏鎏金额冠、辽宁省康平县后刘东屯二号辽墓出土鎏金铜额冠和凌源小喇嘛沟出土鎏金银额冠。

辽宁建平县双凤鎏金铜额冠（图32），由大小两片如意云纹鎏金铜片复合而成，高22.4厘米、边长28厘米，右侧部分有残缺。整个冠面图案以镂空水波纹为地，中心饰一大火焰珠，下有卷云纹，底部为莲花一朵，火焰珠与莲花之间刻有四个梵文文字，两侧的凤鸟相向展翅，花式边錾刻缠枝牡丹纹。❷其两端及莲花底部两端有小系孔，背面残存丝织品附属物。

佳士得（香港）有限公司1995年春季拍卖会的中国杂项0580号拍品（图33）与炮火营出土的鎏金铜额冠极其相似。高35.5厘米，镂空鱼鳞纹为地。正前为一条升龙纹，在龙纹顶部有摩尼火焰宝珠纹，宝珠两侧各有一只凤鸟。冠的外延錾刻火焰文。下沿冠圈口两侧各连缀一个向上的凤鸟鸟首。察看山西大同下华严寺辽代彩塑菩萨像可知，这两个独立在冠体之外的鸟首是用来披挂璎珞或绶带之用。

香港大学美术博物馆梦蝶轩藏透雕双龙纹鎏金铜额冠（图34）正中有一个长方形牌饰，其上似有契丹文字。在牌饰的两侧有两条降龙纹。冠的外口沿为流云纹样。其底口沿为一长条形铜片反折而成。

图32　辽宁建平县北二十家子镇炮火营出土双凤鎏金铜额冠

图33　佳士得（香港）有限公司1995年春季拍卖会拍品

图34　梦蝶轩藏透雕双龙纹鎏金铜额冠

辽宁省康平县后刘东屯二号辽墓出土的鎏金铜双凤额冠（图35）出土时扣在尸体头颅上。其两侧为展翅卷尾凤，凤鸟头无顶帽，平喙，凤爪下各连一鹿，两凤间为两只羊，以角顶托一颗火

❶ 柴泽俊．山西寺观壁画 [M]．北京：文物出版社，1997.

❷ 辛岩，华玉冰．辽宁建平县两处辽墓清理简报 [J]．北方文物，1991(3)：40–47.

珠，带状额箍上錾刻卷叶纹和圆圈纹。[1]凌源小喇嘛沟出土鎏金银双凤额冠与前者极为相似。其凤鸟头部有云状凤冠，勾喙，脑后飘长羽，与翅相连，长曳的后尾显得形象生动，足踏卷云纹。额冠中间为三层云纹，凤鸟长尾与云纹相交缠绕。中、下层为单朵云，上层为两竖朵云，云中托一颗“摩尼宝珠”。其额冠的两侧头为凤鸟鸟首造型。

图35　辽宁省康平县后刘东屯二号辽墓出土鎏金铜双凤冠额

图36　凌源小喇嘛沟出土鎏金银双凤额冠

二、戴用场合

在辽代契丹族的服饰体系中，金冠并不属于日常戴用的首服，《宋史》卷三一六《列传・吴奎传》[2]：“奉使契丹，会其主加称号，要入贺。奎以使事有职，不为往。归遇契丹使于涂，契丹以金冠为重，纱冠次之。”又，厉鹗《辽史拾遗》引《东都事略》也载：“虏人衣服以金冠为重，纱冠次之。”[3]与日常戴用的纱冠和幅巾不同，辽代金冠的戴用主要有三个场合：

第一，朝会、宴饮等礼仪场合之用。如《辽史・礼志》“贺生皇子仪：其日，……北南臣僚金冠盛服，合班立”“贺祥瑞仪：声警，北南臣僚金冠盛服，合班立。”又，宋孟元老《东京梦华录》也称：“正旦大朝会，大辽大使顶金冠，后檐尖长如大莲叶。”除了辽代契丹戴用金冠，在同时期的西夏国也有戴金冠的习惯。据《宋史・夏国传》：“武职则冠金帖起云镂冠、银帖间金镂冠、黑漆冠，衣紫旋襕，金涂银束带”。在中国国家图书馆藏西夏文《现在贤劫千佛明经》有《西夏译经图》一幅，上有西夏第三代皇帝惠宗秉常（1067—1086）及其母梁太后像。惠宗头戴装饰着华丽纹饰的尖顶冠，或即是“金帖起云镂冠”。其式样与辽代卷云冠颇为相似。

第二，祭祀之用。契丹族信仰原始萨满教，祭祀的对象有天地、日月、星辰、风雨、雷电、山川、祖先等，如《辽史・仪卫志》“大祀，皇帝服金文金冠”、《辽史・礼志》“祭山仪……皇帝服金文金人。”在祭祀时候，契丹贵族则按等级戴金或鎏金银、鎏金铜冠。

第三，入殓之用。契丹族的葬俗与众不同。唐时，契丹人行树葬、火葬。契丹族建国后渐行土葬，随葬品视年代与墓主人地位的不同，多寡精粗不一，有玉、金、银、铜、铁、瓷、陶、木、

[1] 张少青．辽宁省康平县后刘东屯二号辽墓 [J]．考古，1988(9)：819-824+813+870.
[2] 吴奎(1011—1068)，字长文，潍州北海(今山东潍坊)人。仁宗天圣五年(1027 年)进士(据《东都事略》卷七三本传年十七推算)。
[3] 厉鹗．辽史拾遗・卷九．丛书集成初编据史学丛书排印本，引《东都事略》。

骨等诸种器物和车马具、丝绸等。此外，契丹人处理尸体的方法非常特殊。宋人文惟简《虏廷事实》载:“北人丧葬之礼，盖有不同……惟契丹一种特有异焉，其富贵之家，人有亡者，以刃破腹，取其肠胃涤之，实香药盐矾，五采缝之；又以尖苇筒刺于皮肤，沥其膏血且尽。以金银为面具，铜丝络其手足。耶律德光之死，盖用此法。”这种将尸体控血，腹中放以盐、矾等物的目的是要保存尸体。然后再给尸体穿戴上金冠、金面具、金网络、金靴、金带等殓服（图37、图38）。这种以面具或其他物料覆盖死者的传统，源自公元前1000年中国东北部的一个欧亚草原风俗，包括今天的内蒙古东南部[1]及河北北部[2]。萨满教认为这样做可以保护死者的灵魂不受干扰。证以《太平御览》引述《风俗通》：“俗说亡人灵魂气浮扬，故作魌头以存之，言头体魌魌然盛大也。”[3]

图37　辽代陈国公主与驸马墓照片

图38　法国集美博物馆藏辽代金冠、金面具和金网络

三、图案纹样

辽代在政治上“因俗而治”，在文化上积极吸取中原文化。契丹与唐和亲，唐代先后有四位公主嫁给契丹首领，对契丹的社会经济发展产生了积极意义。圣宗以后，辽朝国势日盛，与宋盟好，使命交通，来往频仍，汉文化的影响愈加广泛深入。《辽史·文学传》载：“太宗入汴，取晋图书、礼器而北，然后制度渐以修养。至景、圣间，则科目聿兴，士有由下僚升侍从，骎骎崇儒之美。”[4]此外，契丹政权还通过战争俘获掠夺汉人工匠，大力发展契丹经济与文化。因此，辽代金银器既有本民族的风格，又融合了中原地区、南方地区唐宋金银器的特征，还受到了中亚、西亚文化的影响。

考察辽代金冠上的纹样，主要有宗教人物、龙纹、凤纹、火焰宝珠纹和重瓣莲花纹。现分述如下。

[1] 内蒙古敖汉旗周家地墓，M45墓主头顶和面部有钉缀铜泡和绿松石的麻布覆面上面盖一扇蚌壳。《考古》，1984年5期，第418页。

[2] 在北京附近的玉皇庙坟地，有数个四体都用缀铜片的布覆盖面部。见 Erdy, Miklos. Ancient Hungarian Funerary Customs Observed in Northern Barbarian(8th c. B.C) and Xiongnu Cemeteries[J]. International Journal of Central Asian Studies, 1997(2):135-208.

[3]《太平御览·卷五五二》。

[4] 脱脱. 辽史·卷一〇三·列传第三三·文学传上·序[M]. 北京：中华书局，1974:1445.

1. **宗教人物纹**

在陈国公主墓金冠和北京嘉宝0240号金冠A片中间都有一个道教真武人物像（图39），长髯，戴莲花冠，身着交襟宽袖长袍，左手拄杖，右手横于胸前。在道人的右上方都錾刻一只昂首展翅向上飞翔的仙鹤，左上方刻一朵云彩，左下方錾刻了一只昂首的乌龟。道教人物、仙鹤、云纹外围第一重周围镂刻鱼鳞纹，第二重錾刻镂孔蜀葵团花纹，第三重外侧边缘錾刻卷草纹。此外，在凌源小喇嘛沟辽墓卷云鎏金银冠上还缀饰一个道教人物饰牌（图40）。该人物头戴小冠，身穿大袖道袍，手中似捧仙桃。

图39 陈国公主墓金冠和北京嘉宝0240号金冠上道教真武人物像

除了道教人物，在陈国公主和驸马墓鎏金银高翅冠旁还出土一尊鎏金元始天尊银造像（图41）。造像底座有二孔，与冠顶正中的两个穿孔吻合，推测应缀于冠顶。[1]该物由造像、背光、底座三部分组成。背光、底座锤击成形，造像铸成，三者用银丝缀合，表面鎏金。造像长髯，高髯髻，头顶花冠，身着宽袖长袍，双手捧物拱于胸前，盘膝而坐。像后背光，边缘錾刻9朵灵芝。像下为双重镂孔六叶形底座。

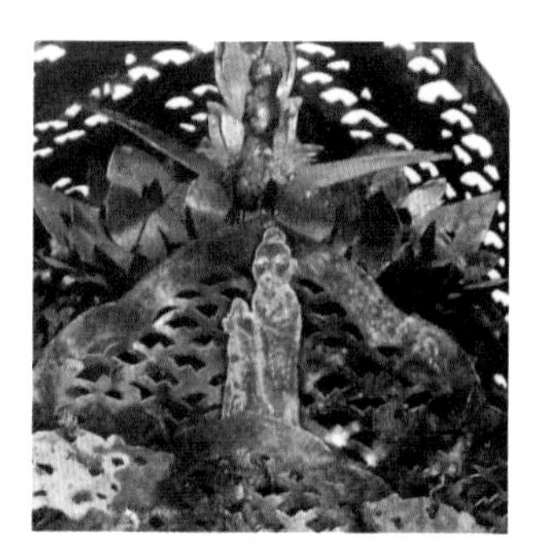

图40 凌源小喇嘛沟辽墓鎏金银冠上缀饰道教人物饰牌

宋朝统治者对道教极为推崇与提倡。宋代文人士大夫阶层也喜与道士交往，以道服为风尚。这对契丹文化产生了很大影响。神册二年（918年），上京建道观。辽圣宗对“道释二教，皆洞其旨”[2]，其弟耶律隆裕更是个虔诚的道教信徒，“自少时慕道，见道士则喜。后为东京留守，崇建宫观，备极辉丽，东西两廊，中建正殿，接连数百间。又别置道院，延接道流，诵经宣醮，用素馔荐献，中京往往化之。”[3]据文献记载，陈国公主的伯父辽圣宗，熟悉佛、道二教宗旨。陈国公主之叔父耶律隆裕自幼仰慕道教，喜欢与道士交友。驸马萧绍矩为圣宗之妻兄，在其冠上见道士人物形象，可见其对道教神仙思想的追求。

图41 鎏金元始天尊银造像

[1] 孙建华，张郁. 辽陈国公主驸马合葬墓发掘简报[J]. 文物，1987(11)：4-24+97-106.
[2]《辽史・卷五三・礼志六・岁时杂仪》。
[3]《辽史・卷二六・道宗纪・赞》。

除了道教人物形象，辽代金冠也有以佛像装饰的，如内蒙古博物馆收藏的鎏金银冠前面缀饰一个盘座于莲花宝座上的佛像。

与辽同时代的宋代贵族女性流行在冠上装饰神道仙人，如清宫旧藏《宋神宗皇后像》，其高冠就装饰有跨凤的西王母和仙人随从（图42）。用神仙人物装饰首服的形式在宋、辽之前未有先例，这是当时的一个特点。

图42 南薰殿旧藏《宋神宗皇后像》

2．龙纹

龙在中国传统文化中源远流长。契丹金银器纹饰中，龙纹是使用最广泛的纹样之一。

辽代龙纹有行龙、坐龙、升龙、降龙及双龙戏珠等形式。辽代金冠上的坐龙，有别于唐宋时期的坐龙，如张家营子出土的和香港大学美术博物馆所藏的二龙戏珠鎏金银菩萨冠上的龙纹颇具特点：龙首有双丫角，上部前曲，昂首凸胸，前肢下垂，双爪触地，龙口大张，梳状的上唇翘起，弹曲的长舌突出口外；龙体遍布鳞纹，背脊、腹甲排列整齐，飘逸着带状飞翼；龙尾缠绕身后；龙腿似鹰，肘毛飘起，四肢较为粗壮，且富有肌腱感，关节处长有肘毛，足跖似鹰的三尖爪。据史书记载，契丹皇帝专用五爪龙或四爪龙，三爪龙的形象只允许皇族和贵戚使用，平民百姓之家不准使用龙的形象。

所谓“双龙戏珠”纹，其造型结构是在中心至高处饰以如意形云纹托起的一颗火焰珠。在火焰珠两侧，各饰一条相向的龙纹。有人认为，龙能降雨，民间遇旱年常拜祭龙王祈雨，后演成“要龙灯”。“双龙戏珠”即由“要龙灯”演变而来，有庆丰年、祈吉祥之意。宝珠在冠前部居中，左右两侧双龙护卫，实是“护法思想”的具体表现。

3．凤纹

凤的形象，源于中国古代先民鸟图腾的崇拜。古人认为凤凰是有雌雄的，雄曰凤，雌曰凰。凤凰是想象中的灵禽，“见则天下康宁”，故为祥瑞的神鸟，代表高贵美好和吉祥如意。在中国古人的文化论著中规定了凤凰的造型：鸿前麟后、蛇颈鱼尾、鹳颡鸳腮、燕颔鸡喙、人目鹃“耳”、鹤足鹰爪、龙纹龟身。

辽代金器上的凤纹以对凤、升凤为主，有立有飞，并多与火焰珠相配。虽与唐有一定的关系，但总的来说它自成模式。辽代金冠上的凤鸟造型大体遵循了这种形象定义。但凤嘴呈鹰钩状，与契丹人喜爱纵鹰有密切关系。[1]在辽代金冠上，凤纹是仅次于宝珠火焰纹、龙纹的一个纹样。辽代凤纹不仅见于金银器上，还普遍饰于壁画、石刻和铜饰等。它的特征非常突出，凤头较大，头上有灵芝状凤冠，大眼，勾喙如鹰，有凶猛之势。S形长颈与僵直的身体呈强烈的对比，展翅，翅羽简单整齐，长翎尾，由三或四根长翎羽组成。全身羽毛往往用碎线纹装饰。

[1] 朱天舒．辽代金银器上的凤纹[J]．内蒙古文物考古，1997(1)：33-36+13.

4．火焰宝珠纹

火焰宝珠也就是摩尼宝珠，是佛教里的宝物，佛教壁画里以此宝珠供奉佛。杨富学、杜斗城先生在《辽鎏金双龙银冠之佛学旨趣——兼论辽与敦煌之历史文化关系》一文中指出鎏金银冠上的火焰宝珠是“摩尼宝珠”，既可能是“七宝”之一的“珠宝”，同时也可为佛法的代表。❶在佛教壁画里，人们以火焰宝珠供奉佛。所谓“七宝”，《长阿含经》卷六《转轮圣王修行经》有载，经中称转轮王有七宝：一者金轮宝，二者白象宝，三者甘马宝，四者神珠宝，五者玉女宝，六者居士宝，七者主兵宝。❷火焰宝珠纹常被作为某一部分的主图案等。

5．重瓣莲花纹

在辽代金冠上，莲花多为镂雕双重八瓣莲花状，用作冠顶凤鸟的底座。莲花，在中国传统文化中具有清高、洁净、高雅的文化内涵，与道教、佛教等宗教信仰相连，还因“莲”与“连”谐音产生了众多与“莲”有关的吉祥符号和图案❸。用莲花饰首或为冠形与佛教和道教文化的传播有着直接关系，《北史》卷九十五：“（西域康国）其王素冠七宝花，……”所谓七宝花，是指佛教西方极乐世界七宝池中的莲花。

四、结束语

契丹金银器展示了充满神秘色彩的草原文化。综上所述，辽代金冠主要分为卷云、高翅、莲叶、菩萨和额冠五类。其质有金、银鎏金和铜鎏金三种。在当时，主要戴用于辽代宫廷的祭祀、朝会和宴饮等礼仪场合，也用于入殓装裹之用。从一些辽代金冠的相似度判断，它很可能是契丹宫廷统一制作并赐赠给契丹贵族或官员的物品。可以说，辽代金冠不仅是契丹族金银器艺术的重要组成部分，还是契丹族独特而丰富的物质与文化生活的真实写照，并反映了辽代契丹族民与中原地区汉文化的相互融合与影响。

❶ 杨富学，杜斗城．辽鎏金双龙银冠之佛学旨趣——兼论辽与敦煌之历史文化关系 [J]．北方文物，1999(2)：21–25.
❷《大正藏》No.1，第 39 页 B 栏。
❸ 如一品清廉、连生贵子、连中三元、喜得连科、一路连科等。

07 发饰与簪钗：唐人头上的景致

刘 烨[1]

摘 要　在唐代的社会生活中，喜好奢华的风俗体现在人们的服饰方面，同时也记录在唐代的诗歌里。簪花的行为与簪钗的形制都能反映出唐人这一特点，也从侧面展示出那一个时代独特的审美风景。在男子的冠帽中，妇女的发髻之上，隐藏的不仅仅是唐代的社会风俗，更是唐代审美情趣和精神面貌的反映。簪钗，这种基于对日常生活细致观察的产物，离不开整个社会物质水平的提高和人们思想观念的转变。

关键词　簪花、发簪、发钗、唐诗

李山甫在唐代的长安看到这样一番景象，“南山低对紫云楼，翠影红阴瑞气浮。一种是春长富贵，大都为水也风流。争攀柳带千千手，间插花枝万万头。独向江边最惆怅，满衣尘土避王侯。”[2]这里游人如织，吸引他注意的不仅有曲江旁上千人的攀台折柳，还有间杂在攒动人群之上的万朵鲜花，这些花并不是生长在树木之上的，而是插在人的头顶。

《增订注释全唐诗》中有大量的诗歌记载了唐人簪花的现象，簪花这一行为究竟起源于何时，已经难以考证。在原始社会，先民受物质生活所限，无法将精力投放在难以保存的鲜花装饰上。贵族开始在头上簪插真花的行为，最早记录在《西京杂记》当中，它的目的主要用于驱邪求福。随着物质生活水平的提高，人们越来越重视精神方面的享受，魏晋以降，雍容闲散的生活和寄情于山水的超脱，让作为自然景物的鲜花进一步走入日常生活之中。而令簪花这一举动在唐代呈井喷式发展的幕后推手，是南北朝时期佛教的传入。在敦煌壁画中，我们随处可见头戴花冠的飞天、菩萨、伎乐天女等。佛陀从出生、悟道到涅槃都和花有着密切的关系，据《释迦如来成道记》记载，佛陀出生时向东南西北各走七步，步步生莲。即便在传道时，也常常用花来比喻。佛教传入中土之后，花所代表的佛思与禅意也进入中原，中国禅宗

[1] 刘烨，华中师范大学，2016 级古典文献学博士研究生。
[2] 陈贻焮. 增订注释全唐诗 [M]. 北京：文化艺术出版社，1997. 第四册，卷六三七，第 731 页。

初代祖师菩提达摩，传法二祖慧可时所诵念的，便是著名的“花偈”：“吾本来兹土，传法救迷情。一花开五叶，结果自然成。”在这种背景下，随着佛教传播的深入与融合，簪花的行为也逐渐被中原的民众所接受并推广开来。

进入唐代，簪花已经成为非常普遍的社会现象，它集中体现了唐人的审美品位和其对精神世界的营造，而官方在制度层面对于簪花的限制，则反映出国家行为对于时尚变迁的引导与社会现象的警惕。

一、簪花与社会风俗

（一）曲江的花

上文提及李山甫的诗，描述的正是在曲江旁举行的“闻喜宴”，因地点在曲江亭，又称之为“曲江宴”，是科举四宴之一。唐制，为庆祝新科进士中榜，醵钱宴乐于曲江亭子，在宴会上，皇帝会亲自为进士簪花，因此也便有了“间插花枝万万头”的场景。曲江的花代表着新科进士的荣耀，“三十老明经，五十少进士”，唐代进士名额稀少，有时一届仅有几人或几十人，张籍所谓“二十八人初上牒，百千万里尽传名”[1]，就是指这一年只有28人考中进士。因此进士登科是十分难得之事，后人喻之为“跃龙门”。诗人孟郊在《登科后》的诗中说“春风得意马蹄疾，一日看尽长安花”，这种逍遥得意的姿态，正是源于进士的难得，也便有了在中进士之后“还携新市酒，远醉曲江花”[2]的畅然。

“闻喜宴”簪花的制度源于唐代，据李淖的《秦中岁时记》记载，新科进士在杏园举办宴会，这场宴会被称为探花宴，从与会的进士中选取两名探花使，这里的探花使是为“闻喜宴”各位进士折取新花之人，一般是同榜进士中最年轻的两个人，以寄托“青年才俊”之意。白居易在《初致仕后戏酬留守牛相公，并呈分司诸寮友》的诗中提到了“闻喜宴”中的探花使，“探花尝酒多先到，拜表行香尽不知”[3]，先到的探花使正是提前为众人折花，以免被他人抢了先机而被罚。翁承赞则在《擢探花使三首》中记录了这一习俗：“洪崖差遣探花来，检点芳丛饮数杯。深紫浓香三百朵，明朝为我一时开。”[4]

唐代进士放榜在春天，正是花开之时，探花使四处寻找宴会上使用的鲜花，期盼着深紫色的花朵能一并开齐。紫色在唐代是贵色，寄托着新科探花使对未来从政的憧憬。因宴席现在“杏园”举行，由此杏花也有着及第之花的称谓，“女郎折得殷勤看，道是春风及第花”[5]。

---

[1] 陈贻焮. 增订注释全唐诗 [M]. 北京：文化艺术出版社，1997. 第二册，卷三七四，第 1894 页。
[2] 陈贻焮. 增订注释全唐诗 [M]. 北京：文化艺术出版社，1997. 第三册，卷四六八，第 834 页。
[3] 陈贻焮. 增订注释全唐诗 [M]. 北京：文化艺术出版社，1997. 第三册，卷四四九，第 664 页。
[4] 陈贻焮. 增订注释全唐诗 [M]. 北京：文化艺术出版社，1997. 第四册，卷六九七，第 1329 页。
[5] 陈贻焮. 增订注释全唐诗 [M]. 北京：文化艺术出版社，1997. 第四册，卷六九一，第 1073 页。

（二）节日的花

唐代有帝王在立春日赐花给大臣的习俗，以表嘉奖。据《景龙文馆记》所载，正月八日立春这一天，皇帝会出彩花赐给近臣，唐中宗就曾赐花给武平一，用来表彰他的文笔出众，以花喻其美。而立春当日皇帝“内出彩花赐近臣”的行为，也是唐代的习俗。古代的人日和立春日，用彩绢或彩纸剪成装饰物，贴在鬓发或者屏风上，称之为“彩胜”。南朝梁人梁宗懔在《荆楚岁时记》就记载了正月初七这一天，剪彩纸成人形，戴在头上，称之为彩胜。

陆龟蒙[1]有诗云：“人日兼春日，长怀复短怀。遥知双彩胜，并在一金钗。”[2]因逢人日和立春日重合，因此在此处称之为双彩胜。贴在鬓发上的彩胜是以剪彩纸为花，刘宪在《奉和圣制立春日侍宴内殿出剪彩花应制》的诗中提到“上林宫馆好，春光独早知。剪花疑始发，刻燕似新窥。色浓轻雪点，香浅嫩风吹。此日叨陪侍，恩荣得数枝。”[3]这里得到的便是剪纸花。

（三）酒宴的花

在酒宴上也有簪花，在唐代的宴会上担任管录行酒令的才女歌妓被称为“簪花录事”。唐代酒文化繁盛，因此在组织酒宴的时候，十分重视饮酒的形式，饮酒必有酒令，行令则有奖惩，有奖惩就有裁判，这个裁判在唐代称为“明府”。“明府”之下有两个执行人员，律录事和觥录事，前者宣布和组织酒令，后者主管惩罚。

律录事也称为“席纠”，律录事需要熟悉酒令，口才、歌舞俱佳，又有酒量，原本是在曲江宴会上由状元担任，但是因为要求太高，很难在其他宴席上轻易找到类似的人物，于是就诞生了“职业律录事”，往往由秀外慧中的名妓担任。女性成为律录事，酒宴上又常常簪花，因此也叫做“簪花录事”。黄滔有诗《断酒》，诗云：“未老先为百病仍，醉杯无计接宾朋。免遭拽盏郎君谑，还被簪花录事憎。”[4]酒宴上接不上酒令或是断酒，虽然会托病告饶，但是簪花录事却不会放过诗人，可见唐代的酒宴上，簪花录事是宾主欢饮的关键，也是唐代风雅之酒的文化标志。

（四）四季的花

唐人簪花以鲜花为主，鲜花是节令物，春夏秋冬，四季轮始，不同的季节所簪之花也不尽相同。年华易老，周而复始、如约而至的却是四季的鲜花。服饰作为人类社会活动的产物，不仅仅是礼仪秩序的参与者，也是自然与人类沟通的桥梁，簪花就是其中的体现，深深地体现出我国儒家“天人合一”的思想内核在唐代的应用，以及关于自然的阐释对于唐代民众的影响。这些都被诗人们记录在诗歌当中。

---

[1] 一作张继。
[2] 陈贻焮. 增订注释全唐诗 [M]. 北京：文化艺术出版社，1997. 第四册，卷六二一，第 586 页。
[3] 陈贻焮. 增订注释全唐诗 [M]. 北京：文化艺术出版社，1997. 第一册，卷六〇，第 477 页。
[4] 陈贻焮. 增订注释全唐诗 [M]. 北京：文化艺术出版社，1997. 第四册，卷六九九，第 1348 页。

下表中我们按照四季的分类来看唐人的簪花诗。

四季中的唐人簪花诗

季节	花名	作者	诗名	诗句
春	樱花	刘禹锡	和乐天宴李周美中丞宅池上赏樱桃花	妖姬满髻插，酒客折枝传。（《增订注释全唐诗》第二册卷三四四，第1558页）
	桃花	元稹	村花晚	三春已暮桃李伤，棠梨花白蔓菁黄。村中女儿争摘将，插刺头鬓相夸张。（《增订注释全唐诗》第三册卷四一〇，第208页）
夏	藕花	施肩吾	赠女道士郑玉华二首	玄发新簪碧藕花，欲添肌雪饵红砂。
	柰花（茉莉）	窦叔向	贞懿皇后挽歌	后庭攀画柳，上陌咽清笳。命妇羞苹叶，都人插柰花。（《增订注释全唐诗》第二册卷二六〇，第733页）
秋	茱萸	王昌龄	九日登高	茱萸插鬓花宜寿，翡翠横钗舞作愁。（《增订注释全唐诗》第一册卷一三一，第1071页）
冬	梅花	杜牧	代人作	斗草怜香蕙，簪花间雪梅。（《增订注释全唐诗》第三册卷五一七，第1293页）

春天万物复苏，有上文提到“闻喜宴”中的杏花及第，也有刘禹锡等人在春日赏樱时，看到歌舞姬的樱花满头，还有元稹所看到的在普通村庄中村妇插在头上的桃花。无论是酒宴喧闹还是阡陌小路，唐人都沉浸在花香之中，感受着春日里浓浓的生机。

夏天树木生长，莲藕花开，莲花作为道教和佛教共同喜爱的花朵，在这里再一次绽放，女道士将藕花戴在发簪之上，藕花雪白的花瓣尖头上点缀着几缕明红朱砂色，衬托着道士的清幽玄静。柰花即为茉莉，花色素白，花香淡雅，在炎炎夏日给人以清凉之感，出现在皇后挽歌里的柰花更显素雅端庄，虽有凄凉之意，却无过忧之形，正是这一场景的最好选择。

秋天萧索，但也有在此季节盛开的花，比如茱萸。重阳节这一天，人们将茱萸插在头发上，这一习俗最早记录在《西京杂记》里，九月九日佩戴茱萸，饮菊花酒，可以令人长寿。人们最早头插茱萸是为了驱邪求福，祈求长寿。在《增订注释全唐诗》遍插茱萸的人中，有的思念自己的亲人，有的乐得呼朋引伴，更多的是感叹年华老逝，这也符合秋天的肃杀之气和茱萸的长寿之喻。王昌龄在《九日登高》中说“茱萸插鬓花宜寿，翡翠横钗舞作愁”，说明茱萸插鬓确有祈求长寿之意，而李白却感叹“九日茱萸熟，插鬓伤早白”[1]，耿湋也说“步蹇强登游藻井，发稀那更插茱萸”[2]，祈求长寿的同时也激发了内心感叹老去的悲凉。诗人朱放甚至说“那得更将头上发，学他年少插茱萸”[3]，认为登高插茱萸都是少年人做的事情。当然也有不服老的，比如宰相权德舆说

[1] 陈贻焮. 增订注释全唐诗 [M]. 北京：文化艺术出版社，1997. 第一册，卷一六二，第 1380 页。
[2] 陈贻焮. 增订注释全唐诗 [M]. 北京：文化艺术出版社，1997. 第二册，卷二五八，第 711 页。
[3] 陈贻焮. 增订注释全唐诗 [M]. 北京：文化艺术出版社，1997. 第二册，卷三〇四，第 1135 页。

“他日头似雪，还对插茱萸”[1]，即便头发雪白，也要对插茱萸，不与寻常的秋意阑珊相同，更具有游乐人间的畅达。

冬天寒霜，腊梅却含苞待放。中国古代有元日鬓插梅花的习俗，诗人杜牧在《代人作》中提到“斗草怜香蕙，簪花间雪梅”便是这一习俗的体现，古人多用真梅花插鬓，因枝干多，枝叶少，花朵独秀，而别有一番情趣。

我们从中可以看出古人簪花并不是任意而为，首先要受到季节所限，簪不到反季鲜花；其次，簪花和一些节令相关，比如重阳簪茱萸，元旦簪雪梅；再次，簪花行为与风俗关系颇大，“闻喜宴”上的探花使，酒席宴会上的簪花录事都是佐证；最后，簪花从侧面体现出古人对于生死轮回和天人合一思想的理解。早在先秦时期的《吕氏春秋》就有关于四季现象的记录，在不同的季节做不同的事，饮食、住所、休息都要按照自然规律而变化，不能一成不变。汉代董仲舒将这种理念扩展融合，形成“天人合一”的观点，并以此作为儒家思想的核心，印记在中华民族的骨子里。时至唐代，簪花的品种与时节的选择也是这种“天人合一”观念的延续，特别是受到道教和佛教的冲击之后，更激发了这一观念走入日常生活中。当簪花的唐人欣赏鲜花的生机之时，也会感叹时光流逝，而关注起花败之后的无奈，但周而复始的四季循环所带来的生死相依相循的现实，又将感慨悲时的诗人们拉出消极的境遇。这离不开唐代浮世繁华的社会现实，从唐诗中我们可以看到，文人雅士、歌舞妓女所簪的花，由初唐精巧的小瓣花（如茱萸花）慢慢过渡到中唐以后的大瓣花（如芙蓉花），这就是唐代走向奢华糜烂生活在头花首饰上的佐证，花瓣越大越显雍容华贵，也凸显出戴花之人的贵气。

簪花不仅仅限于女性，我们在上文可以看到簪花的还有男性。出于对于簪花的喜爱之情，又限制于时令条件之实，古人将鲜花的形象提炼出来，镌刻在首饰之上，如花钿和花钗。“举手整花钿，翻身舞锦筵”[2]，舞姬便可以在跳舞时随心而动，既不受真花易损的限制，又能保留花枝之美。“花钿委地无人收，翠翘金雀玉搔头”[3]，玄宗宠爱的妃子杨贵妃也大量使用花钿作为装饰。民众因此可以不受季节的限制，将鲜花的形象一并作为首饰安插在鬓发之上，组成了独有的风景美学。

二、发簪与政治生活

中国古代无论男女都蓄发，认为身体发肤受之父母，不能轻易损伤。而随着文明程度的增高，古人开始用簪子来约束散乱的头发。我国从新石器时期开始就使用簪来固定发髻，商周时期称之为“笄”，它的材质不限于骨制、贝制、玉制、木质，还包括竹制、象牙制、金银制以及牛角制等。从周代开始，无论男女，使用的“笄”除了固定头发之外，也用来固定冠帽。古代的帽子至

[1] 陈贻焮．增订注释全唐诗 [M]．北京：文化艺术出版社，1997．第二册，卷三一八，第 1261 页。
[2] 陈贻焮．增订注释全唐诗 [M]．北京：文化艺术出版社，1997．第一册，卷一九二，第 1681 页。
[3] 陈贻焮．增订注释全唐诗 [M]．北京：文化艺术出版社，1997．第三册，卷四二四，第 354 页。

大可以盖住整个头部，至小只能遮住发髻，所以欲戴稳头冠就需要用“笄”从冠帽左右两侧插入，以达到固定的效果。

时至唐代，簪取代了笄，并继承了它的两个功能。其一是束发，其二是固定冠帽。束发的实用功能要求簪也要同时具备审美意义；固定冠帽的功能则和官帽的用途相结合，赋予簪特定的意象化的含义。

作为束发的工具，簪的形制类似于一根小木棍，古人将头发盘起，用单根或双根簪子进行固定，维持头发的形状，不至于散乱。一开始常用木制和骨制，随着物质生活水平的提高，簪子的材质也发生了变化。《仪礼·士昏礼疏》云：“凡笄有二种：一是安发之笄，男子妇人俱有；一是为冠笄，皮弁爵弁笄，唯男子有而妇人无也。又大夫与妻用象，天子诸侯之后夫人用玉为笄”。簪继承了笄的形制和用途，也就是说当“簪”的用途是束发的时候，男女都可以用；而当和官帽相搭配的时候，则为男人专用。

当和官帽相搭配的时候，只有男性才能用簪。这也就慢慢衍生出“簪”除了实用性、审美性的另一种含义，那就是和仕途的紧密联系。唐诗中有“抽簪”“投簪”和“挂簪”的用法，这里的抽簪不仅仅是拿去发簪这一个动作而已，而是意味着脱去官帽，退隐辞官。“遗荣期入道，辞老竟抽簪”[1]，簪子固定官帽的作用使得“抽簪”这一动作被赋予了辞官的意义，而“投簪”这一动作被赋予了弃官的意义。“投簪下山阁，携酒对河梁”[2]，相比于抽簪，投簪更洒脱。簪可以用“投”“抽”来表达弃官而去，那么簪也有入世当官的意象，那就是唐诗中的“华簪”。“素质贯方领，清景照华簪”[3]，这就是一位唐代官员的写照，头戴官帽，用华丽的发簪穿插其上。

三、发钗与日常生活

钗属于簪的分支，古代本写作“叉”，后加以金字旁写作“钗”。钗分为钗头和钗股，一般来说发簪用单支便可束发或者固定冠帽。但是由于女性云鬓繁复，单支发簪有时很难应对复杂的发型，因此用双股钗来固定头发。

钗股是插在发髻下面的部分，用来约束头发，“根稀比黍苗，梢细同钗股”[4]。有些钗股比较纤细，以便插入发髻。由于钗常为双股，双股钗密不可分，如果不慎摔断，则往往意味着婚姻的劳燕分飞，“被头不暖空沾泪，钗股欲分犹半疑”[5]，便是这种情绪的写照。因此，唐代妇女对于双股钗的喜爱不仅是因为它给人带来的美感，更是珍惜它所带来的深层含义。

钗头是露在发髻外围的部分，一般的附加装饰品都集中在这里，“中庭自摘青梅子，先向钗头

[1] 陈贻焮. 增订注释全唐诗 [M]. 北京：文化艺术出版社，1997. 第一册，卷三，第 31 页。
[2] 陈贻焮. 增订注释全唐诗 [M]. 北京：文化艺术出版社，1997. 第一册，卷四五，第 388 页。
[3] 陈贻焮. 增订注释全唐诗 [M]. 北京：文化艺术出版社，1997. 第一册，卷一一四，第 868 页。
[4] 陈贻焮. 增订注释全唐诗 [M]. 北京：文化艺术出版社，1997. 第三册，卷四三四，第 478 页。
[5] 陈贻焮. 增订注释全唐诗 [M]. 北京：文化艺术出版社，1997. 第四册，卷六七七，第 1135 页。

戴一双”[1]，诗人甚至可以将园中青梅摘下来，插在钗头上作为装饰品，除此之外还有各种昆虫和动物，凸显出唐代别样的审美品位，在下文会另行论述。

钗有横插和斜插两种方式。“窗中夜久睡髻偏，横钗欲堕垂著肩”[2]，这里因为发髻被睡偏，本应横着插的发钗随着头发垂向双肩。“寒鬓斜钗玉燕光，高楼唱月敲悬珰”[3]，这里便是将燕钗斜插入发髻的描述。

古时贫穷的人家用荆枝来做钗，汉代梁鸿妻子孟光就穿着荆钗布裙，后人用荆钗布裙形容妇女的衣着朴素。这种意象也被唐代诗人放入诗歌创作中，“竹马儿犹小，荆钗妇惯贫”[4]，作为妇女日常首饰，荆条所做的钗意味着家贫。自然而然也有用精美材质制作的钗，以满足唐代对奢华之风的追求。

唐代的烂漫奢华也体现在女性发钗上，这里有鹦鹉、鸾凤、孔雀、兰花、蝴蝶、金蝉甚至是青虫，它们都在发髻间的钗头上盘绕着，诉说着唐人的审美。出现在钗头上，和凤凰一样贵气的存在是孔雀，凤凰是想象出来的，而孔雀却是真实可见的。孔雀产自印度等东南亚地区，并不是中原的土生动物，它的出现是唐王朝版图扩展的侧面写照，而孔雀的美也震撼着唐人，唐人也将孔雀安置在头发上，“撩钗盘孔雀，恼带拂鸳鸯”[5]，李商隐是晚唐著名诗人，这里彰显出来的是晚唐浮华奢靡的气象。出现在钗头之上的，更多的还是唐人日常生活所能看见的动植物。比如鹦鹉，“水精鹦鹉钗头颤，举袂佯羞忍笑时”，水晶制成的鹦鹉附着在钗上；还有青虫，可能是蝴蝶或是其他昆虫的幼虫，“翠蝶密偎金叉首，青虫危泊玉钗梁”[6]，青虫由于身形苗条被应用在钗股的制作上，而它的成虫蝴蝶因为外形花俏、颜色丰富被应用在钗头上；金蝉也是唐代妇女头上常见首饰的造型，“舞袖翻红炬，歌鬟插宝蝉”[7]。

唐代社会究竟有多么向往奢华呢？“灯前再览青铜镜，枉插金钗十二行”[8]，高高的发髻上插满了十二行金钗。经历过安史之乱之后，唐代清明的政治氛围日益崩塌，频繁的战乱，使得人们开始进一步追求现实的享受。中唐以来，大量的金银首饰出现在唐诗当中，“不惜榆荚钱，买人金步摇”[9]。可是这种奢侈之风，正在不断地掏空着大唐王朝的经济基础。过分的物质享受，使得大量的金钱浪费在攀比浮奢当中，“轻风滴砾动帘钩，宿酒犹酣懒卸头”[10]，妇人们在宿醉之后，懒得拆卸插在头上繁重的金钗。这种奢侈之风，朝廷多次明令禁止，却屡禁不止，很多诗人都在诗歌中反思这种社会风气。“珠翠”饰品在初唐时期视作为一种美的体现，被诗人们赞美提倡，“芙蓉不

[1] 陈贻焮．增订注释全唐诗[M]．北京：文化艺术出版社，1997．第四册，卷六七七，第1133页。
[2] 陈贻焮．增订注释全唐诗[M]．北京：文化艺术出版社，1997．第二册，卷二八七，第1015页。
[3] 陈贻焮．增订注释全唐诗[M]．北京：文化艺术出版社，1997．第三册，卷三七九，第9页。
[4] 陈贻焮．增订注释全唐诗[M]．北京：文化艺术出版社，1997．第三册，卷五二五，第1355页。
[5] 陈贻焮．增订注释全唐诗[M]．北京：文化艺术出版社，1997．第三册，卷五三二，第1431页。
[6] 陈贻焮．增订注释全唐诗[M]．北京：文化艺术出版社，1997．第四册，卷五七七，第233页。
[7] 陈贻焮．增订注释全唐诗[M]．北京：文化艺术出版社，1997．第五册，卷七八五，第250页。
[8] 陈贻焮．增订注释全唐诗[M]．北京：文化艺术出版社，1997．第三册，卷四八三，第954页。
[9] 陈贻焮．增订注释全唐诗[M]．北京：文化艺术出版社，1997．第三册，卷四八三，第945页。
[10] 陈贻焮．增订注释全唐诗[M]．北京：文化艺术出版社，1997．第四册，卷六七七，第1143页。

及美人妆，水殿风来珠翠香”[1]。而到了中唐韩愈的时候，韩愈就在诗中批评说“一朝富贵还自恣，长檠高张照珠翠。吁嗟世事无不然，墙角君看短檠弃。”[2]诗人看到人们竞相追求珠翠首饰，感叹世事无常，今日富贵的珠翠满头，明日就是墙角残破的灯架。但是能做到反思的诗人毕竟是少数，大量的诗人都将奢华艳丽的金钗玉簪放在诗歌中称颂，可见唐代轻浮靡靡的社会风气。

发簪与发钗是古代人们日常生活的必需品，他们不仅仅具有约束头冠、固定发髻的实用功能，更能反映出唐人独特的审美倾向和对自然的理解与感悟。深受道教崇尚自然的影响，唐人爱花，更簪花，将怒放的鲜花当做孕育蓬勃生机的生命，佩戴在头上，以花喻人。随着簪花活动的深入，包括人日赐花、进士及第探花等各种社会风俗也融入其间。这种对于簪花的追求也渗入到发簪和发钗的形制上，不仅将簪钗制成花形，更发挥了唐人丰富的想象力和观察力，将花鸟虫鱼都安置在上面，插在发髻里，形成了独特的头上风景，“粉项高丛鬓，檀妆慢裹头”[3]。发簪与发钗在唐诗中，向我们娓娓述说着那一个时代奢华和厚重的审美，而纸醉金迷之下，唐朝辉煌的大厦正岌岌可危，人们沉浸在现实的享受中，即使是战乱流离的晚唐，也无法阻止人们享受最后的欢愉。可以说正是这种对于奢华的追求，麻痹了人们的理性神经，压垮了曾经繁盛的唐朝。

[1] 陈贻焮. 增订注释全唐诗 [M]. 北京：文化艺术出版社，1997. 第一册，卷一三二，第 1075 页。
[2] 陈贻焮. 增订注释全唐诗 [M]. 北京：文化艺术出版社，1997. 第二册，卷三二九，第 1399 页。
[3] 陈贻焮. 增订注释全唐诗 [M]. 北京：文化艺术出版社，1997. 第三册，卷四九九，第 1089 页。

08 侗族传统服装的“形”与“制”

张云婕[1]

摘　要　　侗族支系众多，服装形制、装饰风格千姿百态，文章将侗族传统服装的“形制”分为式样、纹样、色彩之“形”与结构、工艺、设计理念之“制”。再通过实物测量分析与考证，以服装的“形”为切入点，进而从平面结构、裁剪工艺、拼缀装饰三个方面分析侗族传统服装的“制”，论证侗族传统服装结构设计的科学性和艺术性，探析侗族传统服装所蕴含的设计理念和美学思想。

关键词　侗族、传统服装、款式、结构

中国服饰文化丰富而璀璨，服装样式纷繁多姿。无论是黄帝尧舜之衣裳，先秦之交领深衣，汉之续衽曲裾，三国两晋南北朝之杂裾垂髾，隋唐之襕衫、半臂、裥裙，还是晚唐宋初之大袖、宋之褙子，元之质孙服和辫线装，明之比甲，清之旗袍、坎肩，每个朝代服装的“形”与“制”都深刻地影响了侗族传统服装的形成与发展，以至于时至今日，多种服装样式共存于侗族人的日常生活中。这些服装仍沿袭着在汉族服装中已消失殆尽的传统款式与结构，保留着传统服装结构基因，犹如民族服饰文明的活化石，为我们探寻侗族传统服装所蕴含的设计理念和美学思想提供了宝贵且真实的实物标本。本文将侗族传统服装的“形制”分为式样、纹样、色彩之“形”与结构、工艺、设计理念之“制”，试图还原一个真实且内涵丰富的侗族传统服装样貌。

一、侗族传统服装之“形”

侗族世居于贵州、湖南、广西三省（区）交界处以及鄂西部地区，位于云贵高原向江南丘陵过渡地区，境内层峦叠嶂、沟壑纵横、河流密布。四条主山脉（苗岭

[1] 张云婕，湖南工商大学，讲师。湖南师范大学艺术学博士，研究方向：民族民间美术，少数民族服饰艺术研究。

山脉、武陵山脉、雪峰山脉、九万大山）和六条主河流（酉水、都柳江、融江、清水江、渠水、浔江）将这片广大地域分隔成一个个相对独立的区域文化圈，侗族称为“款”，也称为“洞”，如贵州小黄村广为传颂的《分洞歌》，记述的是贵州侗族地区划分为十个“洞”的故事。

侗族支系众多，各支系经过历史流变各自占据一片相对稳定的居住区域，每一个片区相当于一个氏族部落，临近的或同一山地分隔范围内的氏族部落组成一个相互通婚的团体和战略联盟，即为“款”或“洞”。各“款”各“洞”以不同的服饰特征构成相互区别的族徽标识。因此，在民族内部服饰差异化需求和外部中原服饰文化不断交融涵化的共同影响下，侗族各支系服装呈现“百花齐放”的景象，尤其以女性服装区别最为显著。

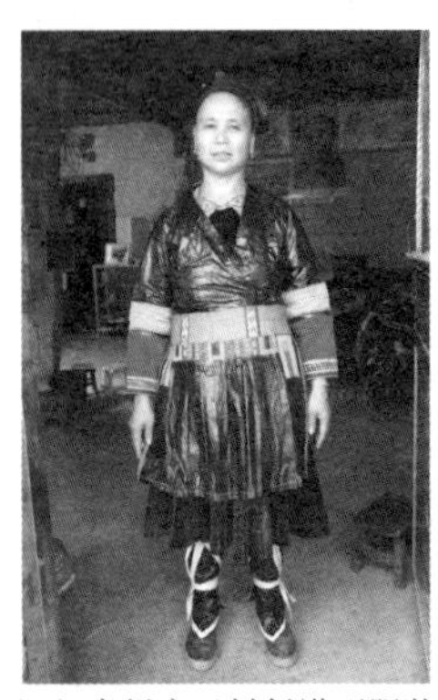

（1）贵州庆云村斜襟型服装

（2）湖南芋头侗寨斜襟型服装

（3）广西大寨村斜襟型服装

图1　侗族斜襟型服装

关于侗族传统服装的基本形制，《淮南鸿烈解·原道训》中提到：“九疑之南，陆事寡而水事众。于是民人被发文身，以像鳞虫；短绻不绔，以便涉游；短袂攘卷，以便刺舟因之也。”❶，短袂、袴形象地描绘了侗族人上衣下裳的着装习惯。即使今日，部分地区女性已改着裤装，男性丧服已改穿长袍，但上衣下裳依旧是最常见的式样。我们基于上衣的门襟造型将侗族传统服装初步归纳为四种，斜襟型（图1）、大襟型（图2）、对襟型（图3）、缺襟型（图4）。贵州、广西、湖南三省（区）侗族传统服装形制归纳见下表，可以看出贵州侗族服装形制最为丰富，是民族服饰文化保存最完整的一个区域。

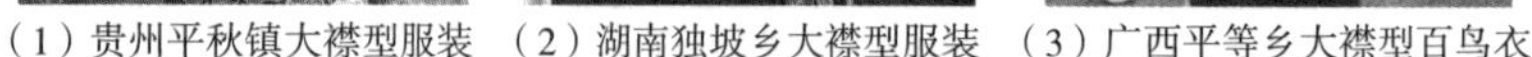

（1）贵州平秋镇大襟型服装　（2）湖南独坡乡大襟型服装　（3）广西平等乡大襟型百鸟衣

图2　侗族大襟型服装

❶ 刘安，撰. 许慎，注. 淮南鸿烈解·卷一 [M]. 四部丛刊景钞北宋本，1919.

（1）贵州地门村对襟型服装　（2）广西大寨村对襟型服装　（3）湖南通道小江村对襟型男装

图3　侗族对襟型服装

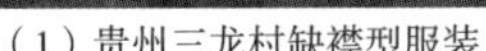

（1）贵州三龙村缺襟型服装　（2）贵州小黄村缺襟型服装

图4　侗族缺襟型服装

基于门襟造型的侗族传统服装分类

省（区）	斜襟型	大襟型	对襟型	缺襟型
贵州	无领式 交领式	圆领式 立领式	圆领式 直领式 立领式（男装） 无领式	圆领式
广西	无领式 交领式	圆领式（男装）	直领式 立领式（男装）	
湖南	无领式	圆领式 立领式	圆领式 直领式 立领式（男装）	

（一）斜襟型

图1斜襟型是南部侗族普遍穿着的冬季服装形制，可分为无领斜襟式和交领斜襟式，主要分布于

通道坪坦乡、马龙乡，广西三江独峒乡、同乐乡、良口乡，贵州肇兴镇、永从乡、龙额乡等地区。

斜襟型上衣门襟向左掩，形成左衽，这种门襟初见于先秦上衣下裳相连的深衣式袍服。斜襟型上衣展开后规整且对称。前后中均破缝，领口按人体颈部形状留出“V”字形空间，领口开口大小各地各有不同。上衣肩头不破缝，前后衣片相连，通身只在侧缝缝合；左右衽在前中线位置相交，拼接三角形衽角，补充拥掩量。这种拼衽手法是由于制作传统服装的布料为手工织造，布幅一般在40厘米左右。我们以广西高友村斜襟型上衣为例，通肩袖长140厘米，因此，需用4个布幅，以前后中线对称，袖上断缝，前中拼衽才能制成一件上衣。将上衣裁片平铺后，呈现“十字型”平面结构，这也是侗族传统服装结构之原型。

拼衽结构的优越之处在于，可以通过系带的伸缩使得平面化服装巧妙地贴合女子胸部、腹部的曲线变化，适合不同体态的人穿着，着衣时显得古拙而朴素，尽显古越之风。

（二）大襟型

图2大襟型服装是南方少数民族比较典型的服装形制，窄衣窄袖更适合南方稻作文化，分为立领大襟式和圆领大襟式。大襟形制发祥于宋代，沿用至清代末期，因此，广泛分布在与汉族交往接触密切的侗族区域，如湖南靖州、绥宁、通道、贵州榕江及北部侗族地区。广西侗族女性几乎不穿着这种形制的服装，反而在男性百鸟衣中有所发现。

大襟型上衣以“通袖线（水平）和前后中心线（竖直）为轴线的十字型平面结构”[1]为其固有的原始结构状态。前后中破缝，袖子为接袖结构，窄袖至腕；湖南及北部侗族服装修身及臀，而榕江车江三宝一带服装宽大掩臀，这无不生动地展现了侗族与毗邻汉族、水族民族服饰文化交融、涵化的历史；三宝一带衣缘、袖缘做数纱绣装饰，其他地区领口绲边；部分侗寨用铜扣或银泡代替布扣，显得格外精致。

（三）对襟型

图3对襟型侗族女装可分为圆领式、无领式、直领式和立领式四种，宽袖和窄袖都有，门襟无纽襻或系带，两侧高开衩，衣身左右对称，仅后中心线和两个接袖缝分割，贵州榕江晚寨型衣长及膝，而广西三江同乐型衣长掩臀。整件服装结构简洁、清雅，与宋代褙子类似。

立领对襟型服装是侗族男性的标准着装，但湖南通道小江村男性穿着直领对襟型上衣的方式略有不同。其衣长及膝，双襟相对，领口呈“T”字形，长条形领子同时充当衣领和门襟，平铺时衣领呈现出三角领造型，穿着时，由于人体脖颈牵引使上衣肩线后移，后片下坠，前襟上提，领口敞开，自然形成两襟交叠，腰部系彩色织带，胸部形成了贴合人体的造型效果，着装形态极富唐宋遗风。

[1] 刘瑞璞，何鑫．中华民族服饰结构图考（少数民族编）[M]．北京：中国纺织出版社，2013：1.

（四）缺襟型

图4圆领缺襟型服装是贵州侗族独有的一种服装样式，也称为半偏襟，类似于清末的琵琶襟。主要分布在贵州南部侗族地区，即黎平、从江、榕江三县的个别村寨，是侗族传统服装中比较特殊的形制。衣身前后中破缝，左门襟拼接半偏襟结构，半偏襟上窄下宽，遮掩部分右衣片，形成右衽。衣长及臀，长袖、半袖、宽袖、窄袖形式不一，这种形制的服装在苗族、彝族、傣族中也有存在，属于南方少数民族典型的平面服装结构。

缺襟的产生是节约美学与服装形制的完美合一。侗族敬物的节约意识使得他们极尽可能地保持布料的完整性，半偏襟节省出来的布料，可以用来制作领缘刺绣、袖缘刺绣及一些小件日常用品，减少了布料不必要的消耗。一些看似简单的不经意的设计，其实蕴含了侗族人的生活智慧。

二、侗族传统服装之“制”

《考工记图》记载了优秀设计的四个要素：“天有时，地有气，材有美，工有巧。合此四者，然后可以为良。”[1]即顺应天时、凝结地气、珍稀材料、巧夺工艺，四者有机地结合，可以产生好的设计作品，这种“天人合一”的设计观与侗族传统服装设计理念不谋而合。

侗族传统服装由自纺、自织、自染的侗布制作而成。关于侗布，早在《北史・蛮獠》就有记载“獠者盖南蛮之别种……能为细布,色致鲜净”[2]，“细布”“鲜净”反映了唐代之前侗族先民已经掌握了先进的纺织技艺、染料提纯及染整工艺。清代胡丰衡《黎平竹枝词》有“松火夜偕诸女伴，纺成峒布纳官输”的诗句，足以见得侗布的精美与珍贵。

因此，侗族人对布料的格外珍惜，表现在试图最大程度保留布料的原始状态，减少对布料的裁剪破坏。这种“敬物”的节约意识与审美情趣共同形成了独特的结构设计理念，即因材施制、因制施艺、因制施饰。

（一）因材施制：布幅决定结构

通过108座侗寨的传统服装结构测绘数据来看，从外观上，侗族传统服装风格蔚为大观，或宽袍大袖，或繁缛华丽，或古朴简洁，或灵动飘逸，但深究其结构，始终不变的是以前、后身中线对称，前后片采用整幅连裁的十字型平面服装结构以及平面直线剪裁工艺的原始形态。

“十字型平面结构”的产生是由于侗布的布幅受织布机宽度限制，一般在40厘米左右，无法达到整身的横宽。于是，在尽可能美观的情况下，袖上断缝为幅宽不足提供了解决之道。因此，侗族传统服装不论何种形制，都在前后中破缝，布幅宽度至袖，形成断缝接袖，下摆不超过布幅，

[1] 戴震. 考工记图・卷上 [M]. 清乾隆纪氏阅微草堂刻本，清乾隆十一年(1746).

[2] 李延寿. 北史・卷九十五・列传第八十三 [M]. 清乾隆武英殿刻本，清乾隆四年(1739).

接缝处利用布边缝合，以便保持面料的完整性与稳固性。“平面直线剪裁”即依照布料的特性，裁片以直线为主，尽可能保持布料的矩形原形，减少对布料的破坏，最大限度地整幅利用面料。这种结构和工艺很好地诠释了侗族人“布幅决定结构”的设计理念和“物尽其用”的朴素价值观（图5）。

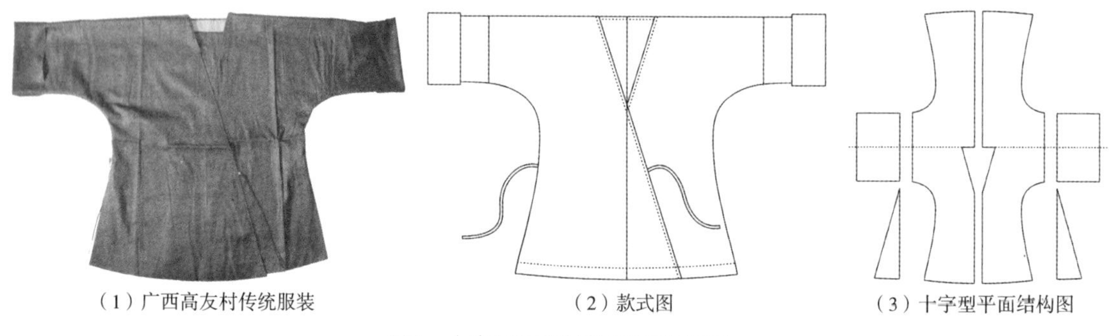

（1）广西高友村传统服装　（2）款式图　（3）十字型平面结构图

图5　十字型平面结构的侗族服装

如今，工业化生产的成衣和面料充斥农村乡市，在很大程度上已改变了侗族人的着装习惯和审美情趣，庆幸的是仍有一批手艺人，面对足够宽幅的工业面料，他们仍坚守着前后中断缝的传统平面结构和直线剪裁工艺。

广西三江同乐乡大寨村传统绑腿的样式充满了整幅利用的设计智慧。绑腿是侗族必不可少的辅助服装。在生活劳作中，绑腿具有保护腿部不被林间荆棘树枝刮伤、蚊虫侵害的实用功能和冬季保暖御寒的作用。图6的三角形绑腿由一块矩形布沿对角线剪裁而成，不仅比方形绑腿节省面料，且螺旋状缠裹范围更大，覆盖面积更大，二次造型能力更佳，交叉型绑带表现出迥然不同的装饰风格，搭配三角形绣片，似在一种有限的框架中，寻求一种视觉上的突破，达到非常跳跃轻巧的效果。

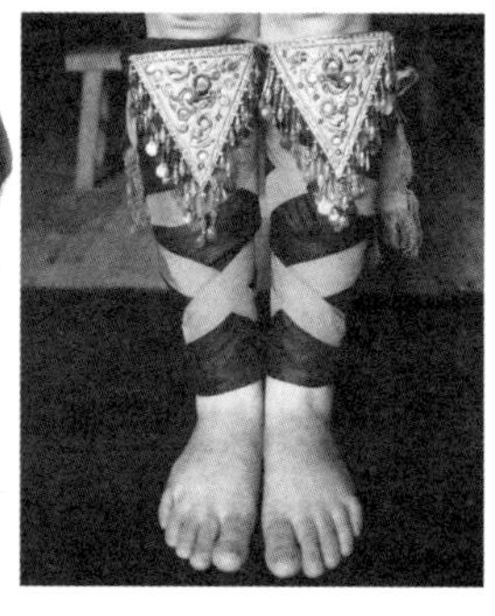

图6　广西三江同乐乡大寨村三角形绑腿

（二）因制施艺：以平面缝制工艺呈现立体形态

相较于西方服饰的三维立体结构，中国传统服饰以二维平面结构为主要结构特征，直线剪裁为主要裁剪方式。通常缝合后的平面服装与人体体态之间会形成不适体的矛盾，在不改变平面结构的前提下，为达到与人体曲线之平衡，侗族人采用了一系列塑造立体维度的缝制工艺，如“撇胸”“正裁斜拼”等。

贵州南江村的圆领对襟上衣利用“撇胸”和“归拔”工艺，使胸部结构从平面向立体转变。图7中的圆领对襟上衣以三件为一套，是南江村冬季的盛装，我们在测绘时发现，实物的肩袖线已

（1）肩袖线向下向前偏斜

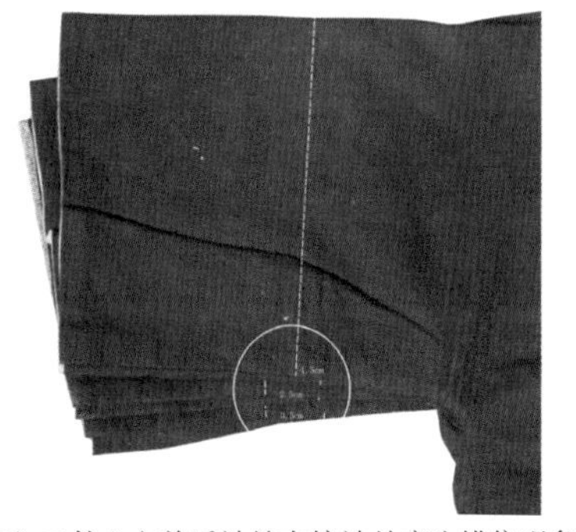

（2）三件上衣前后袖缝在接袖处产生错位现象

图7　贵州南江村圆领对襟上衣

不再是水平状态，而是向下向前偏斜，导致前后片连裁时前胸宽大于后背宽，前侧缝线大于后侧缝线，前袖缝线小于后袖缝线。前后袖缝在接袖处产生错位现象，前胸宽和前侧缝线多出的量在缝合过程中采用归拔工艺在腋下形成缩缝，相当于“隐形胸省”，从而实现胸部的轻微立体造型。从长度和围度来看，前片尺寸大于后片，这与人体前体积大于后体积相适应。从三件上衣接袖处的错位差量来看，由内向外分别是3.5厘米、2.5厘米、1.5厘米，越贴近人体穿着，撇胸即“隐形胸省量”越大，服装造型越立体。从结构上看，衣身两侧及后中高开衩，前门襟未拼接衽角，但因撇胸伴随产生的前胸围度加宽及高开衩，使门襟有足够的拥掩量形成左衽式，外观造型十分合体。这种结构和工艺充分考虑了面料使用率、人体和穿着效果之间的平衡，也传达了符合人体曲线规律的适体意识的存在。

侗族男性穿着阔腿裤，裤腿肥大，裤裆宽松，上接直腰头，以布绳子为带系之，宽阔的形制通风散热，且便于日常劳作。裤子结构与扭裆裤的总体结构相似，却不尽相同。扭裆裤是“指前裆裁片扭转到后裆，而后裆裁片扭转到前裆，将前、后片通过裆部互借量使裆弯处呈现出扭结状”[1]，侗族阔腿裤从裤腿前后中线和内侧断缝，外侧以整块布幅翻折，裤腿与裆部相连。所有裁片均以正裁为主，包括裤腿与裆部均为直纱连裁。在缝合时，利用正裁斜拼工艺，将左右裤腿分别倾斜45度拼接，斜拼使裆部需要更多的布料缝合，且直纱向转为斜纱向，这不仅增加了臀围和裆部的余量，更符合人体双腿运动时对裤裆的牵引需求，同时斜纱面料的弹性特征也为腿部运动提供了一定的舒适性。阔腿裤虽为平面结构，但通过斜向面料的特性与斜拼工艺，为裆部形成了一定的立体维度，不得不说，这是因结构实施工艺所表现出的设计智慧（图8）。

（三）因制施饰：拼缀的生活美学

在中华服饰史上，无论汉族还是少数民族，历来重视服装的装饰，如清代就有“十八镶滚”的繁复装饰工艺。经过考证，侗族传统服装的装饰与服装结构密不可分，“制”与“饰”共同构合

❶ 赵明. 直线裁剪与双重性结构——中国少数民族服装结构研究 [J]. 装饰，2012(1)：110-112.

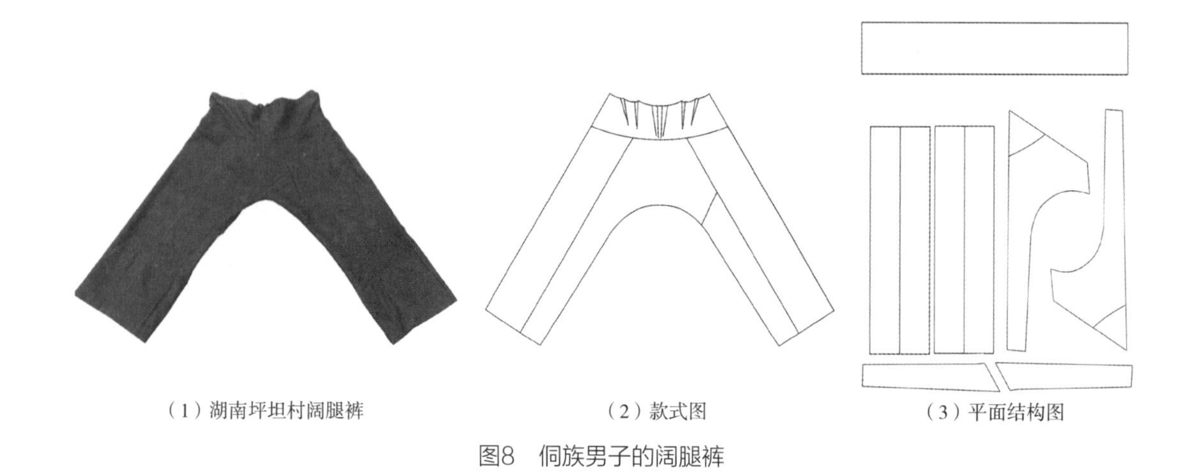

（1）湖南坪坦村阔腿裤　（2）款式图　（3）平面结构图

图8　侗族男子的阔腿裤

了侗族传统服装的基本面貌。

平面结构的侗族传统服装规整简洁，沉穆质朴，装饰以不破坏服装整体效果为宗旨，沿缝合线在门襟、领缘、侧缝和袖口处实施，形成边饰、袖缘饰、补角摆等。这类装饰在我国传统服饰上出现已有两千多年的历史，春秋战国时期已有“衣作绣，锦为缘”的记载，边饰除了美观悦目、覆盖接缝和增强牢固度、耐磨性的作用之外，更重要的是其识别功能。比如，地理位置相邻的贵州小黄村和黄岗村，冬季服装形制均为圆领缺襟型，族人却能从袖口与门襟装饰部位一眼便知着装者的归属地。

小黄村服装的袖口和门襟饰有银泡，我们仔细观察到，银泡在袖口的分布往往是外侧有内侧无，在门襟的分布是上部有下部无，此现象并不是缝制的失误或者银泡遗落，这正是制作者充分考虑到着装后衣袖呈立体状，外侧装饰突出而内侧装饰不易见，门襟上部示众而下部围裙遮挡所致（图9）。侗族妇女为制作一件侗衣，倾注了大量的时间和心思于每一寸物料，将其置于最显眼的地方，不仅暗含着“惜物如金”的节约意识，还充分表露了她们追求美丽的意愿和诉求。类似的不对称装饰还有南江村的半刺绣袖套和地扪村的半刺绣门襟，其意义与小黄村银泡装饰如出一辙。

（1）贵州小黄村缺襟型上衣

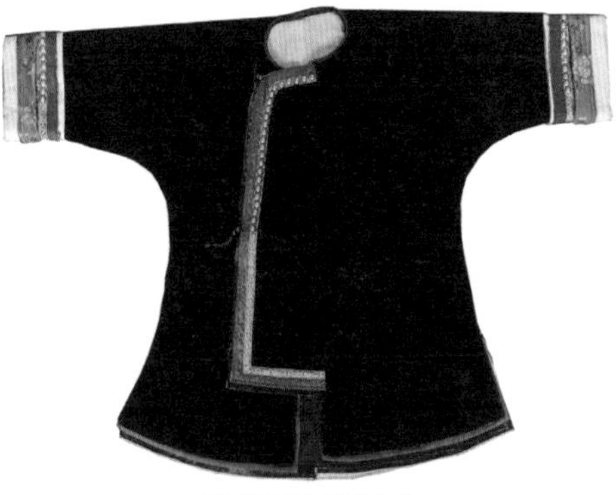

（2）前后袖银泡分布

（3）门襟银泡分布

图9　侗族服装袖口和门襟的装饰

贵州南江村的小孩上衣格外精致，无领左衽式类似于元代长袍。衣身较窄，肩袖处破缝，衣身足够一个布幅，却依旧按照后中破缝的工艺制作，足以见得传统服装结构已深入侗乡成为一种民族服饰文化基因存在。左右衽于前中线相交，拼接半襟，向左掩，以布带系之。半襟节省出来的布料，运用“补角摆”工艺，在左右侧缝补三角形角摆，连接前后衣片，用来补充小孩腹部凸出所需的维度，同时增加着装时腿部活动空间。补角摆的设计动机是出于对不同年龄阶段身体特征的把握和对服装运动功能性的朴素认知，而补角摆的网格纹理将结构设计与生活美学达到了最佳平衡，既满足了功能性需求又起到装饰效果，充满了拼缀结构的美学思想（图10）。

（1）贵州南江村小孩缺襟型上衣

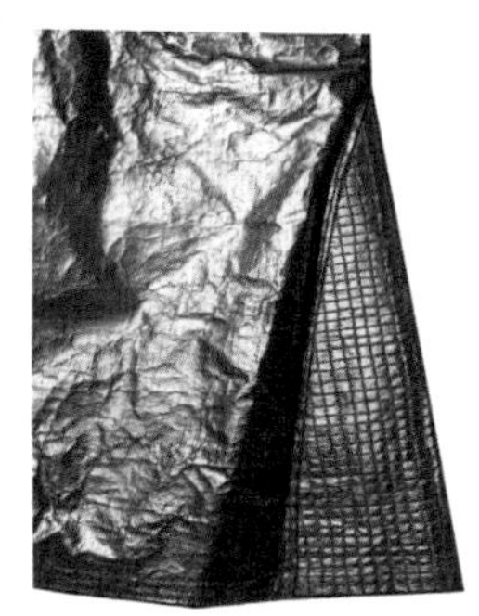

（2）“补角摆”工艺

图10　侗族小孩服装的“补角摆”工艺

“拼”与“缀”多分布在隐蔽的结构上，一些看似不经意的点缀，却衬托出设计理念之精妙。如贵州南江村圆领对襟女上衣后开衩处的补缀（图11），正是由于前门襟向左拥掩，导致后开衩量

（1）贵州南江村对襟型上衣

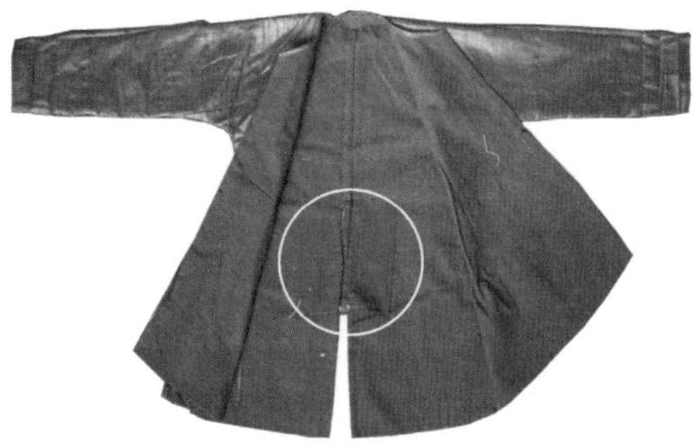

（2）后开衩补缀

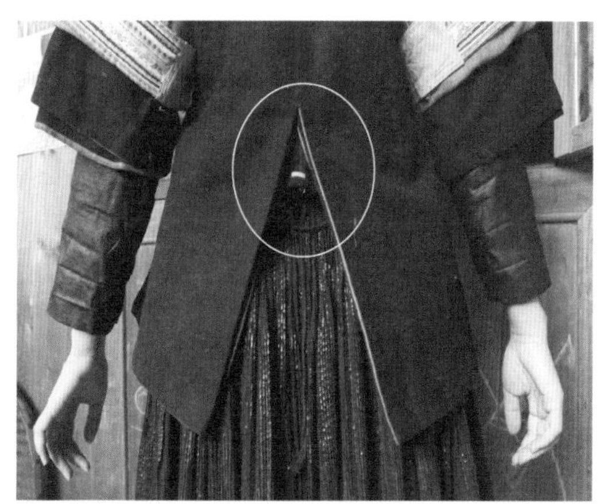

（3）补缀遮挡不露内衣

图11　侗族上衣后开衩处的补缀

过大，露出内衣，为了保证人之仪容、服之规整而设计；又如侧缝的饰缀，小而精致，在举手投足之间平添几分神气精神（图12）。

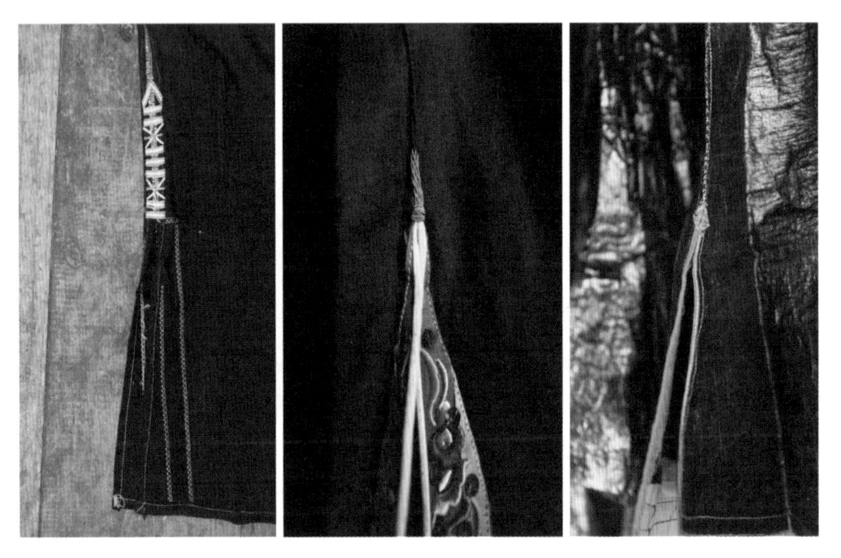

图12　侧缝饰缀

三、结语

本文从服装“形”与“制”的角度解读侗族传统服装以及蕴含的设计理念和美学思想。侗族传统服装不仅仅是遵循古制，保持着衣袖相连的平面结构与直线剪裁工艺，也包含了对人体结构和服装功能性的理性认知，那些坚守传统技艺的手艺人，他们以“因材施制”“因制施艺”和“因制施饰”的设计理念，利用“撇胸”“正裁斜拼”“补角摆”等方法来满足着装的立体形态，巧用拼缀工艺使结构与装饰达到平衡。这种东方设计思维，打破了服装对人体的局限与束缚，展示了平面服装在着装时的灵活性和优越性。如今，侗族传统服饰文化正在被销金蚀铁的现代服饰文化消解，传统服装制作工艺也面临后继无人的尴尬局面，如何留住手工艺，挖掘文化内涵，为民族服饰文化的延续与新生寻找一条路径，正是我们亟待完成的工作。

09 南方少数民族贯首衣领式考析

李 昕[1] 贺 阳[2]

摘 要 贯首衣是人类早期的服装形制之一，由于其“留口出首”的穿着方式，领部结构成为贯首衣整体造型中的核心所在。本文根据领部的开口形态和造型方式对南方少数民族贯首衣进行分类研究，通过对实物样本、制作方式、穿着方式的分析，探讨贯首衣领部结构与布料、人体、衣身结构以及整体服饰造型间的关系，从中提炼出对现代服饰设计具有启发意义的方法与理念。

关键词 南方少数民族、贯首衣、领部、结构、造型

贯首衣是新石器时代出现纺织品以后，在极广阔的地域内和较多的民族中通行的一种服饰。“它是用两幅较窄的布，对折拼缝的、上部中间留口出首，两侧留口出臂……这种服装对纺织品的使用，可以说是非常充分无丝毫浪费的，在原始社会物力维艰时代，这是一种最理想的服制”[3]。

一、南方少数民族贯首衣的形制特征

关于南方少数民族先民着贯首衣记录，早在《后汉书》交阯人“项髻徒跣，以布贯头而著之”[4]，云南地区“纯与哀牢夷人约，邑豪岁输布贯头衣二领，盐一斛，以为常赋”[4]便可见一斑。由于湿热的天气和农耕的生活方式，南方少数民族多以手工织造的棉、麻为衣料，受幅宽所限，利用若干块布料拼接组合成衣，就成了人们主要的制衣方法。而贯首衣正是典型的通过拼接成衣的服饰形制：从五溪地区“妇人

[1] 李昕，北京服装学院，博士研究生。

[2] 贺阳，北京服装学院，教授。

[3] 沈从文. 沈从文全集 · 第32卷 · 物质文化史 · 中国古代服饰研究 [M]. 太原：北岳文艺出版社，2002：14.

[4] 范晔. 后汉书 · 卷八十六 · 南蛮西南夷列传 · 第七十六 [M]. 百衲本景宋绍熙刻本.

横布两幅，穿中而贯其首，名为通裙”[1]，到“穿胸人，其衣则缝布二幅，合两头，开中央，以头贯穿，胸身不突穿”[2]；苗族先民“衣用土锦，无襟，当幅中作孔，以首纳而服之。别作两袖，作事则去之”[3]，到布朗族先民“蒲蛮男子以布二幅缝为一衣，中开一孔，从首套下，富者以红黑丝间其缝，贫者以黑白线间之，无襟袖领缘，两臂露出”[4]……足可确定南方少数民族贯首衣以两幅完整布料拼接而成的基本形制特征。

这种古老的服饰形制传承至今，仍为许多民族所使用，且有着丰富的造型变化。特别是在整件贯首衣至关重要的位置——用于“留口出首”的领部，其结构在保持着少裁剪、甚至不裁剪的基础上，依旧能够塑造出多样的造型，并同时满足人体方便舒适的基本需求和合体美观的穿着效果。

二、南方少数民族贯首衣领部造型的实例分析

“领，颈也，以壅颈也，亦言总领衣体为端首也”[5]。作为处于人体肩颈转折处，且又是服装中最靠近人脸的重要部位，领部结构除了要适应脖子这样一个常处在多角度、多方向运动状态下的圆柱体，更要考虑到与穿着者脸型的关系。尤其是对于“贯首”的穿着方式而言，其着装支点及最终造型几乎都是围绕着领部而展开的。在对民族服饰博物馆馆藏和田野采集的南方少数民族贯首衣实物样本进行梳理后，笔者发现，其领部造型之丰富和结构之精妙，绝非文献中寥寥几笔可以概括的。根据领部开口的形态，笔者初步将南方少数民族贯首衣分为“纵向开口式”“横向开口式”“方形开口式”三类。在此，“式”不仅仅指代其在视觉上的式样，也包含了更为广义的制衣过程中所运用到的造型方式。

（一）纵向开口式

所谓“纵向开口式”，即在平铺状态下领口形状呈纵向直线的贯首衣，这种开口方式在云南佤族、被暂划为布朗族的昆格人、海南黎族以及台湾高山族的贯首衣中都有大量留存。套头的纵向开口可以是在布料拼接的过程中留出来的，也可以是布料对折后，在中央位置剪上一刀的方法来实现。

图1中此件西盟佤族贯首女上衣是由两块尺寸相同（幅宽31厘米）的长方形布料拼接而成，是典型的通过“留口”的方式来实现领部纵向开口的例子。如图2所示，两块布料对折后，依次缝合中线和两侧，留出套头和手臂位置的开口，并在开口两端做防止脱线、裂开的包边处理。穿着

[1] 刘昫．旧唐书・卷一百九十七・列传・第一百四十七[M]．清乾隆武英殿刻本．
[2] 李昉，等．太平御览・卷第七百九十四・夷部・十一[M]．四部丛刊三编景宋本．
[3] 沈庠．贵州图经新志・卷十一[M]．赵瓒，纂．弘治刻本．贵州省图书馆影写晒印本．
[4] 续修四库全书编纂委员会．续修四库全书・史部・地理类・（景泰）云南图经志书・卷四[M]．上海：上海古籍出版社，1995：84．
[5] 刘熙．释名疏证・卷五[M]．清经训堂丛书本．

时，脖子的体积将中央的纵向开口撑开，使得胸、背两面均形成了V形领口；衣片向两侧微微张开，出现抹袖造型；衣身两侧的余量向中心靠拢，增加了胸围量；一改平铺状态下的方正平直，呈现出倒三角的整体造型和肩袖、胸腰处的优美线条，借由人体的曲线塑造出玲珑有致的立体造型（图3）。

图1　民族服饰博物馆馆藏西盟佤族贯首衣及领部开口细节

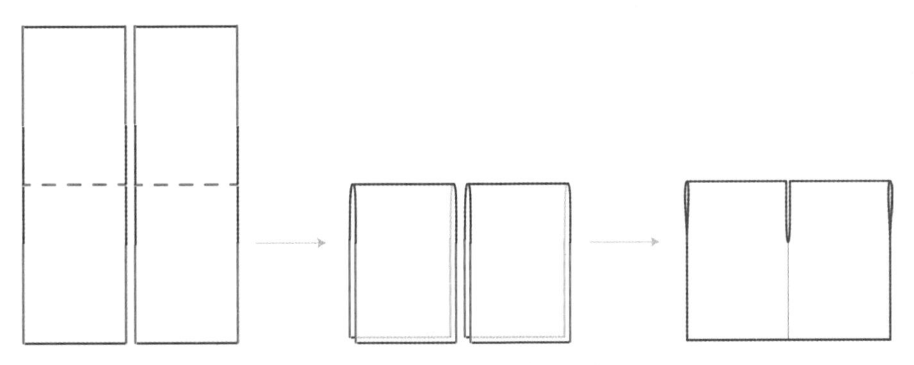

图2　佤族贯首衣领部结构示意图

图3　佤族贯首衣穿着效果与领部细节图

海南黎族贯首衣领部也为纵向开口，但制作方式是在衣身布料的中央剪开一个口子，为了防止开口处脱丝，整个领口都进行了包边处理（图4~图6）。在形态上，其领部与上文中通过“留口”方式制作出的纵向开口似乎并无差异，但从贯首衣的整体结构来看，“剪口”的操作方式则与黎族贯首衣的有袖形制密切相关。衣身、衣袖，以及两侧用来补足衣身宽度的侧片，均直接利用

图4　民族服饰博物馆馆藏海南润方言黎族贯首衣及领部细节

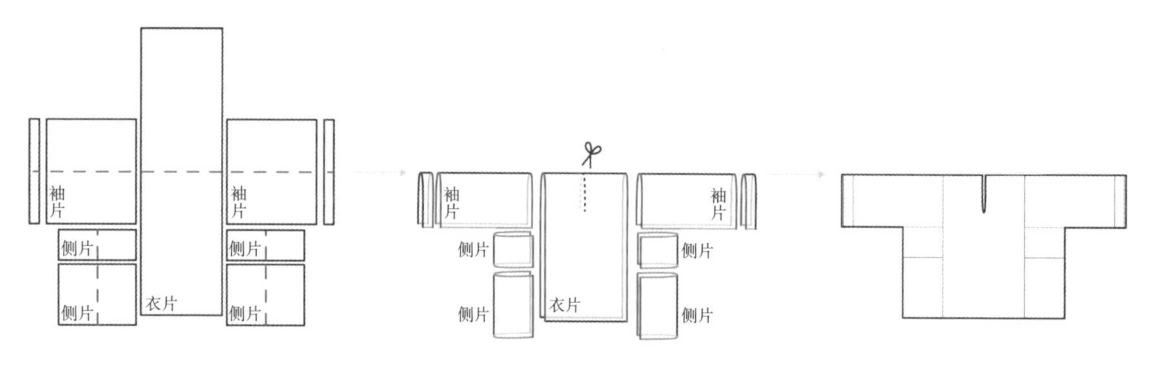

图5　海南黎族贯首衣领部结构示意图

图6　黎族贯首衣穿着效果与领部细节图

布料的幅宽裁成，以布边进行拼缝，既可减少缝份，也避免了布料裁剪后的脱丝。反之，如若黎族贯首衣也以“留口”的方式制作领口，直接用两幅布拼出足够量的衣身，那么在制作衣袖时，就必须对布料有所裁剪才能达到合适的袖长。显然，“剪口”的制作工序和用布规划更能与黎族贯首衣的形制相适应。

“留口”与“剪口”是两种服饰结构下生成的殊途同归的领部造型方法，二者形成了相似的平铺状态下纵向开口和穿着时的V形效果，也都实现了对布料最大程度的利用。而两种方法间的微妙差异，则体现了造型与结构、局部与整体之间相互影响的密切关系。

（二）横向开口式

与纵向开口相对的“横向开口式”贯首衣，是由一前一后两块方形衣片在两肩处缝合固定，留出领口的形制，衣身两侧通常不缝合。贵州荔波地区的“长衫瑶”贯首衣、荔波南丹等地的“白裤瑶”贯首衣和苗族各支系十一种不同式样的贯首衣均属此类。前后衣片均为方形，留出的横向开口自然也是直线，可在实际的穿着效果中，我们却很少在其领口位置见到生硬的直线或是一字领的造型。以图7中堡苗族贯首衣为例，前后衣片在两肩缝合后，留下了较大的横向开口，穿着时衣片微微张开，向两侧下滑，形成了自然的肩部造型。而项圈的佩戴在压合固定领口的同时，也打破了原本生硬的直线，使领部与脸部的关系更为和谐（图8）。

图7　民族服饰博物馆馆藏中堡苗族贯首衣

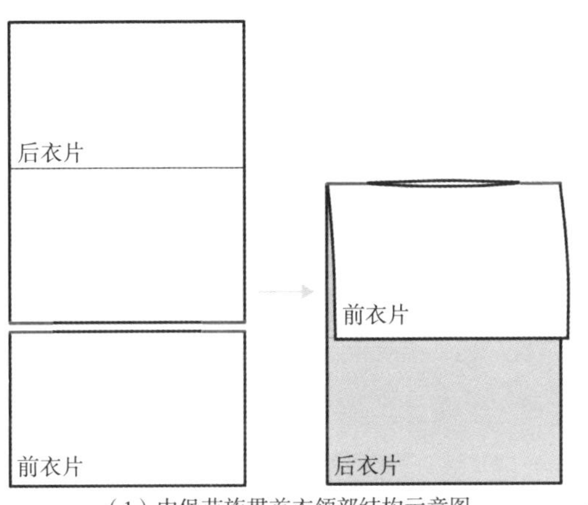

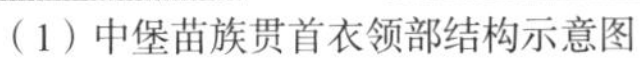

（1）中堡苗族贯首衣领部结构示意图

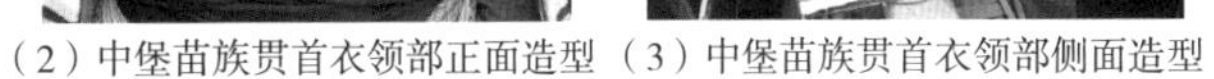

（2）中堡苗族贯首衣领部正面造型（3）中堡苗族贯首衣领部侧面造型

图8　中堡苗族贯首衣领部结构示意图及穿着效果图

在此基础上，只要在留出的横向开口上加上若干块方形布料，就能组合出许多“有领面”的贯首衣。如图9、图10，此件二塘苗族贯首衣的领片为双层，由一块长方形布料对折后，在上方包

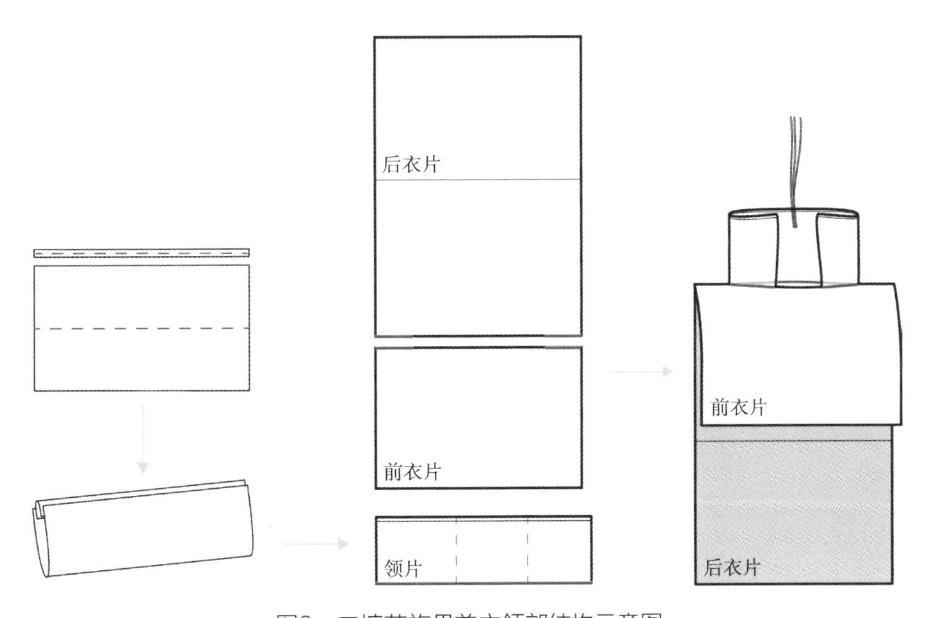

图9　二塘苗族贯首衣领部结构示意图

（1）二塘苗族贯首衣衣领（正视/背视）

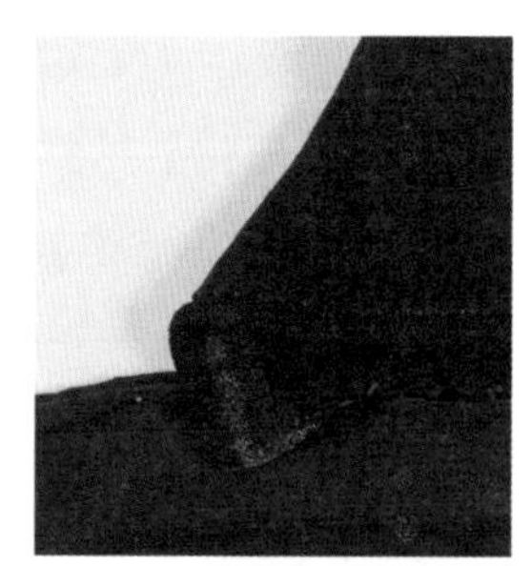

（2）二塘苗族贯首衣衣边棕色刺绣

（3）二塘苗族贯首衣衣领下翻造型（正视/背视）

（4）二塘苗族贯首衣穿着时的领部造型

图10　二塘苗族贯首衣领部细节及穿着效果图

入一条对折的细布条，缝合组成。沿折痕将整个领片自后向前缝在留出的横向开口上，穿着时，领片向下翻折，形成大翻领的造型。翻折后的双层领面显得十分挺括，包入的小布条上饰有棕色刺绣，增加了领子的垂感，而领片与领窝线间的长度差，恰好留出了一定量的前领开，可以露出穿着者的脖颈。富有体积感的宽大领口，中和了圆形盘发和身体间的比例关系，使肩颈看起来不那么单薄，整体造型更为平衡协调。

只要对固定位置稍作调整，方形领片和横向开口就又能组合出一种全新的侧翻领。如图11、

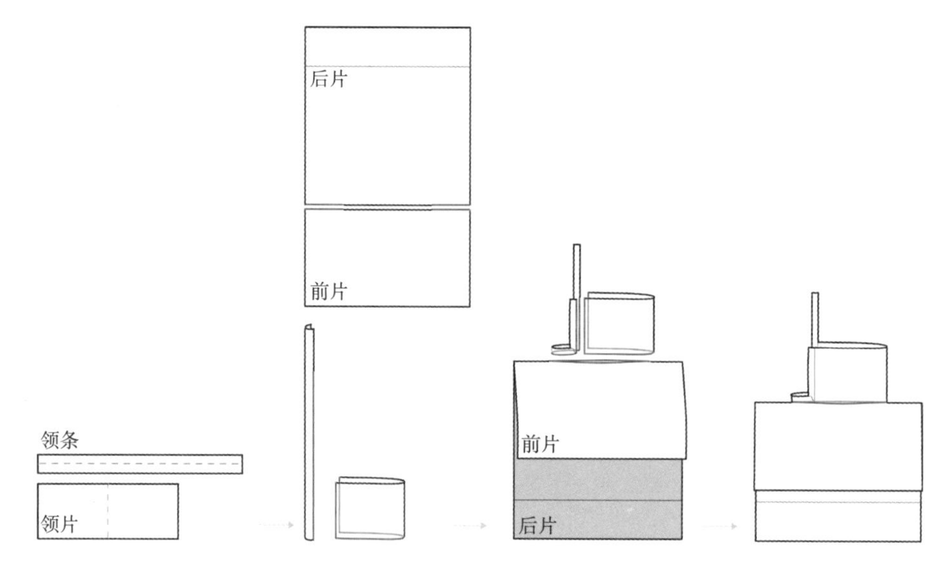

图11　花溪苗族贯首衣领部结构示意图

图12所示，花溪苗族贯首衣的领口处，加上了一块开口朝向侧面的长方形领面和一条白色包边，穿着时，衣领于肩线处前后分开，领面翻落至前胸、后背，建构出一种不对称的造型——因形似一面旗子披于肩上，白色包边形似旗杆套，而得名“旗帜服”。而乌当苗族贯首衣则是在横向开口上依次沿左右两侧向中间缝上两条领条，制成立领，余下的领条自然下垂，形成一种类似领巾的造型。穿着时，将胸前的领条塞入围腰中固定，领口受力下拉，从原始的直线状态转变成了V字领（图13、图14）。

（1）花溪苗族贯首衣衣领下翻造型（正视/背视）

（2）花溪苗族贯首衣穿着时的领部造型

图12　花溪苗族贯首衣领部细节及穿着效果图

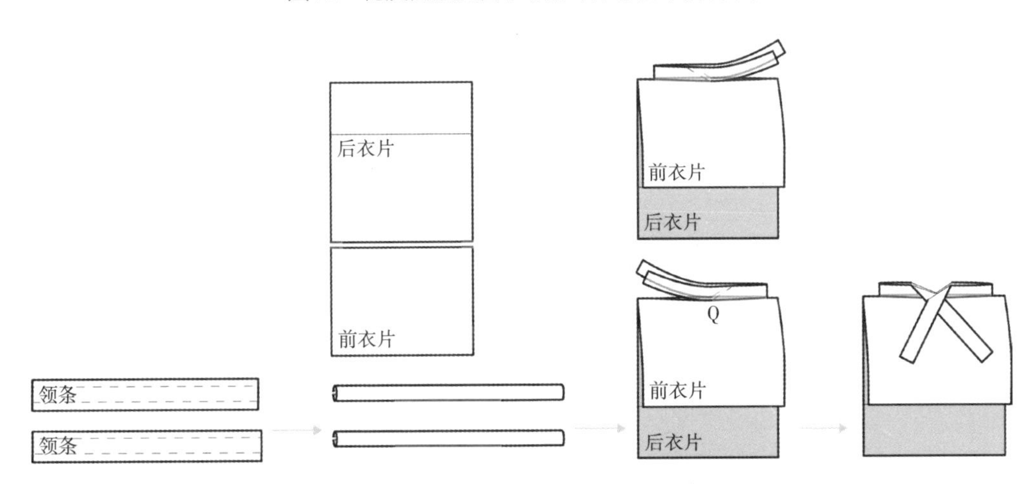

图13　乌当苗族贯首衣领部结构示意图

（1）乌当苗族贯首衣衣领下翻造型

（2）乌当苗族贯首衣穿着时的领部造型

图14　乌当苗族贯首衣领部细节及穿着效果图

与“纵向开口式”贯首衣在造型上或“留”或“剪”的方法取舍和在开口尺度上或深或浅的变化相比，“横向开口式”因其开口落于肩线上而创造出了更大的领部造型空间，从而实现了贯首衣从“无领”到“有领”的造型突破。

（三）方形开口式

“方形开口式”即领口呈四边形的贯首衣。较之纵向开口和横向开口的直线形领口，方形开口是贯首衣领口形状从线到面的一次飞跃，是更趋近于脖子形态特征的领型。贵州高坡苗族、黄平亻革家的背牌，以及彝族各式的贯首衣均属此类。通过实物分析和田野调查，笔者梳理出实现方形开口的两种方法：一是运用多块布料进行拼接组合，如图15，可将四块方形布料按上、下、左、右四个方向排开，借助每块布料的其中一边，组合出一个新的四边形，成为领口。在组合的过程中，只要对布料的尺寸、比例，以及缝合位置稍加改变，就可实现多种不同的领部结构和造型变化。二是直接在领口处裁出方形，这种方式更接近现代服装设计中挖领窝的概念，但依旧保持着领口四边均为直线的特征。

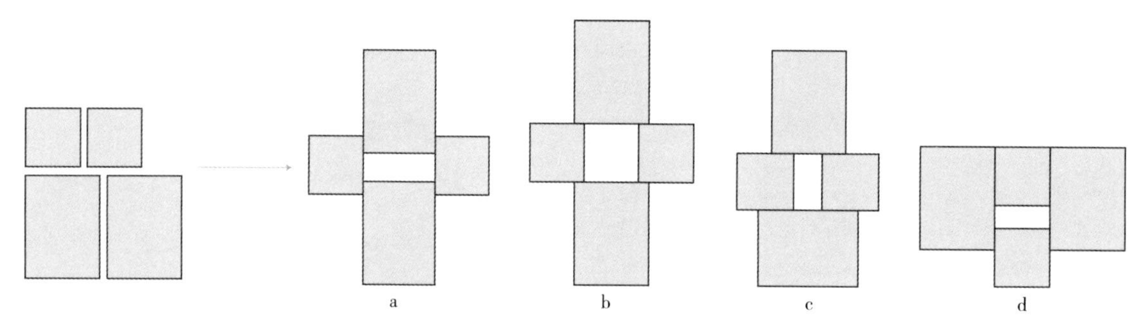

图15 “拼接组合法”原理示意图

贵州黄平地区的亻革家贯首式背牌就是典型的运用四块方形布料拼接组合出的方形开口式贯首衣（图16~图18）。这四块方形布料包含两块尺寸相当的肩片、一块前衣片和一块后衣片，前后衣片等宽，后衣片略长。制作时，两片肩片在三分之一处折叠，沿折痕位置向后固定后衣片，再将前衣片稍稍向下错开后与两侧固定，即形成了一个较扁的方形开口。

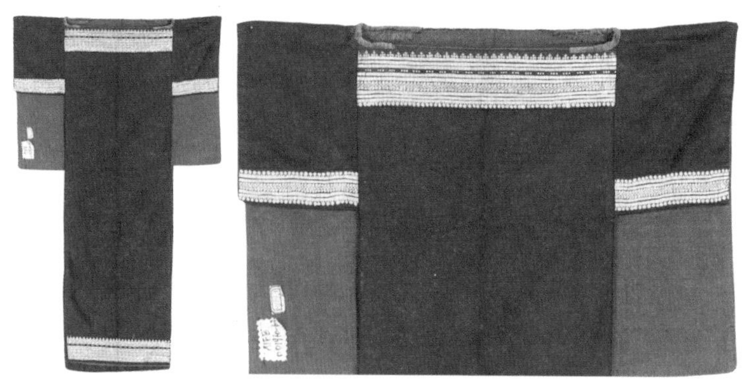
图16 民族服饰博物馆馆藏黄平亻革家贯首衣及领部细节

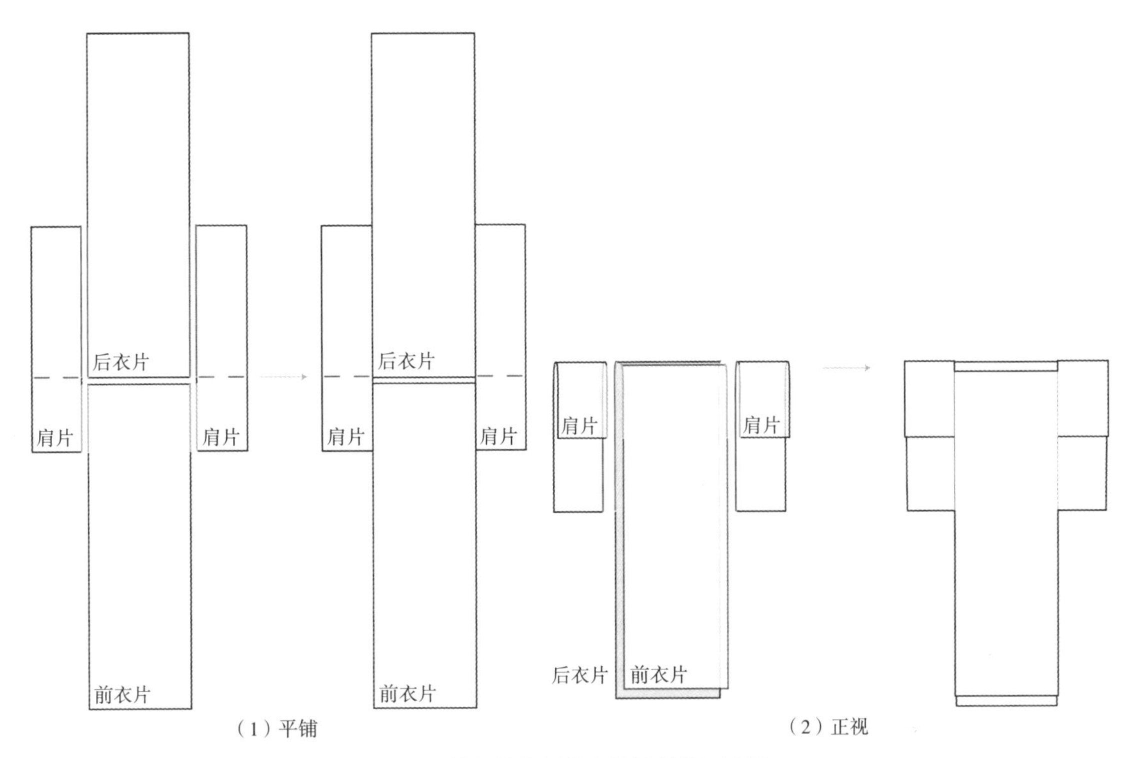

（1）平铺　　（2）正视

图17　黄平僅家贯首衣领部结构示意图

图18　黄平僅家贯首衣穿着效果图

而同样是运用四块方形布料，通过“错位”拼接组合出领口，贵州荔波“青裤瑶”贯首衣的领部结构则有所不同。如图19、图20，此件“青裤瑶”贯首衣前衣片宽22厘米，后衣片宽34厘米，因前衣片窄于后衣片，于是在与两侧的肩片组合后，原本平整的方形肩片呈现出从后往前、由外向内的走势，在组合出领口的同时，也塑造出了肩部弧度，实现了从平面到立体的转化。值得注

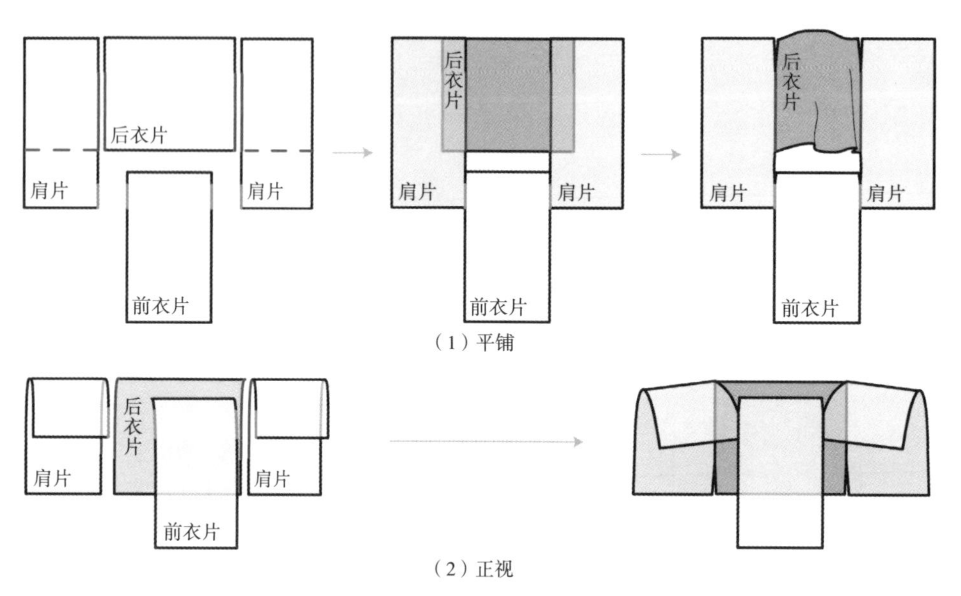

图19　荔波“青裤瑶”贯首衣领部结构示意图

图20　荔波“青裤瑶”贯首衣穿着效果图

意的是，前衣片两侧的起缝点位于前领窝线下降3厘米处，而后衣片两侧的止缝点则位于衣身后摆向上9厘米处，如此一来，前、后衣片分别与两侧肩片之间形成了两个小夹角，四个小夹角有效地缓和了前后衣片的宽度差，也令这件运用方形布料组合而成的贯首衣，最终拥有了一个异形的领口。就是这细微的差别，使得荔波“青裤瑶”和黄平俈家贯首式背牌的领部结构产生了截然不同的造型效果和本质上的区别。

比起拼接过程中的各种“变数”，通过裁剪来实现方形开口则是更加一步到位的方法。此件云南金平马鞍底彝族贯首衣，就是在衣身对折处剪下一块方形所成。方形开口通常较小，在穿着时因受到人体对服装的拉伸，而产生了近乎弧线的领部造型（图21~图23）。这种裁剪方法在彝族贯首衣中普遍适用，但因衣片尺寸、开口大小和在缝合成衣以及穿着过程中人们对肩线位置的调整，衍生出了各支系间不同的方形领口（图24、图25）。

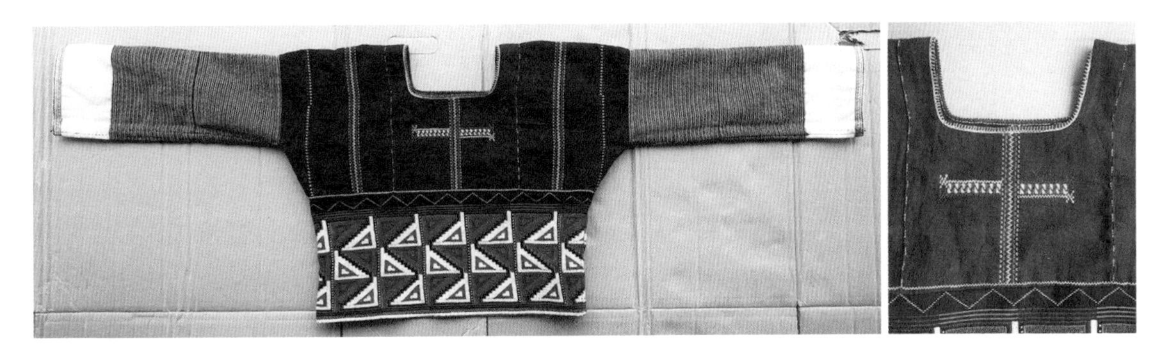

图21 金平马鞍底彝族贯首衣及领部细节

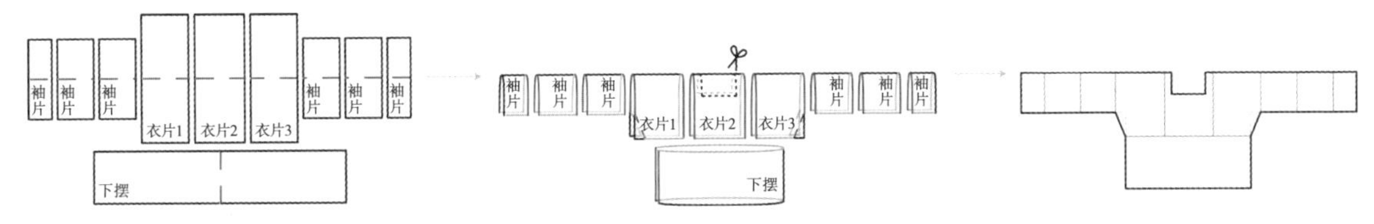

图22 金平马鞍底彝族贯首衣领部结构示意图

图23 金平马鞍底彝族贯首衣穿着效果图

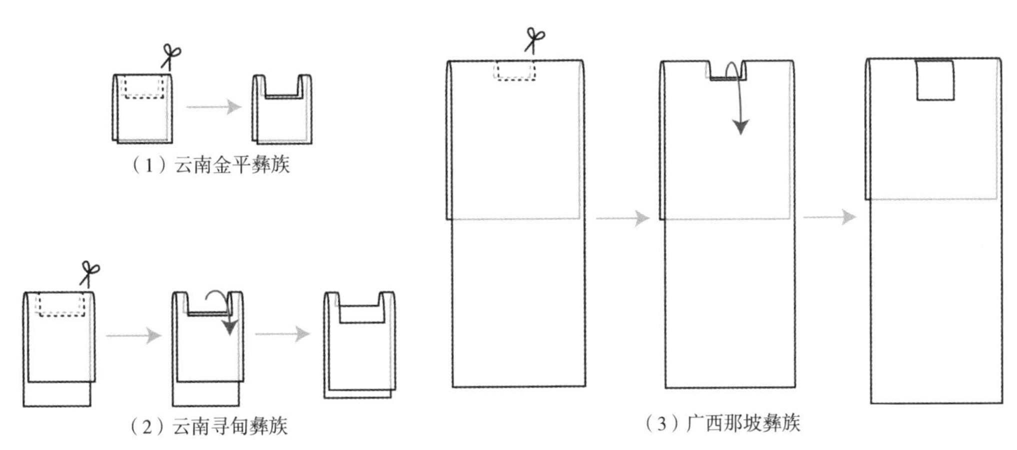

图24 彝族贯首衣领部方形开口对比图

（1）云南金平彝族

（2）云南寻甸彝族

（3）广西那坡彝族

图25　彝族贯首衣方形领口与肩线位置关系对比图

“方形开口式”贯首衣的领部造型体现了少数民族先民对脖颈这一服装支点的体积的认知和裁剪过程中有意识的经营。然而，人们为什么不直接裁出更加适合的圆形，而是选择了具有直线裁剪特征的方形呢？自然界里似乎并不存在纯粹的方形。“正因为几何形状在自然界中很少见，所以人类的脑子就选择了那些有规律性的表现形式，因为它们显然是具有控制能力的人脑的产物，所以，它们与自然混杂的状况形成明显的对比”[1]。考古发掘的资料显示，早在新石器时代，生活在现今中国版图上的原始人就在生产生活及装饰等多方面广泛地运用方形了。人们经过长期的使用，认识到了方形的房子更具有稳定性，方形的刀斧比圆形的石器更利于开垦土地。所以，方形的运用是古人在劳作过程中认知、提炼后的产物，是人们在生产生活中依据有利的、实用的原则而做出的选择。随着纺织品的出现而诞生并且延续至今的贯首衣，或许也就最大程度地保留了当时人们对方形这一形状的认知。南方少数民族使用的棉麻类织物与皮毛等面料不同，曲线裁剪容易扒丝脱线，不仅耗损布料，也对裁剪、缝合技巧有着更高的要求。显然，方形开口更能与原始社会中手织布来之不易以及服饰制作者为非专业的普通妇女的情况相适应，无可厚非地成为人们的首选。

三、结语

南方少数民族贯首衣是先民们在充分认识面料的基础上展开的物尽其用的设计。依托于衣身结构而形成的领部结构，在最大程度保持布料完整性的同时，延展出了各式简单且富有变化的领部造型。通过实物分类研究，我们发现实现三种领部开口形态的方式是多样的，而只要对这些裁剪、组合方式进行灵活运用，就可变换出更为丰富的造型。以直线为要素和原则的贯首衣领部结构，往往不拘泥于精确的尺寸，而是更注重运用各衣片之间比例和组合方式上的变化来获得立体的形态；不讲究与人体曲线严丝合缝的切合，而是强调在人体与服装之间营造出充裕的造型空间，

[1] E. H. 贡布里希. 秩序感 [M]. 杨思梁，徐一维，范景中，译. 南宁：广西美术出版社，2015：8.

进而通过穿着方式的调整，同样能够兼顾合体与美观。这样的领部结构和造型方式，构建出了东方美学理念下特有的服饰形态，体现了中国传统服饰由平面结构形态向立体造型转化的特征，反映出了布料、服装、人体、自然之间的和谐关系，淋漓尽致地演绎了“少即是多”的设计哲学和传统造物中的“节用”“适度”思想，无疑对现代服装设计有着重要的启示意义。

参考文献

[1]吴仕忠. 中国苗族服饰图志[M]. 贵阳: 贵州人民出版社, 2000.

[2]田中千代. 世界民俗衣装——探寻人类着装方法的智慧[M]. 李当岐，译. 北京：中国纺织出版社，2001.

[3]李当岐. 服装学概论[M]. 北京：高等教育出版社，1998.

[4]张劲松. 论中国远古上古时代的方形文化——兼及八卦的起源[J]. 民间文学论坛，1996(2)：31-41.

[5]杨兆麟. 佤族服饰考略[J]. 装饰，2001(18)：38-41.

10 “旗袍”易名考

朱博伟[1]　刘瑞璞[2]

摘　要　在旗袍不到一百年的发展历史中，有过旗袍、颀袍、祺袍和褀袍称谓的争辩，却没有权威的文献可考，作为国服的理论建构是个学术遗憾。本文通过对20世纪30年代至今旗袍相关文献进行系统研究，揭示了旗袍称谓在近百年间的易名过程并释读不同称谓所代表的历史及文化内涵。这将为进一步探索旗袍的分期提供重要的文献线索和理论依据。

关键词　旗袍、颀袍、祺袍、褀袍

旗袍称谓自民初启用至今流传甚广，已形成整个华人社会甚至国际社会的认知。但在长期实践中，大陆和台湾却在命名问题上产生了不同表达，大陆普遍称“旗袍”，台湾则多用“祺袍”或共用。

事实上这是个纯粹的学术命题，因为在旗袍称谓诞生之初，这种争辩就开始了。台湾社会无论学术界还是民间，“旗袍”和“祺袍”的称谓是共存的。“祺袍”称谓的使用，是经历“正名”过程后，通过权威的学术机构确立，有一套完整的史学考据和理论建构作为支撑的。“正名”事件的起因与旗袍结构发展变革有着密不可分的联系，研究旗袍称谓差异化的表现，是由现象到本质探究旗袍发展阶段性变化的过程，可以为旗袍在特定历史阶段的分期研究提供重要依据。

一、从“旗袍”到“祺袍”的正名事件

旗袍易名的争论，从它诞生那天起就始终没有中断。仅台湾对旗袍的称谓就有旗袍、祺袍和褀袍，这是那个时代旗袍的真实面貌，本身就具有研究价值。旗袍结构的改良与定型作为“旗袍”在台湾发生正名事件的导火索，是很容易被忽视的具

[1] 朱博伟，北京服装学院，博士研究生。

[2] 刘瑞璞，北京服装学院，教授。

体现象，就像唐太宗李世民所言：

“夫以铜为镜，可以正衣冠；以古为镜，可以知兴替；以人为镜，可以明得失……”[1]

台湾学者正是注意到了旗袍“结构”变革所鉴出的一些社会思潮，并以此为镜，以历代服饰历史为镜，通过主流渠道和手段推进“自正”，促使“旗袍”史论研究的争论落案。事实上，在中国台湾地区的书籍、文献和民间出售旗袍的商店，常见“旗袍”和“祺袍”两种称谓共存的情况，且在学术界和业界以“祺袍”为主，此类现象与大陆截然不同（图1）。这是因为旗袍在整个民国时期蜕变的基础上，又经历了20世纪50年代到70年代近20年的变革，“分身分袖施省”结构的定型旗袍已经取代了民国时期“连身连袖无省”结构的改良旗袍成为主流。学术界正是基于旗袍在结构形制上的根本改变，重提20世纪30年代有关“旗袍和祺袍”称谓的争辩，认为当时是为“旗袍”正名的时候。而“旗袍”在大陆没有形成这个机制，旗袍作为中华民族近现代的国服，一个特定历史时期破茧化蝶的蜕变是不能没有学术定论的。重要的是它机缘巧合并没有发生在中国大陆而是中国台湾。因此，无论以中华民族近现代国服为研究课题，还是以大陆学术界对近现代中华民族服装史的断代研究，台湾的社会面貌和学术成就是不可或缺的，“旗袍正名”则是关键问题，因为它是旗袍三个分期中“定型期”的典型事件，且主要发生在台湾。

图1　台湾裁缝店招牌中“旗袍”与“祺袍”称谓共存的独特现象

（2015年摄于台湾桃源县博爱路）

早在1974年元旦，台北市“中国祺袍研究会”举行成立大会之时，就由王宇清教授[2]主持大会并发表题为《祺袍的历史与正名》的演讲，主张改“旗袍”和“祺袍”称谓为“祺袍”。该提议当场获得大会通过，并成决议案，确立祺袍为当代旗袍的官方称谓，且著为会章条文，呈报主管官署核备，相关文献中以“遂成定案，明载官籍”来总结这一事件。紧随其后于同期发表《历代妇女袍服考实》（王宇清著）与《祺袍裁制的理论与实务》（杨成贵[3]著）两部著作，作为“正名”事件的理论支撑，形成了以王宇清为代表的史论研究成果和以杨成贵为代表的技术研究成果的“两部曲”（图2）。自此之后，台湾学术界与制衣界渐成共识，并在民间产生推动作用，形成一股“正名”之风，这便是

[1] 引自《旧唐书·魏征列传》。郭晓霞. 古文观止译注（精编本）[M]. 北京：商务印书馆，2015：95.

[2] 王宇清，字宇清、号乃光，1913年出生于江苏省高邮县，日本关西大学文学博士，台湾地区著名服装史学家。台湾历史博物馆创始人，开创台湾地区服装史学先河。历任台北台湾历史博物馆馆长、台北中国祺袍研究会会长等职。著有《中国服装史纲》《冕服服章之研究》《历代妇女袍服考实》等多部服装史学著作。中国大陆沈从文和台湾王宇清被誉为中国古代服饰史学研究的双子星。

[3] 杨成贵，祖籍浙江平阳，台湾地区华服大师，日本近畿大学毕业，历任台北中国祺袍研究会理事长、台湾祺袍技能竞技裁判长及命题委员、台湾实家政专科学校（现台湾实践大学）教授。著有《祺袍裁制的理论与实务》《中国服装制作全书》等华服裁制理论专著。

“祺袍”称谓的正名事件[1]。

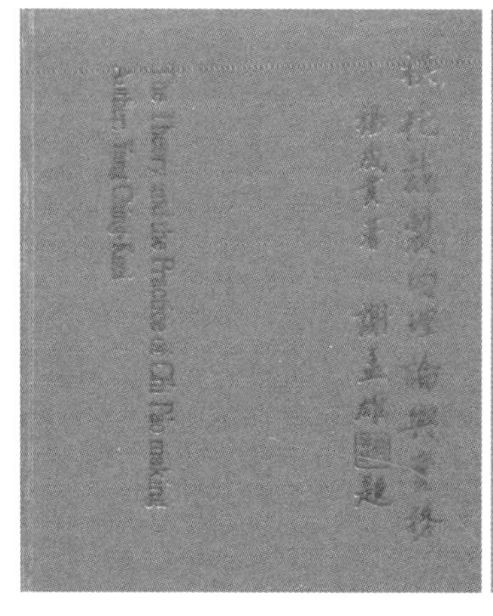

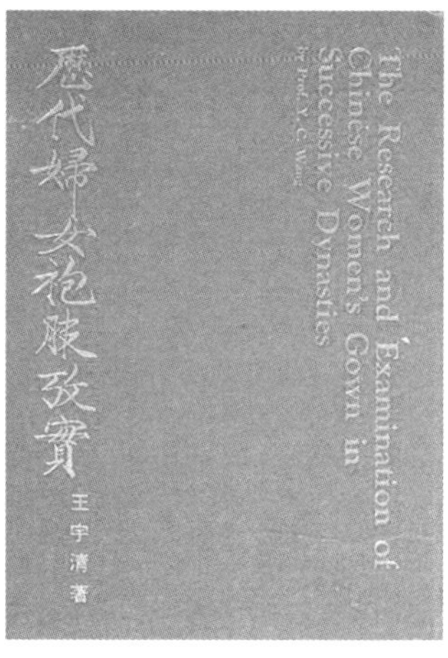

图2 杨成贵先生1975年出版专著《祺袍裁制的理论与实务》与王宇清教授1974年出版专著《历代妇女袍服考实》一定程度上使“祺袍”称谓在学术界得以推广

近40年来，随着两代人的努力和坚持，以王宇清教授、杨成贵先生为首的新一代台湾华服学者仍不断为“祺袍”正名而努力，试图以中华传统文化诠释全新的旗袍时代风尚。这种自下而上的理论正名运动，虽有成效却不卓著[2]。这有历史的问题，也受人们对于既定事实习惯成自然认知模式的影响。但不论怎样，这种力求还原历史真实的学术研究终归体现了严谨的学术态度和历史观精神，也对研究这段历史提供了重要的理论依据。

一直以来，大陆不论是学界、业界还是民间都没有形成这种称谓的区别，也就不会产生旗袍背后历史的敏感度，大多笼统的冠以“旗袍”称谓，且均理解为西式裁剪“分身分袖施省”的结构形态。但所有的证据（特别是技术文献最确凿）都证明这种形态在1949年之前完全没有形成。由于学术的缺失，没有权威的理论指导和社会共识，出现“旗袍”在结构形制上不确定性的误导，出现很多表现20世纪20~30年代的文艺作品，穿的旗袍是20世纪60年代之后的结构形制。“连身连袖无省”和“分身分袖施省”可以说是近代改良旗袍和现代定型旗袍分期的重要标志，而只有专业和学术的系统研究才能确定。在这个成果缺失的情况下，当然不会得到理论的指导（或是学术的浮躁），致使大陆像《危险关系》这样以20世纪30年代上海滩为背景的电影作品中出现了20世纪60年代以后“分身分袖施省”旗袍的怪现象[3]，而这种现象绝非个案（图3）。

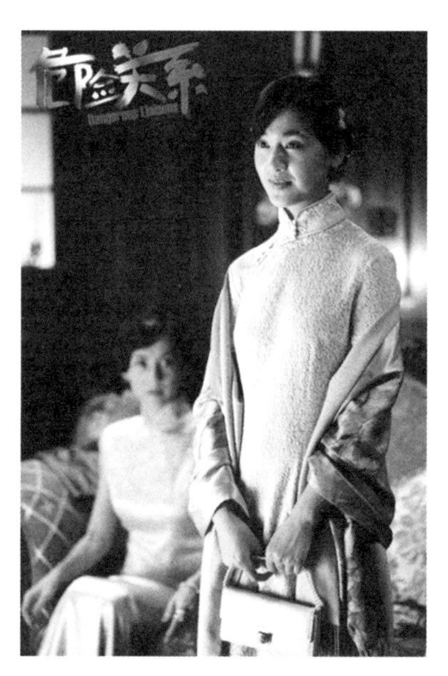

图3 电影《危险关系》表现20世纪30年代背景却穿着20世纪60代之后的旗袍（2012年上映）

[1] “祺袍正名事件”在大陆学界没有得到足够重视，因此在旗袍分期的学术研究上模糊不清，旗袍的古典期、改良期和定型期在大陆学界笼统的认为都是改良旗袍，因此带来理论上的混乱，艺术作品也因此就范，它们之间主要区别在结构形制，而且时间节点明确，定型旗袍主要发展在20世纪50年代到70年代的港台地区，正名事件为定型旗袍的标志性事件。

[2] 正名成效在民间并不卓著的信息来源于针对台湾不同社会阶层人士的采访记录，主要采访对象：陈若瑶，女，台湾台北人，祖籍四川，大学肄业，音乐制作人；许晶茹，女，台湾新北人，祖籍台湾，大学学历，中国文化大学景观学系，学生；林逸书，男，台湾台北人，大学毕业，退伍军人，台北车站“微醺台北”餐厅经理；冯绮文，女，福建人，国中学历，修女、台湾辅仁大学国服科专职教授。采访结果显示，台湾大众仍普遍认同“旗袍”称谓。

[3] 这个时期应该是“连身连袖无省”的改良旗袍。

让人匪夷所思的表象背后，很大一部分原因是旗袍发展和学术研究在大陆出现断层。20世纪60年代大陆地区的图像资料和服装技术文献中，鲜有“旗袍”这一服装品类的记述，直至20世纪80年代改革开放以后，旗袍才逐渐重新回归人们的视野。而旗袍的面貌却在这一时期通过台湾和香港社会与学术界的推动悄悄地发生了改变，即从“连身连袖无省”的改良旗袍变成了“分身分袖施省”的定型旗袍。由于文献研究的缺失，导致大众误认为这就是20世纪20~30年代旗袍的面貌。如果把之前改良旗袍的真实情况弄明白，也会避免犯这种低级错误，这仍然和旗袍易名的历史有关。

二、旗袍易名始末

历史上旗袍称谓易名争论中还有过“颀袍”的昙花一现，很有文献价值。民国旗袍右衽、大襟、盘扣、缘饰要素传承了中国历代传统袍服规制，在装饰手法上继承了清代衬衣和便袍的工艺，但结构形制有了很大改变，这就是“改良”的关键。辛亥革命后民众反清情绪高涨，满族女子大都放弃了穿着长袍，而民国旗袍流行的初始群体恰恰是汉族女子，因此旗袍初兴便是民族文化融合的产物。

随着20世纪30年代旗袍在结构形制上的不断改良，侧缝曲线合体的造型结构与清代袍服“直线侧缝”的差异越发明显，旗人袍服的印象逐渐减弱。其实“直线侧缝”是中华袍服的基本特征，改满为汉不如说是返本开新[1]。旗袍称谓的初兴，由于结构的不断改良引发了学界对旗袍“易名”问题的讨论。在整个民国“旗袍”称谓显现主流，但由于改朝易服的传统观念（“旗”有前朝语意），易名争论就从来没有停止过，其中就有“颀袍”“祺袍”“中华袍”等，从中不难发现寻求民族大义之语境。直到20世纪50~60年代以中国香港和中国台湾为主导的定型旗袍完全引入西式“分身分袖施省”的立体结构后，最终迎来以学术界为引导的祺袍正名运动。整个过程只有“颀袍”是最具形态美的描述。

（一）文化界更名“颀袍”

最早对旗袍称谓提出异议的是文化界，延续时间自20世纪30年代至40年代末，近乎横跨整个民国旗袍（改良旗袍全盛期）发展史，其观点随着旗袍的流行经历了两个阶段。起先是嘲讽，认为最初旗袍称谓是对清朝的复辟，其后发现“曲线玲珑”（从古典旗袍到改良旗袍的成果）的旗袍与清代女袍全然不同，于是为求辨实而力图易名。

旗袍称谓的争论并非没有征兆，早在1920年第3期《小说新报》刊载的《少女解放竹枝词》一文中就有“休怪张勋思复辟，文明女子学旗装”的说法。张爱玲《更衣记》也对这一时期的旗袍有所描述：

“一九二一年，女人穿上了长袍。发源于满洲的旗装自从旗人入关之后一直与中土的服装并行着的，各不相犯，旗下的妇女嫌她们的旗袍缺乏女性美，也想改穿较妩媚的袄裤，然而皇帝下诏，

[1] 返本开新，是20世纪20年代新儒家学派的纲领，以儒家学说为本位，来吸纳会通西学的学术流派。

严厉禁止了。五族共和之后，全国妇女突然一致采用旗袍，倒不是为了效忠于清朝，提倡复辟运动，而是因为女子蓄意要模仿男子。”[1]

此时为旗袍的古典时期，虽延续着连身连袖无省“十字型平面结构”的清朝遗风，但旗袍称谓并未真正出现。

20世纪20年代末，旗袍称谓出现，其结构也开始向曲线合体转变，旗袍的称谓问题也随之被关注。成立于1927年的湖社画会于30年代初期首先提出将旗袍更名为“颀袍”。“颀”字取自《诗经·卫风·硕人》：“硕人其颀，衣锦褧衣”[2]，意为“修长”，音“qí”，与旗袍同音，寓意为修长秀美之袍，与30年代旗袍开始展现颈部及腰身线条修长之美相契合。1937年，上海市总商会举办的全国工商品展览会首先付诸行动，把陈列的旗袍时装改写作“颀袍”，据称是由时任的上海市市长吴铁城提议改名并推广。在文献记述中也颇有官方味道，并在1947年《浙赣路讯》报道文章中记录下来（图4）：

“从前旧式妇女，都穿短的上衣，下穿裙子，没有御着长衣的。后来因为满洲的女子都穿长袍，渐行校方，觉得别致，所以叫作旗袍，原来是旗籍的人发明的。现在我们中华民族，早已融合宗族建立一个新的民主国家，满汉的界限完全消除。杭州的旗下营，早改为新市场。那旗人的名称也就不应该让它存在。所以在十年前（注：十年前即1937年），上海市总商会，开了一个全国工商品展览会，把陈列的时式旗袍，改做‘颀袍’，据说是由那时的上海市市长吴铁城氏命名的”。

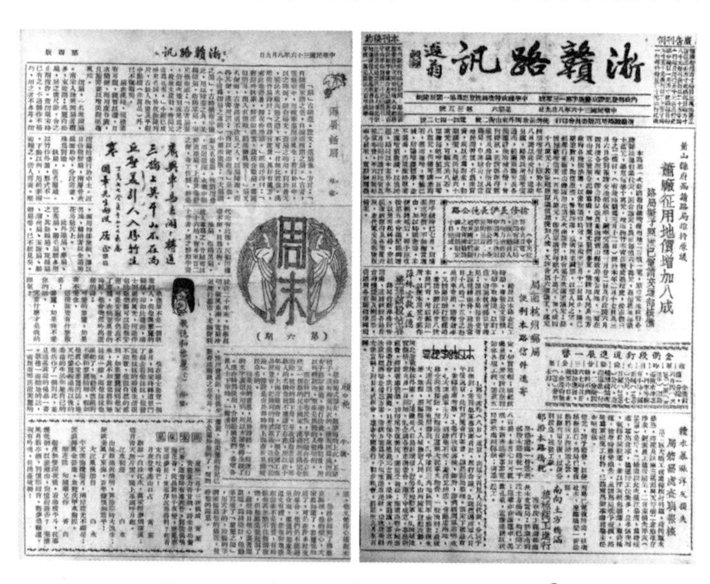
浙贛路訊

图4 1947年报道“颀袍”易名的文章[3]

由于缺乏持续推广和“旗袍”先入为主与时尚语言的魅力，“颀袍”称谓始终没有在社会上引起过多的关注，仅在文献中零星找到相关的记述，但大多只是一面之词，难以形成广泛的影响力。

[1] 原文刊载于1943年《古今》杂志第12期，采用旗袍称谓固然顺理成章，“模仿男子”是指当时的长袍。

[2] 衣锦褧衣：褧(jiǒng)为用麻或轻纱制的单罩衫，古代女子出嫁时套在锦衣外面，以避尘土。1993年版《汉语大词典》，第1294页。

[3] 半帆．颀袍[J]．浙赣路讯，1947(35)：4.

尽管这一次由文化界发起的“易名”行动成效不明显，但已反映出文化界人士对旗袍与旗人女子之袍在形制、结构、工艺等方面的改变有所察觉，并试图以“易名”的方式为旗袍树立全新的形象。值得研究的是，在当时的技术文献中，“颀袍”易名与“曲身合体”改良旗袍形态的表达都准确无误（图5）。

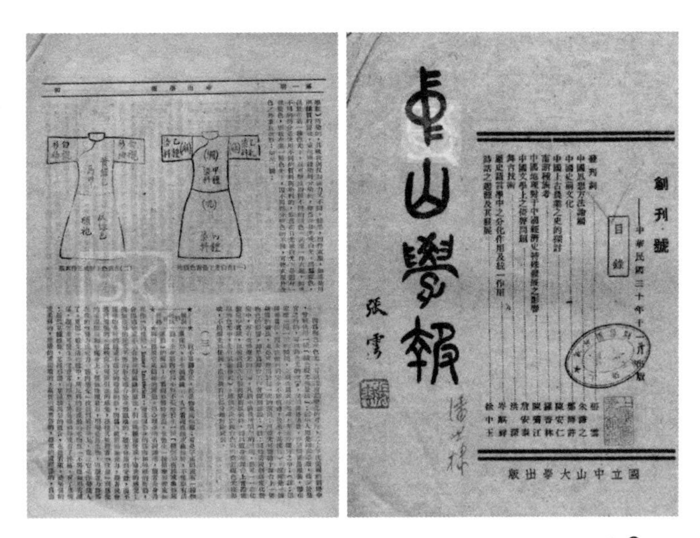
中山學報
創刊號
目錄
國立中山大學出版

图5 “颀袍”称谓和改良旗袍“曲身合体”形态的刊载❶

（二）业界对“祺袍”的误读

民国时期“旗袍”称谓经由民间特别是社会精英的推动得到了广泛的认可，对官方形成倒逼，在民国政府三次“服制条例”的撰修过程中形成事实上的承认。但终归有“复满”之嫌而谨慎使用“旗袍”称谓，而在民间就形成了各种“易名”行动，文化界虽有更名“颀袍”的尝试但成效甚微。同时在制衣与纺织业却产生了不同的景象，出现了一种“会意”下将“旗袍”误读为“祺袍”的阴差阳错。就如同北京餐饮业将“羊羯子”误用为“羊蝎子”一样❷，无意间将“旗袍”误写为了“祺袍”。这一行为在行业内广泛传播，造成了较大的影响力。其影响之深远，促成了学术界对旗袍的“称谓”正名运动的发起。

台湾现代新闻学、语言学泰斗马骥伸先生曾就“语文的约定俗成性”❸抛出了“祺袍”称谓的旧案：

（民国时期）“……‘旗袍’这一称谓原本指清代旗人妇女所穿的长袍，当时不属八旗之列的汉人，

❶ 佚名. 舞台技术 [J]. 中山学报，1941(创刊号)：97.

❷ 北京著名小吃“羊蝎子”，因其取材羊脊髓骨，形似蝎子而得名。但大多厨师却因其多取材于羊，而在做招牌时误用了“羊羯子”。羯字本为“jié”音，指“骗过的公羊”，与“蝎子”毫无干系，却因为有“羊”偏旁部首，且右半与“蝎”字同形，便被用来书写市招。不明事理的人，若依熟音读之，反而忘却了“羯”字的本意，熟练地将“羊羯子”字读成“羊蝎子”。

❸ 马骥伸. 新闻写作语文的特性 [M]. 台北：新闻记者公会，1979：87. 马骥伸：1931 年 3 月 15 日出生，黑龙江省齐齐哈尔市人。台湾师范大学史地系毕业，政治大学新闻研究所硕士。历任台南师范、成功高中教师，台湾教育电视台节目部副主任兼新闻组长，资料特稿部副主任、编辑部副主任及主任，台湾师范大学社会教育系新闻组副教授，读者文摘中文版顾问，台北中国文化大学新闻系主任、新闻暨传播学院院长等。1994 年任大众传播教育协会理事长。

就把它称作旗袍。但是有些商人和裁缝，不知道这一段旗袍和旗人的渊源，以为它是清代女人普遍穿着的衣服，反倒觉得称它为‘旗袍’，没什么道理，于是误打误撞造出来一个‘祺’字，而且颇曾流行过一段时间（注：有资料显示直至中国大陆改革开放后在行业中仍有使用）。很多人不明究竟，认为‘祺’字旁从‘衣’字旁，称为‘祺袍’，似应有其依据，于是‘袍料’‘祺袍料’时常可见……”

根据史料显示，上海先施公司于1932年3月15日发表的《国货特刊》（图6）及《申报》1939年5月3日正刊第一版所刊载的“香港中国国货公司”布料广告中（图7），都出现了“祺袍料”“祺袍”一类的称谓，可见这一情况在当时的制衣业甚是普遍，甚至成为海派旗袍的基因。20世纪50年代，中国大陆、台湾和香港发现有“祺旗”称谓的基本可以判断为海派传人或遗业。

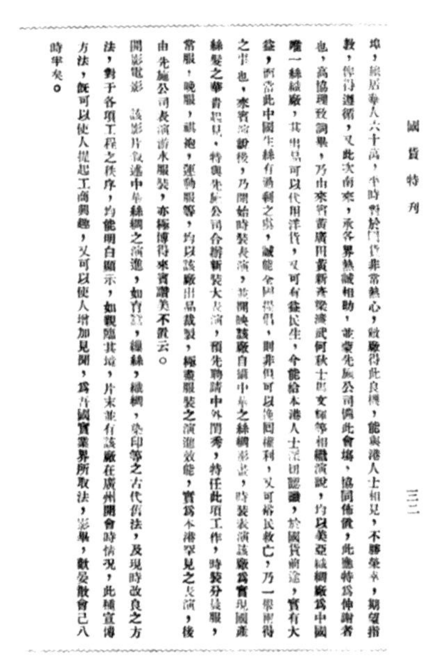
國貨特刊　三二

埠，僑居華人六十萬，平時對於門貨非常熱心，敝廠得此良機，能與港人士相見，不勝榮幸，期望指教，俾得遵循，又此次南來，承各界熱誠相助，並蒙先施公司備此會場，協同佈置，此應特為伸謝者也，高協理致詞畢，乃由來賓黃廣田黃新彥梁濟武何秋士與文輝等相繼演說，均以美亞絲綢廠為中國唯一絲織廠，其出品可以代用洋貨，又可有益民生，今能給本港人士深切認識，於國貨前途，實有大益，而當此中國生絲有過剩之際，誠能全國提倡，則非但可以挽回權利，又可裕民救亡，乃一舉兩得之事也，來賓演說後，乃開始時裝表演，並開映該廠自攝中華之絲綢影片，時裝表演該廠為實現國產絲髮之華貴起見，特與先施公司合辦新裝大表演，預先聘請中外閨秀，特任此項工作，時裝分晨服，常服，晚服，祺袍，運動服等，均以該廠出品裁製，極盡服裝之演進效能，實為本港罕見之表演，後由先施公司表演游水服裝，亦極博得來賓讚美不置云。

開影電影　該影片敘述中華絲綢之演進，如育蠶，繅絲，織綢，染印等之古代舊法，及現時改良之方法，對于各項工程之秩序，均能明白顯示，如觀臨其境，片末並有該廠在廣州開會時情況，此種宣傳方法，既可以使人提起工商興趣，又可以使人增加見聞，為吾國實業界所取法，影畢，散會已八時半矣。

图6　上海先施公司《国货特刊》中使用的“祺袍”称谓❶

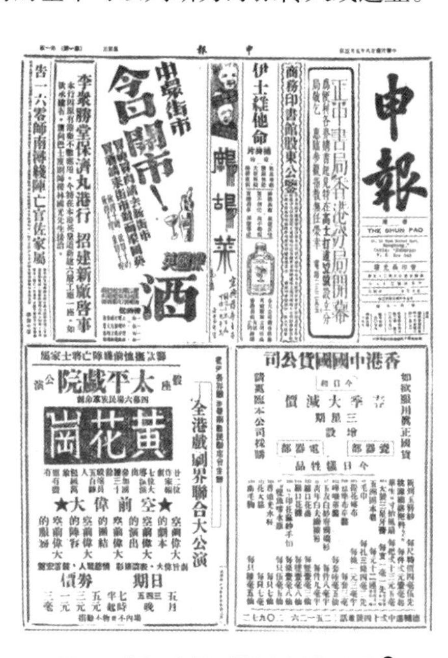
申報
THE SHUN PAO
商務印書館股東公鑒
李衆勝堂保濟丸港行招建新廠啓事
酒
太平戲院
黃花崗
全港戲劇界聯合大公演
香港中國國貨公司
今日特價

图7　申报中的“祺袍料”广告❷

然而，民间“旗袍”称谓仍是主流，并得到学术界支持（与文化“排满复汉”不同），认为“旗袍”是为了将女子袍服独立化、专属化而与男子袍服相区别，并通过冠以“旗”字以彰显其与清代旗人女子袍服的关联性，有记录她的历史信息作用，在学术上很有价值。这与五四运动中“她”❸（本音jiě）字的应用与“伊”❹字的再造有着异曲同工之妙，是为了表现文化内涵。但制衣

❶《国货特刊》，上海先施公司（内部发行），第32页，1932年. 上海先施公司是澳洲华侨马应彪1917年10月在上海南京路浙江路口开办的一家大型环球百货公司。其前身是1900年1月8日在香港创办的先施百货公司。

❷ 香港中国国货公司广告. 申报.1939-05-03.

❸ “她”本音jiě，其意为“姐”，《集韵·上声·马韵》“姐毑她媎”并列，云：“子野切，《说文》蜀谓母曰姐，淮南谓之社，古作毑，或作她、媎。”上声哿韵子我切下，亦以“毑她姐”。1918年，我国新文化运动初期重要作家、著名诗人和语言学家，时任北京大学法学教授的刘半农（1891—1934，男，江苏江阴人）在北大任教时，第一个提出用“她”字指代第三人称女性。

❹ 中国古代第三人称代词一般用“他”和“伊”，但不分男女。曹雪芹《红楼梦》第九十九回：“薛蟠因伊倔强，将酒照脸泼去。”。1918年北大刘半农教授提出以“她”作为女性第三人称代词，但社会颇有议论。同期，李毅韬（1897—1939，女，河北盐山人，教师，曾任《妇女日报》总编）于同期倡议以“伊”作为女性的第三人称代词，受到包括鲁迅在内的一批进步文学家的支持。短篇小说《一件小事》《风波》等，均使用“伊”作为女性第三人称代词。

业、纺织业和裁缝们的行为则更专注望字生意的实践性，作“祺袍”市招的根据是因为不论从结构、形态还是裁制手法，20世纪30年代的旗袍与清代旗人袍服都有着千差万别，易名祺袍不过凸显新意而已。

“祺袍”称谓的使用，虽缺少文化内涵，但却有着实践意义。《集韵》：“渠记切，諅。”《类篇》：“繫（系）也，巾，或作䄎。”除了为表征“旗袍”与“清代旗人袍服”的差异，还明确了行业流派的归属。它作为主流海派的标志一直延续到1949年以后，但这一现象在文化界并不普遍，因此未得到学界重视。1956年《春夏秋季服装式样》[1]图册记载了当时女子服饰的一般风貌，图例中具有立领、右衽、镶绲、盘扣等“中式元素”特征的服装都被称为“祺袍”。相对文学界主张的“旗袍”称谓，制衣界所提倡的“祺袍”称谓实际上是以“裁制”手段命名的宽泛概念，甚至可以理解为“有中式元素连衣裙”的泛称，中一时期出现的“中华袍”称谓也与此有关（图8）。

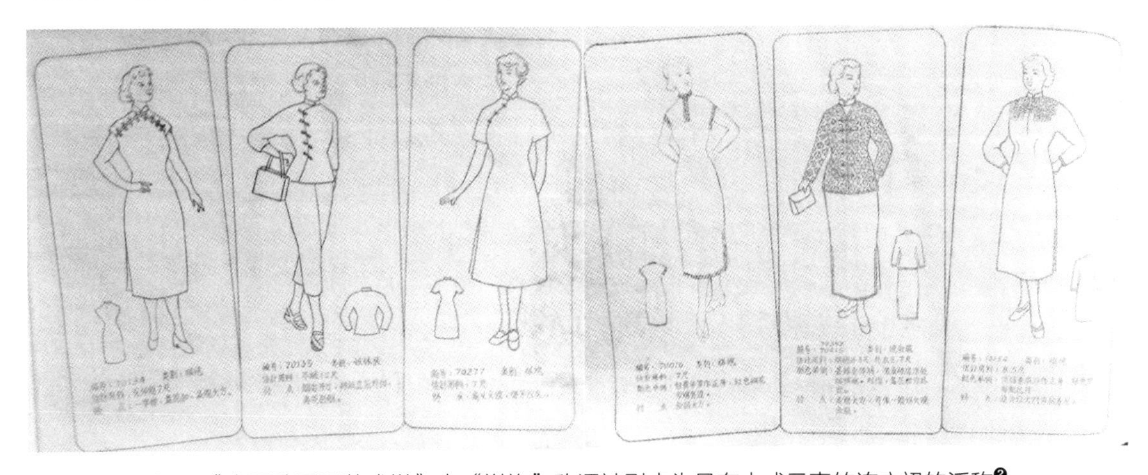

图8 《春夏秋季服装式样》中“祺袍”称谓被引申为具有中式元素的连衣裙的泛称[2]

以裁缝为代表的制衣业者发现了“改良旗袍”合体化的曲线结构与清代旗人袍服平面结构之间的差异，在误打误撞之中试图用称谓区分他们的异同，并将“祺袍”的概念扩展为“中式连衣裙”的大概念。虽然选用了与“旗”字同音的“祺”为修饰词，也在业界广泛使用，但最终因民国战事不断，学界无暇他顾而暂时休止。但这桩充满敏锐学术眼光和洞察力的疑案，却为四十年后台湾“祺袍”称谓的正名埋下了伏笔。

三、“祺袍”的正名与一段缺失的历史

古人表意注重“名”与“实”之辩，不论是何种事物，都会究其根本。台湾史学家王宇清先

[1] 重庆市服装展览会. 穿夏秋季服装式样 [M]. 重庆：重庆市服装展览会：1–10.

[2] 此外，1973 年由蔡明珠等编著的中国第一部《服装学概论》教材、1981 年中央工艺美术学院服装研究班编著的《服装造型工艺基础》等文献也使用了“祺袍”称谓，这些文献的披露说明中华人民共和国成立后制衣业内仍流行“祺袍”称谓。
蔡明珠，等. 服装学概论 [M]. 汉家出版社，1973：48.
中央工艺美术学院服装研究班编著. 服装造型工艺基础 [M]. 北京：轻工业出版社，1981.

生对“袍”有一段精辟的考论：

“自肩之跗上下同直不断的长衣，有一个总称，曰‘通裁’；乃‘深衣’改为长袍的过渡形制。但每一种特定的长身衣，则分别依其特质或特征各定其本名。如是单衣，也就是没有夹里的长衣，名曰‘禅’，俗名‘长衫’或‘大褂’。如有夹里，而未铺棉絮，称作‘袷’，字或作‘裌’。如内（或外）附兽皮，便名‘裘’。必须是内铺棉絮的长衣，这才叫‘袍’。可是严格来说，又不全叫‘袍’，还要看内铺的棉絮是新是旧，个别有其专名：如新棉衬铺的名‘襺’（注：通茧），或字加‘意符’作‘襺’。用旧棉铺的才叫‘袍’……”[1]

台湾“祺袍”称谓正名事件是在祺袍经历20世纪20年代到70年代近半个世纪的分分合合，由中国传统的“十字型平面结构”转化为西式“分身分袖施省”立体结构的背景下展开的。旗袍由于结构变革的影响发展成一种全新的服饰品类，即便不像古代服饰一样针对具体材料去单独命名，但至少需要一个专属称谓来称呼这类服装。现代旗袍所采用的立体结构本身事实上已经投弃了连身连袖无省的“十字型平面结构”系统，而以一种全新的“中华结构”，即“分身分袖施省无中缝大襟”，这便成为“祺袍”命名的重要依据。遗憾的是，包括学界业界人们过多地把旗袍的表面元素视为特质，如旗袍料常用的五福捧寿、四季花卉等纹样；绲边常用的如意纹、花卉纹；盘扣常用的寿字 纹、梅兰竹菊等元素，这些装饰工艺手法，在旗袍的古典、改良和定型三个分期中并没有发生根本改变，但在结构上却发生了从传统到改良再到蜕变的凤凰涅槃。台湾学者意识到了这一重大问题，最终发起了旗袍称谓的正名运动。重要的是旗袍结构“承西变华”的革命性变革，就像日本和服“承唐变和”的变革一样，成为世界服饰文化中中华国服的标志，理应赋予它更具中国文化的名字，社会上用与不用是一回事，但学界的历史学家们不能无动于衷。

对于“祺”的释义，历代文献多有记述。《说文解字》“吉也”[2]；《尔雅·释言》“祥也”[3]；《诗经·大雅》“寿考维祺”[4]，祺：安泰不忧惧之貌；《荀子·非十二子篇》“俨然壮然祺然”[5]；《汉书·礼乐志》“唯春之祺，祺：福也”[6]。祺袍，意为吉祥富贵寿考之袍，代表着中华民族对于美好生活的无比向往。“祺袍”称谓的使用，是在遵照历史的前提下，通过大量考据工作才最终确定的。首先“祺袍”一词因袭于制衣业常用的“祺袍”称谓，虽然起初是一种误读，但确实有着行业广泛应用背景，它的传承性可以认定为“祺袍”为民国期，“祺袍”为后民国期。从史学意义看，它不仅是正名事件的记录，更重要的是它记录了旗袍定型时期这段缺失的历史。其次，在1974年正名事件

---

[1] 王宇清．历代妇女袍服考实 [M]．台北：中国祺袍研究会：7.

[2]《说文解字》，简称《说文》，作者为许慎，是中国第一部系统地分析汉字字形和考究字源的字书，也是世界上最早的字典之一。编著时首次对“六书”做出了具体的解释。

[3]《尔雅》，儒家的经典之一，是中国古代最早的词典，被称为辞书之祖。

[4]《诗经》是中国古代最早的一部诗歌总集，收集了西周初年至春秋中叶（公元前 11 世纪至公元前 6 世纪）的诗歌，共 311 篇，其中 6 篇为笙诗，即只有标题，没有内容，称为笙诗六篇（南陔、白华、华黍、由康、崇伍、由仪），反映了周初至周晚期约五百年间的社会面貌。“祺”出现于《大雅・行苇》。

[5]《荀子》是战国后期儒家学派最重要的著作。全书一共 32 篇，是荀子和弟子们整理或记录他人言行的文字，但其观点与荀子的一贯主张是一致的。

[6]《汉书》，又称《前汉书》，是中国第一部纪传体断代史，“二十四史”之一。《礼乐志》是《汉书》中的一篇，主要介绍的是西汉一朝的礼乐制度的情况，作者是班固。

发生的过程中邀请了制衣业专家和学者参与，特别是重视以杨成贵先生为代表的民间艺人，说明正名过程不再停留在由理论到理论、由历史到历史的学术层面，而是在社会学框架下，结合实际应用情况提出理论对社会、行业的指导。最后，"祺袍"正名后跟进出版的《祺袍裁制的理论与实务》技术专著，深度梳理了旗袍定型时期（祺袍）立体结构的标准化裁制理论体系，第一次将裁缝艺人口口相传的技艺转化为可实践的书本理论，将原本制衣业界缺乏文化内涵和底蕴的"褀袍"称谓，通过一个笔画的修订，在不改变传统使用习惯的同时增加"祈福、美好"的寓意，这种严谨的学术态度也发生在大陆学界从"司母戊鼎"到"后母戊鼎""马踏飞燕"到"马超龙雀"[1]的正名事件中，从这一点上看它的社会意义远大于学术意义，让世人明鉴名物的人文涵义，由此可避免大陆电影作品《危险关系》的低级错误现象充斥社会以误导公众（图9）。

图9 "褀"与"祺"的名物意变记录了"定型旗袍"这段历史

四、结语

合理（道理）、合法（礼法）、适时（审时度势）的新称谓命名意义重大，"祺"字包含了人们对于未来美好期盼的寓意、代表着旗袍作为国服所具有的民族性与文化底蕴、宣示着一个伟大时代物质文化的特殊形态。台湾学术界正是基于"名实"之辩的态度，为了更好发扬和承袭民族礼制，避免旗袍称谓混乱造成史学"悖论"，提出了特定时期旗袍称谓正名的议题，并最终确立"祺袍"历史内涵。为进一步探索旗袍的分期提供了重要的文献线索[2]和理论依据。旗袍易名时间与形制对照见下表。

旗袍易名时间与形制对照

序号	分期	称谓	典型形制	统称
1	古典时期 （20世纪30年代以前）	旗袍	十字型平面结构 （直身有中缝）	旗袍
2	改良时期 （20世纪30~50年代）	褀袍 颀袍	十字型平面结构 （曲身无中缝）	
3	定型时期 （20世纪50年代以后）	祺袍	分身分袖施省 （西式立体结）	

[1] 郭沫若先生在中华人民共和国建立初期认定铜奔马的正式名为"马踏飞燕"，但实际铜马俑所附飞鸟，从造型看不像是燕子，史籍也记载是龙雀，因此应该是"马踏龙雀"或"马超龙雀"。1983年国家旅游局经过对多种方案的比较和研究，确定选用这尊"马超龙雀"铜像作为中国旅游业的图形标志。

[2] 文献线索：主要提供了"定型旗袍时期"的技术文献。"旗袍"历史上多次易名，有关时间、背景、事件，学界争论不休，时至今日也无定论。因此就有了"在民国服饰史上，旗袍是最惊艳的一笔糊涂账"（周松芳《民国衣裳》"驱除鞑虏，恢复旗袍"）的精辟论断。关键在于有关技术文献的整理与研究不足。旗袍发展的三个分期正是基于技术文献研究的成果。

11 基于眼动仪实验与感性工学理论的旗袍图案位置分析

刘小艺　江　影　赵欲晓[1]

摘　要　本文从服装图案位置变化为切入点，结合眼动仪跟踪技术，将旗袍中图案位置的设计在视觉上的感性意象转化为数据表达形式，并对数据进行统计与分析。再以感性工学理论为基础，通过问卷调查的方法分析人们对服装图案位置的感性评价；从客观与主观两方面来探究最佳视觉效果的位置，为旗袍图案位置设计提供一定的理论依据和数据支撑。研究结论可以为设计师和生产商寻找出图案的最佳视觉效果的位置提供参考。

关键词　视觉效果、图案位置、眼动仪、感性工学

随着物质产品的丰富与产品设计水平的提高，人们对服装的需求已从追求质量消费发展为关注审美体验的感性消费，人们对服装“精神价值”的重视程度超过“物质价值”的重视，这也标志着感性消费时代的到来，消费观念的改变使服装设计中的视觉效果越发重要[2]。如何把握服装的视觉效果及消费者的美感评价，是服装设计的重要方面，也为设计研究不断提出新的方向。

旗袍是文化融合性很高的传统服饰，也是最具有中国味道的传统服饰之一，近年来随着“中国风潮”的兴起，旗袍作为中国传统文化的一个符号，越来越频繁地出现在人们的视野中，因此，对旗袍之美的创新与传承也是我们新一代设计者不可推卸的责任。而图案作为一种极具装饰美的视觉艺术形式，也不断地出现在旗袍设计中。图案作为服装设计的重要因素，它的位置很容易成为视线集中的焦点，也在一定程度上成为服装流行的感觉中心[3]。不同的位置使服装呈现出不同的设计效果，也带给人们不同的认知感受。本文将从消费者的认知心理出发，以服装位置变

[1] 刘小艺，江影，赵欲晓，北京服装学院。

[2] 陈建晖. 服饰图案设计与应用[M]. 北京：中国纺织出版社，2006.

[3] 殷薇，王建刚. 感性工学在服装设计中的应用[J]. 山东工艺美术学院学报，2008(1)：73-75.

化为研究对象，用眼动技术来探究其客观看法。结合问卷调查的方法来探究人对不同图案位置的主观看法，研究不同位置美感评价的差异。最终综合主观与客观看法来寻找出最佳的旗袍图案位置。

一、眼动实验

（一）实验方法

1. 实验对象

研究内容为旗袍图案位置设置，因此选择了对旗袍有一定了解的女性作为实验对象，招募被试者共16人，其中服装专业学生6人，非服装专业学生10人，年龄在20~25岁。

2. 实验样本

通过对消费者访谈，发现目前年轻消费者日常更偏爱穿着短款旗袍，因此选用短款旗袍图样，而图案选定为中国传统的花卉图案作为实验样本。

通过分析旗袍图案位置，最终选定32种图案位置进行研究，其中旗袍上只有一个图案的有16款，有上下两个图案的16款。实验样本及编号见图1。

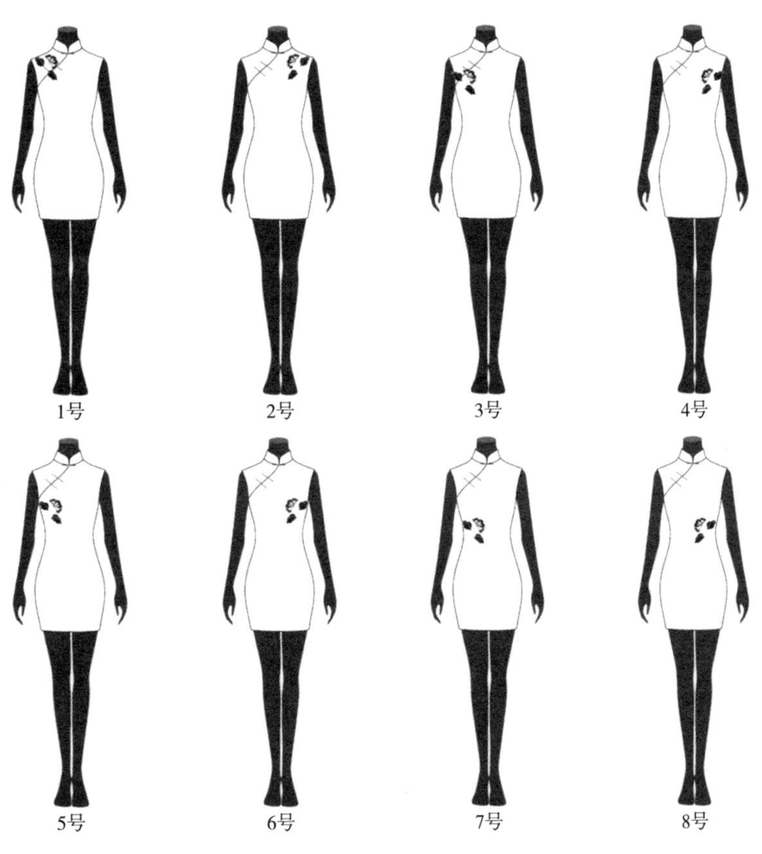

图1

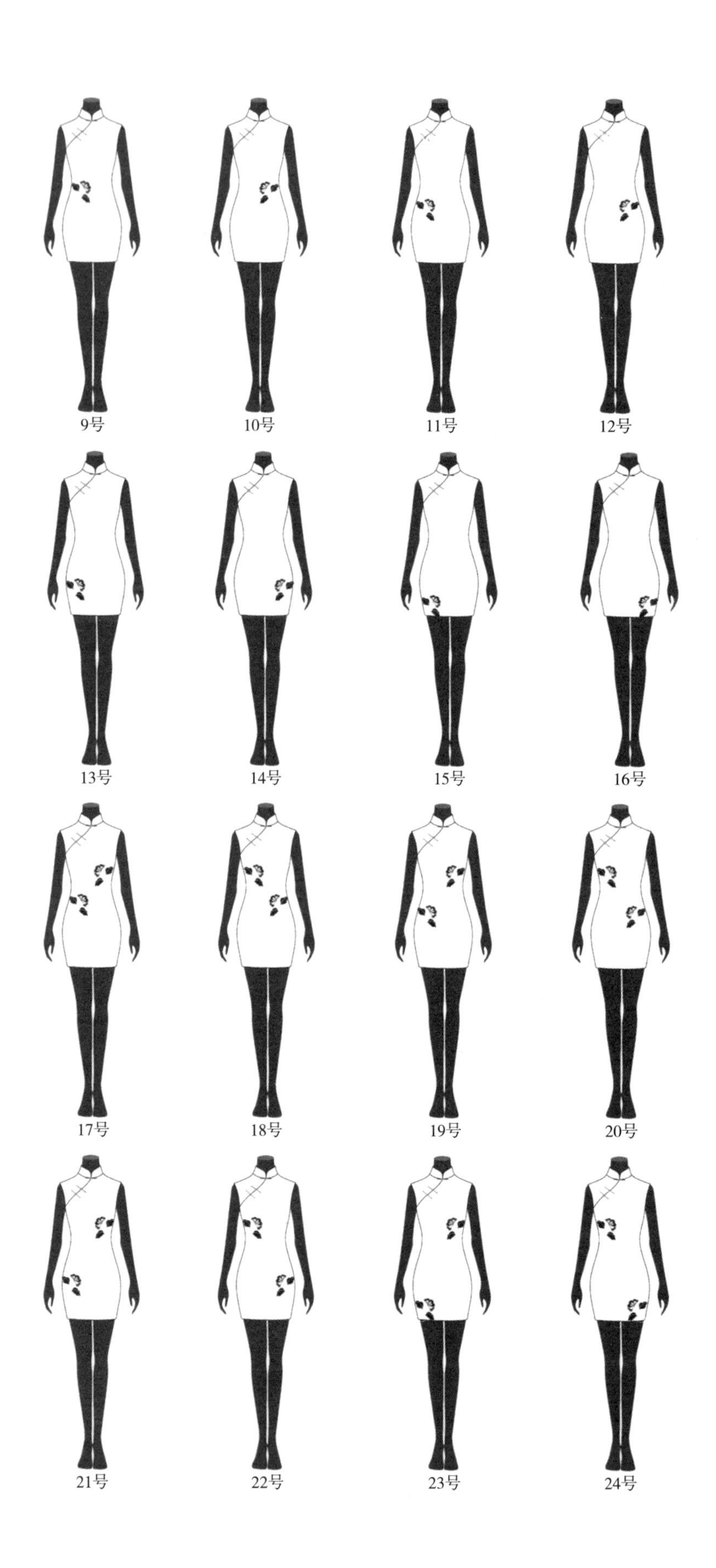
9号
10号
11号
12号
13号
14号
15号
16号
17号
18号
19号
20号
21号
22号
23号
24号

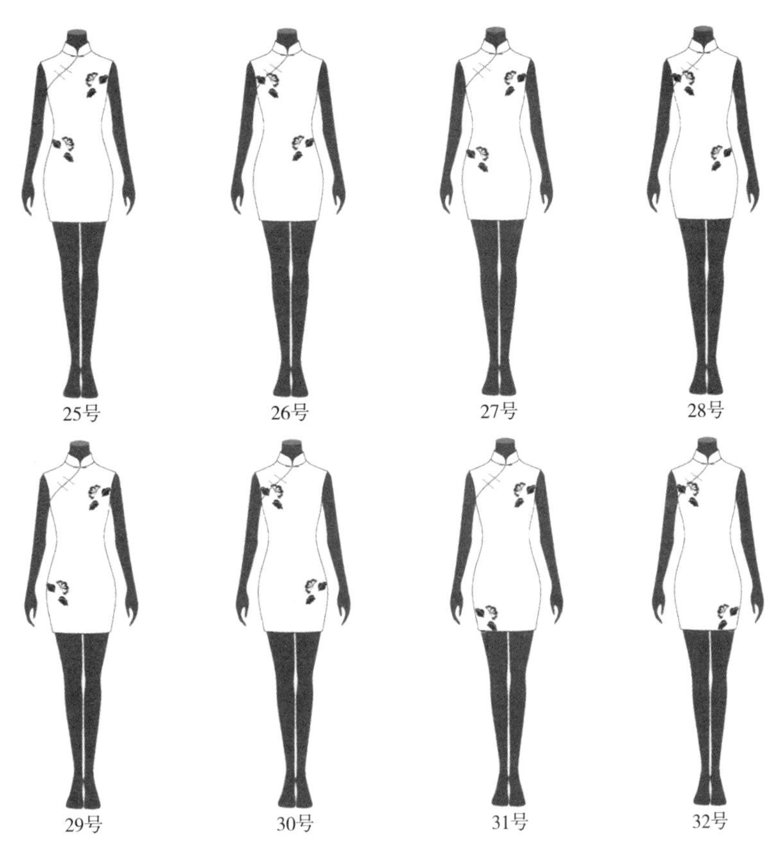

图1 实验样本及编号

本实验主要研究人们对不同位置图案的关注及影响，因此将图案分为单图案、双图案两组，其中单图案中将同一高度、不同左右位置的分为一组（共8组）进行对比试验，来探究左右位置不同引起的关注度的变化。部分同高度单图案试验样本见图2。

再将单图案分为左右侧两大类，将同侧中8个不同高度的旗袍图案呈现在一张图片上供被试者观看。使用拉丁方设计的方法安排实验时每个纹样所处屏幕的位置，以抵消每个纹样所处屏幕显示位置的不同对实验结果的影响，以此来探究同一侧不同高度变化对关注度的影响。部分同侧单图案实验样本见图3。

双图案中，将图案位于同一高度、左右位置不同的分为一组（共8组），以此来探究左上右下与右上左下这两种位置关注度的不同。部分同高度双图案实验样本见图4。

再将双图案中图案为左上右下的分为一组，右上左下的分为另一组，一组8个放到一张图片上供被试者观看。使用拉丁方设计的方法安排实验时每个图案所处屏幕的位置，以此来探究图案在左上右下和右上左下的位置中的最佳图案高度。部分同侧双图案实验样本见图5。

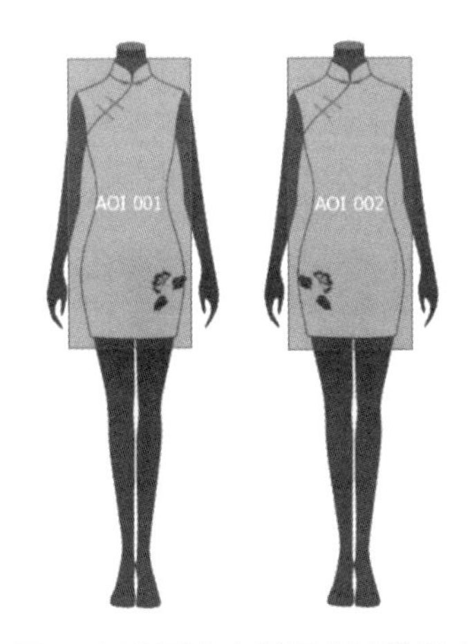

图2 部分同高度单图案试验样本

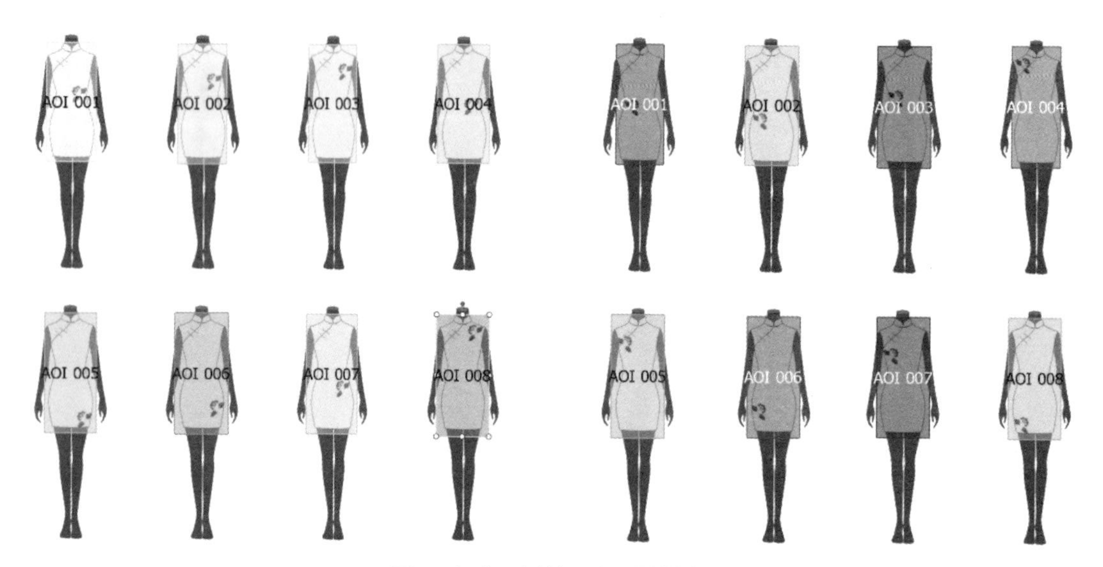

图3　部分同侧单图案实验样本

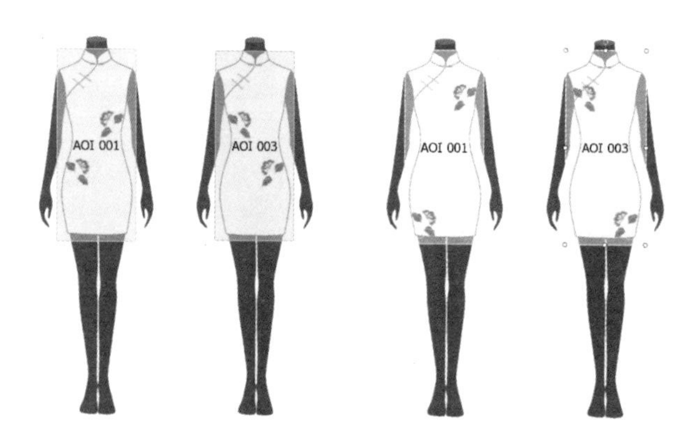

图4　部分同高度双图案实验样本

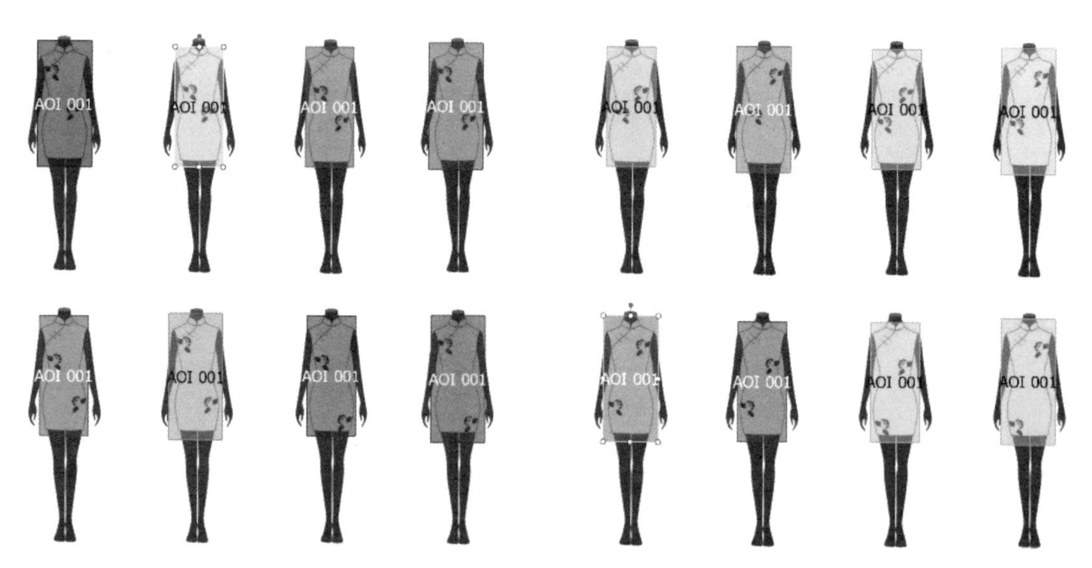

图5　部分同侧双图案实验样本

3．实验设备

实验使用RED5眼动仪，最高采样率为500Hz，为更好地获得被试者的眼动数据，图片呈现时间为8s，图片呈现顺序为随机。

（二）实验结果与分析

实验将不同位置的图案进行兴趣区域的编辑（AOI Editor），眼动实验的AOI区域用来检测某一划定区域的各项眼动指标数值，使研究更具针对性[1]。框选出位置发生变化的区域进行关键运行指标分析（Key Performance Indicators）。关键运行指标中包括多项数据，由于实验目的为研究图案不同位置对关注度的影响。因此选择了注视时间、注视时占比、注视点个数以及平均回视次数作为分析指标。部分关键运行指标见图6。

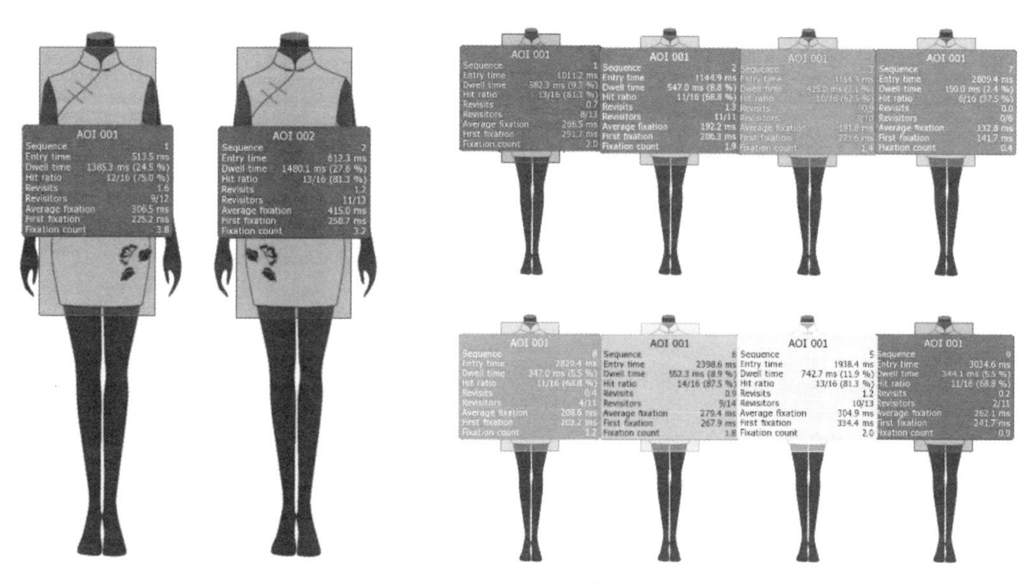

图6　部分关键运行指标

1．单图案结果分析

单图案分为图案在左和图案在右两大类，将同高度的左右两侧图案进行注视时间、注视时占比、注视点个数以及平均回视次数分析，并综合取其平均值。根据左右两侧数据均值可以得出图案位于左侧时更能引起实验者的关注。图案在左与图案在右数据均值见表1。

表1　图案在左与图案在右数据均值

图案位置	平均注视时间/ms	平均注视时占比/%	平均注视点个数/个	平均回视次数/次
左侧	1401.48	24.89	3.91	1.53
右侧	1081.30	21.06	3.48	1.67

[1] 郑晶晶，季晓芬．消费者对服装陈列的视觉感知[J]．纺织学报，2016，37(3)：160-165.

再将同侧不同高度的图案进行数据均值的统计，可以得出实验者对于高度处于5号位置时注视的时间较长，回视次数也较多，说明被试者对5号高度的图案关注度较高，也更为感兴趣。而1号、2号、16号等靠上边缘和下边缘的图案位置较为偏远，因此受到的关注度较低。同高度单图案数据均值见表2。

表 2 同高度单图案数据均值

样本编号（左侧图案）	平均注视时间/ms	平均注视时占比/%	平均注视点个数/个	平均回视次数/次	样本编号（右侧图案）	平均注视时间/ms	平均注视时占比/%	平均注视点个数/个	平均回视次数/次
1	139.1	2.47	0.47	0.20	2	116.0	2.03	0.46	0.20
3	204.2	3.77	0.70	0.23	4	250.3	4.40	0.73	0.67
5	325.6	5.83	0.97	0.60	6	390.8	7.27	0.97	0.77
7	180.4	3.60	0.70	0.37	8	181.2	3.30	0.70	0.27
9	251.7	4.80	0.87	0.30	10	148.6	2.47	0.57	0.17
11	238.1	2.90	1.03	0.60	12	211.8	6.00	1.80	0.27
13	215.5	2.96	1.03	0.46	14	244.2	4.60	0.77	0.30
15	252.8	4.60	0.87	0.47	16	121.7	3.70	0.53	0.37

综合上述两次实验可以得出单图案中，图案位于旗袍左侧的胸部高度（即5号位置）时更受被试者关注，兴趣也更高。

2．双图案结果分析

双图案分为左上右下和右上左下两大类，将同高度的两个图案进行注视时间、注视时占比、注视点个数以及平均回视次数分析，并综合取其平均值。分析同高度双图案数据均值可得图案位于左上右下时更能吸引被试者的注意力。同高度双图案数据均值见表3。

表 3 同高度双图案数据均值

图案位置	平均注视时间/ms	平均注视时占比/%	平均注视点个数/个	平均回视次数/次
左上右下	1500.89	27.94	4.80	1.59
右上左下	1167.95	22.28	3.80	1.70

其中分别将左上右下中不同高度的图案和右上左下中不同高度的图案进行数据分析。根据平均注视时间可以得出图案距离较近的如17号或19号位置更能吸引注意，而上图案位于胸部的21号或27号位置时，被试者的平均回视次数较多，对其兴趣也较高。不同高度双图案数据均值见表4。

表4　不同高度双图案数据均值

样本编号（右上左下）	平均注视时间/ms	平均注视时占比/%	平均注视点个数/个	平均回视次数/次	样本编号（左上右下）	平均注视时间/ms	平均注视时占比/%	平均注视点个数/个	平均回视次数/次
17	476.8	7.46	1.40	0.56	18	586.05	8.10	1.23	0.63
19	472.3	7.63	1.27	0.51	20	408.00	6.33	1.27	0.67
21	373.2	5.60	0.90	0.6	22	344.2	5.63	1.1	0.50
23	325.00	5.3	1.08	0.23	24	396.00	6.20	1.2	0.40
25	387.10	8.87	1.27	0.45	26	441.07	7.2	1.5	0.80
27	324.33	5.17	1.67	0.73	28	326.03	7.17	1.3	0.67
29	427.70	7.17	4.1	0.67	30	489.20	8.3	1.6	0.60
31	337.80	6.00	1.13	0.23	32	351.67	5.73	1.23	0.43

二、旗袍图案的感性形象分析

（一）研究方法

1．研究对象

本文选择的研究对象主要是大学生，大学生作为一个年轻的群体，已经慢慢形成了稳固的消费理念，拥有较强的自我风格意识和相对明确的自我需求，并且对服装的款式十分注重，拥有自己独到的时尚理念，是很多品牌服装的主要消费群体[1]。因此，对于服装图案位置的选择，他们接受度较高，选择范围较宽阔。而对于其他的年龄层，18岁以下、26~35岁、36~45岁等的年龄层也略有涉及。

2．研究材料

1~16号为单图案的位置变化，17~32号为双图案的位置变化。

3．问卷编制及评分方法

经由相关类型的书籍报刊、网络杂志等方面收集服装感觉的形容词，从中选择可以对各种款式的服装进行恰当描述的词汇，最终挑选出3对感知形容词。这3对为：喜欢的—不喜欢的、个性的—大众的、好看的—难看的。

由于在产品语意差异法中，能够使人不混淆处理的感觉量词不超过7个，因此用于主观评价的等级表度根据不同对象一般分为5个或者7个。本次问卷选用SD法中的5分法，具体等级如表5所示。

[1] 赵江洪. 设计心理学[M]. 北京:北京理工大学出版社,2004.

表5　5分法等级与分数对应表

等级	确实不是这样	不是这样	中等	是这样	确实是这样
分数	1	2	3	4	5

注：1分=很难看的；2分=比较难看的；3分=中等的；4分=比较好看的；5分=很好看的。

4．研究实施

这次调查，通过网络总共发放78份调查问卷，回收78份。在问卷当中，被调查者还需填写他们的部分个人信息，如性别、年龄、是否为服装专业。其中男性15人，女性63人；服装专业38人，非服装专业38人；年龄为18岁以下的为5人，18～25岁为53人，25岁以上为20人。问卷中图片出现的顺序为随机。

（二）数据分析

1．服装图案位置得分

调查对象就挑选出的32个不同图案位置的服装进行逐一的感性形容词评分，每个服装样本得到了78个3对形容词的评分，取它们的平均分。得分结果详情见表6。

表6　样本感性形容词平均分

样本编号	感性心理	得分	样本编号	感性心理	得分
1	好看的 个性的 喜欢的	3.35 3.23 3.37	17	好看的 个性的 喜欢的	3.36 3.35 3.49
2	好看的 个性的 喜欢的	3.44 3.32 3.42	18	好看的 个性的 喜欢的	3.46 3.33 3.36
3	好看的 个性的 喜欢的	3.18 3.10 3.26	19	好看的 个性的 喜欢的	3.37 3.12 3.27
4	好看的 个性的 喜欢的	3.29 3.19 3.15	20	好看的 个性的 喜欢的	3.37 3.14 3.23
5	好看的 个性的 喜欢的	3.64 3.14 3.32	21	好看的 个性的 喜欢的	3.37 3.17 3.19
6	好看的 个性的 喜欢的	3.64 2.96 3.28	22	好看的 个性的 喜欢的	3.29 3.09 3.12

续表

样本编号	感性心理	得分	样本编号	感性心理	得分
7	好看的 个性的 喜欢的	3.49 3.28 3.27	23	好看的 个性的 喜欢的	3.09 3.13 3.27
8	好看的 个性的 喜欢的	3.44 3.27 2.96	24	好看的 个性的 喜欢的	3.24 3.10 3.12
9	好看的 个性的 喜欢的	3.17 3.00 3.09	25	好看的 个性的 喜欢的	3.24 3.19 3.12
10	好看的 个性的 喜欢的	3.21 3.10 3.06	26	好看的 个性的 喜欢的	3.69 3.22 3.50
11	好看的 个性的 喜欢的	3.23 3.14 2.99	27	好看的 个性的 喜欢的	3.6 3.17 3.38
12	好看的 个性的 喜欢的	3.23 3.15 3.08	28	好看的 个性的 喜欢的	3.18 3.14 3.13
13	好看的 个性的 喜欢的	3.24 3.22 3.18	29	好看的 个性的 喜欢的	3.41 3.17 3.24
14	好看的 个性的 喜欢的	3.42 3.23 3.32	30	好看的 个性的 喜欢的	3.29 3.14 3.15
15	好看的 个性的 喜欢的	3.36 3.27 3.09	31	好看的 个性的 喜欢的	3.40 3.13 3.32
16	好看的 个性的 喜欢的	3.14 3.04 3.18	32	好看的 个性的 喜欢的	3.29 3.13 3.27

样本柱形分析图见图7~图12。

2．位置要素与感性的相关性

由于问卷中的图案有单个的和双个的，我们可以先对单图案进行单独的分析。通过对各产品样本特征和对应的感性词汇的得分进行统计分析。根据图7，对于“好看的”这个感性语汇，得分最高的图案位置为样本5号，是3.64分，而得分最低的为样本16号，是3.14分。5号样本的图案位置在左侧中间偏上部，而16号样本的图案位于右下角，综合分析可以发现，人们更喜欢图案的

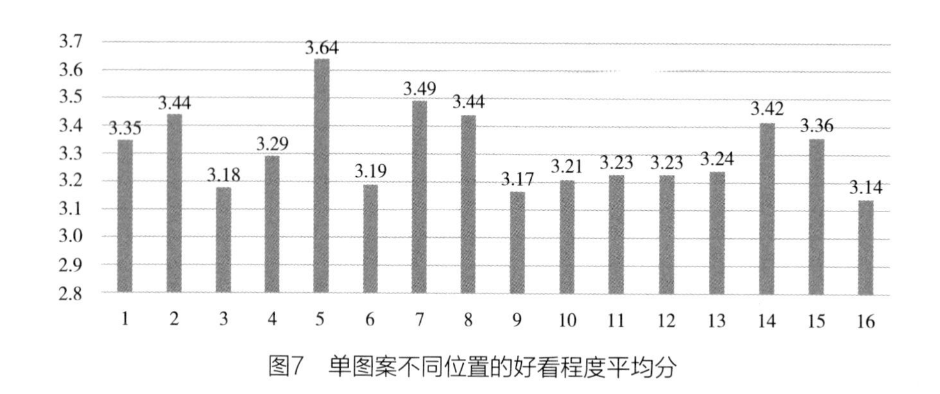

图7　单图案不同位置的好看程度平均分

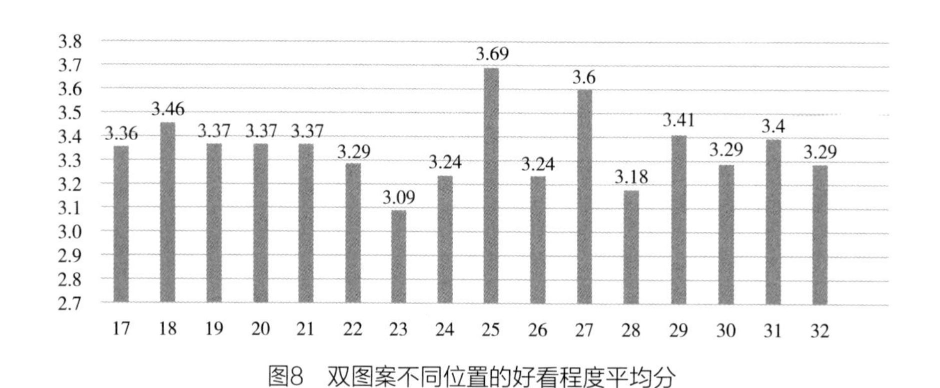

图8　双图案不同位置的好看程度平均分

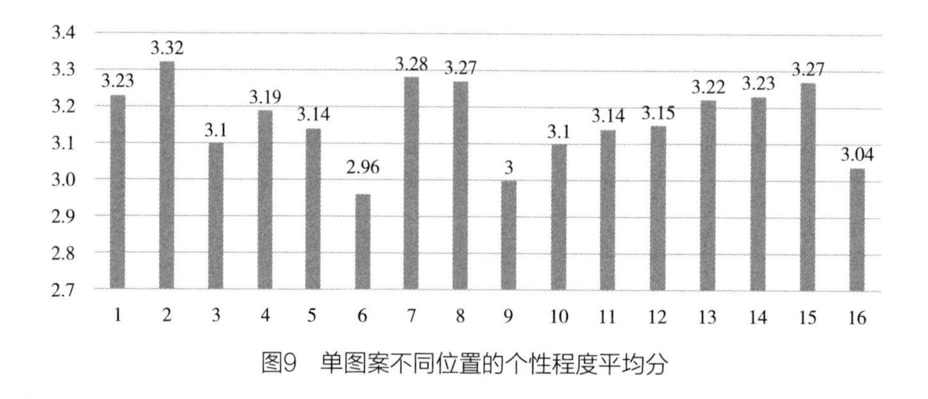

图9　单图案不同位置的个性程度平均分

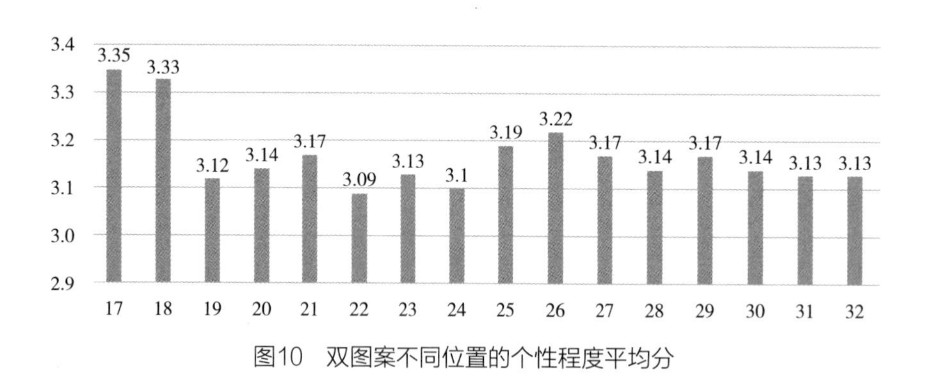

图10　双图案不同位置的个性程度平均分

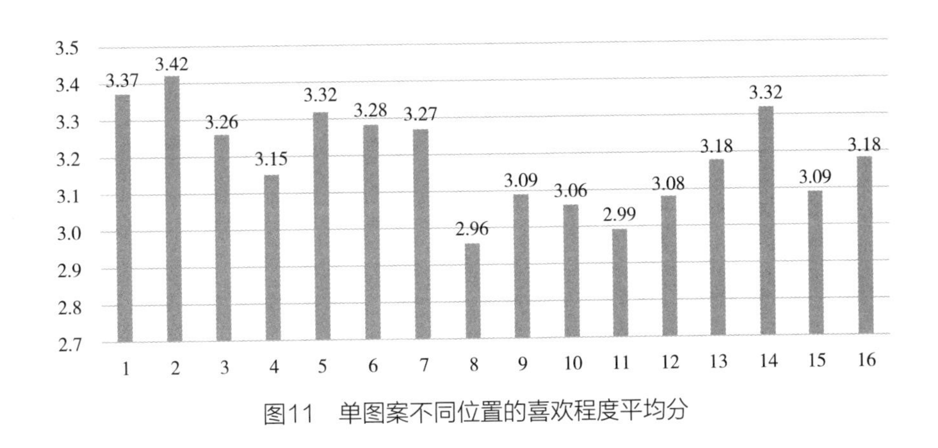

图11　单图案不同位置的喜欢程度平均分

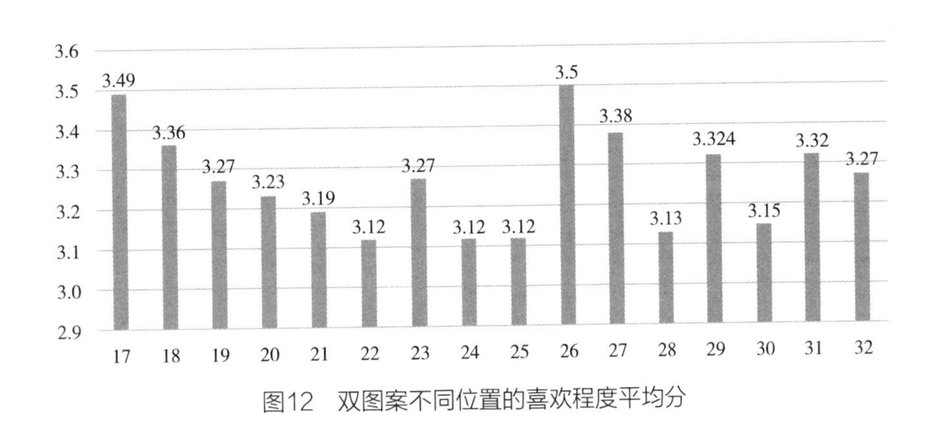

图12　双图案不同位置的喜欢程度平均分

位置位于胸部，因为位于这里的图案与位于角落的图案相比更能抓住人们的眼球，位置更为突出。根据图9，所有图案位置中，2号图案位置是最有个性的，5号图案位置则是最大众的。个性更倾向于标新立异，因此对于大多数人喜爱的5号图案就会偏大众化，而2号在右上角偏角落的图案更能显得与众不同。根据图11，对于“喜欢的”选择2号样本的居多，由于接受调查问卷的人员多为大学生，因此更倾向于有特点、有个性的服装，而得分最低的为8号，其图案在中间腰部的位置。

在双图案的样本中，由图8可知，对于“好看的”评分中，25号得分最高，23号得分最低，表示人们更喜欢图案在服装的中间附近，两个图案间隔过大，会使图案亮点不够突出。而右侧的图案在上会给人更为舒适的感觉。根据图10，对于“个性的”评分中，17号的得分最高，22号的得分最低，在双图案中，人们认为图案间隔较近的更具有个性，而间隔太远就会大众化。根据图12可以看出26号的受喜欢程度最高，22号的最低。综合分析可以发现双图案间隔较近、上图案位于胸部附近更受欢迎。

将单图案和双图案一起分析，分别求出单图案和双图案的好看的、个性的、喜欢的平均分（表7），探讨人们更喜欢单图案的设计还是双图案的设计。

表7 单图案和双图案的感性形容词的平均分

图案类型	好看的	个性的	喜欢的
单图案	3.31	3.16	3.188
双图案	3.35	3.17	3.26

从表11中可以看出双图案的款式在好看程度、个性程度和喜欢程度上都高于单图案。人们更喜欢复杂、花纹多的服装，因此在图案设计中双图案比单图案更能让消费者喜爱。

3．多重线性回归模型的建立及关系分析

（1）计算出其统计量的均值、标准偏差（表8）。

表8 描述性统计计量

感性形容词	均值	标准偏差	*N*
喜欢的	3.2366	.13138	32
好看的	3.3419	.15447	32
个性的	3.1675	.08955	32

（2）共线相关性（表9）。

表9 共线相关性

指标	感性形容词	喜欢的	好看的	个性的
Pearson相关性	喜欢的	1.000	.868	.388
	好看的	.868	1.000	.323
	个性的	.388	.323	1.000
Sig.（单侧）	喜欢的	—	.000	.014
	好看的	.000	—	.036
	个性的	.014	.036	—
N	喜欢的	32	32	32
	好看的	32	32	32
	个性的	32	32	32

表9的相关性表格中，显示了所有变量两两之间的Pearson相关系数及其对应的*P*值，一般认为相关系数>0.7可考虑变量间存在共线性。表9表明自变量间相关性较强，可认为存在共线性[1]。

[1] 鲁虹．服装感性设计的知识平台与应用研究 [J]．苏州：苏州大学，2010.

（3）模型汇总（表10）。

表10 模型汇总

R	R^2	调整R^2	标准估计的误差
.875[a]	.766	.750	.06575

由表10可知R^2=0.766>0.7，且调整R^2=0.750，可以看出自变量与因变量呈现线性相关，模型对数据的拟合度好，得图13。

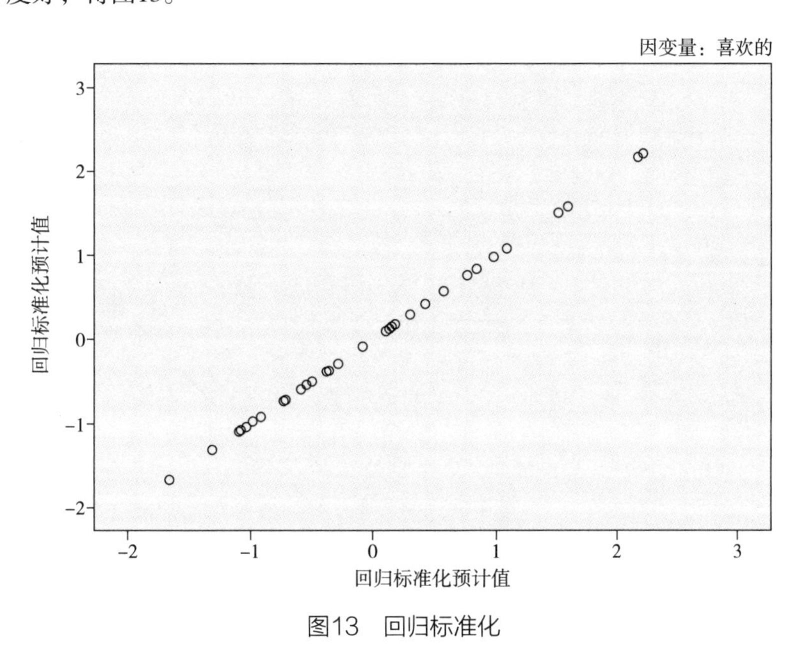

图13 回归标准化

表11 模型汇总

模型	更改统计量					Durbin-Watson
	R^2更改	F更改	$df1$	$df2$	$Sig.F$更改	
1	.766	47.384	2	29	.000	2.130

在结果输出的模型汇总表格（表11）中，Durbin-Watson值为2.130。该统计值的取值范围为0~4，如果残差间相互独立，则该值≈2。表格中为2.130，非常接近于2，表明残差间没有明显的相关性，即残差独立。

在结果输出的部分，可以从直方图（图14）直观地看出，标准化残差服从均值为0、标准差为1的正态分布。同时从正态概率图（图15）也可以看出，散点基本围绕在第一象限对角线上散布，从而判断残差基本服从正态分布[1]。

[1] 范彬. 对服装设计中感性的思考 [J]. 苏州丝绸工学院学报，1998(5)：124–125.

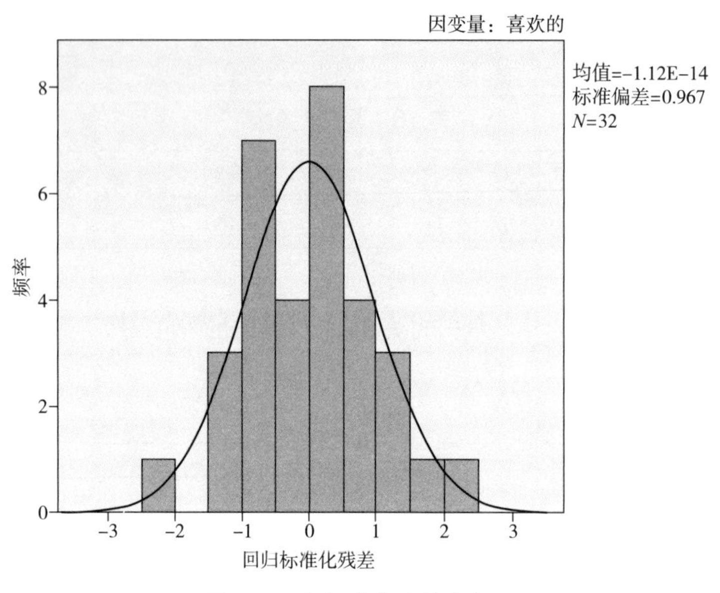

图14　回归标准化残差直方图

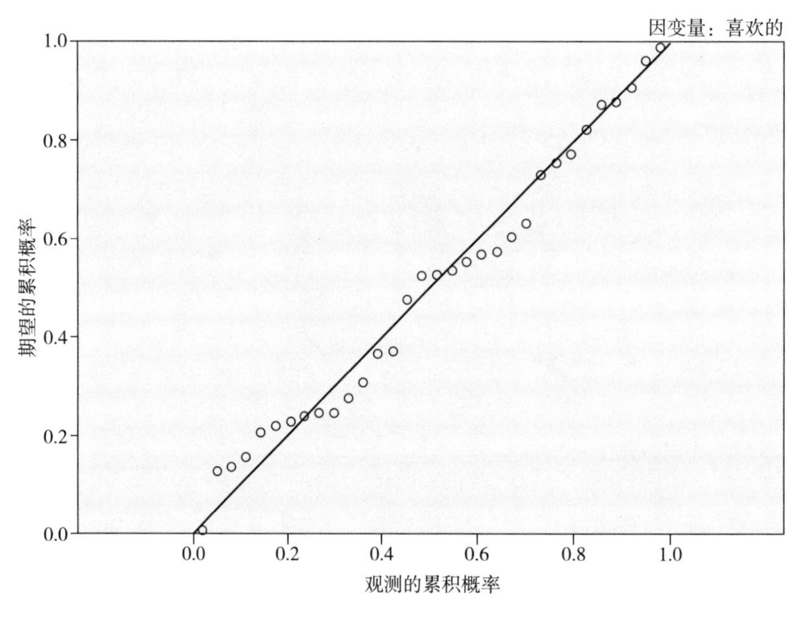

图15　回归标准化残差正态概率图

三、总结

本文针对服装图案位置对视觉效果的影响进行了研究，分析了消费者对服装图案位置的感性评价，综合眼动实验和调查问卷法分析图案的位置发现：单图案时，图案高度为中间偏上即胸部左右效果较好，能够抓住消费者的目光；双图案时图案相距较近且上图案位置在胸部周围更能引人注意；单图案位于左侧时更能使消费者喜爱，双图案时，左侧在上更能使消费者喜爱。

其次，利用感性工学，建立起一个数学模型，探究“个性”“好看”与“喜欢”的关系，并推断出它们呈线性关系，消费者喜欢的程度受个性程度和好看程度的影响。

图案位置要素对于消费者挑选服装时产生的感性心理具有很大的影响。知道两者之间相对应的关系，设计师就可以根据消费者所需的心理进行服装图案设计，以满足消费者的需求[1]。但这次图案位置喜好程度的调查具有一定的局限性，在未来的工作中，可以在文本的基础上进一步探讨，多角度地深入分析，还可以针对文本的局限性，完善实验。

❶ 高川，陈莹. 感性工学系统在服装设计上的应用[J]. 计算机应用于软件，2008，12(25).